省级高水平高职教材／高职计算机类精品教材

计算机组装与维护

主　编　曹建国

副主编　李成学　杨振宇　孙道远

编　委（以姓氏笔画为序）

王　军　石　磊　孙道远

李成学　杨振宇　郭　创

曹建国　商　杰　童树超

中国科学技术大学出版社

内 容 简 介

本书针对计算机相关岗位的需求，以计算机软、硬件的认知和应用为主线，构建立体化的学习框架，精心组织了熟悉计算机硬件系统、计算机硬件系统的组装与选购、BIOS 设置、计算机软件系统的安装、计算机软件系统的维护、计算机硬件系统的维护、计算机上网环境设置与故障排除、虚拟技术简介等 8 个项目，每个项目结合具体情况设计了若干任务和实训内容。

本书适合作为各类应用型本科和高职高专院校计算机及其相关专业的教材，也可以作为各类计算机相关培训机构和广大计算机爱好者的实用参考书。

图书在版编目(CIP)数据

计算机组装与维护/曹建国主编. —合肥：中国科学技术大学出版社，2023.9

ISBN 978-7-312-05757-1

Ⅰ. 计… Ⅱ. 曹… Ⅲ. ① 电子计算机—组装—高等职业教育—教材 ② 计算机维护—高等职业教育—教材 Ⅳ. TP30

中国国家版本馆 CIP 数据核字(2023)第 162130 号

计算机组装与维护

JISUANJI ZUZHUANG YU WEIHU

出版 中国科学技术大学出版社

安徽省合肥市金寨路 96 号，230026

http://press.ustc.edu.cn

https://zgkxjsdxcbs.tmall.com

印刷 安徽省瑞隆印务有限公司

发行 中国科学技术大学出版社

开本 787 mm×1092 mm 1/16

印张 18

字数 472 千

版次 2023 年 9 月第 1 版

印次 2023 年 9 月第 1 次印刷

定价 48.00 元

前　言

当今社会正处于信息化时代，计算机在各行各业中的应用越来越广泛，如何选购一台合适的计算机，并保证其在日常使用过程中持续高效、稳定、安全地运行，是每一个计算机用户必须面对的问题。

本书以培养学生动手能力、提高学生操作技能为主，紧密对标《高等职业学校专业教学标准》电子信息大类中各专业对"计算机组装与维护"课程的要求，重视实际应用能力的培养，并将该课程的最新理论和科学实训结合起来，采用"讲、学、做"三结合的形式，以实际技能训练为导向，直观易懂，有助于加深学生对知识的理解和掌握，提高学生业务实践能力。

本书紧紧围绕教育部《高等学校课程思政建设指导纲要》和新版专业教学标准的基本要求，将思政教育与技术技能培养的融合统一，探究德技并修的育人途径，培养学生的家国情怀、工匠精神、使命担当意识、时代职业精神及创新探索能力，落实立德树人的根本任务。

全书共由8个项目组成，具体包括熟悉计算机硬件系统、计算机硬件系统的组装与选购、BIOS设置、计算机软件系统的安装、计算机软件系统的维护、计算机硬件系统的维护、计算机上网环境设置与故障排除、虚拟技术简介。

本书以项目为引领，以任务为驱动，以基本实训为主线，内容紧跟前沿、紧贴实际、详略得当、重在实操、图文并茂，既重视重要理论知识的讲解，又着重突出应用技能的训练和培养。

本书是安徽省高水平教材项目(2021gspjc 005)建设成果，由安徽工贸职业技术学院曹建国任主编并编写项目1、项目5，安徽工贸职业技术学院孙道远编写项目2，阜阳职业技术学院李成学编写项目3、郭创编写项目4，安徽交通职业技术学院杨振宇编写项目6、石磊编写项目7和项目8。

我们衷心地感谢安徽工贸职业技术学院"计算机组装与维护"省级精品课程建设小组的商杰、王军、童树超等对本书出版及配套资源建设所做的大量工作！另外，本书在编写过程中参考了中关村在线、太平洋电脑网、百度、京东、泡泡网、电脑百事网、天极网等网站的开放资源和商情信息，在此一并表示感谢！

由于编者水平有限，加上计算机行业发展日新月异，书中不妥之处在所难免，恳请广大读者批评指正。

编　者

2023年1月

（请扫描二维码下载本书配套的课件、电子教案等数字学习资源。）

目　　录

项目1　熟悉计算机硬件系统

知识目标：了解现代计算机的发展历程、常见类型及发展趋势；熟悉计算机的软硬件组成、工作原理及应用领域；掌握各硬件主要参数及当前流行值。

能力目标：能够辨识主要硬件当前主流品牌和型号；能够根据实际需要，上网选购合适的硬件产品；能够分辨硬件产品的真伪与优劣。

素质目标：学习机房上课守则，强化制度约束，学会责任担当；树立正确的技能观，努力提高职业技能。

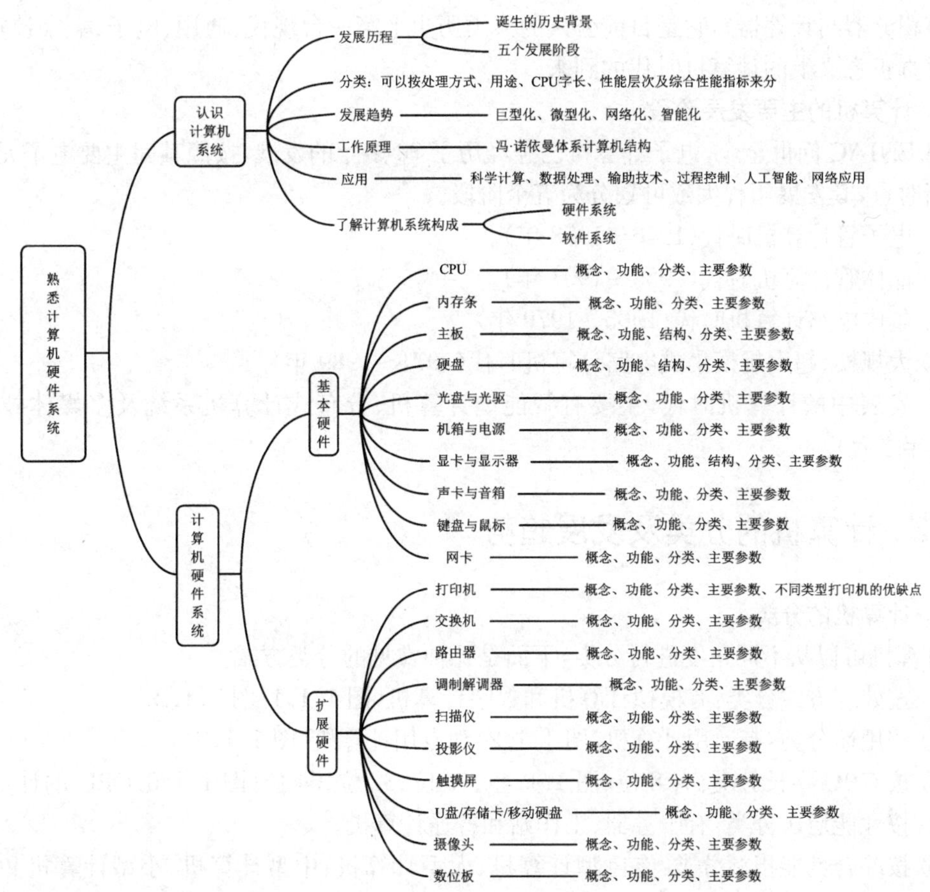

任务1.1 认识计算机系统

1.1.1 计算机的发展历程

1. 计算机诞生的历史背景

① 1936年英国数学家图灵首先提出了一种以程序和输入数据相互作用产生输出的计算机构想，后人将这种计算机命名为“通用图灵机”。

② 1938年出现了首台采用继电器的计算机“Z-1”，由于继电器有机械结构，所以这种计算机不完全是电子器材，不能称为现代计算机。

③ 1942年阿塔那索夫和贝利发明了采用真空管的计算机“ABC”(以他们俩名字的首字母命名)。但是“ABC”只能求解线性方程组，不能处理其他工作。

④ 1943年在图灵的指导下，第一台可以编写程序、执行不同任务的计算机“Colossus”在英国诞生，用于密码破译。

⑤ 1946年2月14日，美国宾夕法尼亚大学的莫克利在“ABC”、阿塔那索夫天才思想的基础上，与艾克特一道，发明了ENIAC(Electronic Numerical Integrator and Calculator，电子数字积分器与计算器)，它是目前公认的人类历史上第一台现代、通用、电子、数字计算机，标志着真正意义上的计算机时代的到来。

2. 计算机的主要发展阶段

自ENIAC问世至今，电子计算机已经经历了70多年的发展，按照其间主要电子元器件的更新时点，其发展历程大致可划分为五个阶段。

① 电子管计算机时代(1946～1958年)。

② 晶体管计算机时代(1959～1964年)。

③ 集成电路计算机时代(1965～1970年)。

④ 大规模、超大规模集成电路计算机时代(1971～1989年)。

⑤ 发展中的计算机时代，主要有智能型计算机、分布式计算机系统及多媒体技术等(1990年之后)。

1.1.2 计算机的分类及发展趋势

1. 计算机的分类

计算机可以从不同角度进行分类，下面是几种常见的分类方式。

① 按处理方式分类：有模拟计算机和数字计算机(图1.1.1、图1.1.2)。

② 按用途分类：有通用计算机(图1.1.2)和专用计算机(图1.1.3)。

③ 按CPU字长分类：有8位(图1.1.4)、16位、32位、64位(图1.1.5)CPU的计算机。

④ 按性能层次分类：有服务器、工作站和普通计算机。

⑤ 按综合性能指标分类：有巨型计算机、大型计算机、中型计算机、小型计算机和微型

计算机等，其相关指标的高低关系如图1.1.6所示。

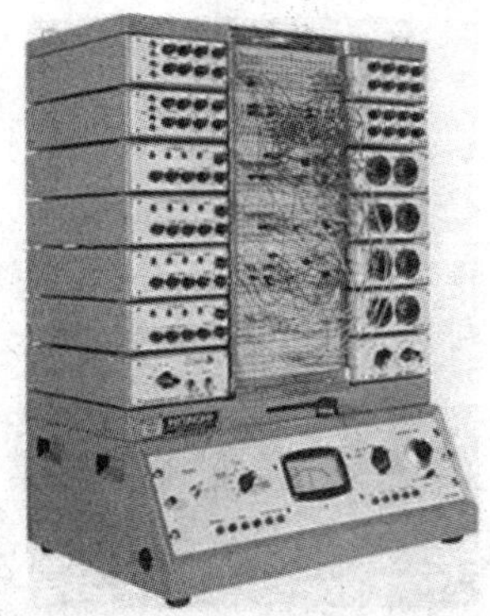

图1.1.1 模拟计算机

图1.1.2 通用、数字计算机

图1.1.3 专用计算机

图1.1.4 字长为8位的CPU

图1.1.5 字长为64位的CPU

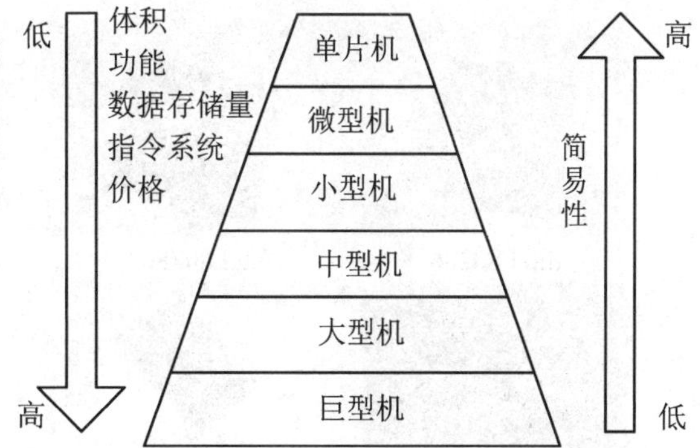

图1.1.6 不同类型计算机相关指标的高低关系

2. 计算机的发展趋势

(1) 巨型化

巨型计算机也叫超级计算机，是计算机中功能最强、运算速度最快、存储容量最大的一类计算机。自1976年美国克雷公司推出世界上首台运算速度达每秒2.5亿次的超级计算机以来，超级计算机在国家高科技领域和尖端技术研究中起到了至关重要的作用，已成为衡量一个国家科技发展水平和综合国力的重要标准。

当前能够采用自主CPU建设十亿亿级以上超级计算机的有美国、中国和日本等少数几个国家，中国的“神威·太湖之光”超级计算机(图1.1.7)曾于2016年、2017年连续四次(每年两次)蝉联国际TOP500组织评选的世界超级计算机的冠军,目前与曾获得过世界六连冠的中国天河二号一起暂居世界排名前十。

图1.1.7 中国"神威·太湖之光"超级计算机

(2) 微型化

微型计算机简称微机,也叫个人计算机(本书中所述计算机如无明确说明,则指微型计算机),其发展可按CPU的字长变化大致划分为五个阶段,如图1.1.8所示。

图1.1.8 微机CPU的发展(以Intel公司为例)

随着微型计算机的快速发展,其结构形式也越来越多样化,目前主要有4种:台式机(包括品牌台式机和兼容台式机)、笔记本电脑、一体机(图1.1.9)、平板电脑(图1.1.10)。

(3) 网络化

网络无处不在,现在的计算机只有联网后才能充分发挥其潜能。

(4) 智能化

未来的计算机虽形式多样,实现原理也会相差很大,但向智能化发展的趋势是很明显的。

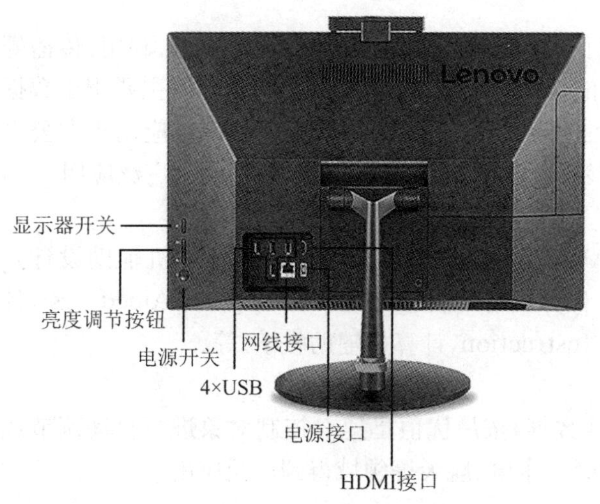

图 1.1.9 一体机

图 1.1.10 平板电脑

1.1.3 计算机的工作原理

现代计算机就其结构原理而言,占主流地位的仍是以程序存储原理为基础的冯·诺依曼结构计算机,其基本特点是:程序由指令组成,并与数据一起存储在计算机中,一旦被执行,则按照程序规定的逻辑顺序从存储器中读出指令并逐条执行,自动完成程序所描述的工作。其结构如图 1.1.11 所示。

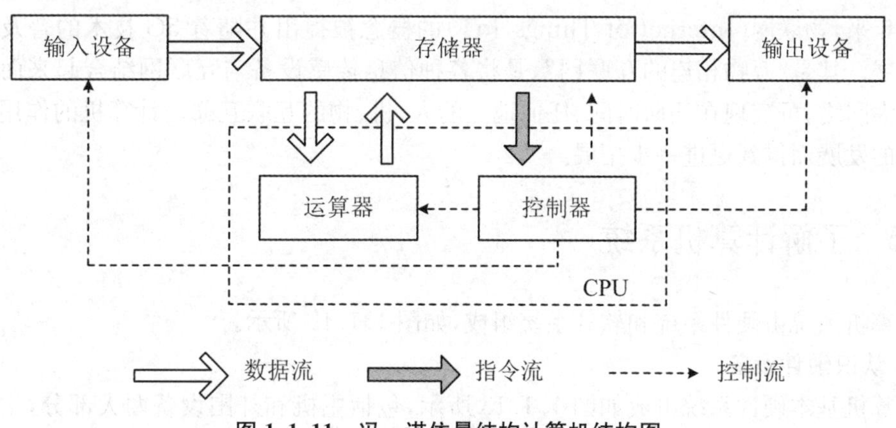

图 1.1.11 冯·诺依曼结构计算机结构图

1.1.4 计算机的应用

计算机的应用已渗透到社会的各行各业,正在改变着人类传统的工作、学习和生活方式,推动着社会的发展。

1. 科学计算

在现代科学技术工作中,科学计算数量大且复杂。利用计算机的高速并行计算、大存储容量和连续运算能力，可以解决人工无法解决的各种科学计算问题。

2. 数据处理

数据处理是指计算机对各种数据进行收集、存储、整理、分类、统计、加工、利用、传播等一系列活动的统称，是当前计算机最主要的应用。据统计，80%以上的计算机主要用于数据处理，这类工作量大面宽，是计算机应用的主要方面。目前，数据处理已广泛应用于办公自动化、情报检索、图书管理、会计电算化等领域，大量数据处理系统（软件）得到广泛应用。

3. 辅助技术

计算机辅助技术很多，常见的有 CAD（Computer Aided Design，计算机辅助设计）、CAM（Computer Aided Manufacturing，计算机辅助制造）、CAT（Computer Aided Test，计算机辅助测试）和 CAI（Computer Aided Instruction，计算机辅助教学）等。

4. 过程控制

过程控制是利用计算机实时采集检测数据，按最优值迅速对控制对象进行自动调节或自动控制。其在机械、冶金、石油、化工、纺织、水电、航天等领域得到广泛应用。

5. 人工智能

人工智能（Artificial Intelligence，AI），是指利用计算机模拟人类的智能活动，诸如感知、判断、理解、学习、问题求解和图像识别等。现在人工智能研究如火如荼，成果也很多，例如，能模拟高水平医学专家进行疾病诊疗的专家系统、具有一定思维能力的智能机器人（包括虚拟个人助理、在线客服等）、视频游戏、购买预测音乐和电影推荐服务等。

6. 网络应用

计算机技术与现代通信技术结合形成了计算机网络。计算机网络的建立，不仅解决了一个单位、一个地区、一个国家内计算机与计算机之间的通信，各种软、硬件资源的共享，也大大促进了国际间的文字、图像、视频和音频等各类数据的传输与处理。

近年来，物联网（Internet of Things，IoT）的概念被提出并随着 5G 技术的普及而得到快速发展。其是“万物相连的互联网”，是将各种信息传感设备与互联网结合起来而形成的一个巨大网络，可实现在任何时间、任何地点的人、机、物的互联互通。计算机的作用将伴随物联网的发展而得到更进一步拓展。

1.1.5 了解计算机系统

计算机系统由硬件系统和软件系统组成，如图 1.1.12 所示。

1. 认识硬件设备

计算机基本硬件系统组成如图 1.1.13 所示，包括主机和外围设备两大部分，主机中常见的部件如图 1.1.14 所示。外围设备有很多可选，如图 1.1.15 所示。

2. 了解软件系统

计算机之所具有强大的功能，除了与硬件系统相关外，还与软件系统有着密切的关系。计算机软件包括控制计算机自动运行的程序、相关数据及文档等，起到管理和使用计算机、充分发挥硬件功能的重要作用。软件系统包括系统软件和应用软件。

（1）系统软件

系统软件是由计算机厂家或第三方厂家提供的，一般包括操作系统、语言处理程序、数据库管理系统以及相关服务程序等。

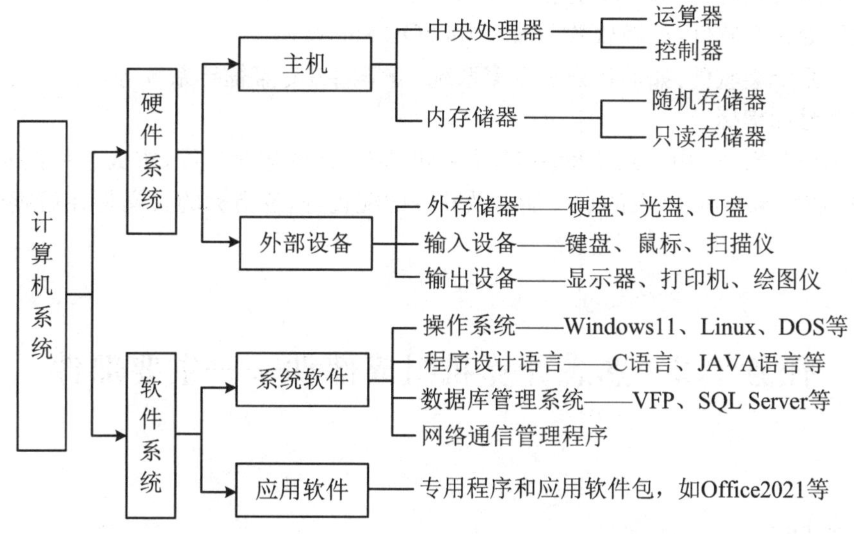

图 1.1.12　计算机系统的组成

图 1.1.13　计算机基本硬件系统

图 1.1.14　计算机主机内部结构

图 1.1.15　常见外围设备(打印机、扫描仪、投影仪、摄像头)

(2) 应用软件

为利用计算机解决各类问题而编写的程序称为应用软件，包括各种实现科学计算的软件和软件包、各种管理软件、各种辅助软件和过程控制软件等。可以说，计算机的应用软件越丰富，就越能发挥其功能。

① 文字处理类软件：如美国微软 Word 和中国金山 WPS Office 等。

② 表处理类软件：如 Excel、办公之星等。

③ 数据处理类软件：如微软的 Access 和 SQL Server 等。

④ 专家系统类软件：如动物识别专家系统、清华同方专家辅导系统等。

3. 主要性能指标

计算机的性能高低由一组指标决定，主要包括 CPU 的运算速度、主板芯片组的档次、存储器的存取速度与容量、外设的扩展能力及软件的配置等，各指标的含义将在后续内容中一一讲解。

任务 1.2 熟悉计算机组成部件——主要部件

1.2.1 CPU

1. 初识 CPU

图 1.2.1 所示为 Intel 公司 Core i9 12900K CPU 的外观（正反面）。

图 1.2.1 Intel Core i9 12900K CPU 的外观

2. CPU 的概念及功能

CPU（Central Processing Unit）的中文意思是中央处理器，它是一块超大规模集成电路，是计算机的运算和控制中心，负责对信息和数据进行运算和处理，并实现自身运行过程的自动化。CPU 主要包括运算器（Arithmetic and Logic Unit，ALU）和控制器（Control Unit，CU），还包括多级高速缓冲存储器（Cache）、若干个寄存器及实现它们之间联系的数据、控制及状态总线。

CPU 的主要功能是取指令、分析指令和执行指令。这里的指令就是人指挥计算机工作的各种指示和命令，它通常包含在计算机程序中。计算机程序是按一定顺序排列的一系列指令，执行程序的过程就是 CPU 按给定的逻辑顺序依次执行程序中一条一条指令的过程。计算机协助人类完成每一项工作都要靠执行相应的程序来实现；人类通过学习计算机语言，编写各种计算机程序，从而控制计算机为人类服务。

CPU 能识别和执行的所有指令构成该 CPU 的指令系统，指令系统中各指令按功能不同又分成多个指令集。不同品牌、同品牌不同型号的 CPU，其指令系统和指令集存在差异。

3. CPU 的主要参数

(1) CPU 的频率

① 主频：指 CPU 内核工作的时钟频率（CPU Clock Speed），目前以 GHz 为单位。

② 外频：通常指系统总线的工作频率（系统时钟频率），亦即 CPU 与周边设备传输数据的频率，具体是指 CPU 到芯片组（不包括北桥）之间的总线速度。外频是 CPU 与主板之间，也是内存与主板之间的同步运行的频率，目前以 MHz 为单位。

③ 倍频（系数）：是主频与外频之比（倍频 = 主频/外频）。

(2) CPU 的接口类型

CPU 的接口类型是指 CPU 与主板的连接方式，当前 CPU 与主板的接口采用触点式，具体有：Intel 的 LGA 系列（如 LGA 1700、1200、1151 和 2066 等）和 BGA；AMD 的 Socket TR4、sTRX4、AM 系列等。

(3) CPU 的制造工艺

CPU 的制造工艺也叫 CPU 制程，它的先进与否决定了 CPU 的性能优劣，目前已经达到 7 nm 的工艺水平。

(4) CPU 的缓存技术

CPU 的缓存指 CPU 中与内存交换数据的临时缓冲存储器，它的容量比内存小但交换速度更快。当前的 CPU 一般有三级缓存，分别称为 L1、L2 和 L3。

(5) CPU 的字长

CPU 的字长指 CPU 在单位时间内（同一时间）能一次处理的二进制数的位数。由于二进制 128 位 CPU 的性能难以充分发挥，当前 CPU 字长都是 64 位的。

(6) CPU 的多核技术

CPU 的多核技术是指将多个独立执行单元嵌入到一个 CPU 内部，每个指令序列（线程）都具有一个完整的硬件执行环境，实现各线程并行执行。当前一个 CPU 中的核心数量已经可以达到几十个。

(7) CPU 的超线程技术

超线程（Hyper-Threading，HT）技术，是 Intel 公司为提高 CPU 工作效率而采用的技术，与 AMD 公司的同步多线程（Simultaneous Multi-Threading，SMT）功能相似，它利用特殊的硬件指令，在具有 N 个核心的 CPU 上整合大于 N 个逻辑处理器单元，让每个核心能使用线程级并行计算。采用该技术后，N 核 CPU 最多可同时处理 $2N$ 个线程，这样能减少 CPU 的闲置时间，提高 CPU 的运行效率。由于该技术需要内存、操作系统及应用软件的支持，因而实际应用难度太大。

(8) CPU 支持的内存类型

当前的内存类型正由 DDR4 向 DDR5 过渡，不同厂家、不同型号的 CPU 支持的内存最大值、最高频率都不同，实际选购时要特别注意相互匹配性。

(9) CPU 支持的显卡类型

CPU 支持的显卡类型主要是指支持的显卡扩展槽的类型，目前主要是 PCIe3.0、PCIe 修订版 3.0、PCIe4.0 和 PCIe5.0，目前占用的通道数一般为 16 个。

(10) CPU 的指令集

CPU 的指令集是指 CPU 中用来计算和控制计算机系统的一类指令的集合。

Intel 公司常见的指令集有：MMX，SSE，SSE2，SSE3，SSSE3，SSE4.1，SSE4.2，EM64T，VT-x，AES，AVX，AVX2，AVX512F，FMA3，TSX 等。

AMD 公司常见的指令集有：MMX(+)，SSE，SSE2，SSE3，SSSE3，SSE4.1，SSE4.2，SSE4A，x86-64，AMD-V，AES，AVX，AVX2，FMA3，SHA 等。

CPU 的指令集越丰富，其功能越强大，但结构也就越复杂，价格也越高。在实际选用 CPU 时要结合实际需求选择，不是指令集越丰富越适合。

(11) CPU 的热设计功耗

CPU 的热设计功耗(Thermal Design Power，TDP)，是 CPU 满载运行(使用率为 100%)时能够达到的最大功耗。其与 CPU 的实际功耗可以相差很大，CPU 空载(使用率为 0)时实际功耗远小于 TDP，而超频时实际功耗要大于 TDP。

TDP 值主要是生产 CPU 的厂家提供给生产散热片、风扇以及机箱的厂商等进行系统设计时作参考的。

(12) CPU 的新技术

① 睿频加速技术。睿频加速技术是 Intel 公司在最新酷睿 i 系列 CPU 中采用的新技术，它使得 CPU 可以在某一范围内根据处理数据需要，自动调整其主频数值(以往 CPU 的主频是出厂之前被设定好、不可以随意改变的)。该技术是基于 Nehalem 架构的电源管理技术，通过分析当前 CPU 的负载情况，智能地临时关闭一些用不上的核心，把资源留给正在使用的核心，并使它们以更高的频率运行，这样，在不影响 CPU 的 TDP 的情况下，能把核心工作频率调得更高，从而进一步提升性能；相反，当需要多个核心时，动态开启相应的核心，智能降低频率。如 i9 12900K CPU，其主频是 3.9 GHz，最高可达 5.2 GHz，在此范围内可以自动调整其数据处理频率。采用此技术的 CPU 不仅可以满足用户多方面的需要，而且省电，使 CPU 具有一些智能特点。

睿频加速 Max 技术 3.0 通过识别处理器的最快内核并让其处理最关键的工作负载，使轻量级线程性能得到优化，可大幅提高最快内核的频率，从而让用户获得卓越的处理器性能。ADM 公司的 CPU 动态加速技术与此相似。

② 增强型 Intel SpeedStep 技术。CPU 的增强型 Intel SpeedStep 技术是 Intel 公司提供给用户的一种节能技术，其允许用户系统动态调整 CPU 电压和内核频率，从而降低平均电耗及产热量，实现节能。

③ Intel 定向 I/O 虚拟化技术。Intel 定向 I/O 虚拟化技术(VT-d)是此前的虚拟化技术(VT)的扩展，它向硬件提供虚拟化解决方案，帮助用户提高系统的安全性和可靠性，并改善 I/O 设备在虚拟化环境中的性能。这能从本质上帮助 IT 管理人员通过减少潜在的停机时间而降低总拥有成本，并通过更充分地利用数据中心资源而增大生产性吞吐量。

4. CPU 实例介绍

(1) Intel Core i9 12900K

Intel Core i9 12900K CPU 的外观如图 1.2.1 所示，其参数名称及参数值如表 1.2.1 所示。

表 1.2.1　Intel Core i9 12900K CPU 参数名称及参数值

适用类型	台式机	集成显卡	Intel UHD Graphics 770
CPU 系列	酷睿 i9 12 代系列	显卡基本频率	300 MHz
制作工艺	Intel 7(10 nm)	显卡最大动态频率	1.55 GHz
核心代号	Alder Lake	显卡其他特性	DirectX 支持:12
CPU 架构	Golden Cove		OpenGL 支持:4.5
PCI Express 版本	PCIe 4.0、PCIe 5.0		多种格式编解码器引擎:2
			英特尔 QuickSyncVideo:是
CPU 主频	3.9 GHz		英特尔清晰视频核芯技术:是
最高睿频	5.2 GHz		OpenCL 支持:2.1
核心数量	十六核心	支持的显示器数量	4
线程数量	二十四线程	最大分辨率	HDMI:4096x2160@60Hz
二级缓存	14 MB		DP:7680x4320@60Hz
三级缓存	30 MB		eDP-集成平板:5120x3200@120Hz
热设计功耗(TDP)	125 W		
最大加速功耗(MTP)	241 W	执行单元	32
支持最大内存	128 GB	图形输出	eDP1.4b,DP1.4a,HDMI2.1
内存类型	DDR5 4800 MHz,DDR4 3200 MHz	睿频加速 Max 技术	支持,3.0,5.2 GHz
		睿频加速技术	支持,2.0
最大内存通道数	2	超线程技术	支持
最大内存带宽	76.8 GB/s	虚拟化技术	Intel VT-x,VT-d,EPT
插槽类型	LGA 1700	指令集	SSE4.1/4.2,AVX2,64bit
封装大小	45×37.5 mm	64 位处理器	是
最高温度	100 ℃	英特尔高斯和神经加速器	3.0
最大 CPU 配置	1		

(2) AMD Ryzen ThreadRipper Pro 3995WX

AMD Ryzen ThreadRipper Pro 3995WX CPU 的外观如图 1.2.2 所示，其参数名称及参数值如表 1.2.2 所示。

5. CPU 的分类

CPU 从不同的角度有各种不同的分类方法，当前常见的分类方法如下：

(1) 按品牌分

Intel 公司的酷睿(Core)i9、i7、i5 等系列，至强(Xeon)W 和 E 系列；AMD 公司的锐龙线程撕裂者(Ryzen ThreadRipper)、锐龙(Ryzen)系列，APU 系列，FX 系列及罗马(ROMA)系列等；国产的龙芯 3 号系列、2 号系列和 1 号系列等。

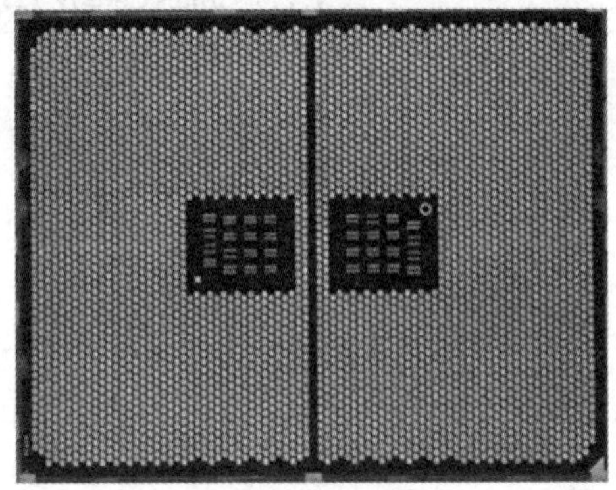

图 1.2.2 AMD Ryzen ThreadRipper Pro 3995WX 的外观

表 1.2.2 AMD Ryzen ThreadRipper Pro 3995WX 参数名称及参数值

适用类型	台式机	超线程技术	支持超线程技术
CPU 系列	AMD Ryzen ThreadRipper 3000	64 位处理器	是
制作工艺	7 nm	Virtualization（虚拟化）	支持 Virtualization（虚拟化）技术
CPU 架构	Zen 2		
PCI Express 版本	PCIe 4.0	TDP(热功耗设计)技术	支持
CPU 主频	2.7 GHz	TDP(热功耗设计)	280 W
最高睿频	4.2 GHz	最大动态频率	4.3 GHz
核心数量	六十四核心	支持最大内存	2TB
线程数量	一百二十八线程	内存类型	DDR4 3200 MHz
一级缓存	4 MB	最大内存通道数	8
二级缓存	32 MB	插槽类型	Socket sWRX8
三级缓存	256 MB	兼容主板	WRX80

自强不息的国产化芯片

材料 1

2015 年 4 月，美国商务部发布公告，决定禁止向中国 4 家国家超级计算机机构出售至强(Xeon)芯片。该禁售造成“天河二号”升级计划拖延，称雄全球三年后止步。

2018 年 1 月，美国石英财经网站等媒体披露，英特尔公司芯片存在严重技术缺陷，引发全球用户对信息安全的担忧。专业人士指出，英特尔芯片缺陷导致的漏洞可能影响几乎所有电脑和移动设备用户的个人信息安全，受波及设备数以亿计，漏洞的修补过程可能导致全球个人电脑性能明显下降。这就是轰动一时的 Intel 芯片“漏洞门”。

2018 年 7 月 6 日，中美贸易战正式打响，同时美国对中国以华为为代表的科技企业的打压骤然升级，各种政策不断出台。截止到 2022 年底，已有 1000 余家中国公司、机构及个人被纳入到美国商务部工业和安全局(BIS)所谓“贸易黑名单”的实体清单中。

2022 年 6 月 22 日，西北工业大学发布《公开声明》称，该校遭受境外网络攻击。后经国家计算机病毒应急处理中心等分析确认，相关攻击活动源自美国国家安全局(NSA)特定入侵行动办公室。

（根据网络报道组编。）

材料2

2000年中国科学院计算机所下属的课题组拿着从计算机所抠出的100万元经费，开始了国产CPU研究（那时CPU生产厂家早已是Intel和AMD两家独大了），在其后的20多年时间里，李国杰、胡伟武和他们的同事们克服了一个又一个困难、实现了一个又一个不可能，相继推出龙芯1～3号多系列CPU，分别对应服务器端、嵌入式设备和个人终端，这些CPU在关乎国家安危的航天、军事、能源、金融等领域都有着大规模应用，有效保证了我国主要基础设施的网络安全。

据相关部门测算，2021年我国CPU国产化率超过10%，其中具有代表性的包括采用ARM架构的华为鲲鹏和飞腾、采用X86架构的兆芯和海光、走自主可控道路的龙芯和申威。当前在国家的重要领域我们已基本实现自主可控，在日常工作、生活中也已有芯可用。

（根据网络报道组编。）

问题讨论

1. 天河二号和“神威·太湖之光”超级计算机分别用的什么品牌CPU芯片？从中体会一下我国领导者高瞻远瞩、居安思危的治国智慧。

2. 结合上述两个材料谈谈你对当前“构建自主可控的信息系统”“实施国产化替代工程”的一些认识。

(2) 按核心（或线程）数量分

按核心数量，CPU有八核心、十六核心、六十四核心等；按线程数量，CPU有八线程、十六线程、一百二十八线程等。

(3) 按接口（插槽）类型分

Intel的LGA系列（如LGA 1155、1366、2011和2066等）和BGA；AMD的Socket TR系列、AM系列、FM系列等。

(4) 按制造工艺分

目前有5 nm、7 nm、10 nm、12 nm及14 nm等工艺技术。

(5) 按适用机型分

有台式机和一体机CPU、笔记本电脑CPU、企业级（服务器）CPU（如Xeon和ROMA系列CPU）及平板电脑CPU等。

1.2.2　内存条

1. 初识内存条

图1.2.3所示是金士顿公司骇客神条FURY 16GB DDR4的外观，图中对该内存条的相关信息作了标注。

2. 内存条的概念及功能

内存条是主内存储器的俗称，是计算机的重要部件之一，由内存芯片、电路板、金手指等部分组成。其中内存芯片是内存条的核心部分，它是一种随机存储器（RAM），一般由半导体存储单元构成。内存条的功能是暂时存放CPU运算所需的数据以及与硬盘等外部存储器交换的数据。它是外存与 CPU 进行沟通的桥梁。我们日常提及的计算机内存基本都是指内存条,其性能对计算机整体性能的影响非常大。

图 1.2.3 金士顿 FURY 16GB DDR4 骇客神条

3. 内存的分类

计算机的存储器分为内存储器和外存储器(有时也相应地叫主存储器和辅助存储器),其中外存储器相关知识将在后面介绍。这里的内存储器简称内存,除了上面提到的内存条以外,计算机的很多部件中都有内存,这些内存的性质和作用不尽相同,分别属于不同的内存家族。内存可以按照外观接口、技术标准、内存芯片的封装形式等进行分类,下面按工作原理来介绍几种常见的内存。

(1) ROM(Read Only Memory,只读存储器)

最常见的 ROM 是计算机主板上的 BIOS,由于对 BIOS 进行升级时需要写入新数据(有的还要先清除原有数据),而 BIOS 是只读存储器,写入数据很不方便,所以一直以来,对 ROM 清除数据和写入数据的技术改进从未停歇,产品替代一直持续。

① PROM(Programmable ROM,可编程只读存储器)。

② EPROM(Electrically Programmable ROM,可擦可编程只读存储器)。

③ EEPROM (Electrically Erasable Programmable ROM,电可擦可编程只读存储器)。

④ FlashMemory(快闪存储器,简称闪存)。

(2) RAM(Random Access Memory,随机存储器或随机存取存储器)

RAM 按工作原理可以再进行细分,主要包括:

① SRAM(Static RAM,静态随机存储器),如 CPU 的 Cache 就是一种 SRAM。

② DRAM(Dynamic RAM,动态随机存储器),又进一步包含:SDRAM(Synchronous DRAM,同步动态随机存储器),目前已淘汰;RDRAM(Rambus DRAM),美国 RAMBUS 公司开发的一种内存,现在已经很少使用;DDR SDRAM(Double Data Rate SDRAM,双倍速率同步动态随机存储器),是当前计算机内存的主要类型,且已发展到第五代——DDR5。另外,显卡中的显示内存也属于 DDR,是专门为显卡而设计的,称为 GDDR(目前发展到 GDDR6),它和普通内存条是不同的。

③ FRAM(Ferroelectric RAM,铁电随机存储器)将 RAM 的快速读取和写入访问能力与 ROM 在电源关掉后能保留数据的能力结合起来,能在非常低的电能需求下快速地存取,因而有望在小型设备中得到广泛应用,比如个人数字助理(PDA)、手机、功率表、智能卡以及安全系统等。另外,FRAM 比闪存更快,在一些应用上,它也有可能替代电可擦除只读存储器(EEPROM)和静态随机存取存储器(SRAM),并成为未来无线产品的关键元件。

4. 内存条的主要参数

(1) 内存条的容量

它指内存条可以容纳的二进制信息总量,以字节数来衡量,当前内存条的容量单位为 GB。

(2) 内存条的读写速度

一般用存取一次数据的时间作为性能指标,时间越短,速度就越快。

(3) 内存条的奇(偶)校验

为检验存取数据是否准确,内存条中每个字节指定1位作为奇偶校验位,并配合主板的奇偶校验电路对存取的数据进行校验,以提高数据的正确性。一般只有服务器上专用的内存条才具有奇偶校验功能,这样的内存条价格较高。

(4) 内存条的工作电压

工作电压越低,越有利于控制内存的发热量。当前内存条的工作电压都在 2V 以下。

(5) SPD

SPD(Serial Presence Detect)本质是一种 EEPROM,里面存有 JEDEC 规定的标准信息和厂商自定义信息。由于 SPD 的信息很多,在此就不一一列出了,如同主板的 BIOS 一样,SPD 也是可以刷新的。

(6) CL 延迟

CL 是 CAS Latency 的缩写,即 CAS 的延迟时间(若干个时钟周期数)。

5. 内存条实例介绍

金士顿 FURY BEAST 16GB DDR5 4800 内存条如图 1.2.4 所示,其详细参数如表 1.2.3 所示。

图 1.2.4　金士顿 FURY BEAST 16GB DDR5 4800

表 1.2.3　金士顿 FURY BEAST 16GB DDR5 4800 内存条的详细参数

适用类型	台式机	内存类型	DDR5
内存容量	16 GB	内存主频	4800 MHz
容量描述	1×16 GB	工作电压	1.1 V
颗粒封装	FBGA	针脚数	28 pin
CL 延迟	38	XMP	支持,XMP3.0

1.2.3　主板

1. 初识主板

图 1.2.5 所示是 Asus/华硕 ROG MAXIMUS Z690 EXTREME 主板的外观,图中对该主板的主要组成部件作了标注。

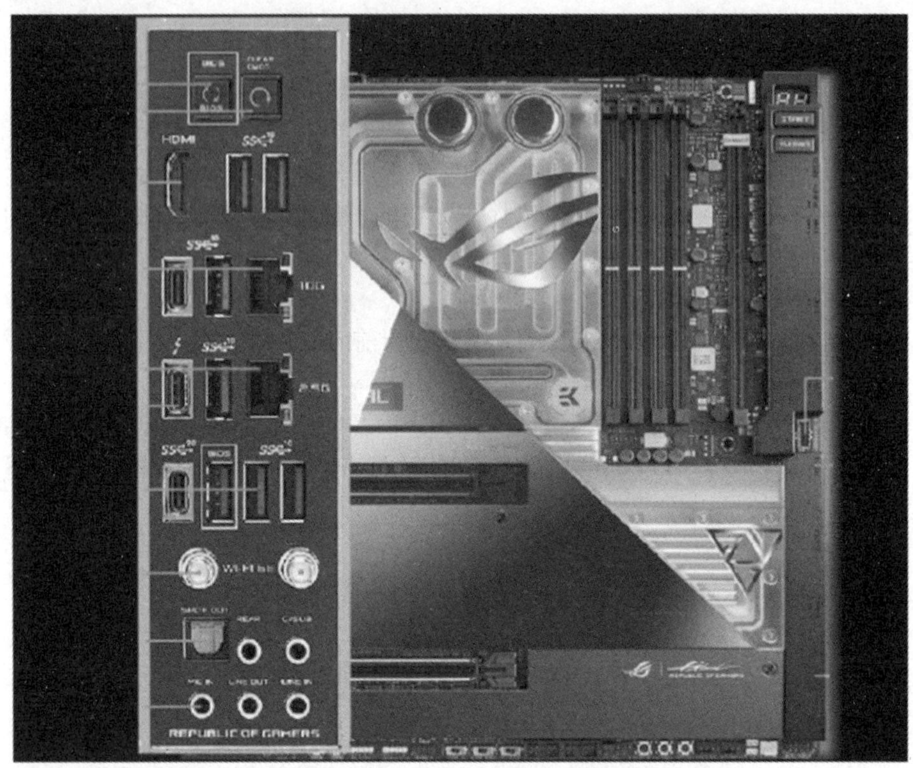

图 1.2.5 华硕 ROG MAXIMUS Z690 EXTREME 主板的外观

2. 主板的概念及功能

主板是计算机中最重要的部件之一，是整个计算机系统工作的基础，是连接其他设备的桥梁。它负责整个系统的数据传输和外部设备的管理等工作。

3. 主板的结构

主板的结构标准是根据主板上各元器件的布局排列方式、尺寸大小、形状、所使用的电源规格等制定出的，所有主板厂商都必须遵循。由于主板是电脑中其他各种设备的连接载体，而这些设备又是各不相同的，而且主板本身也有芯片组、各种 I/O 控制芯片、扩展插槽、扩展接口、电源插座等元器件，因此制定一个标准以协调各种设备的关系是必需的。

主板的结构标准主要有 AT、Baby-AT、LPX、NLX、BTX、Flex ATX、WATX、ATX(标准型)、Micro ATX(或 M-ATX，紧凑型)、E-ATX(加强型)以及 Mini-ITX(迷你型)等。其中 ATX 系列主板标准得到世界主要主板厂商的支持，目前已经成为最广泛应用的工业标准。ATX 系列主板由于符合同一标准，所以主要组成部件是相似的，都由若干功能模块组成，每个功能模块由一些芯片或元件组成，如 CPU 插座、内存插槽、扩展槽、芯片组、缓存、总线、各种接口、BIOS 芯片和 CMOS 芯片等。

4. 主板的主要参数

(1) 芯片组

芯片组(Chipsets)是主板的“灵魂”，它不仅负责主板上各种总线之间的数据和指令传输，而且还承担着硬件资源的分配与协调。因此，芯片组决定了主板的功能，进而影响到整个计算机系统性能的发挥。

不同类型计算机对芯片要求的侧重点不太一样。台式机芯片组要求有强大的性能，良好的兼容性、互换性和扩展性,对性价比、可升级性及扩展能力要求最高。笔记本电脑芯片组要求较低的能耗、良好的稳定性,但对综合性能和扩展能力的要求低。服务器/工作站芯片组对综合性能和稳定性的要求在三者中最高,部分产品甚至要求全年满负荷工作,在支持的内存容量方面也是三者中最高的,能支持高达几百 GB 的内存,而且其对数据传输速度和数据安全性要求也最高,所以其存储设备也多采用 SAS 接口而非 SATA 接口,而且多采用 RAID 方式提高性能和保证数据的安全性。

① 主芯片组

主板芯片组由一组芯片组成,其中有 2 块芯片起主导作用,构成主芯片组。按照其在主板上的排列位置的不同,分别叫南桥芯片和北桥芯片。南桥芯片负责外部存储器(硬盘、光驱)以及其他硬件资源(USB 接口、串口、并口等)的控制、调配及传输任务;北桥芯片担负 CPU、内存、PCIe 显卡之间的数据、指令的交换、控制和传输任务。由此可见,两者中北桥芯片的作用更大,所以也称北桥为主桥(Host Bridge),现在也有将南北桥合二为一的主板,如支持 Intel CPU 的 Z690 芯片组和支持 AMD CPU 的 RX40 芯片组等。

② BIOS 芯片和 CMOS 芯片

BIOS(Basic Input/Output System,基本输入输出系统)芯片是主板上的一个只读存储器(Flash Memory 或 EPROM),其中存放了一组非常基础、重要的程序,通常称之为 BIOS 程序,我们需要知道的不是 BIOS 芯片本身,而是其中存储的程序。

CMOS(Complementary Metal Oxide Semiconductor,互补金属氧化物半导体)特指电脑主板上的一块可读写的 RAM 芯片,用来保存 BIOS 设置完电脑硬件参数后的结果数据。为了持续保存数据,主板上有一块 CMOS 电池(一块可充电电池,当电脑开机、主板通电后可以自动充电),在电脑关机后专门给 CMOS 供电。当 CMOS 电池不能充电或损坏时,可以很轻松地取出,更换新电池。

有关 BIOS 和 CMOS 的知识将在项目 3 中进一步介绍。

③ 集成(板载)声卡芯片

集成声卡也称板载声卡,是指主板芯片组支持、整合的声卡,其对应的音频处理芯片集成在主板上或南桥芯片中,同时主板上也提供了声卡的外部接口。使用集成声卡的主板可以在比较低的成本上实现声卡的完整功能,从而有更高的性价比。与集成声卡相对应的是独立声卡。

④ 集成(板载)网卡芯片

集成网卡(RJ45 有线、Wi-Fi 无线)与集成声卡类似,主板上也有对应芯片和外部接口。

⑤ 集成(板载)显卡芯片

显卡芯片可以集成在主板上(已经很少见了)和 CPU 中,集成在主板上的通常称为集成显卡,集成在 CPU 内部的叫核芯显卡,简称核显,两者相似之处是主板侧面都带有接显示器的接口,但不是所有 CPU 都带核显的,选购时要注意这一点。

(2) 主板内部接口

主板内部接口是指主板表面集成的各种插座和插槽,其种类的多少、性能的高低对计算机整体性能影响很大。

① CPU 插座

CPU 插座是主板连接 CPU 的接口,由于几十年来 CPU 的不断变化,主板的 CPU 插座也相应在发生改变,目前有:Intel 的 LGA 系列(如 LGA 1151、1200、1700 和 2066 等)和

BGA，AMD 的 Socket TR 系列、AM 系列等。

② 内存插槽

内存插槽是内存条与主板之间的接口，其决定了可使用的内存的最大容量、最高频率等内存主要参数。和 CPU 类似，由于内存条的接口在不断变化，导致主板内存插槽的规格也随之变化。目前台式机主板的内存插槽是支持 DDR4 和 DDR5 的 288 pin 插槽。

③ PCI Express 插槽

PCI Express（简称 PCI-E 或 PCIe）是最新的总线和接口标准，它原来的名称为“3GIO”，是由 Intel 公司提出的，后改名为“PCI Express”。其取代了 AGP 和 PCI，最终实现了总线标准的统一。

PCI Express 的主要优势是数据传输速率高，目前 PCIe Gen4（或 PCI Express 4.0，即第四代）的传输速率是 Gen3 的两倍，达到 16 GT/s，其后的 PCIe 5.0 更是达到 25 GT/s 和 32 GT/s。

每个版本的 PCI Express 都有多种规格：×1、×4、×8 和×16（乘号后面的数字表示总线（Lane）的数量，对 Gen4 而言，单总线的有效带宽是 1969 MBps，一般是供网卡、声卡使用；16 总线的可达 31.5 GBps，一般是供显卡使用），能满足一定时间段内不同速率设备的需求。

主板上 PCI Express 插槽的表示方法通常由三部分组成：接口类型名称、版本号、总线数。其总吞吐量（总可用带宽）计算方法是：总吞吐量＝传输速率×编码方案×总线数（或通道数）。如 PCIe4.0×16 表示总线数为 16 的第四代 PCI Express 插槽，其总吞吐量＝16 GT/s×128/130×16≈252.06 GBps≈31.508 GBps（采用 128b/130b 编码方案）。

另外，PCIe 还支持高阶电源管理、热插拔、数据同步传输等，并为优先传输数据进行带宽优化。

④ SATA 接口

SATA 是 Serial ATA 的缩写，即串行 ATA，主要作为硬盘及光驱的接口。与并行 ATA 相比，SATA 接口一次只传送 1 位数据，使数据线针脚数减少到 7。当前 SATA 3.0 数据传输率定义为 6 GBps（是 SATA 2.0 的 2 倍、SATA 1.0 的 4 倍），理论上可达 150 MBps（即 1.2GBps）。

SATA 的“外置”版叫 e-SATA 接口，通过它可轻松地将 SATA 硬盘与主板的 e-SATA 接口连接，而不用打开机箱更换 SATA 硬盘，为了保证物理连接的牢固性，e-SATA 接口处一般加装有金属弹片。

另外，SATA 接口还有一款内置迷你版本，称为 mSATA（mini-SATA），其具有跟 SATA 接口标准一样的速度和可靠性。

⑤ M.2 接口

M.2 接口是 Intel 推出的一种替代 mSATA 的接口规范，早期称为 NGFF（Next Generation Form Factor），一开始主要是满足超级本用户的存储需求，由于 M.2 接口支持很多协议，可通过设置其 KEY 槽以实现不同功能，因而得到快速普及。与 mSATA 相比，M.2 主要有两个方面的优势：

第一是速度方面的优势。M.2 接口有两种类型，即 Socket 2（B key，早期使用的）和 Socket 3（M key），其中 Socket 2 支持 SATA 3.0、PCIeE×2 总线协议，如采用 PCIe×2 总线，最大读取速度可达 700MB/s，写入也能达到 550MB/s；Socket 3 可支持 PCIe×4 总线，

理论带宽可达4GB/s,同时一般也兼容SATA3、PCI-E×2总线设备。

第二是体积方面的优势。虽然mSATA的固态硬盘体积已经足够小了,但在体积相同的情况下,M.2可以提供更高的存储容量。

⑥ 电源插座

电源插座是主板连接机箱电源上专用插头的接口,主要是给主板和CPU供电。

(3) 主板外部接口

主板外部接口是主板连接各类外部设备的接口,就台式机而言,包括前面板的接口和后面板的接口。主板外部接口的种类、数量及先进性直接关系到计算机的扩展性、兼容性和数据传输性能。

① USB接口

USB是英文Universal Serial Bus(通用串行总线)的缩写,应用很广泛。其主要包括传输标准和接口规格两方面。

USB的传输标准有多个版本,如:USB 1.0(已淘汰)支持低速率的1.5 MBps和全速率的12 MBps;USB 2.0支持480 MBps;USB 3.2 Gen1支持5 GBps,USB 3.2 Gen2支持10 GBps,USB 3.2 Gen 2×2使用两组USB Type-C的Tx/Rx通道－－－×2模式,最大传输速率达到20 GBps。

说明:USB-IF公布的USB 3.2系列包括USB 3.2 Gen 1(即早期的USB 3.0、USB 3.1 Gen 1)、USB 3.2 Gen 2(即早期的USB 3.1 Gen 2、USB 3.2 Gen 1×2)和USB 3.2 Gen 2 ×2。这三者还各自有一个市场推广命名,分别是SuperSpeed USB、SuperSpeed+ USB 10GBps、SuperSpeed+ USB 20GBps,对应简写为SS 5、SS 10、SS 20,如图1.2.6所示。

图1.2.6　USB主要传输标准比较

另外,USB-IF已经相继推出USB4 v1.0、v2.0规范,与以往不同,USB4中USB与4之间没有了空格。其中最新的USB4 v2.0采用新的物理层架构,可使用新定义的80 GBps有源线缆并兼容现有的40 GBps USB Type-C无源线缆支持最高80 GBps的传输速率;在部分应用下,还可启用不对称传输模式,在一个方向上提供高达120 GBps,同时在另一方向保持40 GBps的传输速率。此外,USB4 v2.0还支持DP2.1以及PCI Express 4.0。

对USB而言,我们还要熟悉不同传输标准下的各类接口规格,如图1.2.7所示(图中右边是放大后的Type-C接口)。自USB 3.2出现后,接口样式逐渐统一为Type-C,使用多年的Type-A等接口将逐步退出历史舞台。

② 雷电接口

雷电3(Thunderbolt 3)传输标准的带宽高达40 GB/s,兼容很多传输协议,因而可以实现传输数据、外接显示器、双向充电(如给笔记本电脑充电、笔记本电脑给其他电子设备充电)等功能,其接口具备菊花链功能,能够支持两个4K显示器。此外,雷电3接口还可以外接显卡扩展坞，为笔记本电脑提供更强的图形处理能力。

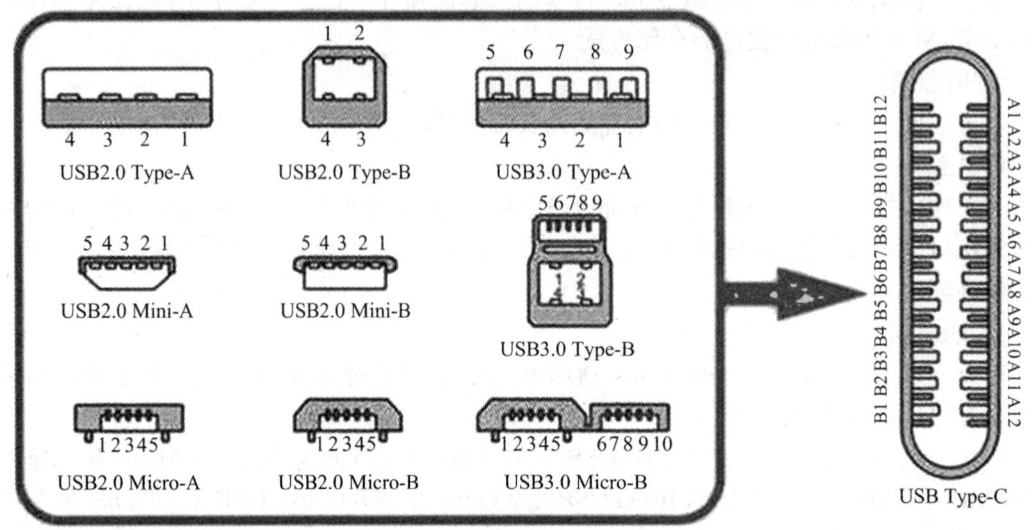

图 1.2.7　各类 USB 接口

在 CES 2020 大会上，Intel 公布了新一代雷电 4 接口。简单地说，雷电 4 就是“更严格版”的雷电 3，带宽最高还是 40 GBps，但性能下限进一步提升，并且扩展了功能，符合 USB4 规范的要求。雷电 4 也采用通用的 Type-C 接口，可以和 USB4 互补兼容，未来的电脑只需一个 Type-C 接口，就能淘汰以往的 USB Type-A、HDMI、DP、RJ-45 网口、音频口、充电口等，实现真正的“一口化”，用户再也不需要为不同的接口、设备、数据线和充电器而烦扰。

Type-C 接口体积小、可以正反插，可以让笔记本机身更简洁、轻薄，也可以让厂商在产品设计上有更大的发挥空间。

③ 集成(板载)显卡、网卡和声卡接口

如 DVI、HDMI、DP 等显示接口；RJ45 有线、Wi-Fi 无线等 LAN 网络接口；HD Audio、S/PDIF OUT 等音频接口(后续将具体介绍各接口的相关知识)。

④ eSATA 接口

该接口主要用于连接 SATA 接口的移动硬盘或光驱。

⑤ PS/2 接口

该接口主要用于连接键盘和鼠标，节省 USB 接口。

⑥ 其他接口

如光纤接口、并口、串口等。

(4) 主板的供电技术和散热设计

当前主板上连接的高速、超高速设备越来越多，主要包括 CPU、显卡、主板主芯片组和 M.2 接口上的设备等，这些设备工作所需的电能越来越大，对供电的稳定性要求也越来越高，同时它们散发的热量也越来越多，因而主板的供电技术和散热设计技术显得越来越重要，也逐渐成为主板的重要参数指标。

5. 主板实例介绍

ROG MAXIMUS Z690 EXTREME 主板(参见图 1.2.5)使用的是 Intel Z690 芯片组，其详细参数如表 1.2.4 所示。

表 1.2.4　华硕 ROG MAXIMUS Z690 EXTREME 主板详细参数

主板板型	E-ATX 板型	PCI-E 标准	PCI-E 5.0
外形尺寸	30.5×27.7cm	PCI-E×16 插槽	2个(1个支持×16运行规格，1个支持×4运行规格)
CPU 插槽	LGA 1700	PCI-E×1 插槽	1个
CPU 类型	第十二代 Core/Pentium/Celeron	存储接口	5×M.2 接口,6×SATA3 接口
CPU 描述	支持英特尔睿频加速最高 3.0 技术	背板接口	7×USB 3.2 Gen2 Type-A 接口、1×USB 3.2 Gen2 Type-C 接口
主板芯片组	Intel Z690		1×10G RJ45 网络接口、1×2.5G RJ45 网络接口
音效芯片	集成 Realtek ALC4082 7.1 声道音效芯片		2×Wi-Fi 6E 无线网络接口
网卡芯片	板载万兆网卡		1×S/PDIF 光纤数字音频输出接口、5×音频接口
内存类型	4×DDR5 DIMM	内置接口	1×USB 3.2 Gen2×2 Type-C 接口，支持 QC4+
内存描述	支持双通道 DDR5 5200MHz 内存		1×雷电 4 Type-C 接口
内存最大容量	128GB		5×M.2 接口,6×SATA3 6.0 GBps

6. 主板的分类

主板可以从主板品牌、支持的 CPU 品牌、主板板型、主板的主芯片组及使用主板的机型等很多方面来进行分类。

(1) 按主板品牌分类

华硕、技嘉、msi 微星、七彩虹、映泰、铭瑄、梅捷、昂达、华擎、影驰、磐正、圣旗、ASL 翔升、蓝宝石、Intel、超微和 EVGA 等。

(2) 按 CPU 品牌分类

支持 Intel CPU 的主板、支持 AMD CPU 的主板、支持国产 CPU(如龙芯 CPU)的主板等。

(3) 按主板板型分类

ATX(标准型)、M-ATX(紧凑型)、Mini-ITX(迷你型)、E-ATX(加强型)等。

(4) 按主芯片组分类

支持 Intel CPU 的 Z790、Z690、Z590、Z490、Z390、B660、B560、B460、B365、H610、H510、H370、B360、H410、H310、Z370、X299、Z270、B250、H270、Z170、B150、H170、H110、C232、X99、Z97、B85、H81 等芯片组。

支持 AMD CPU 的 TRX40、X670、X570、X470、A520、B550、B450、X399、A320、B350、X370、A88X、A85X、A68H、970、990FX、A78、A58 等芯片组。

(5) 按主板适用的机型分类

台式机主板、笔记本电脑主板、服务器主板及平板电脑主板等。

1.2.4 硬盘

1. 初识硬盘

图1.2.8所示是几种常见硬盘的外观，其中左边的是西部数据的机械硬盘，右上方是三星的M.2接口的NVMe SSD硬盘，右下方是Intel的SATA接口SSD硬盘。

图1.2.8 几种常见硬盘

2. 硬盘的概念及功能

硬盘英文是Hard Disc Drive，简称HDD(现在HDD一般专指机械硬盘，SSHD表示混合硬盘，SSD表示固态硬盘)，是计算机目前最主要的外部存储设备之一，用于存储用户最常用的程序和数据。

3. 硬盘的结构

(1) 机械硬盘的结构

机械硬盘主要包括编号标签、电路板、电源接口、跳线口、数据线接口、磁头、盘片和主轴电机等，如图1.2.9所示。

(2) 固态硬盘的结构

固态硬盘的外形有多种，典型的有盒式、条形和卡状，其最重要的三个组件是NAND闪存、控制器和固件。NAND闪存负责存储任务，控制器和固件相互协作来管理数据存储、维护SSD性能等。NAND闪存不仅决定了SSD的使用寿命，而且对SSD的性能影响也非常大。

4. 硬盘的主要参数

(1) 容量

硬盘的容量是指硬盘的存储空间大小，机械硬盘有总容量和单碟容量的概念，目前常用TB为单位；固态硬盘有总容量和闪存颗粒容量之分，常以TB、GB为单位。

(2) 闪存架构

这是固态硬盘的一个参数，NAND闪存有单层单元(SLC)、多层单元(MLC)和三层单

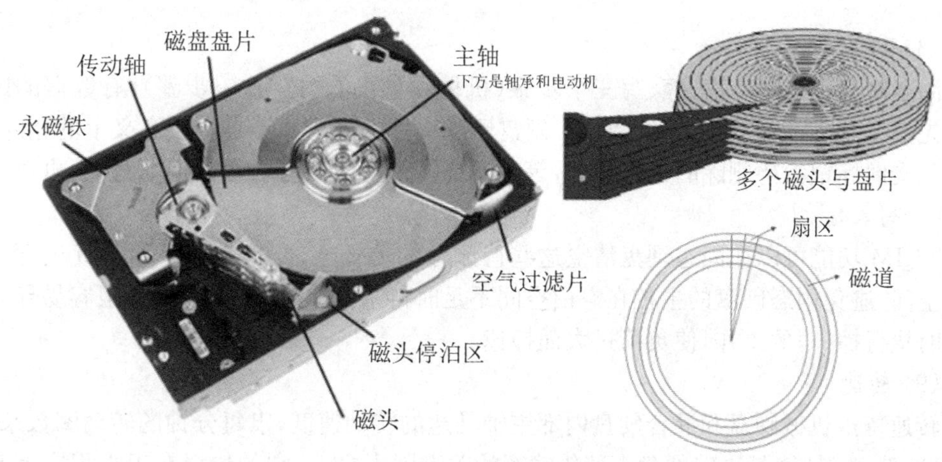

图 1.2.9　机械硬盘的结构

元(TLC)等类型,随着技术的进步,四层单元(QLC)及更多单元的 SSD 将会出现。

(3) 接口类型及接口速率

目前机械硬盘(包括混合硬盘)使用的主要是 SATA3 接口,也有服务器使用 SAS 接口;固态硬盘的接口类型较多,常见的有 SATA3 接口、M.2 SATA 接口、M.2 PCIe 接口、Type-C 接口、mSATA 接口、PCI-E 接口、U.2 接口、SATA2 接口、USB 接口、SAS 接口及 PATA 接口等。M.2 接口的固态硬盘宽度为 22 mm,常见的长度有 30 mm、42 mm、60 mm、80 mm 及 110 mm 等。

SATA3 接口的硬盘采用 AHCI(Advanced Host Controller Interface,高级主机控制器接口)技术管理内存和串行 ATA 设备的数据交换,接口速率最高为 6 GB/s。而采用 NVMe (Non-Volatile Memory Host Controller Interface Express,非易失性内存主机控制器接口)技术的 M.2 PCIe 接口速率可高达 32 GB/s。

(4) 缓存

缓存是硬盘控制器上的一块存储芯片,为硬盘与外部总线交换数据提供场所,目前硬盘的缓存一般是几十到几百 MB 不等的容量,有的固态硬盘没有缓存。

(5) 读写速度

硬盘是用来存储数据的,所以硬盘读写速度的快慢直接体现了硬盘的使用性能,当前机械硬盘的读写速度以 MB/s 为单位,读速度比写速度稍快一些。固态硬盘的读写速度比机械硬盘快很多,常以 GB/s 为单位表示。硬盘的读写速度一般可以用专业软件测试得到。

(6) 4K 随机读写能力

4K 随机读写性能是固态硬盘的关键指标,其单位为 IOPS,即每秒进行 4KB 数据读写操作的次数。硬盘的 4K 随机读写能力与硬盘的读写速度一样,可用专业软件测试得到。

(7) S.M.A.R.T.技术

S.M.A.R.T.全称为 Self-Monitoring Analysis and Reporting Technology,即自我监测、分析及报告技术,是一种自动硬盘状态检测与预警系统和规范。它通过硬盘硬件内的检测指令对硬盘的硬件运行情况进行监控、记录并与厂商所设定的预设安全值进行比较,若监控运行情况将要(或已经)超出预设的安全范围,就会通过主机的监控硬件或软件自动向用户发出警告并进行轻微自动修复,以保障硬盘数据的安全。现在大部分硬盘均具备该项技术。

(8) TRIM 功能

固态硬盘工作时有读、擦、写三个步骤(机械硬盘没有"擦"这一步骤),有数据的区域必须要先擦除清零,才能写入新的数据。硬盘删除文件的本质并不是真正意义上的删除,而是把这些文件标记为待删除的无效文件,等到需要在这些区域写入新数据的时候,再执行删除(擦除+写入)。

TRIM 功能可以让固态硬盘清空这些待删除的无效文件,把空间还原为真正意义上的空白空间,避免固态硬盘的主控在空白空间不足时再来擦除这些文件,那样很容易导致主控因同时执行擦、写的工作,使负荷过大而掉速。

(9) 转速

转速特指机械硬盘和混合硬盘内部主轴马达的转动速度,以每分钟的转动圈数来标记,如 7200 rpm。转速是决定硬盘内部传输率的关键因素之一,它的快慢在很大程度上影响了硬盘的速度,同时转速的快慢也是区分硬盘档次的重要标志之一。

(10) 平均访问时间

平均寻道时间(Average Seek Time)是指硬盘在接收到系统指令后,磁头从开始移动至定位到目标数据所在磁道所花费时间的平均值,它在一定程度上体现了硬盘读取数据的能力,是影响硬盘内部数据传输率的重要参数,单位为 ms。不同品牌、不同型号产品的平均寻道时间也不一样,时间越少,产品越好,现今主流的硬盘产品平均寻道时间都在 10 ms 以下。

平均等待时间(Average Wait Time)是指硬盘在读、写前磁头已处于要访问的磁道,等待所要访问的扇区旋转至磁头下方的平均时间,这一时间也少于 10 ms。

平均访问时间是指硬盘进行一次读或写操作的平均时间,该时间是平均寻道时间和平均等待时间之和。

注意:上述三个与时间相关的概念都是衡量机械硬盘性能的参数指标。

(11) 数据传输率

数据传输率是指计算机从硬盘中准确找到相应数据并传输到内存的速率,是衡量硬盘速度的一个重要参数,它与硬盘存储原理、接口类型和系统总线类型有很大关系,以每秒可传输多少兆字节来衡量,单位为 MB/s,如 SATA3 理论上可以达到 600 MB/s。硬盘的数据传输率一般用专业软件来测试得到。

机械硬盘的数据传输率还可分为外部传输率(External Transfer Rate)和内部传输率(Internal Transfer Rate)。外部传输率也称突发数据传输率(Burstdata Transfer Rate)或接口传输率,是指从硬盘的缓存中向外输出数据的速度。内部传输率也称最大或最小持续传输率(Sustained Transfer Rate),是指硬盘的盘片与缓存之间交换数据(读或写)的速度。由于机械硬盘的内部传输率要小于外部传输率,前者可以明确表现出硬盘的读写速度,它的高低是衡量机械硬盘性能的真正标准。

(12) 平均无故障时间(Mean Time Between Failure,MTBF)

它是指硬盘从开始运行到第一次出现故障的间隔时间,单位为小时。硬盘的平均无故障时间一般在几十万到几百万小时,具体情况可以看硬盘厂商的参数说明。

5. 硬盘实例介绍

(1) 西部数据 Ultrastar DC HC530

该硬盘是一款大容量的机械硬盘,其详细参数如表 1.2.5 所示。

表 1.2.5　西部数据 Ultrastar DC HC530 机械硬盘详细参数

型号	Ultrastar DC HC530	缓存容量	512 MB
容量	14 TB	盘体尺寸	3.5 英寸
转速	7200 r/m	接口标准	SATA 3
接口速率	6 GB/s	适用类型	台式机

(2) 三星 960 PRO NVMe M.2

该硬盘是一款较大容量的固态硬盘,其详细参数如表 1.2.6 所示。

表 1.2.6　三星 960 PRO NVMe M.2 固态硬盘详细参数

容量	2 TB	闪存架构	MLC 多层单元
接口类型	M.2 PCIe 接口	盘体尺寸	2.5 英寸
读取速度	3500 MB/s	平均寻道时间	0.5 ms
写入速度	2100 MB/s	平均无故障时间	150 万小时
4K 随机读	440K IOPS	性能评分	43564
4K 随机写	360K IOPS	S.M.A.R.T. 技术	支持
TRIM 功能	支持 TRIM	工作温度	0～70 ℃
外形尺寸	80.15 mm×22.15 mm×2.38 mm	存储温度	-45～85 ℃

6. 硬盘的分类

(1) 按接口分类

① SATA3 接口

SATA3 接口的理论传输带宽为 6 GB/s,其最大的优势是成熟,是当前计算机主板标配的硬盘接口,SSD、SSHD 以及 HDD 硬盘都有这种接口,如图 1.2.10 所示。

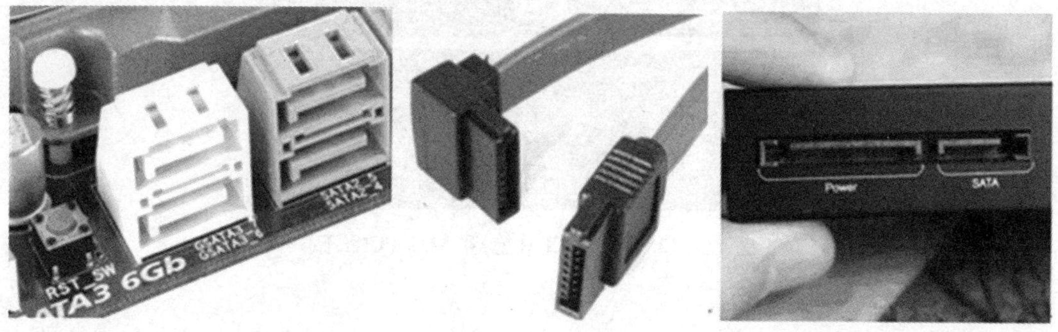

图 1.2.10　主板和硬盘的 SATA3 接口及连接线

mSATA 接口的全称是迷你版 SATA 接口(mini-SATA),是早期针对便携设备开发的,可以把它看作标准 SATA 接口的迷你版,依然采用 SATA 通道,速度也是 6 GB/s,如图 1.2.11 所示,其一侧与 M.2 PCIe 一样,也是两段金手指,但其另一侧有两个固定圆口,不是半圆。

图 1.2.11 mSATA 接口的 SSD

② M.2 接口

M.2 接口是固态硬盘的接口，体积小巧，常见的规格主要有 2242、2260、2280 三种，宽度都为 22 mm，长度各不相同，最长可以做到 110 mm。其具有丰富的可扩展性，可以提高 SSD 容量。M.2 SSD 与 mSATA 类似，也是不带金属外壳的。

M.2 接口目前支持两种通道总线，由此又分为 M.2 SATA 接口和 M.2 PCIe 接口。SATA 通道由于理论带宽的限制（6 GB/s），极限传输速度也只能达到 600 MB/s，而 PCIe 通道中 PCIe 2.0×2 通道，理论带宽是 10 GB/s，PCIe 3.0×4 通道，PCIe 4.0×4 通道，PCIe 5.0×4 通道，理论带宽分别可达 32 GB/s、64 GB/s、128 GB/s，所以 M.2 PCIe 接口是支持 NVMe 协议（Non-Volatile Memory express，非易失性内存主机控制器接口规范）的高速 SSD 接口。为方便从外观上区别，支持 SATA 协议的 M.2 固态硬盘，针脚处有两个凹，金手指分成三段；支持 NVMe 协议的，针脚处一般是一个凹，两段金手指，如图 1.2.12 所示。

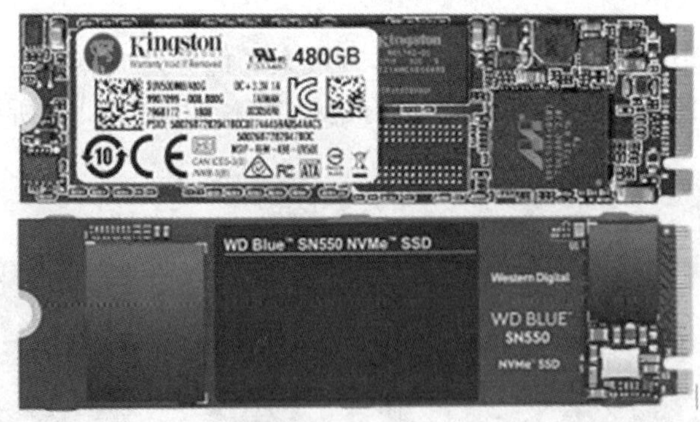

图 1.2.12 M.2 SATA（上）和 M.2 PCIe（下）

③ PCI-E（或 PCIe）接口

基于 PCIe 接口的硬盘也是固态硬盘，其使用 NVMe 通信协议，传输通道基本上是 PCIe 3.0×4 通道，目前大多作为企业级存储设备，如图 1.2.13 所示。

④ U.2 接口

U.2 接口的最大特点就是高速、低延迟、低功耗，支持 NVMe 标准协议，并且有的是 PCI-E 3.0×4 通道，理论传输速度高达 32 GB/s，与 M.2 PCIe 接口像是一对表兄弟，神似而形不似。从这二者的定位与实际使用来看，感觉它们就像两条平行线一样，很难相交，M.2主打轻薄，在产品问世之初就是给超级本使用的。M.2的可扩展容量并不大，高性能的M.2需要额外增加散热装置。如图1.2.14所示，U.2接口的固态硬盘采用标准的2.5英寸的外壳，与M.2相比，显得非常“笨重”，但它能更好地散热，提高了稳定性，因而很适合企业服务器的应用场景。

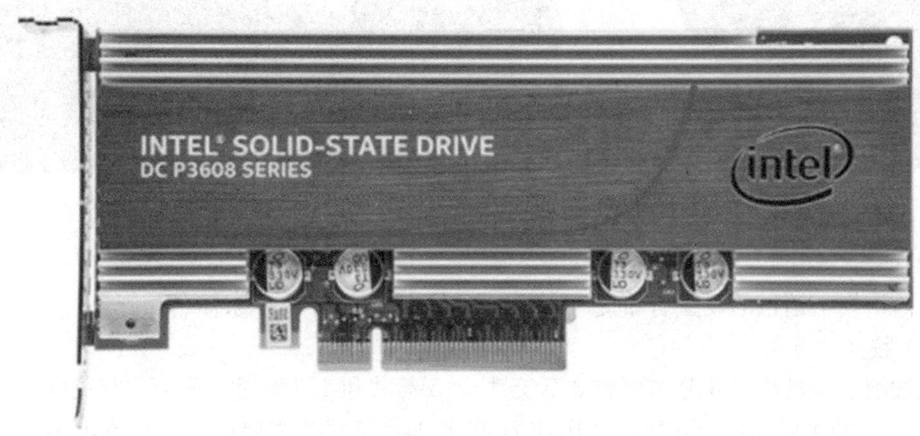

图1.2.13 接口和传输通道都是PCIe的固态硬盘

⑤ Type-C接口

Type-C接口是一种采用USB传输标准的接口，与常见的Type-A接口相比，Type-C接口能实现双向充电、数据传输、视频输出等功能，其由于具备多样功能、支持双面插入、外形更加纤薄、电力传输更强悍等众多优点，近年得到快速普及，而且将很快成为USB传输标准的唯一接口。目前采用Type-C接口的固态硬盘主要是外置硬盘，如图1.2.15所示。普通USB(Type-A)接口的硬盘被Type-C接口所取代将是大势所趋。

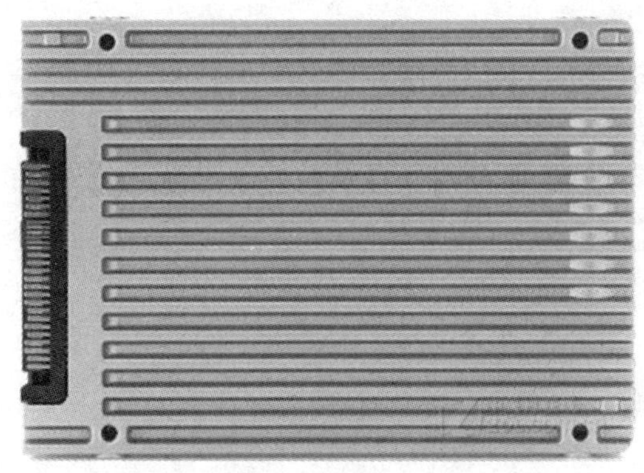

图1.2.14 U.2接口的固态硬盘

图1.2.15 Type-C接口的固态硬盘

⑥ SAS接口

SAS是串行连接SCSI的意思，可以认为是SCSI接口技术的升级改良，与SCSI相比，其优点是可以同时连接更多的磁盘设备、更节省服务器内部空间，减少了线缆的尺寸，且用更细的电缆搭配，有小尺寸的2.5英寸规格，如图1.2.16所示，该接口的主板和硬盘一般用在服务器上。

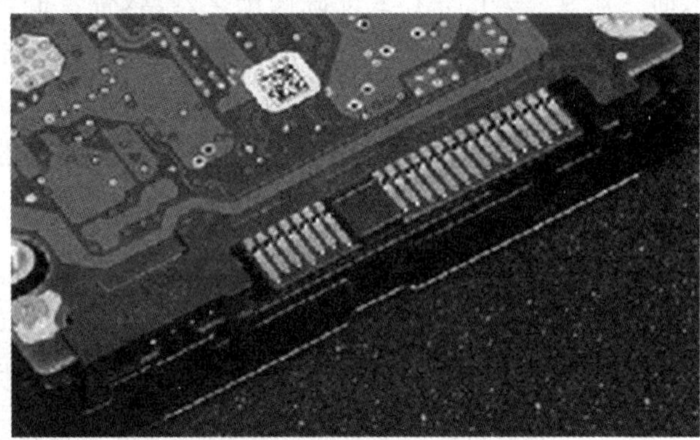

图 1.2.16 主板的 SAS 接口及硬盘的 SAS 接口

(2) 按品牌分类

目前市场上销售的硬盘有希捷、西部数据、东芝、三星等几十家知名品牌。

(3) 按尺寸分类

机械硬盘按盘片尺寸分主要有 3.5 英寸、2.5 英寸和 1.8 英寸三种，5.25 英寸的已被淘汰，3.5 英寸的主要是在台式机上使用，2.5 英寸、1.8 英寸的主要用于笔记本电脑及掌上设备中。

固态硬盘相对机械硬盘尺寸更小，如 22 mm×42 mm(宽×长)。

(4) 按转速分类

机械硬盘和混合硬盘按转速分大致有六种，其中 15000 rpm 和 10000 rpm 的主要用于服务器，7200 rpm 和 5900 rpm 的用于台式机(7200 rpm 的是主流)，5400 rpm 和 4200 rpm 的常用于笔记本电脑中。

(5) 按可移动性分类

按可移动性，硬盘可分为内置硬盘和外置硬盘(或称移动硬盘)。

(6) 按产品定位分类

按产品定位，硬盘可分为消费类硬盘、企业级硬盘、工控类硬盘等。

(7) 按适用类型分类

按适用类型，硬盘可分为台式机硬盘、笔记本硬盘、服务器硬盘及监控硬盘等。

1.2.5 光驱与光盘

1. 光盘与光驱的概念及功能

(1) 光盘

光盘是以光信息作为存储的载体并用来存储数据的一种辅助外存储器，可以长期存放各种文字、声音、图形、图像和动画等多媒体数字信息。图 1.2.17 是联想 BD-R 2 速蓝色精灵蓝光盘和松下 SW-5584 蓝光刻录机。

(2) 光驱

光驱是光盘驱动器的简称，是计算机用来读写光盘内容的常见设备。光盘和光驱在一起的作用与机械硬盘很相似，只是机械硬盘里的盘片不能取出来。

图 1.2.17　联想 BD-R 2 速蓝色精灵蓝光盘和松下 SW-5584 蓝光刻录机

2. 光盘与光驱的分类

(1) 光盘的分类

光盘的格式多样，种类繁多，表 1.2.7 所示为常见 DVD 光盘的相关参数。

表 1.2.7　常见光盘格式、用途及容量

光盘	用途	容量	使用说明
DVD-ROM	只读型的 DVD 碟片	4.7 GB	在普通 DVD 光驱上读取
DVD-R	一次刻录多次可读的 DVD 碟片	4.7 GB	在 DVD-R 光驱上刻写、读取，也可在 DVD 光驱上读取
DVD+R	可多次追加刻录多次可读的 DVD 碟片	4.7 GB	在 DVD-R 光驱上刻写、读取，也可在 DVD 光驱上读取
DVD-RW	可反复擦除和写入数据	4.7 GB	在 DVD-RW 光驱上刻写、读取，也可在 DVD 光驱上读取
DVD-RAM	无限次读写的 DVD 碟片	4.7～17 GB	在 DVD-RAM 光驱上刻写、读取
DVD+RW	支持多次读写操作，是 DVD-R 与 DVD-RW 的复合片	4.7～9.4 GB	在 DVD+RW 光驱上刻写、读取，也可在普通 DVD 光驱上读取
BD-ROM	只读蓝光光盘	25 GB	只能在 BD 光驱上读取
BD-R(DL)	一次刻录多次可读(双面)碟片	25 GB(50 GB)	在 BD 光驱上刻写一次、反复读取
BD-RE(DL)	多次刻录多次读取(双面)光盘	25 GB(50 GB)	在 BD 刻录光驱上可反复刻写、读取

(2) 光驱的分类

① DVD 光驱(只读)

DVD 是 Digital Versatile Disc 的缩写，即数字通用光盘，DVD 光驱只能读取，不能向光盘写入信息，其又分为以下几种：

DVD-ROM——只读型 DVD 驱动器，不仅能读取 DVD 光盘，同时向下兼容 CD、VCD 和 CD-ROM 等格式的光盘，所以是 CD-ROM 的替代者。

DVD-Video——在 DVD-ROM 的基础上发展而来，最初意图只是提供视频的储存与复制功能，盘片与家用影音光盘类似。

DVD-Audio——类似于 CD-Audio，盘片是一种音乐碟片，也支持视频、字幕、菜单、屏保等。

② DVD 刻录机（可读可刻录）

DVD-R——是限录一次的 DVD，俗称 DVD 刻录机，所刻盘片可以在家用普通 DVD 影碟机上播放。

DVD-RAM——由日立、松下和东芝三家开发，支持反复刻录，最适合于数据存储，所刻盘片不能在 DVD 影碟机上使用。

DVD-RW——由先锋和夏普公司开发，支持反复刻录，主要用于刻录视频，与绝大多数家用 DVD 影碟机兼容。

DVD+RW——由 Dell、HP、Philips、Sony、Yamaha 等几家公司开发，支持反复刻录，适合于数据存储、视频存储，并与绝大多数普通家用 DVD 影碟机兼容。

③ 蓝光 COMBO 光驱（可读可刻录）

它可以读取 CD、DVD 和 BD 盘，能刻录 CD 和 DVD，但不能刻录 BD 盘片。

④ 蓝光刻录机

它是目前最全能的蓝光产品，CD、DVD、BD 三种盘片的各种规格都可以读取和刻录，是光驱发展的方向。

除了上述光驱以外，还有 CD-ROM 光驱（只读）、CD-R/RW（可读可刻录）、COMBO 光驱（可读可刻录）、蓝光光驱（只读）等，目前已经少见了。

3．光盘与光驱实例介绍

（1）联想 BD-R 2 速蓝色精灵蓝光盘

表 1.2.8　联想 BD-R 2 速蓝色精灵蓝光盘主要规格

光盘片类型	光盘片容量	尺寸	最大刻录速度
BD-R	25GB	12cm	2 速

（2）松下 SW-5584 蓝光刻录机

表 1.2.9　松下 SW-5584 蓝光刻录机详细参数

<table>
<tr><td>光驱适用类型</td><td>台式机</td><td>刻录机规格</td><td>DVD±RW/DVD-RAM</td></tr>
<tr><td>光驱安装方式</td><td>内置</td><td rowspan="7">读取倍速描述</td><td rowspan="7">BD-ROM 8X、BD-RE 2X、BD-R 8X、DVD-ROM（SL）16X、DVD-ROM（DL）12X、DVD-RAM 5X、DVD±R 16X、DVD±R DL 8X、DVD-RW 8X、DVD+RW 8X、CD-ROM 48X、CD-R 48X、CD-RW 32X</td></tr>
<tr><td>光驱种类</td><td>蓝光刻录机</td></tr>
<tr><td>最大 BD 读取速度</td><td>8 速</td></tr>
<tr><td>最大 DVD 读取速度</td><td>16 速</td></tr>
<tr><td>最大 BD 刻录速度</td><td>8 速</td></tr>
<tr><td>最大 DVD 刻录速度</td><td>16 速</td></tr>
<tr><td>最大 CD 刻录速度</td><td>48 速</td></tr>
</table>

续表

最大双层盘片刻录速度	8速	刻录倍速描述	BD-RE 2X、BD-R 8X、DVD±R 16X、DVD±R DL 8X、DVD-RW 6X、DVD+RW 8X、DVD-RAM 5X、CD-R 48X、CD-RW 24X、
最大DVD-RAM刻录速度	5速		
最大DVD复写速度	8速		
最大CD复写速度	24速		
碟片载入方式	托盘		
写入方式	SL、DL	复写倍速描述	DVD-RW 6X、DVD+RW 8X、CD-RW 24X
安装角度	水平、垂直		
接口类型	SATA	随机附件	nero8刻录软件
缓存区容量	8MB	功能	支持
最大CD读取速度	48速	全区码	支持
最大DVD-RAM读取速度	5速		

1.2.6　机箱与电源

1. 机箱与电源的相关知识

(1) 机箱

机箱担负着保护整个主机系统的任务，不仅为主板、电源、扩展卡、硬盘、光驱等硬件提供依托，还装备有电源开关、复位开关、报警喇叭及一些显示系统，同时具有一定的可扩充性，另外还要预留键盘、打印机等各类外部设备接口。

机箱一般包括外壳、支架、面板开关、指示灯等部分。机箱的外壳用钢板和塑料结合制成，硬度高，主要起保护机箱内部元件的作用；支架主要用于固定主板、电源和各种驱动器。

机箱有多种分类方法，从外形上看，有立式和卧式之分；从结构上分，有AT、MAT、ATX、MATX、EATX、ITX、RTX等类型。其中AT及MAT机箱主要应用在只能支持安装AT主板的早期机器中，现在已被淘汰；ATX机箱是目前最常见的；MATX机箱是在ATX机箱的基础上为了进一步节省空间而设计的。

(2) 电源

电源是保证计算机各部分正常工作的基本部件，有人形容电源为计算机的“心脏”，所以一个有足够功率、高品质的稳定电源是计算机正常运行的前提。

计算机电源与机箱一样，从规格上划分有两大类型：AT电源和ATX电源。前者已经随AT机箱一起被淘汰，目前使用的基本上是ATX电源。按照使用对象分，有台式机电源、游戏电源、小机箱电源和服务器电源等。按出线类型分，有模组电源、半模组电源和非模组电源之别。按PFC方式不同，分为主动式PFC(也称有源式PFC)和被动式PFC(也称无源式PFC)电源。这里的PFC指的是“Power Factor Correction”(功率因数)，是有效功率与总耗电量(视在功率)的比值。主动式PFC通常可达0.98以上的较高功率因数，而被动式PFC只能达到0.7～0.8。

2. 机箱与电源实例介绍

(1) 机箱选购实例介绍——酷冷至尊侦察兵

酷冷至尊侦察兵机箱的外观如图 1.2.18 所示，详细参数如表 1.2.10 所示。

图 1.2.18 酷冷至尊侦察兵机箱

表 1.2.10 酷冷至尊侦察兵机箱详细参数

机箱类型	塔式机箱	3.5 英寸仓位	6 个(1 个软驱位，5 个硬盘位)
机箱样式	立式	5.25 英寸光驱位	5 个
机箱结构	ATX/MATX	扩展槽	7 个
免工具拆装	支持免工具拆装	外壳材质	SECC 镀锌钢板
前置接口	4 个 USB 接口、1 个音频接口、1 个麦克风接口、1 个 eSATA 接口		
散热系统	前有 1 个 14 cm 红色 LED 风扇，上有 1 个 14 cm 风扇，后有 1 个 12 cm 红色 LED 风扇		
选配组件	上有 1 个 12 cm 风扇，侧有 2 个 12 cm 风扇，标准 ATX PS2/EPS 12V 电源		

(2) 电源选购实例介绍——康舒 IP-560

康舒 IP-560 电源的外观如图 1.2.19 所示，其详细参数如表 1.2.11 所示。

图 1.2.19 康舒 IP-560 电源

表 1.2.11 康舒 IP-560 电源详细参数

电源功率	510 W	+12 V1 输出电流	18 A
最大功率	560 W	+12 V2 输出电流	18 A
+3.3 V 输出电流	25 A	电源版本	ATX 12V 2.3 版
+5 V 输出电流	25 A	风扇结构	12 cm 风扇
SATA 电源接口	4 个	6 pin 电源接口	2 个
大 4 pin 电源接口	7 个	8 pin 电源接口	1 个
小 4 pin 电源接口	1 个	24 pin 电源接口	1 个
安全标准	3C 安全认证		
支持项目	过压保护、欠压保护、过载保护、过电流保护、过温度保护、短路保护、防雷击保护		

任务 1.3 熟悉计算机组成部件——外部相关部件

1.3.1 显卡

1. 显卡的概念及功能

显卡又称显示器适配卡,现在的显卡都是 3D 图形加速卡。其功能是处理计算机生成的图像和视频数据,并将其发送到显示器上显示。

2. 显卡的结构

显卡的基本结构如图 1.3.1 所示,主要由显示芯片(GPU)、显示内存(简称显存)、BIOS 芯片、显卡的内部和外部接口、电容、电阻等元器件组成。

(1) 显示芯片

它类似于主板的 CPU,英文是 Graphic Processing Unit,缩写为 GPU。GPU 能完成部分原本是由 CPU 处理的工作,减少了显卡对计算机 CPU 的依赖。

(2) 显示内存

它类似于主板的内存,其主要功能是暂时储存显示芯片要处理的数据和处理完毕的数据。GPU 的性能愈强,需要的显存也就越大。目前市面上的显卡部分已采用了 GDDR6 显存。

(3) BIOS 芯片

它类似于主板的 BIOS,显卡 BIOS 主要用于存放显示芯片与驱动程序之间的控制程序,另外还存有显卡的型号、规格、生产厂家及出厂时间等信息。开机时,这些信息将显示在显示器上。现在多数显卡采用 Flash (闪存)作为 BIOS,方便进行改写或升级。

(4) 显示输出接口(外部 I/O 接口)

为了适应不同的显示设备及同类设备的不同规格,显卡的输出接口有很多种,有些接口

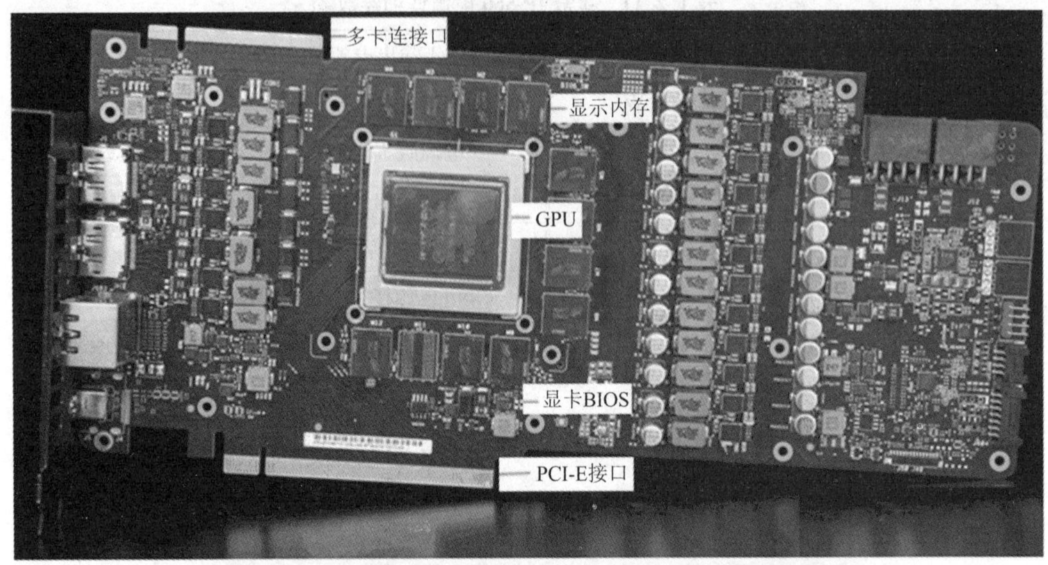

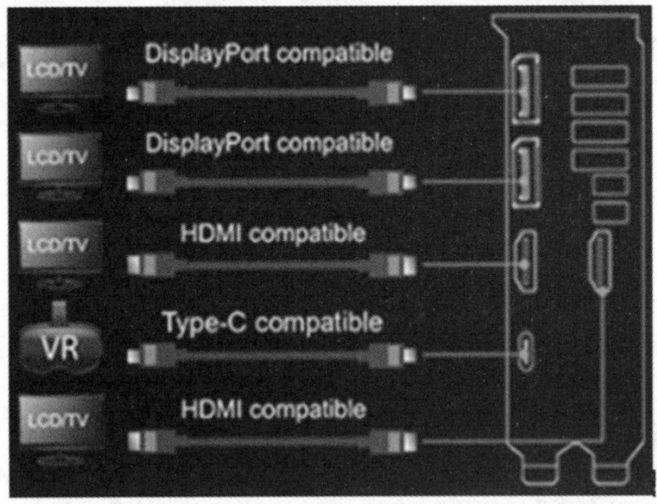

图 1.3.1 显卡的基本结构(去除外壳后的正面、侧面)

已被淘汰,一些新的接口正在普及。对一块具体的显卡来说,有的显卡只提供一个(类)接口,而有的高档显卡提供多个(类)新型接口。下面介绍一下目前市场上常见的几类主流接口。

① DP 接口

DP 即 DisplayPort,是一种高清数字显示接口标准,可以连接显示器,也可以连接电视或家庭影院,该接口在传输视频信号的同时也支持对高清音频信号的传输,而且支持更高的分辨率和刷新率,因而被作为 DVI 的替代者。

DP1.4 版的主链路最大总带宽为 32.40 GB/s,最大总数据速率为 25.92 GB/s,原生态支持 4K@30～120 Hz、8K@60 Hz 的内容。

② HDMI 接口

HDMI 是 High Definition Multimedia Interface 的缩写,即高清晰多媒体接口,很多主板和显卡上配备这种接口。其能高品质地传输未经压缩的高清视频和多声道音频数据,最高数据传输速度为5 GB/s。同时无需在信号传送前进行数/模或者模/数转换，可以保证最高质量的影音信号传送。HDMI不仅可以满足目前最高画质1080 p的分辨率，还能支持DVD Audio等数字音频格式，支持八声道96 kHz或立体声192 kHz数码音频传送，而且只用一条HDMI线连接，免除了数字音频接线。另外，HDMI接口的设备具有即插即用的特点，信号源和显示设备之间会自动进行"协商"，自动选择最合适的视频/音频格式。

HDMI 2.1版的主链路最大总带宽为48 GB/s，最大数据速率为42.6 GB/s，支持4K@30～144 Hz、8K@120 Hz的内容。

③ USB Type-C接口

参见主板上USB Type-C接口的相关介绍。

④ 雷电(Thunderbolt)接口

参见主板上雷电3、雷电4接口的相关介绍。

⑤ DVI(Digital Visual Interface)

DVI即数字视频接口，如图1.3.2所示，目前常见有两种：DVI-D接口，只能接收数字信号，不兼容模拟信号，是目前市场上主流DVI接口；DVI-I接口，可同时兼容模拟和数字信号，兼容模拟信号需通过专用转换接头实现。另外，早期的显卡还有VGA接口，也叫D-sub接口。

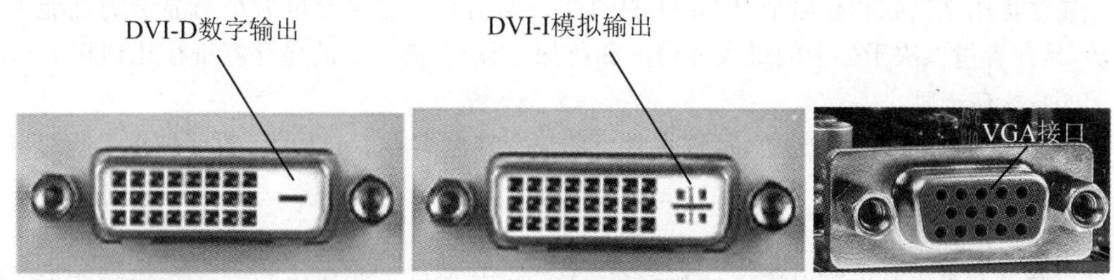

图1.3.2　DVI-D、DVI-I接口及VGA接口

(5) 内部连接接口

① PCIe接口

这是显卡与主板连接的接口(连接插头，即显卡金手指)，目前主要有PCIe 3.0、PCIe 4.0或PCIe 5.0。

② 供电接口

这是计算机机箱电源给显卡供电的连接插座，低端显卡一般由主板供电，没有这个接口。

③ 多卡互联接口

多卡互联接口是一块显卡提供的与另一块显卡互联的连接插头，不是每个显卡都带有这类接口。多卡互联技术目前只有AMD的CrossFire(交火)与NVIDIA的SLI(Scalable Link Interface，可灵活伸缩的连接接口，俗称"速力")两种。

3. 显卡的性能参数

显卡的性能参数很多，这里介绍几个常见的主要参数。

(1) 显示芯片

GPU使显卡减少了对CPU的依赖，并进行部分原本CPU的工作。一块显卡所采用的显示芯片大致决定了这块显卡的档次和基本性能。目前主流显卡的显示芯片主要由

NVIDIA 和 AMD-ATI 两大厂商制造。

(2) 最大分辨率

它表示显卡在显示器上所能显示的像素的最大数量，一般以横向点数×纵向点数来表示。例如：分辨率为 1024×768 是指该显卡在显示器屏幕上横向一行能显示 1024 个像素，一共能显示 768 行，所有经线和纬线交叉点的总数目就是像素点总数。

分辨率越高，在同一显示器上显示的图像越清晰，图像和文字可以更小，可以显示出更多内容。

(3) 颜色数(色深)

它指在某一分辨率下，每一个像素点可以显示的颜色的数量，单位用 bit(位)表示，现在的显卡颜色数为 32bit，称为 32 位真彩色。

(4) 刷新频率

在显示器上显示的图像并不是连续的、静止的，而是从左向右、从上到下，反复、快速地水平扫描和垂直扫描，将屏幕扫描一遍，称为一帧。刷新频率是指图像在显示器上更新的速度，即图像每秒在屏幕上显示的帧数，单位为 f/s(frame per second，帧/秒)。根据人眼的视觉暂留原理，一般当刷新频率达到 30 f/s 以上时，人眼不会感觉到图像的闪烁。

(5) 显存容量

显存是用来接收和存储来自 CPU 的图像数据信息。显存容量大小与显卡的性能关系密切，显存容量取决于显卡的最大分辨率和色深，当前主流显卡的显存容量在几到几十 GB。

(6) 显存速度

显存速度以 ns(纳秒)为单位，现在常见的显存速度多在 1 ns 以下，数值越小说明显存的速度越快。

(7) 显存的位宽和带宽

显存带宽是指一次可以读入的数据量，表示显存与显示芯片之间交换数据的速度。带宽越大，显存与显示芯片之间数据的交换就越顺畅。目前市面上显卡的显存位宽都在几十 bit 到几千 bit 之间。

显存带宽与位宽的转换关系是：显存带宽(B/s) = 等效显存频率(Hz)×显存位宽(bit)/ 8。其中等效显存频率 = 显存频率×显存数据倍率，注意每个量的单位，得到的显存带宽的单位是 B/s。

(8) 总线接口类型

目前显卡的总线接口类型有 PCIe×16 3.0、PCIe×16 4.0、PCIe×16 5.0。

4. 独立显卡实例介绍

华硕 ROG STRIX-RTX 2080Ti-O11G-GAMING 显卡的外观如图 1.3.3 所示，其详细参数如表 1.3.1 所示。

图 1.3.3　华硕 ROG STRIX-RTX 2080Ti-O11G-GAMING 显卡及其接口

表 1.3.1　华硕 ROG STRIX-RTX 2080Ti-O11G-GAMING 详细参数

<table>
<tr><td>芯片厂商</td><td>NVIDIA</td><td>显卡芯片</td><td>GeForce RTX 2080Ti</td></tr>
<tr><td>显卡芯片系列</td><td>NVIDIA RTX 20 系列</td><td>显存容量</td><td>11 GB</td></tr>
<tr><td>核心代号</td><td>TU102-300A</td><td>最大分辨率</td><td>7680×4320</td></tr>
<tr><td rowspan="3">核心频率</td><td rowspan="3">超频模式 - GPU 动态提速频率：1665 MHz　GPU 基础频率：1350 MHz　游戏模式(默认) - GPU 动态提速频率：1650 MHz　GPU 基础频率：1350 MHz</td><td>内部与主板接口</td><td>PCI Express 3.0 16X</td></tr>
<tr><td>外部 I/O 接口</td><td>2×HDMI 接口，2×DisplayPort 接口，1×USB Type-C 接口</td></tr>
<tr><td>电源要求</td><td>650 W 以上</td></tr>
<tr><td>显存频率</td><td>14000 MHz</td><td>散热方式</td><td>三风扇散热，导风槽</td></tr>
<tr><td>制作工艺</td><td>12 nm</td><td>供电电源接口</td><td>8 pin＋8 pin</td></tr>
<tr><td>CUDA 核心</td><td>4352 个</td><td>HDCP</td><td>支持</td></tr>
<tr><td>显存类型</td><td>GDDR 6</td><td>3D API</td><td>DirectX12，OpenGL 4.5</td></tr>
<tr><td>显存位宽</td><td>352 bit</td><td></td><td></td></tr>
</table>

5. 显卡的分类

显卡可以从不同的角度进行分类，如按品牌、档次、主芯片厂商、显卡特性、是否是整合芯片及显卡的应用领域等来分类。

(1) 按品牌分类

七彩虹、影驰、微星、NVIDIA 及 AMD 等知名品牌。

(2) 按档次分类

发烧级、专业级、主流级、入门级及矿机专用等显卡。

(3) 按芯片厂商分类

目前显卡主要是采用 NVIDIA 和 AMD 的芯片。

(4) 按显卡特性分类

VR Ready 技术、NVLink 技术、SLI 技术和 CrossFire 技术等都是专业或高端显卡才具有的技术特性，一般同一块显卡不会同时具有这些技术。

VR Ready 技术：VR 是虚拟现实的意思，这里指显卡支持运行 VR 程序，要想在电脑上得到 VR 体验，除了显卡支持外，还需要高档主机及终端显示设备的支持。

NVLink 技术是 NVIDIA 公司开发的一个能在 GPU-GPU 以及 GPU-CPU 之间实现高速大带宽直连通信的快速互联机制，是一种比 PCIe 还快的传输协议标准。

SLI 技术和 CrossFire 技术分别是 NVIDIA 和 AMD 公司开发的多块显卡的互联技术，让一台计算机中同时使用多块显卡协调工作成为现实(需要主板支持)，NVLink＋SLI 的效果更强。

(5) 按是否是整合芯片分类

可分为独立显卡、板载显卡(其又根据 GPU 是在 CPU 内还是在主板上，分为核芯显卡和集成显卡)。

1.3.2 显示器

1．显示器的概念及功能

显示器通常也被称为监视器，是一种用于显示计算机图像和视频的电子设备。它通过连接到计算机等的视频输出端口，将图像和视频信号传输到屏幕上并显示出来。

2．显示器的性能参数(以 LED 显示器为例)

(1) 刷新率和最佳分辨率

刷新率是每秒钟屏幕刷新的次数(单位是 Hz)，越高图像就越稳定，图像显示就越自然清晰。一般 LED 显示器的刷新率有 60 Hz、75 Hz、120 Hz、144 Hz、165 Hz、200 Hz 及以上等。

LED 显示器的最佳分辨率与屏幕尺寸、屏幕比例及物理像素有关，同时显卡的性能也决定着可设置分辨率的范围，一般显示器厂商会提供建议的最佳分辨率。

(2) 防眩光、防反射

具有这种功能的 LED 显示器可以一定程度地减轻用户眼睛疲劳。

(3) 可视面积和可视角度

可视面积就是显示器可以显示图形的最大范围，通常是用显示器的显示屏(不包括边框)的高×宽(一般以毫米或英寸为单位)表示。

可视角度简称视角，它是指用户从不同的方向能清晰地观看屏幕上所有内容的角度，一般在 170 度左右，数值越大越好。

(4) 亮度和对比度

LED 显示器的亮度是指屏幕的明亮程度，亮度并非越亮越好。

对比度是指画面上某一点最亮时(白色)与最暗时(黑色)的亮度比值，白色越亮、黑色越暗，对比度就越高。对比度是液晶显示器的一个重要参数，直接决定该液晶显示器能否表现出丰富的色阶，在合理的亮度值下，对比度越高，其所能显示的色彩层次越丰富。

对比度分为静态对比度和动态对比度。静态对比度就是上述的对比度，也称实际对比度。动态对比度，指的是液晶显示器在某些特定情况下测得的对比度数值，不同厂商对于动态对比度的测量方法不尽相同，同一台液晶显示器的动态对比度往往比静态对比度高很多倍。所以，超高动态对比度不过是厂商所玩的数字游戏，只在少数场合具有实际意义。

(5) 响应时间

响应时间是液晶显示器的一个重要参数，指的是显示器对输入信号的反应速度，它包括黑白响应时间和灰阶响应时间两种。黑白响应时间是指液晶显示器各像素点对输入信号的反应速度，即像素点由全黑变为全白或由全白变为全黑所需要的时间。现在我们使用的显示器基本没有黑白显示器了，不仅颜色丰富，而且深浅程度也不同，它们不断变化，这些变化称为灰阶转换，这些转换所需的时间就称为灰阶响应时间。

显示器的响应时间以毫秒(ms)为单位，响应时间越短，拖影的现象就越轻微，画面清晰度就越高。以前响应时间指的是黑白转换时间，而现在我们看到的响应时间参数，如果没有明确标记，基本都是指灰阶响应时间。

(6) 最大显示颜色数

它是衡量 LED 显示器的色彩表现能力的一个参数，最大显示色彩数越多，所显示的画面色彩就越丰富,层次感也越好。当前市场上的 LED 显示器的最大显示颜色数基本是 1670 万色或 10.7 亿色。

我们经常提到的 24 位真彩色就是采用 8 位色彩模型,分别把红、绿、蓝三种颜色的光从最低亮度到最高亮度分别等分成 2 的 8 次方级,即 256 级(红、绿、蓝一共需 24 位),这样就有了 256 种红、256 种绿、256 种蓝,所以它们三个不同的组合就有了 256×256×256=16777216 种颜色(也就是 2 的 24 次方),常简称为 1670 万色。24 位色之所以被称为真彩色,是由于它达到人眼分辨的极限了。当前我们常见的 32 位真彩色图像并不是真的具有 2 的 32 次方的颜色数,它其实也是 1670 多万色,不过它增加了 256 阶颜色的灰度,为了方便,就称它为 32 位色。

有的高档显示设备,为了满足特殊场合的需求,通过采用 10 位色彩模型进一步增加颜色数,类似上述计算方法,得到:1024×1024×1024=1073741824 种颜色,亦即 10.7 亿色。

(7) 点距

LED 显示器的点距一般指显示屏相邻两个像素点之间的距离。具体计算方法为:点距≈可视宽度/水平像素总数,其中水平像素总数是最大分辨率中左边的数值。

(8) 色域

色域,即色彩空间,是指一个技术系统能够产生的色彩的总和。目前,显示器常见的色域有 NTSC、sRGB、Adobe RGB 和 P3 等,其中 sRGB 是目前使用最普遍的色彩语言协议,它是由微软主导制定出来的。sRGB 包含红绿蓝三种基本色素,当 sRGB 色域值为 100% 时,表明该显示器能够显示全部 sRGB 色彩,很多优秀的显示器能达到 120%以上的 sRGB,sRGB 的值越小则显示能力越差。

(9) 高清标准

LED 显示器按照所能显示的物理分辨率分级大致分为 480p(标清)、720p(高清)、960p(超清)、1080p(原画或全高清),其中物理分辨率达到 1280×720 的显示器,通常简称其分辨率为 720p(以分辨率中后面的数值表示)。

(10) 外部接口

外部接口主要包括雷电、USB Type-C、DP、HDMI、DVI 等(参见上述显卡的外部接口)。

(11) 屏幕尺寸和屏幕比例

屏幕尺寸通常是指液晶显示器屏幕对角线的长度,单位为英寸,如 22 英寸、28 英寸等。

屏幕比例指屏幕的宽与高的比例,有 32∶9,21∶9,16∶10,16∶9,4∶3 等。

(12) 面板类型和背光类型

液晶面板是液晶显示器的心脏,其质量会直接影响到显示器的色彩、亮度、对比度、可视角度等功能参数。现在市场上的面板类型主要包括 TN 面板、IPS 面板、VA 面板、PLS 面板和 ADS 面板等,每种面板都有不同等级,不能简单说某一种面板比另一种面板好。背光类型目前主要是 LED 背光,采用 CCFL 技术的已经很少见,OLED 技术目前还未普及。

(13) 屏幕曲率和产品类型

曲率指的是屏幕的弯曲程度,决定曲面显示器视觉效果和画面覆盖范围,曲率的数值越小,弯曲的幅度越大。目前显示器常见的曲率有 1500R(1500R 就是半径为 1.5m 的圆所弯曲的程度,下面的数值类似)、1800R、3000R、4000R 等。

产品类型指显示器具有某种类型的特性。目前常见的显示器类型有曲面显示器、5K 显示器、4K 显示器、2K 显示器、LED 显示器、广视角显示器、护眼显示器、触摸显示器和智能显示器等。一款显示器如果具备多种特性，则其可同时属于多个类型，如图 1.3.4 所示的戴尔 U4919DW 显示器既是 3800R 的曲面显示器，又是 LED 显示器和广视角显示器。

图 1.3.4　戴尔 U4919DW 显示器的外观

3. 显示器实例介绍

戴尔 U4919DW 显示器的外观如图 1.3.4 所示，其详细参数如表 1.3.2 所示。

表 1.3.2　戴尔 U4919DW 显示器详细参数

产品类型	LED 显示器，广视角显示器	面板类型	IPS
屏幕尺寸	49 英寸	背光类型	LED 背光
最佳分辨率	5120×1440	屏幕曲率	3800R
屏幕比例	32∶9	静态对比度	1000∶1
高清标准	5K	响应时间	8 ms
点距	0.2385 mm	显示颜色	10.7 亿
亮度	350 cd/m^2	色域	sRGB:99%
可视面积	1198.08 mm×336.96 mm	刷新率	60 Hz
可视角度	178°/178°	接口	HDMI×2，Displayport，USB3.0×7、Type-C×1

4. 显示器的分类

显示器有多种分类方式，下面介绍几种常见的分类方法。

(1) 按品牌分类

常见的有三星、飞利浦、华硕、戴尔、惠普、联想等几十家知名品牌。

(2) 按产品类型分类

有曲面显示器、5K 显示器、4K 显示器、2K 显示器、LED 显示器、广视角显示器、护眼显示器、触摸显示器和智能显示器等。

(3) 按产品定位分类

不同显示器可以应用在设计制图、电子竞技、影音娱乐及商务办公等不同场合。

(4) 按屏幕比例分类

有超宽屏 32∶9、超宽屏 21∶9、宽屏 16∶10、宽屏 16∶9、普屏 4∶3 等。

(5) 按面板类型分类

主要有 IPS 面板、VA 面板、PLS 面板、ADS 面板和 TN 面板等。

(6) 按工作机理分类

主要有 CRT 显示器、液晶显示器和等离子显示器,其中 CRT 显示器已经被淘汰多年;等离子显示器由于性价比不高,短时间内很难在个人计算机上普及;液晶显示器是目前市场主流。

液晶显示器又包括 LCD(Light Crystal Display,液晶显示)液晶显示器、LED(Light Emitting Diode,发光二极管)液晶显示器和 OLED(Organic Light Emitting Diode,有机发光二极管)液晶显示器。这三类显示器与早期的 CRT 显示器相比,共同的特点是机身薄、占地小、辐射小。

LED 显示器的背光技术采用 LED,使得其在亮度、功耗、可视角度和刷新率等方面都更优于采用 CCFL(冷阴极灯管)背光技术的 LCD,因而现在市面上 LCD 显示屏已很少见了,而 LED 越来越普及。这两种显示器面板技术差异不大,主要是背光技术不同,因此,通常我们见到的 LED 显示器其实只是 LED 背光显示器。

OLED 技术被称为第三代显示技术,与前两代的点发光技术不同,其采用面发光,不仅更轻薄、能耗更低、亮度更高、发光率更好、可以显示纯黑色,而且还可以做到弯曲显示,这使得 OLED 技术在当今电视、手机、平板等领域的应用愈加广泛。但 OLED 电脑显示器目前还不多见,价格相对昂贵。

1.3.3　声卡与音箱

1. 声卡的相关概念

声卡是多媒体计算机的主要部件之一,它包含录制、播放和控制声音所需的硬件。声卡的种类很多,功能也不完全相同,简要介绍如下:

① 按品牌分类:有创新、华硕、客所思、德国坦克、AZ、ZOOM、声擎、惠威等。

② 按采样精度分类:有 16 位、24 位、32 位和 64 位声卡等。

③ 按总线接口分类:有 PCIe 接口、PCI 接口和 USB 接口的声卡等。

④ 按声道数分类:有双声道、四声道、5.1 声道和 7.1 声道声卡等多种。

⑤ 按声卡安装位置分类:主板集成(板载)声卡、内置卡式声卡和外置声卡等。

⑥ 按声卡类别分类:有模拟声卡和数字声卡。

⑦ 按适用对象分类:有家用声卡和专业声卡。

2. 声卡的主要性能指标

(1) 采样位数

采样位数可以理解为声卡处理声音的解析度(相当于显卡的分辨率),是用来衡量声音波动变化的一个参数。这个参数值越大,声音解析度就越高,录制和回放的声音就越真实。

(2) 采样频率

采样频率是指录音设备在一秒钟内对声音信号的采样次数。采样频率越高,声音的质量也就越好,声音的还原也就越真实。采样频率与采样位数有关,如采样位数为 32 bit 的声卡采样频率可达 384 kHz。

(3) 声道数

声道数是指声卡处理声音的通道数目。声卡所支持的声道数是衡量声卡档次的重要指标之一。

(4) 输出信噪比

输出信噪比是衡量一块声卡好坏的重要指标,它是指声音输出的信号与噪音电压的比值(单位为 dB)。这个值越大,输出信号中的噪音就越小,音质也就越纯净。

3. 音箱的相关概念

音箱是指可将音频信号变换为声音的一种设备,是整个音响系统的终端。音频信号经音箱主机箱体或低音炮箱体内的功率放大器进行放大处理后,由音箱本身放出声音。

音箱的分类有多种,常见的有以下几种。

(1) 按音箱的材质分

木质音箱、金属音箱和塑料音箱。

(2) 按音箱的声道数分

单声道音箱、2.0(双声道立体声)式音箱、2.1(双声道+超重低音声道)式音箱、4.1(四声道+超重低音声道)式音箱和 5.1(五声道+超重低音声道)式音箱。

(3) 按功率放大器的位置分

有源音箱和无源音箱。有源音箱内置功率放大器,而无源音箱则需外置功率放大器,否则音量将受限。

音箱的性能指标都是非常专业的术语,包括承载功率(W)、频响范围(Hz)、灵敏度(dB)、失真度(用百分数来表示)、阻抗(Ω)、效率(用百分数来表示)、频率响应(dB)、标称功率(W)等,在此不做详细介绍了。

4. 声卡/音箱实例介绍

(1) 独立声卡实例介绍——华硕 Xonar Essence STX II 7.1

Xonar Essence STX II 7.1 声卡的外观如图 1.3.5 所示,其详细参数如表 1.3.3 所示。

图 1.3.5 华硕 Xonar Essence STX II 7.1 声卡及其主芯片

表 1.3.3　华硕 Xonar Essence STX II 7.1 声卡的详细参数

型号	Xonar Essence STX II 7.1	声道数目	7.1 声道
声卡类别	模拟声卡(家用)	总线接口	PCI-E
声卡芯片	ASUS AV100	信噪比	124 dB
采样位数	16 bit		
输出接口	1×6.3 mm(1/4″) 耳机输出接口、2×RCA(非对称)模拟输入插孔、1×6.3 mm 接口 (1/4″) (线路输入/麦克风输入复合接口) 数字接口、1×S/PDIF 数字音频输出接口(1×同轴)、1×前面板接口。		

(2) 音箱实例介绍——漫步者 S5.1 MKII

图 1.3.6　漫步者 S5.1 MKII

表 1.3.4　漫步者 S5.1 MKII 详细参数

音箱类型	5.1 音箱	卫星音箱材质	木质
有源无源	有源 220 V/50 Hz	中置音箱材质	塑料
低音箱材质	木质	音箱控制	遥控
频响范围	20 Hz～20 kHz	信噪比	98 dB
失真度	≤0.5%	VFD 屏显	无
防磁	支持	输出功率	540 W
扬声器单元	10 英寸＋2×3.5 英寸＋2×直径 25 mm	音频接口	双组立体声输入接口,3 组光纤输入接口,1 组同轴输入接口

1.3.4　网卡

1. 网卡的相关概念

随着网络带宽的不断提高,网络应用越来越普及,作为上网的主要设备,网卡的性能也随之不断改进与提高。图 1.3.7 所示为常见的网卡。

(1) 按总线接口(与主板)类型分类

ISA 总线网卡(已淘汰)、PCI 总线网卡(过去应用最广的接口)、PCI-X 总线网卡(服务器上)、PCI-E 接口网卡(目前主流接口)、PCMCIA 总线网卡(早期笔记本电脑上使用)、Mini-PCI 接口网卡(笔记本电脑上使用)、USB 接口网卡。

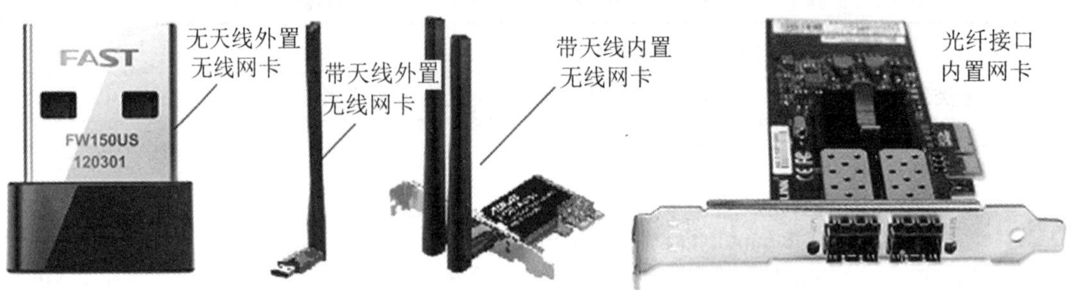

图 1.3.7　几种常见网卡

(2) 按连接线接口(与网线)类型分类

RJ-45 接口(目前最常见到)、AUI 接口、BNC 接口、FDDI 接口(应用越来越广泛,主要用在服务器上)、无线(常用于笔记本电脑上)。

(3) 按传输速度分类

小于 10 MB 的传输速度的网卡(已淘汰)、10 MB 网卡(已淘汰)、10/100 MB 自适应网卡(很少见了)、10/100/1000 MB 自适应网卡(目前最常见到)、10/100/1000/10000 MB 自适应网卡(目前只在服务器上使用)。

(4) 按网卡是否为独立设备分类

独立网卡(图 1.3.7 所示的均是独立网卡),集成网卡(网卡的所有部件都集成在主板上,主板侧面带网络接口,当前个人电脑中集成网卡基本是标配)。

网卡有多种类型,虽结构差异很大,但基本组成都包含控制芯片、连接线接口、金手指、BOOTROM 插槽、EPROM 芯片(可选)、LED 指示灯、石英振荡器等部件。

网卡的主要技术指标有网卡芯片的类型、传输介质类型、网卡接口的类型、材质和制作工艺等。

2. 网卡实例介绍

(1) Intel I350-T2 网卡

Intel I350-T2 网卡的外观如图 1.3.8 所示,其主要性能参数如表 1.3.5 所示。

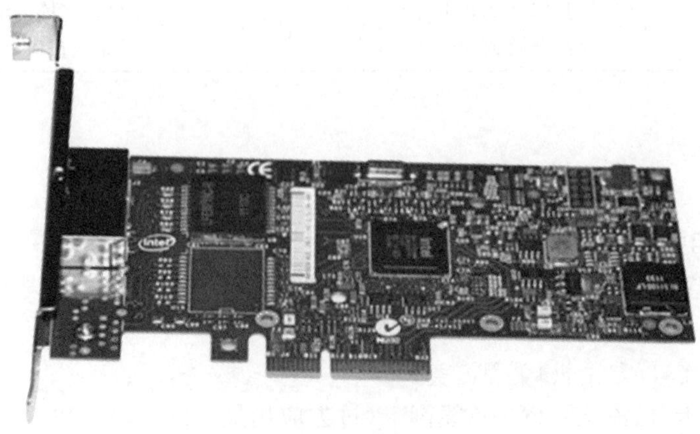

图 1.3.8　Intel I350-T2 网卡

表 1.3.5 Intel I350-T2 网卡详细参数

网卡类型	台式机/服务器	接口类型	2个RJ-45
总线标准	PCI-Express x4	芯片	Intel I350
网卡传输速率	10/100/1000 MB/s	全双工、网络唤醒	支持
协议标准	IEEE 802.3ab	传输介质	4对5类UTP

(2) 飞迈瑞克 10002PF 网卡

飞迈瑞克 10002PF 网卡的外观如图 1.3.9 所示,其主要性能参数如表 1.3.6 所示。

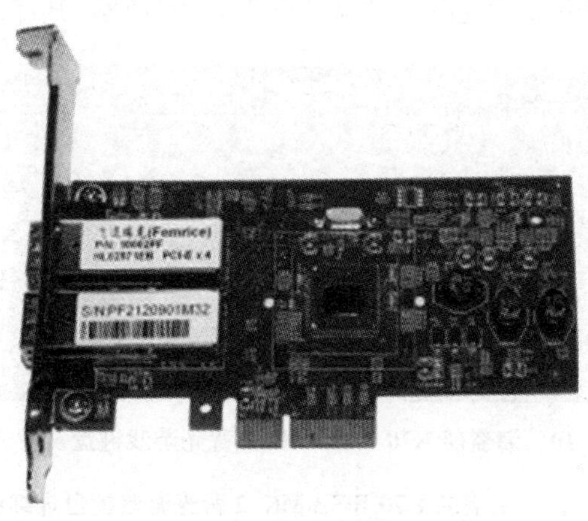

图 1.3.9 飞迈瑞克 10002PF 网卡

表 1.3.6 飞迈瑞克 10002PF 网卡详细参数

网卡类型	服务器网卡	接口类型	SFP-SX,SFP-LX,SFP-ZX
总线标准	PCI-Express x1	芯片	Intel 82571
网卡传输速率	1000 MB/s	全双工、网络唤醒	支持
协议标准	IEEE 802.3ab	传输介质	Lc光纤

1.3.5 键盘与鼠标

1. 键盘的相关概念

键盘是计算机最早、最常用的输入设备,在几十年的发展过程中相继出现了很多种不同的键盘,其分类方法也有多种,下面介绍一下常见的分类方式。

① 按品牌分类:双飞燕、雷柏、海盗船等。

② 按产品定位分类:机械键盘、游戏键盘、超薄键盘、平板键盘、多功能键盘、经济实用键盘和数字键盘等。

③ 按接口分类:PS/2 接口的键盘、USB 接口的键盘、无线键盘、蓝牙键盘。

④ 按按键方式分类:机械轴(包括黑轴、红轴、茶轴、青轴、白轴、凯华轴、雷柏轴和 Razer 轴)、X 架构、火山口架构等。

⑤ 按背光功能分类:有单色背光、多色背光及无背光等。

2. 鼠标的相关概念

鼠标是计算机的另一重要输入设备，目前鼠标早已是计算机的标配设备。下面介绍一下常见的鼠标种类。

① 按键数分：两键鼠标（已被淘汰）、三键鼠标和多键鼠标。

② 按接口分：PS/2 接口的鼠标、USB 接口的鼠标及无线鼠标。

③ 按内部构造分：机械式鼠标、光电式鼠标、跟踪球鼠标和无线遥控式鼠标等。

3. 键盘和鼠标实例介绍

(1) 键盘实例——海盗船 K70 RGB MK.2 背光游戏键盘

海盗船 K70 RGB MK.2 背光游戏键盘如图 1.3.10 所示，其详细参数如表 1.3.7 所示。

图 1.3.10 海盗船 K70 RGB MK.2 背光游戏键盘及背光效果

表 1.3.7 海盗船 K70 RGB MK.2 背光游戏键盘详细参数

连接方式	有线	产品定位	机械键盘，游戏键盘
多媒体快捷键	支持	按键数	104 键
按键技术	机械轴	背光功能	支持
接口	USB	人体工学	支持

(2) 鼠标实例——罗技 G703

罗技 G703 鼠标外观如图 1.3.11 所示，其详细参数如表 1.3.8 所示。

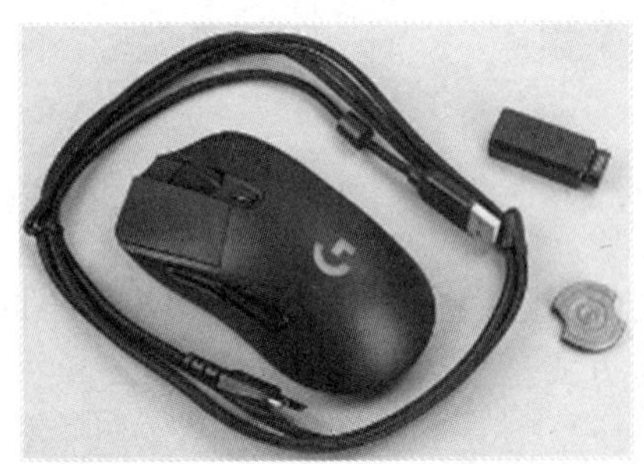

图 1.3.11 罗技 G703 鼠标正反面及充电口

表 1.3.8 罗技 G703 鼠标详细参数

型号	G703	按键数	6 键
特色分类	移动便携	滚轮数	一个
连接方式	2.4 GHz 无线	接口类型	USB 接口

续表

鼠标类型	光电鼠标	最高分辨率	12000 dpi
供电	内置锂电，可充电	外表颜色	蓝黑色，银黑色

任务 1.4　了解计算机外围设备

1.4.1　打印机

1. 打印机的相关概念

打印机是计算机常见的外围设备之一，也是计算机系统中除显示器之外的另一种重要的输出设备。利用打印机，用户可以把计算机处理的文字、图片等信息输出到纸张上。

2. 打印机的分类

打印机有各种不同的分类方法。

① 按用途分：通用型打印机和专用型打印机。

② 按打印的颜色分：彩色打印机和黑白打印机。

③ 按网络功能分：支持网络的打印机和不支持网络的打印机。

④ 按打印幅面分：窄幅打印机（只能打印 A3 以下幅面的纸张）和宽幅打印机（可打印 A3 及以上的幅面）。

⑤ 按打印物体的维数分：普通打印机（或称平面打印机、二维打印机）和 3D 打印机。

⑥ 按打印原理分：针式打印机、喷墨打印机、激光打印机、光墨打印机（很少见）、热敏打印机和热转印打印机。

还有按品牌、按用途及按耗材等分类，这里就不一一介绍了。

3. 打印机实例介绍

(1) 针式打印机——爱普生 LQ-680K

爱普生 LQ-680K 打印机的外观如图 1.4.1 所示，其详细参数如表 1.4.1 所示。

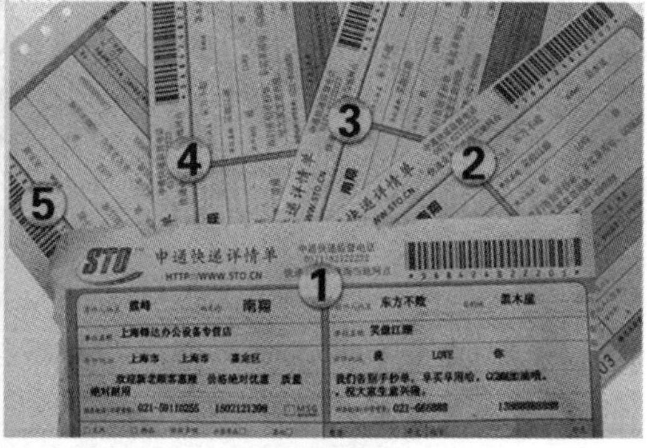

图 1.4.1　爱普生 LQ-680K 针式打印机及打印效果展示

表 1.4.1　爱普生 LQ-680K 针式打印机详细参数

针式打印机针数	24 针	纸张厚度	0.065～0.84 mm
最高分辨率	360 dpi	接口类型	IEEE-1284 双向并口
打印速度	413 字/秒	内存	64
打印宽度	单页纸 90～304.8 mm，连续纸 101.6～304.8 mm	供纸方式	连续纸:后部;单页纸:前部
		色带类型	黑色色带
接口类型	IEEE-1284 双向并口	色带寿命	200 万字符
内存	64 KB	打印针寿命	4 亿
工作噪音	55 dB	功率	42 W

(2) 激光打印机——惠普 Color LaserJet Enterprise CP5525d 彩色激光打印机

该款打印机的外观如图 1.4.2 所示，其详细参数如表 1.4.2 所示。

表 1.4.2　惠普 Color LaserJet Enterprise CP5525d 打印机详细参数

打印机类型	彩色激光打印机	缓存	1000 MB
接口	USB 2.0、10Base-T 与 100Base-TX(RJ-45 接口)	字体	PCL5c，PCL6，PostScript3，PDF v1.4
最高分辨率	600×600	首页出纸时间	10 秒
黑白打印速度	30 ppm	纸张容量	1100 张
彩色打印速度	30 ppm	支持双面打印	自动
最大打印幅面	A3	支持网络打印	支持
打印介质	普通纸、光面纸、轻磅纸、重磅纸、重磅光面纸、超重纸、高光面影像纸、中型纸、再造纸、坚韧纸、透明胶片、信封、标签、卡片		

图 1.4.2　惠普 Color LaserJet Enterprise CP5525d 打印机及硒鼓

(3) 喷墨打印机——佳能 PIXMA Pro9000 Mark II

该款打印机的外观如图 1.4.3 所示，其详细参数如表 1.4.3 所示。

图 1.4.3　佳能 Pro9000 Mark II 打印机及墨盒

表 1.4.3　佳能 PIXMA Pro9000 Mark II 喷墨打印机

喷墨打印机类型	数码照片打印机	字体	内置字体
墨盒类型	八色墨盒	适用类型	商用打印机
墨盒支持	CLI-8 G/R/PM/BK/PC/C/M/Y(染料)	接口	USB2.0 Hi-Speed，直接打印接口（PictBridge）
最高分辨率	4800×2400	最大打印幅面	A3+

(4) 热敏打印机——得力 888D

得力 888D 打印机的外观如图 1.4.4 所示，它是一款普通的条码打印机，可以在热敏黑标纸、连续纸、电子面单、标签纸等介质上单面打印，无需碳带等耗材。

(5) 热转印打印机——Datacard CD811 证卡打印机

Datacard CD811 打印机的外观如图 1.4.5 所示，其是一款高质量的证卡打印机，可以打印社保 IC 卡、健康证等，还可双面打印。

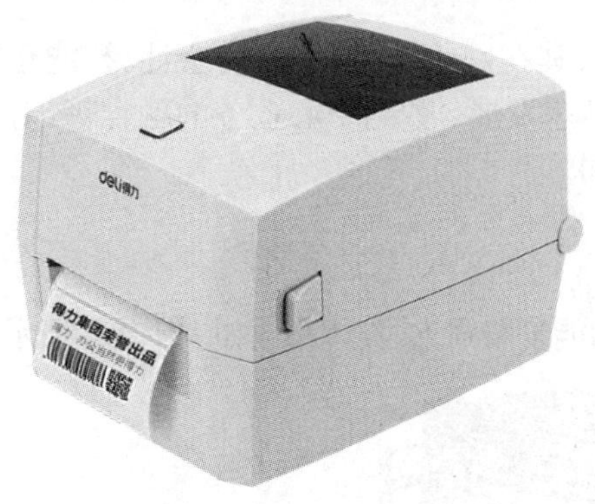

图 1.4.4　得力 888D 打印机

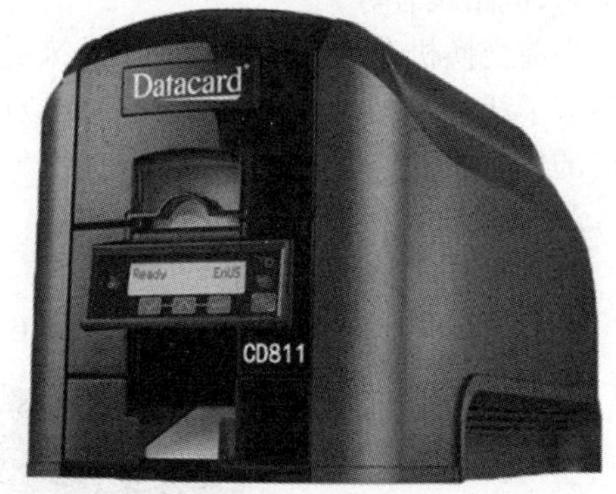

图 1.4.5　Datacard CD811 打印机

4. 几种常见打印机优、缺点比较

一般而言，在最常见的针式、激光、喷墨三类打印机中，打印效果方面，喷墨打印机效果最好，适合打印照片，激光打印机其次，针式打印机最差；日常耗材成本方面，针式打印机使用廉价耐用的色带，成本最低，激光打印机使用硒鼓和墨粉，费用其次，喷墨打印机主要耗材是墨盒和喷头，费用最高；在噪声方面，激光和喷墨打印机的噪音都很小，而针式打印机的噪音相对较大。另外针式打印机由于采用的是压力打印的原理，其可以在复写纸上一次打印多份相同内容的副本，这是激光和喷墨打印机所不具备的特点。

热敏打印机使用经过化学处理的热敏介质，当介质从热敏打印头下通过时变黑，因而热敏打印机不使用油墨、墨粉或色带，具有耐久、易用且费用低廉等优点，但缺点是要使用专用的热敏介质，且热敏介质上显示的文字、图案会随时间的推移而褪色，一般只能保存半年(具体由存放地点、光度、温度等决定)，不适合长时间存留。

热转印打印机在热转印打印中，热敏打印头给色带加热，色带油墨熔化在标签材料上被标签材料吸收从而形成图案，图案构成了标签的一部分。该技术提供了其他按需打印技术无法匹敌的图案质量和耐久性。它使用的耗材包括色带(碳带)、不干胶标签纸、PET、PVC、洗水标、吊牌等多种标签介质，也可以使用热敏纸打印。热转印机打印出来的介质保存时间较长，一般为两年以上(具体要看使用的标签纸和碳带的质量)，但机器成本、耗材成本比热敏机的高。

热敏打印机适用于超市、服装店、物流、零售业等对打印效果要求不高的企业；热转印打印机适用于制造业、汽车业、纺织工业等对打印效果要求较高的企业。

1.4.2 交换机

1. 交换机的相关概念

交换机是一种网络设备，能将多台设备连接到计算机网络中，通过数据包交换的方式，将数据转发到目的地。除了具有网桥、集线器和中继器的功能以外，现在的交换机还提供了更先进的功能，如虚拟局域网(VLAN)。目前我们日常接触到的交换机主要是作为局域网的核心连接设备——以太网交换机，其可以按照品牌、产品类型、传输速率、应用层级及相关特性等很多方式来进行分类。

目前交换机连接网络中各个设备采用的介质主要有双绞线和光纤。按连接方式，交换机可分为终端连接交换机、交换机连接交换机、交换机与路由器间的连接、交换机级联、交换机堆叠、链路聚合等。

当前交换机在局域网中的应用越来越广泛，虽然其在网络综合服务、安全性、智能化等方面有了新的发展，但随着云计算和虚拟化技术的迅速发展、数据中心业务的融合等，对交换机的性能、功能、可靠性等业务又提出了更高的要求。

2. 交换机实例介绍

(1) 锐捷网络 RG-S7808C 交换机

RG-S7808C 交换机的外观如图 1.4.6 所示，其功能复杂强大，具体参数如表 1.4.4 所示。

图 1.4.6　锐捷网络 RG-S7808C 交换机

表 1.4.4　锐捷网络 RG-S7808C 交换机的详细参数

产品类型	云架构核心交换机	包转发率	7740 Mpps/50400 Mpps
端口结构	模块化	交换容量	19.2 Tbps/52.13 Tbps
背板带宽	57.6 Tbps/234.6 Tbps	传输速率	10/100/1000/10000 MBps
扩展模块	模块插槽:8 个(2 个用于管理引擎模块);交换网板槽位:2(主控集成)		
设备虚拟化	支持 VSU3.0(Virtual Switching Unit,虚拟交换单元); 支持 VSD(Virtual Switch Device,虚拟交换设备)		
SDN	支持 OpenFlow 1.3		
L2 特性	支持 Jumbo Frame;支持 802.1Q;支持 STP、RSTP、MSTP;支持 Super VLAN 支持 GVRP;支持 QinQ、灵活 QinQ;支持 LLDP;支持 ERPS(G.8032)		
IPv4 特性	支持静态路由、RIP、OSPF、IS-IS、BGP4;支持 VRRP;支持等价路由;支持策略路由;支持 GRE 隧道		
IPv6 特性	支持静态路由、OSPFv3、BGP4+、IS-ISv6、MLDv1/v2;支持 VRRPv3;;支持等价路由;支持策略路由;支持手工隧道、自动隧道、ISATAP 隧道、支持 GRE 隧道等		
VXLAN	支持 VXLAN 二层网桥;支持 VXLAN 三层网关		
ACL	支持标准、扩展、专家级 ACL;支持 ACL 80;支持 IPv6 ACL		
镜像	支持多对一镜像、一对多镜像、基于流的镜像;支持 SPAN、RSPAN 远程镜像,支持 VLAN 的镜像		
可靠性	主控板支持 1+1 冗余备份;电源支持 N+M 冗余备份、风扇支持 1+1 冗余备份;各组件支持热插拔;支持热补丁功能,可在线进行补丁升级;支持 ISSU;支持 GR for OSPF/IS-IS/BGP;支持 BFD for VRRP/OSPF/BGP4/ISIS/ISISv6/静态路由等;支持光口故障隔离;支持启机系统双物理芯片		
QoS	支持基于出端口/入端口的限速;支持 802.1P;支持 RED/WRED;支持 SP、WRR、DRR、SP+WFQ、SP+WRR、SP+DRR		
组播管理	支持 IGMP v1,v2,v3;支持 IGMP Snooping;支持 IGMP Proxy;支持 PIM-DM、PIM-SM、PIM-SSM 等组播路由协议;支持 MLD;支持组播静态路由		
安全管理	支持 NFPP(基础安全保护策略);支持 CPP(CPU 保护);支持 DAI,端口安全,RADIUS;支持 802.1x/Portal/Mac 等多种认证方式;支持 RADIUS 和 TACACS+用户登录认证;支持 uRPF;支持登录认证、口令安全;支持未知组播不送 CPU、支持未知单播抑制;支持 SSHv2,为用户登录提供安全加密通道		
网络管理	支持 Console/AUX Modem/Telnet/SSH2.0 命令行配置;支持 FTP、TFTP、Xmodem 文件上下载管理;支持 SNMP V1/V2c/V3;支持 RMON;支持 NTP 时钟;支持故障后报警和自恢复;支持系统工作日志;支持 sFLOW 流量分析		

(2) TP-LINK TL-SG1005D 交换机

TP-LINK TL-SG1005D 交换机的外观如图 1.4.7 所示,其具体参数如表 1.4.5 所示。

图 1.4.7 TP-LINK TL-SG1005D 交换机

表 1.4.5 TP-LINK TL-SG1005D 交换机详细参数

产品类型	千兆非网管交换机	背板带宽	10 GB/s
传输速率	10/100/1000 MB/s	MAC 地址表	2K
交换方式	存储-转发		
端口结构	非模块化	端口描述	5 个 10/100/1000 MB/s RJ45 端口
端口数量	5 个	传输模式	全双工/半双工自适应
网络标准	IEEE 802.3、IEEE 802.3u、IEEE 802.3ab、IEEE 802.3x		

1.4.3 路由器

1. 路由器的相关概念

路由器是连接因特网中各局域网、广域网的主要节点设备。路由器有两大典型功能，一是能够连通异构网络，二是能自主选择信息传送的线路(路由选择)。

路由器在网络中应用非常广泛，种类不一，常见的分类方法有：

① 按连接方式分：有线路由器和无线路由器。

② 按用途不同分：通用路由器与专用路由器。

③ 按结构不同分：模块化结构路由器与非模块化结构路由器。

④ 按性能高低分：线速路由器和非线速路由器，也可以分别称为高端路由器和中低端路由器，通常线速路由器是高端路由器，中低端路由器是非线速路由器。

⑤ 按功能大小分：骨干级路由器、企业级路由器和接入级路由器。

⑥ 按网络位置分：边界路由器和中间节点路由器。

2. 路由器实例介绍——华为 AR6300-S

华为 AR6300-S 路由器的外观如图 1.4.8 所示，其功能复杂、强大，具体参数如表 1.4.6 所示。

图 1.4.8 华为 AR6300-S 路由器

表 1.4.6 华为 AR6300-S 路由器详细参数

路由器类型	企业级路由器	整机交换容量	20～80 GB/s
端口结构	模块化	内存	8 GB
防火墙功能	内置	Qos 功能	支持
网络安全	ACLv4/v6,基于域的状态防火墙,802.1x 认证,MAC 认证,Portal 认证,AAA,RADIUS,HWTACACS,PKI,广播风暴抑制,ARP 安全,ICMP 防攻击,URPF,CPCAR,黑名单,国密算法,上网行为管理,IPS,URL 过滤		
Qos 支持	Diffserv 模式,MPLS QoS,优先级映射,流量监管(CAR),流量整形,拥塞避免,拥塞管理,HQoS,MQC(流分类,流行为,流策略),端口三级调度和三级整形(Hierarchical QoS),智能应用控制(SAC)		
VPN 支持	IPSec VPN,GRE VPN,DSVPN,A2A VPN,L2TP VPN,L2TPv3 VPN		
网络管理	升级管理,设备管理,Web 网管,GTL,SNMP(v1/v2c/v3),RMON,NTP,CWMP,Auto-Config,邮件/U 盘/DHCP 开局,NetConf/YANG,CLI,NetStream,TWAMP, IP FPM、TCP FPM,IP Accounting,NQA		
其他端口	SIC 插槽:4 个;串行辅助/控制台端口:RJ45 Console 串口;USB 接口:2 个		
广域网接口	24 个		

1.4.4 Modem

1. Modem 的相关概念

Modem 中文意思是调制解调器,与互联网相连的方式有多种,如利用电话线、有线电视缆线、光纤等。其中利用电话线或有线电视缆线连接互联网都需要调制解调器,但现在使用这种方式接入互联网的用户越来越少。下面简要介绍一下调制解调器的分类。

① 按设计结构分:台式(外置式)、卡式(内置式)、PCMCIA 和机架式 Modem,依次如图 1.4.9 所示。

② 按应用环境分:普通 Modem、ISDN Modem、ADSL Modem 和 Cable Modem 等,依次如图 1.4.10 所示。

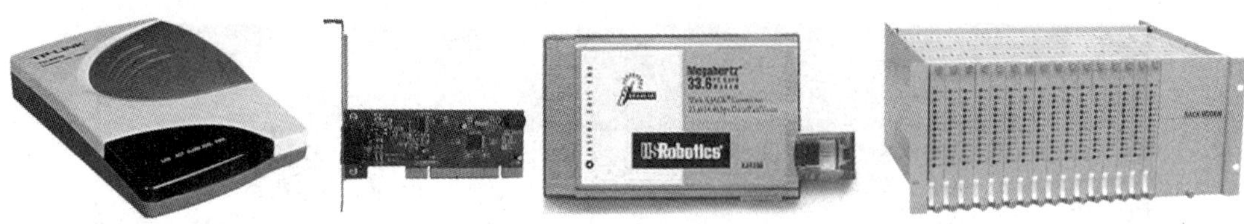

图 1.4.9 外置式、内置式、PCMCIA 和机架式 Modem

图 1.4.10 普通 Modem、ISDN Modem、ADSL Modem 和 Cable Modem

2. Modem 实例介绍——华为 MA5626-16EPON

华为 MA5626-16EPON Modem 的外观如图 1.4.11 所示，其详细参数如表 1.4.7 所示。

图 1.4.11 华为 MA5626-16EPON Modem

表 1.4.7 华为 MA5626-16EPON Modem 详细参数

类型	接口类型	接口速率	适用面积
外置式光纤 Modem	网络侧接口：1×EPON； 用户侧接口：16×FE（POE）	150 MB/s	大户型（90～120 m^2）

1.4.5 扫描仪

1. 扫描仪的相关概念

扫描仪是一种光、机、电一体化的高科技产品，它是将各种形式的图像信息输入计算机的重要工具，是继键盘和鼠标之后计算机又一重要输入设备。扫描仪具有比键盘和鼠标更强的功能，从最原始的图片、照片、胶片到各类文稿资料都可用扫描仪输入到计算机中，进而实现对这些信息的处理、管理、使用、存储、输出等，配合光学字符识别软件 OCR（Optic Character Recognize）还能将扫描的文稿（图片格式）转换成计算机软件能编辑的文本。

2. 扫描仪的类型

① 按品牌分：爱普生、富士通、方正、汉王等几十个品牌。

② 按产品用途分：行业扫描、专业影像、商业应用和个人家用等。

③ 按产品类型分：平板式、馈纸式、便携式、扫描笔、大幅面、3D 扫描仪、文本仪、速录笔、胶片及书刊等，如图 1.4.12 所示。

④ 按最大幅面分：A3 幅面、A4 幅面及 B0 幅面等。

⑤ 按扫描元件分：CCD、CIS 及 CMOS 等。

图 1.4.12　几种不同类型的扫描仪

3．扫描仪实例介绍——富士通 7240

富士通 7240 扫描仪的外观如图 1.4.13 所示，其主要性能参数如表 1.4.8 所示。

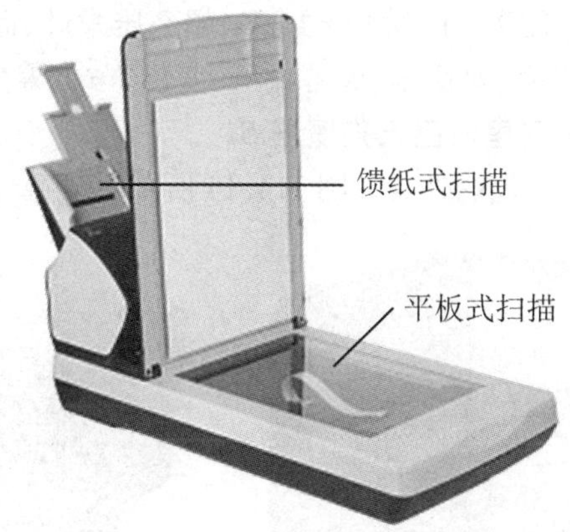

图 1.4.13　富士通 7240 扫描仪

表 1.4.8　富士通 7240 扫描仪的主要性能参数

产品用途	商业应用	光学分辨率	600×600 dpi
产品类型	馈纸式＋平板式	扫描速度	40ppm，80ipm(200/300 dpi)
最大幅面	A4	接口类型	USB2.0
扫描元件	彩色 CCD(电荷耦合器件)×3(正面×1、背面×1、平板×1)	介质尺寸	纸张：50.8 mm×54 mm～216 mm×355.6 mm；长页扫描：216×5588 mm
扫描光源	白色 LED 灯组×3(前×1，后×1，平板×1)	自动进纸器	支持
扫描模式	彩色、灰阶、黑白	介质重量	27～413 g/m^2
色彩位数	彩色：24 位；灰度：8 位；黑白：1 位	输出格式	PDF，TIF，BMP，JPEG，多页 TIF 等

1.4.6 投影仪

1. 投影仪的相关概念

投影仪又称投影机，是一种可以将图像或视频投射到幕布上的设备，可以通过不同的接口与计算机、VCD、DVD、BD、游戏机、DV等相连接，播放相应的视频信号。投影仪广泛应用于家庭、办公室、学校和娱乐场所。

2. 投影仪的类型

① 按品牌分：明基、爱普生、松下等上百家知名品牌。

② 按产品类型分：家用投影机、商务投影机、智能微型投影机、工程投影机、教育投影机、影院投影机（电影院数字放映机）等。

③ 按投影技术分：DLP技术、3LCD技术、LCD技术、LCoS技术（包括LCoS、D-ILA和SXRD）等。

④ 按投影机特性分：智能投影机、3D投影机、短焦投影机、互动投影机及手机投影机等。

⑤ 按光源类型分：激光、LED灯、激光+LED、超高压汞灯、氙灯及金属卤素灯等。

还可以按亮度、标准分辨率、对比度、屏幕比例、变焦方式、聚焦方式等进行分类。

3. 投影仪实例介绍——阿里巴巴天猫魔屏S1

阿里巴巴天猫魔屏S1投影仪的外观如图1.4.14所示，其主要性能参数如表1.4.9所示。

图1.4.14 阿里巴巴天猫魔屏S1投影仪

表1.4.9 阿里巴巴天猫魔屏S1投影仪的主要性能参数

产品类型	家用投影机，商务投影机，智能微型投影机	投影机特性	智能，3D
控制接口	1×USB2.0，1×USB3.0，1×RJ45	对比度	10000∶1
投影技术	DLP	显示色彩	色域：≥120%
亮度	3000流明	标准分辨率	1080p（1920×1080）
亮度均匀值	98%	最高分辨率	4K（3840×2160）
光源类型	LED灯	光源寿命	30000小时
聚焦方式	自动聚焦	投影尺寸	40～300英寸
变焦比	3×	屏幕比例	16∶9

续表

投射比	0.8∶1	色彩数目	10.7亿色
投影距离	1.5～5.3 m	梯形校正	垂直:±45度,水平:±45度
CPU	Amlogic T968 A53 四核 64 位	无线同屏	手机,PAD,PC投屏
GPU	Mali T830	扩展播放	支持
存储容量	RAM:2 GB,ROM:16 GB	无线功能	Wi-Fi,蓝牙
操作系统	Android	扬声器	10W×2
输入接口	1×HDMI	输出接口	1×3.5 mm耳机接口

1.4.7 触摸屏

1. 触摸屏的相关概念

触摸屏(Touch Panel)又被称为触控屏、触控面板,是一种可接收触头等输入信号的感应式液晶显示装置,当接触了屏幕上的图形按钮时,屏幕上的触觉反馈系统可根据预先编制的程式驱动各种连结装置,可用以取代机械式的按钮面板,并借由液晶显示画面制造出生动的影音效果。

触摸屏技术是继键盘、鼠标、手写板、语音输入后最为普通百姓所易接受的一种简单、方便、自然的人机交互方式,具有方便直观、图像清晰、坚固耐用和节省空间等优点,使用者只要用手轻轻地触碰计算机显示屏上的图符或文字就能实现对主机的操作和查询,摆脱了键盘和鼠标操作,从而大大提高了计算机的可操作性,使人机交互更为直接。

触摸屏作为一种最新的电脑输入设备,是极富吸引力的全新多媒体交互设备。目前在公共信息查询、工业控制、军事指挥、电子游戏和多媒体教学等很多领域得到广泛应用。

2. 触摸屏实例介绍——创维86WBB3

创维86WBB3是一台触控一体机,应用在学校教学中时通常称其为触摸黑板,或叫教学触摸屏一体机,作为教学辅助工具,学校可以用来替代传统黑板。触摸黑板外表看上去像是一台大电视,但它同时具备电脑、电视的功能,可以用手指触摸操作、画图形、联网查资料等。很多学校将其安装在推拉黑板中间。创维86WBB3的外观如图1.4.15所示,其主要性能参数如表1.4.10所示。

图1.4.15 创维86WBB3触摸屏一体机的外观

表 1.4.10　创维 86WBB3 触摸屏一体机的主要性能参数

适用场所	商业机构	分辨率	3840×2160
触摸屏	红外触摸屏	亮度	350 cd/m^2
书写方式	手写或书写笔	显示屏类型	单屏 LED
接口	USB2.0,USB3.0,HDMI2.0,光纤音频输出	显示屏尺寸	86 英寸
		屏幕尺寸可选	55/65/75/86 英寸
存储	存储容量:32 GB ROM;系统内存:2 GB RAM;可扩展存储:128 GB	操作系统	Android
		对比度	1200∶1
		可视角度	178°/178°
PC 模块	CPU:Cortex A53×4 1.5 GHz;GPU:T720MP2		

3. 触摸屏的类型

触摸屏的应用越来越广泛,为满足不同领域的需求,触摸屏的种类也随之越来越多。下面按最常见的品牌和屏幕类型来分类。

① 按品牌分:创维、星火、优派、感触、仙视及夏普等。

② 按屏幕类型分:红外线触摸屏、电阻式触摸屏、电容式触摸屏、光学式触摸屏及表面声波触摸屏。

1.4.8　其他可选设备简介

1. U 盘

U 盘(如图 1.4.16 所示)作为数据存储、备份、转移的工具,其核心是一块闪存芯片。当前 U 盘容量有 8 GB、16 GB、32 GB、64 GB 或更大,其数据传输速度已大大提高,接口也由传统的 USB Type-A 向 Type-C 过渡。

图 1.4.16　带有两种接口的 U 盘

2. 存储卡

存储卡的类型很多,主要有 CF 卡、SM 卡、MMC 卡、SD(包含原来的 TF 卡)卡、MS 卡(记忆棒)、XD 卡及微硬盘等,如图 1.4.17 所示。存储卡大小不一,在实际使用时可以利用转换器(很多读卡器自带小卡转大卡的盒子)来实现读写。

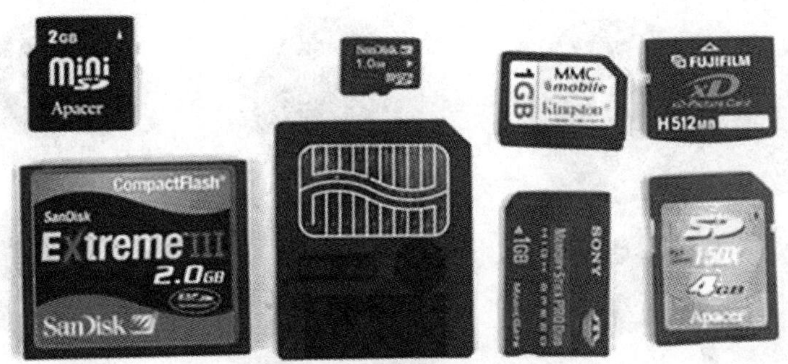

图 1.4.17　各式各样的存储卡

读卡器的体积一般都不大,分内置式和外置式两种,如图 1.4.18 所示。内置式读卡器一般在笔记本电脑上较为常见。外置式读卡器便于携带,一般使用 USB 接口。

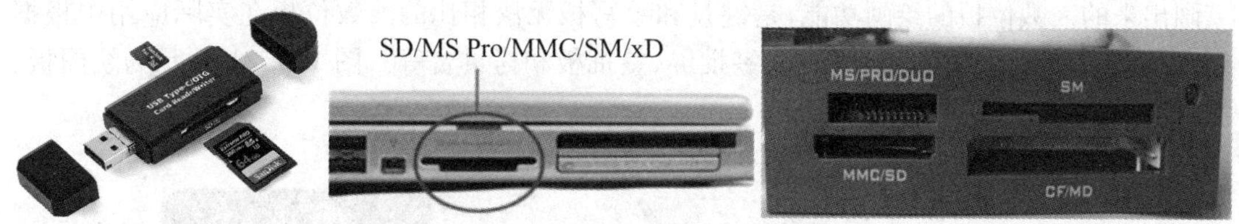

图 1.4.18　几种不同接口的读卡器

3. 移动硬盘

移动硬盘也被称为外置硬盘、活动硬盘,如图 1.4.19 所示。它是以硬盘为存储介质,是便携性的外存储设备。移动硬盘在早期多以标准硬盘为基础,现在大多数采用 2.5 英寸超薄硬盘,也有部分产品使用的是 1.8 英寸的微型硬盘,随着固态硬盘技术的不断成熟,移动固态硬盘也已出现,其体积更小,外形与普通 U 盘无异。

图 1.4.19　几种大小不同的移动硬盘

4. 摄像头

随着宽带的普及,作为视频输入、监控设备的摄像头使网络视频通信成为现实。摄像头按输出的信号不同分为数字摄像头和模拟摄像头,目前常见的都是数字摄像头,如图 1.4.20 所示。

数字摄像头的主要技术指标有感光材料、像素、分辨率、处理芯片、镜头、自动白平衡(AWB)等。

5. 数位板

数位板又名绘图板、绘画板、手绘板等,是计算机输入设备的一种,通常由一块板子和一

图 1.4.20 几款外形各异的数字摄像头

支压感笔组成,它和手写板等非常规的输入设备相类似。用作绘画创作时,它就像画家的画板和画笔,我们在动画电影中常见的逼真的画面和栩栩如生的人物,就是通过数位板一笔一笔画出来的。数位板的绘画功能,是键盘和手写板无法相比的。数位板在实际应用中根据用途不同又细分为绘图板、绘图屏、签批屏、签批板和拷贝台等。图 1.4.21 所示为绘图板、签批屏。

图 1.4.21 绘图板、签批屏

一、填空题

1. 世界上第一台电子数字计算机是在______年发明的,其使用的电子元件主要是______。
2. 微型计算机的结构形式主要有______、______、一体机及平板电脑。
3. 计算机的发展趋势可以用“四化”来描述:巨型化、微型化、智能化和______。
4. 当前 CPU 的制造工艺以______作为单位来体现工艺技术。
5. 主板上的芯片较多,一般对主板性能起关键作用的是______芯片和______芯片。
6. 现在台式机主板上的 DDR5 内存插槽一般是______线(pin)的。
7. 当前固态硬盘的容量主要用______和______两个单位来表示。
8. 显示卡的输出接口有多种类型,如传统的 VGA 接口、DVI 接口,还有传输速率更高、带宽更宽的______接口、______接口及______接口等。

9. 一般而言，针式、喷墨、激光三类打印机中，在打印效果方面，______打印机效果最好，______打印机次之，______打印机最差；在耗材成本方面，______打印机最低，______打印机次之，______打印机最高；在噪声方面，______打印机和______打印机的噪音都很小，而______打印机的噪音相对较大。

10. 摄像头按传输信号的不同主要包括______和______两种，前者直接与计算机相连即可以使用，而后者必须配合视频捕捉卡才能与计算机连接使用。

二、单选题

1. 自1946年世界上第一台电子计算机诞生以来，计算机的发展已经历了五个阶段，其中第二阶段采用的主要电子元件是（　　）。

A. 智能元件　B. 晶体管　C. 电子管　D. 集成电路

2. 微机CPU按照字长来分类，目前还没有得到应用的一类CPU是（　　）。

A. 64位　B. 32位　C. 128位　D. 16位

3. 计算机发展趋势的一个方向是巨型化，下面（　　）的巨型机目前不是世界领先的。

A. 美国　B. 中国　C. 俄罗斯　D. 日本

4. 2017年6月，国际组织评选出世界上运行速度最快、最强大的超级计算机是（　　）。

A. 天河二号　B. 神威·太湖之光

C. 银河Ⅱ号　D. 长城Ⅰ号

5. 未来计算机的发展趋势可以概括为“四化”：巨型化、微型化、网络化和（　　）。

A. 科学化　B. 自动化　C. 负杂化　D. 智能化

6. 下列不属于微机外设的是（　　）。

A. 存储器　B. 显示器　C. 扫描仪　D. 绘图仪

7. 下列属于系统软件的是（　　）。

A. Microsoft Office 2021　B. Windows 10

C. 暴风影音　D. 360安全卫士

8. 下列不属于微机主要性能指标的是（　　）。

A. CPU接口类型　B. 存储器容量　C. CPU主频　D. 外设扩展能力

9. 目前微机CPU的制造工艺，常见的有14纳米、12纳米、10纳米和（　　）。

A. 6纳米　B. 7纳米　C. 8纳米　D. 9纳米

10. 当前微机CPU的主频已经用GHz为单位了，下列表示1 GHz的是（　　）。

A. 10 Hz　B. 10^3 Hz　C. 10^6 Hz　D. 10^9 Hz

11. 微型计算机的出现是在20世纪（　　）年代。

A. 40　B. 50　C. 60　D. 70

12. 当前占主流地位的以程序存储为基础的计算机结构体系是（　　）提出来的。

A. 冯·诺依曼　B. 图灵　C. 帕斯卡　D. 比尔·盖茨

13. 下列用来表示计算机存储容量的单位中最大的是（　　）。

A. GB　B. TB　C. KB　D. MB

14. 与微机某一特定CPU的性能相关的频率中数值最大的是（　　）。

A. 倍频　B. FSB频率　C. 外频　D. 主频

15. 在选购微机CPU时，以下（　　）不是主要的考虑因素。

A. 品牌　　B. 体积　　C. 价格　　D. 性能

16. 当前,CPU 的三级高速缓冲存储器 L1、L2 和 L3 的容量与硬盘的缓存容量比较,容量最小的是(　　)。

A. L1　　B. L2　　C. L3　　D. 硬盘缓存

17. 双倍速率同步动态随机存储器是当前计算机内存的主流,其英文简写为(　　)。

A. RAM　　B. ROM　　C. EPROM　　D. DDR SDRAM

18. 当前台式机主流内存与主板之间接口的针脚为(　　)pin。

A. 240　　B. 280　　C. 288　　D. 320

19. 以下是 CPU 和内存条都包括的性能参数的是(　　)。

A. 指令集　　B. CL 延迟　　C. 工作频率　　D. 超流水线

20. 下列不是硬盘接口类型的是(　　)。

A. SATA 3　　B. RJ45　　C. M.2　　D. USB

21. 微机键盘和鼠标的接口类型较多,下列的(　　)不是其接口类型。

A. USB　　B. 无线　　C. PS/2　　D. HIDI

三、简答题

1. 什么是 CPU 的主频、外频和倍频?它们之间有什么关系?

2. 什么是 USB 接口?当前它有哪几种主要传输标准?

3. 当前在选购一款微机主板时应考虑哪些主要因素?

4. 硬盘有哪些分类方式?各包含哪些类型?

5. 显卡的主要性能参数有哪些?

项目 2　计算机硬件系统的组装与选购

知识目标：熟悉计算机组装前的准备工作及注意事项；熟悉计算机硬件选购的主要策略；了解笔记本电脑拆装方法，掌握台式机组装的具体过程。

能力目标：能够正确使用常用工具；能够动手组装计算机并能解决组装时遇到的常见问题；能够根据硬件选购策略和建议正确、合理选购硬件。

素质目标：在组装前认真学习机房相关规章制度，在组装和选购过程中践行职业道德，工作认真负责、吃苦耐劳、严于律己、爱岗敬业、平等待人、耐心周到；树立正确的技能观，努力钻研业务，学习新知识，提高自身职业技能，有开拓精神和责任担当。

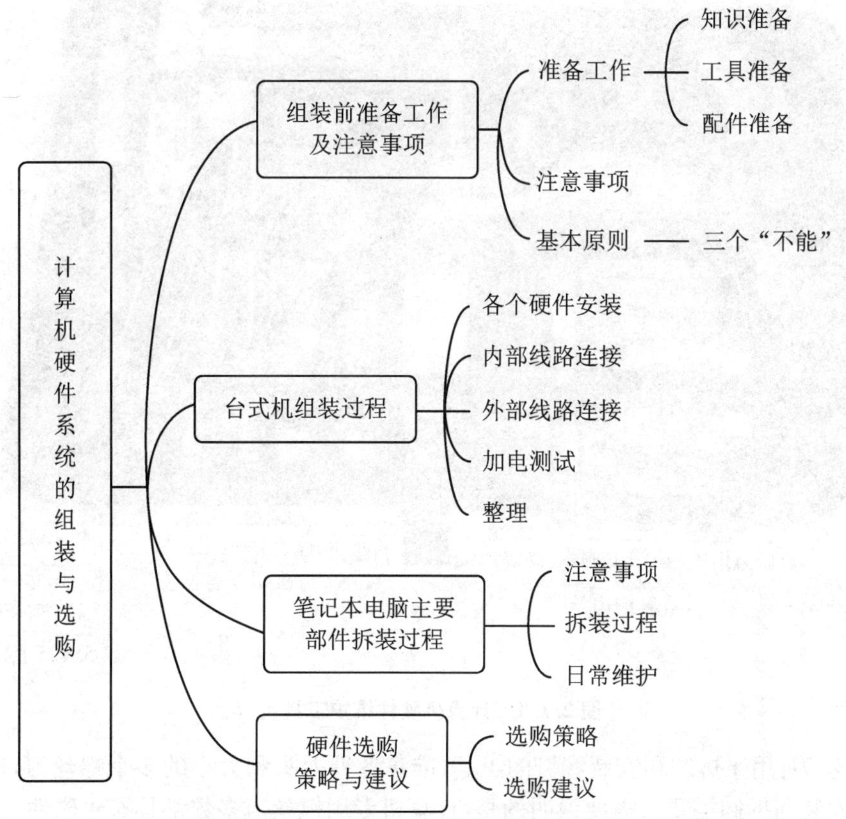

任务 2.1 熟悉组装前的准备工作及注意事项

2.1.1 组装前的准备工作

组装前的准备工作一般有基础知识准备、装机工具准备、装机配件准备等。

1. 基础知识的准备

首先，组装人员应具备计算机基本知识，了解计算机中各种配件的性能和特点；其次，观看组装相关视频，观察实际组装过程，牢记组装流程及注意事项；最后，还应该了解正确的整机检测方法。

2. 安装工具的准备

在组装前，应先准备一个高度适中、操作方便的工作台，组装场地要求光线良好。其次要准备好组装要用到的各种工具，越齐全越好。图 2.1.1 所示是专业维修用的一种工具包。下面简单列举一些常用的工具，要求大家熟悉其使用方法。

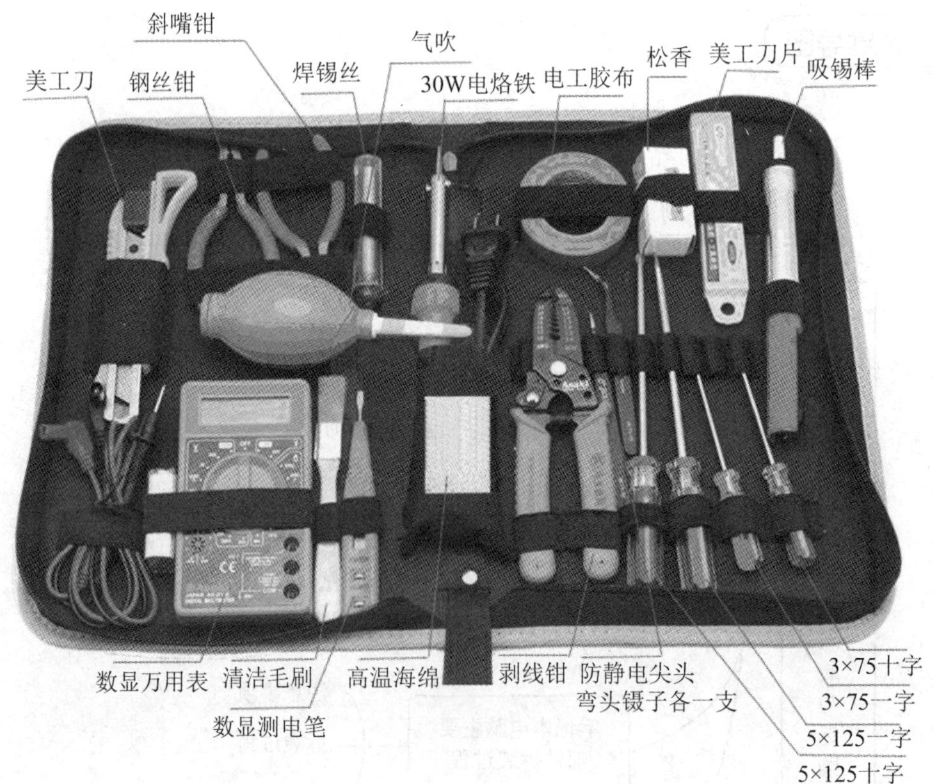

图 2.1.1 计算机硬件维护工具包

① 螺丝刀：用于拆卸和安装螺钉的工具，准备各种刀头和大小的多个螺丝刀，以满足各种螺丝的安装与拆卸需要。需要说明的是，计算机专用螺丝刀多数都具有永磁性。

② 钳子:用来拆断机箱后面的挡板,如果机箱钢板的材质太硬,那就需要使用钳子来帮忙。

③ 镊子:用来夹取螺钉、跳线帽及其他一些小的零碎物件。

④ 电烙铁:对一些有松动的元器件进行重新焊接。

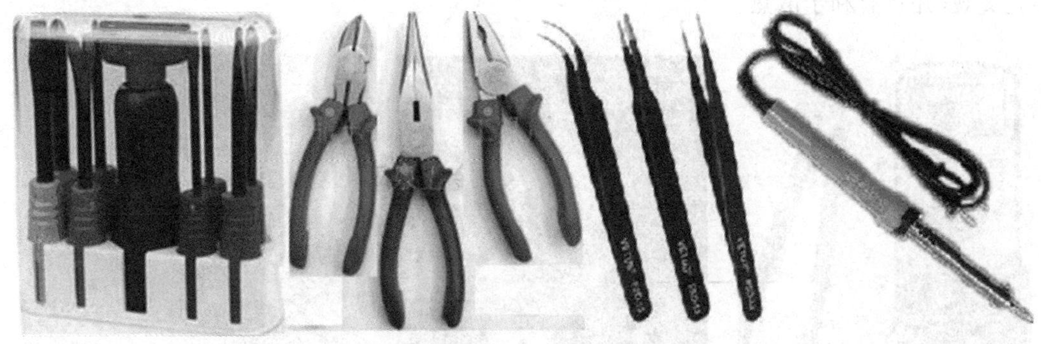

图 2.1.2　螺丝刀、钳子、镊子和电烙铁

⑤ 软毛刷:机箱内部风扇及内存条上的灰尘,可使用软毛刷清除。

⑥ 实用吸球:又称吹灰球、皮老虎,用于清除计算机机箱内部灰尘。

⑦ 清洁高压电动喷枪:一种先进、高效的液体高压喷射去污工具,如图 2.1.3 所示,能够快速地冲洗机箱内部主板及机箱各部位的污垢,工作效率高,安全性有保证。

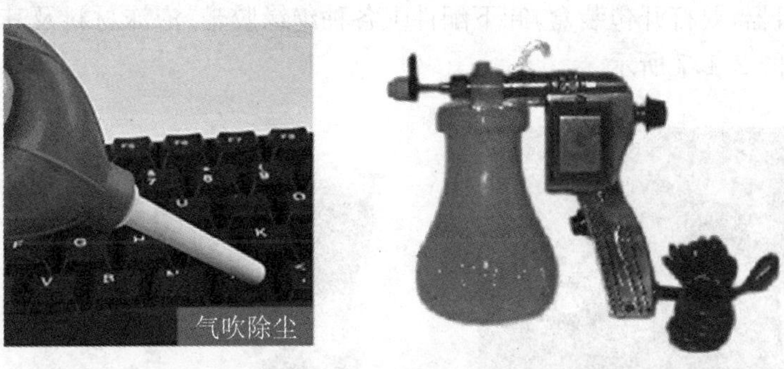

图 2.1.3　实用吸球、清洁高压电动喷枪和软毛刷

⑧ 器皿(塑料):在安装和拆卸计算机的过程中有许多螺钉及一些小零件需要随时取用,所以应该准备一个小器皿用来盛装它们,以防止丢失。

⑨ 散热膏(也叫导热硅胶):其作用是使散热片和 CPU 充分接触,保证良好的散热。把导热硅胶涂在 CPU 的背面,不宜过多,只需黄豆粒大小的量即可。

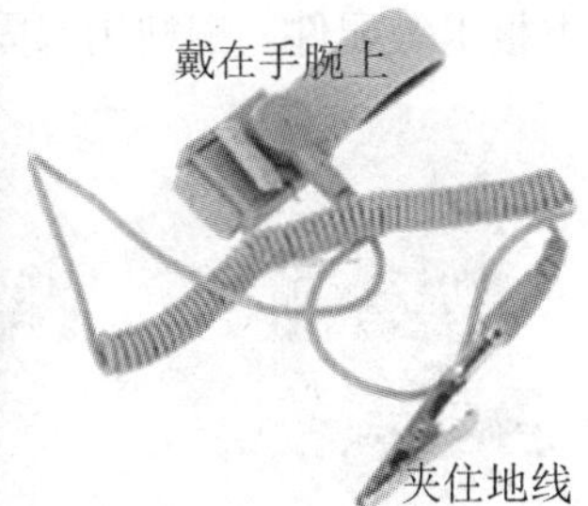

图 2.1.4　塑料器皿、散热膏和防静电腕带

⑩ 防静电腕带或手套：用来在组装计算机前去除人体的静电。

⑪ 万用表：用来测量各种元器件的电压是否正常，以及检查连线是否正确。

⑫ 主板诊断卡：在计算机出现故障时，辅助排查故障点。

⑬ 绑扎带：在装机完毕后，绑扎带可以固定机箱内各种数据线、电源线，使得机箱内部漂亮美观，并且有利于散热。

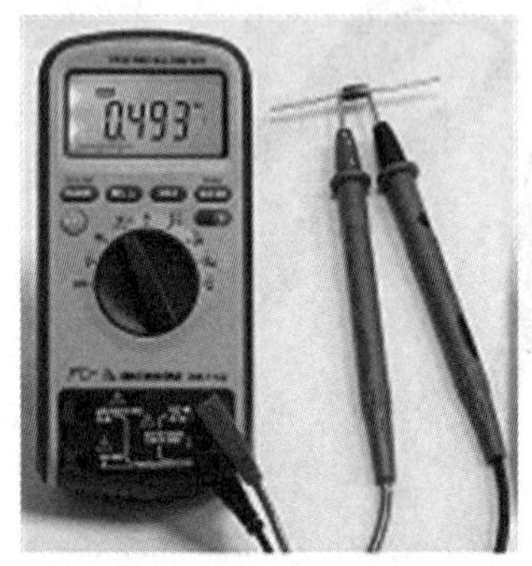

图 2.1.5　万用表、主板诊断卡和绑扎带

3. 装机配件的准备

装机前，先要将计算机各个配件、产品说明书分别取出，摆放在铺垫了一层硬纸板、报纸或纯棉布的工作台上(如图 2.1.6 所示)，不要使用化纤布或塑料布，防止产生静电损坏配件。如果是组装新机器，要打开包装盒，卸下配件上各种绝缘胶带、泡沫材料及其他固定件，再将配件摆放好，如图 2.1.7 所示。

图 2.1.6　有序摆放好安装用的配件

图 2.1.7　计算机配件、说明书和驱动盘

固定硬件用的螺丝一般有三类：细纹螺丝、粗纹螺丝和铜柱螺母，如图 2.1.8 所示。粗纹螺丝的螺纹较宽，用来固定电源、机箱、硬盘等。细纹螺丝的螺纹较细，用来固定光驱和各类板卡等配件。铜柱用来固定主板。

图 2.1.8　细纹螺丝、粗纹螺丝和细纹铜柱

2.1.2　组装前的注意事项

1. 认真阅读主要硬件的说明书

安装之前必须先阅读相关硬件(如主板)的说明书,对于不懂不会的地方要仔细查阅说明书,不要因强行安装导致硬件折断或变形。

2. 注意防止静电

静电的产生有很多原因,人体常常带有静电,特别是在干燥的冬天,手上通常都带有静电。如果不注意,这些静电很可能将一些元件或集成电路内部击穿造成设备损坏。因此,在组装前,必须释放掉身体携带的静电,避免损害电脑元器件。释放静电的方法很多,例如:戴防静电腕带,洗手,用手触摸金属水管、室内暖气片等接地金属,双手在电脑的主机箱的金属面板上触碰等。

3. 注意防止液体进入计算机内部

在组装时,不要将饮料摆放在机器附近,夏天要避免头上的汗水滴落,还要注意不要让手心的汗沾湿板卡。当机器通电后,这些液体可能造成电路短路而使元器件损坏。

4. 注意保持环境干燥

选择干燥、通风的环境安装电脑,保证电脑内部干燥。在安装电脑元器件时,严禁液体进入电脑内部的板卡。要保持双手干燥,避免手汗与器件接触,避免双手潮湿时进行操作,否则很容易腐蚀元器件和造成短路,导致配件损坏。

5. 注意配件的有序摆放

首先,要注意工具、螺丝和配件不要混放。避免因工具放置不当而导致意外事故;螺丝钉要摆放到小盒中,以免螺丝钉掉在主板等配件上,避免在开机时出现短路等故障。

其次,在日常实训操作中,组装往往伴随着拆卸,为了便于实训室管理及下一批同学的实训,组装前要牢记原来各配件的摆放位置与顺序,实训结束前要恢复成原状。

2.1.3　组装微机的基本原则

1. 不能带电安装

在组装前,要先切断电源,另外在检查故障时,如需拔插操作也应该先断电,然后再操作,之后再通电检查。由于电脑的很多接口是不支持热插拔的,所以带电操作很容易烧坏元器件。另外带电操作时,人手也很容易与元器件接触,造成短路。

这里需要注意的是,切断电源要做到拔除机箱电源上的电源线,或关闭电源插座上的电源。这是由于在电源插座上的电源打开的状态下,很多主板都是带电的,如果这个时候插拔各电源线、CPU、显卡、内存和扩展卡,仍然可能导致配件损坏。因此,在安装、拆卸电脑中的配件时,要确保电脑电源处于完全没电的状态。

2. 不能粗暴安装

电脑零配件通常都设计得很精巧,许多接口都是防止反插的防呆式设计,如果不是产品质量的原因,一般情况下只要按照正确的方法进行安装,是不需要用很大力气的。反之,如果安装不到位、方向不对,或者用力过大,都有可能造成配件的折断或变形。因此,在安装CPU、内存、板卡等时,应先熟悉其正确的安装方法,并看清周边配件的状况,然后再安装,用力要平衡和均匀。如果出现不能插入或无法固定的情况，不宜强行用大力安装，而应该仔细查找原因，以避免配件的损坏，或带来不必要的隐藏故障。另外，在拆卸配件时，要注意用力方向，切勿生拉硬扯，以免将接口插针拔弯，造成再次安装时困难。同时，对配件应轻拿轻放，不要发生碰撞、挤压、扭折等；在拧螺丝时，不能拧得太紧，避免损坏板卡。

3. 不能不检查即加电测试

在组装好后，必须对CPU风扇、显卡、内存条等配件进行细致检查，看看插得是否牢固、主板上的连线是否正确连接、元器件的数据线与电源线是否接好、机箱内是否有多余的杂物等。必须确保检查无误后再通电测试硬件安装情况。

任务2.2 组装计算机的基本步骤

现在计算机硬件发展很快，新的部件层出不穷，安装顺序也随之变化。组装计算机硬件应遵循的原则是：在有效保护好易损部件的情况下方便安装。组装过程一般包括以下步骤：

① 安装CPU、CPU散热装置和内存条。在工作台上将主板平放，将CPU、散热器、风扇及内存条等正确安装到主板上(一般在机箱外进行)。

② 安装电源。将主电源正确安装到机箱里(在机箱内进行)。

③ 安装驱动器。安装硬盘、光驱等驱动器(在机箱内进行)。

④ 安装主板。将主板放到机箱内，固定到机箱底板上(在机箱内进行)。

⑤ 安装各种板卡。包括显卡、声卡、网卡等(在机箱内进行)。

⑥ 机箱内部线路连接。如给主板和CPU供电的线路连接，机箱前置面板与主板间的线路连接，硬盘、光驱电源线和数据线的连接，CPU风扇的电源线的连接等(在机箱内进行)。

⑦ 机箱外部线路连接。包括键盘线、鼠标线、显示器电源线和数据线、网线、打印机电源线和数据线的连接等(在机箱外进行)。

⑧ 全面检查后加电测试。若显示器能够正常显示，表明组装顺利完成。

⑨ 捆扎连线、安装机箱挡板等整理工作(在机箱内、外进行)。

说明：以上步骤的顺序不需严格遵循，如①和②、②和③等都是可以调换的，但有些步骤调换后会带来隐患或不便，大家在实际操作时，要好好体会其中的缘由。

在组装前，我们先熟悉一下机箱的内部结构。如图2.2.1所示，机箱内部结构一般由主机板、顶板、底板、后窗板、光驱架、硬盘架等组成，松开螺丝就可以分别将机箱的两个侧面板卸下来。有些机箱采用的是一体成型的倒U形外壳。不管机箱是如何设计的，一般都能从一侧进入到放置配件的内部空间。打开机箱后，就会看到机箱内部的配件，除电源线和螺丝钉外，有时还会看到一组机箱固定架。

注意：在实际安装时，机箱不能也不需要拆成如图2.2.1所示的样子，否则再要还原就不是一件容易的事了。一般只要将左、右两块侧面板拆下即可，根据实际需要，有时还要拆下硬盘架和光驱位置的挡板。

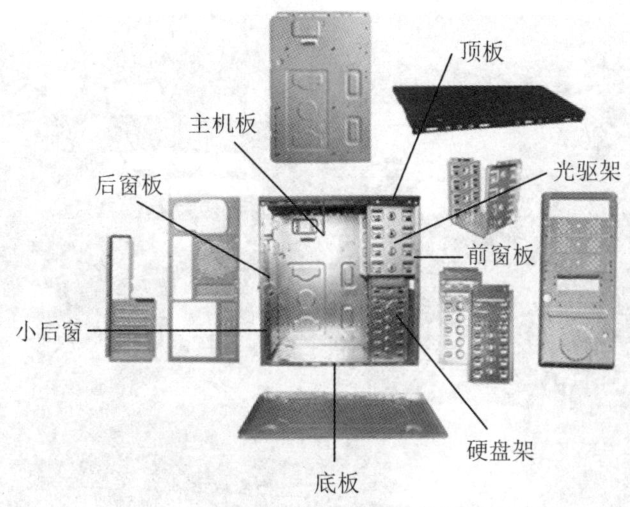

图 2.2.1 机箱结构图

2.2.1 安装 CPU、散热装置及内存条

安装 CPU、CPU 散热风扇及内存都是在主板上进行的，由于机箱内空间狭小，在机箱内安装这些大件很不方便，所以可在工作台上操作。实训时，一般以桌子为工作台，将主板平放到事先准备好的绝缘泡沫或海绵垫上，如图 2.2.2 所示。

图 2.2.2 主板平放在绝缘泡沫上

1. 安装 CPU

前面项目 1 已经介绍过，不同厂家、不同系列的 CPU 接口不同，安装方法也有一些差异。下面以华硕 PRIME Z370-p 主板(图 2.2.3)上安装型号为 Intel Core i7 8700K 的 CPU 为例来介绍。该主板的 CPU 接口类型为 Intel LGA 1151(图 2.2.4)，接口周围留有四个安装散热器的孔。

图 2.2.3 华硕 PRIME Z370-p 主板

打开主板 CPU 插座上的拉杆和盖子，仔细观察，在 CPU 插座的一角上会发现一个三角形的标志，同样，在 CPU 的一角上也有一个三角形的标志，如图 2.2.5 所示。

图 2.2.4 主板上的 CPU 插座及三角形标志

图 2.2.5 CPU 上的三角形标志

具体操作步骤如下：

① 将主板 CPU 插座侧边的固定拉杆拉起，约与插座成 90 度角，一手将金属上盖打开，然后将 CPU 上印有三角标志的那个角与主板上印有三角标志的那个角对齐，对准缺口将 CPU 平放置入插座内，轻压到位，如图 2.2.6 所示。

② 盖上 CPU 插座的上盖，将拉杆压回扣紧即可，如图 2.2.7 所示。

2. 安装 CPU 散热器及风扇

安装好 CPU 后，还要安装 CPU 散热器及风扇。由于 CPU 工作时的温度比较高，所以要给 CPU 加上散热器及风扇来散热。不同系列 CPU 有不同的散热器及风扇，建议购买 CPU 自带的原装散热器及风扇。CPU 工作频率在不断提升，工作负荷越来越大，随之产生的热量也越来越多，因此散热器及风扇的功率也越来越大。

图 2.2.6　将 CPU 平放置入插座内

图 2.2.7　盖上 CPU 固定上盖，将拉杆压回

注意：如果 CPU 在超频状态下工作，其产生的热量会更大，此时需配置什么档次的散热器及风扇，一定要参考相关技术资料，以免烧坏 CPU，造成损失。

具体操作步骤如下：

① 将散热器底座的四角对准主板相应的位置，然后固定散热器底座的四角扣钉，如图 2.2.8 所示。

② 涂抹硅脂，一般点五个点就好，区分好风扇方向，将散热器压上去，轻轻扭动，使硅脂涂抹均匀，如图 2.2.9 所示（这一步一般是组装新机器时要做的，平时练习组装操作时可忽略）。

图 2.2.8　固定散热器的四角扣钉

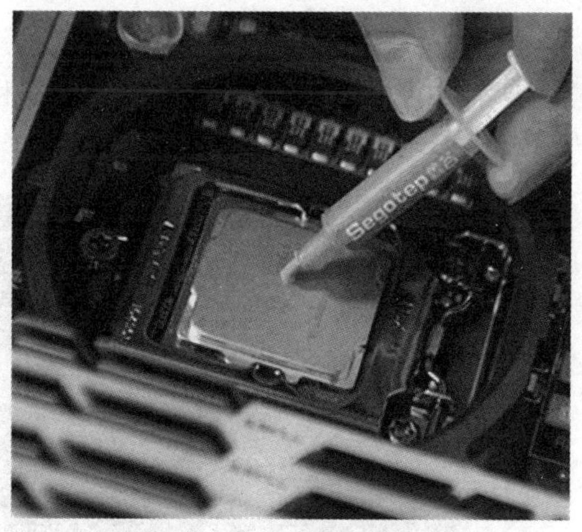

图 2.2.9　给 CPU 均匀涂抹硅脂

Intel 盒装处理器附带的原装 CPU 散热器底部已经涂有均匀的导热硅胶，可直接将散热器及风扇安装在处理器上，如不是原装散热器及风扇，就要补涂导热硅胶。

③ 将散热器固定在底座上，扣好搭扣，如图 2.2.10 所示。

④ 将风扇的电源线整理捆扎好，再将插头插到主板上 CPU 插座附近标有类似“CPU_FANS”标志的电源供电接口上，如图 2.2.11 所示。

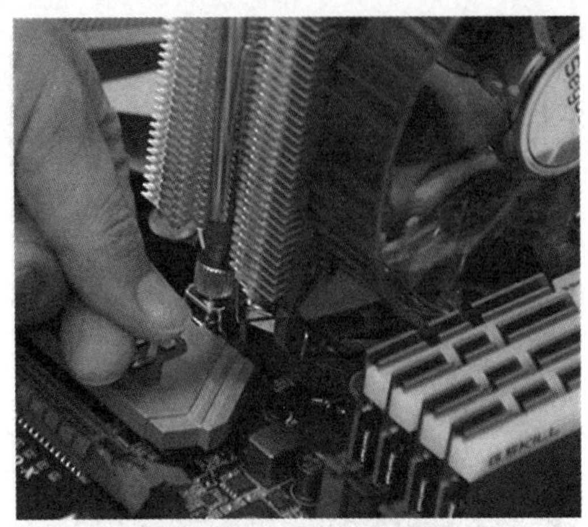

图 2.2.10 将风扇固定在底座

图 2.2.11 连接风扇电源插头到主板的接口

3. 安装内存条

现在装机配置的内存条是 288 线的 DDR4 或 DDR5 内存，主板上的内存插槽是 288 pin 的 DIMM 槽，如图 2.2.12 所示。

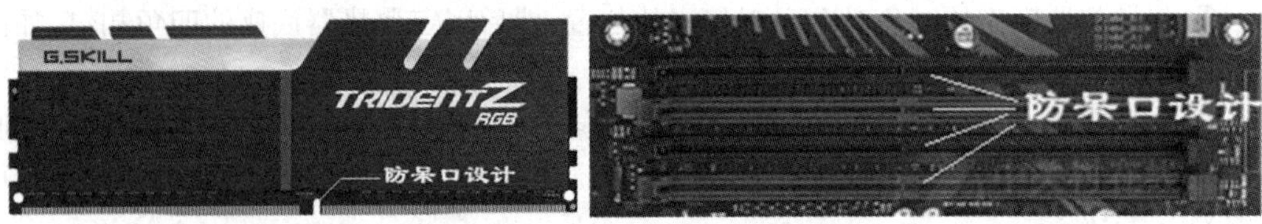

图 2.2.12 内存及主板内存插槽

具体操作步骤如下：

安装时，把内存条对准插槽(注意内存条和主板的防呆口设计部位要对上)，垂直均匀用力插到底，直到插槽两端的卡子自动卡住内存条就可以了，如图 2.2.13 所示。

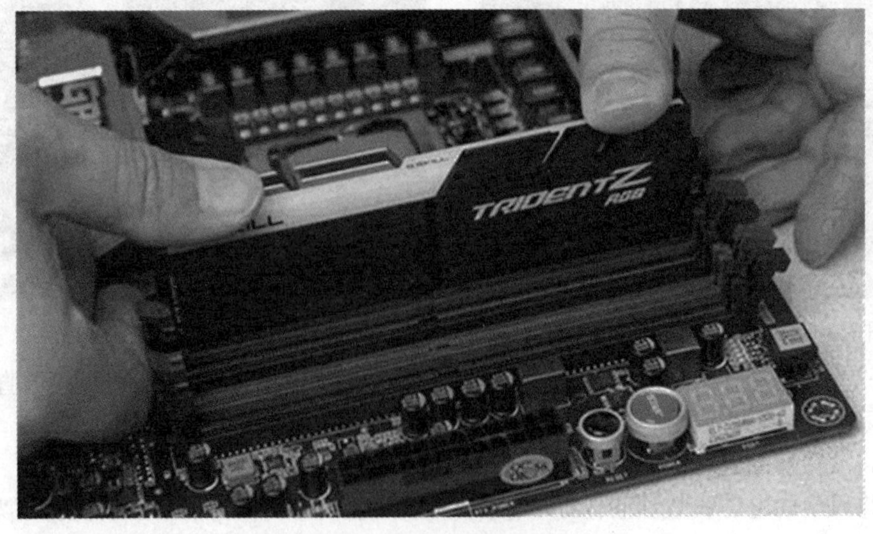

图 2.2.13 内存条的安装

取下时,用力将插槽两端的卡子分别向两侧掰开成约 45 度角,内存条就会被推出插槽。

注意:安装内存条时,规格(主要指主频、CL 延迟值、容量、品牌等)不同的内存条一般不能安装在同一主板上,否则可能导致系统不稳定,甚至无法启动。

安装好 CPU、散热器及内存条的主板如图 2.2.14 所示。

图 2.2.14　安装好 CPU、散热器及内存条的主板

另外,如果有 M.2 接口的固态硬盘需要安装,由于这种硬盘体积较小,可以此时先将其安装到主板上。其安装也比较简单,将 M.2 SSD 插好拧紧螺丝即可,如图 2.2.15 所示。

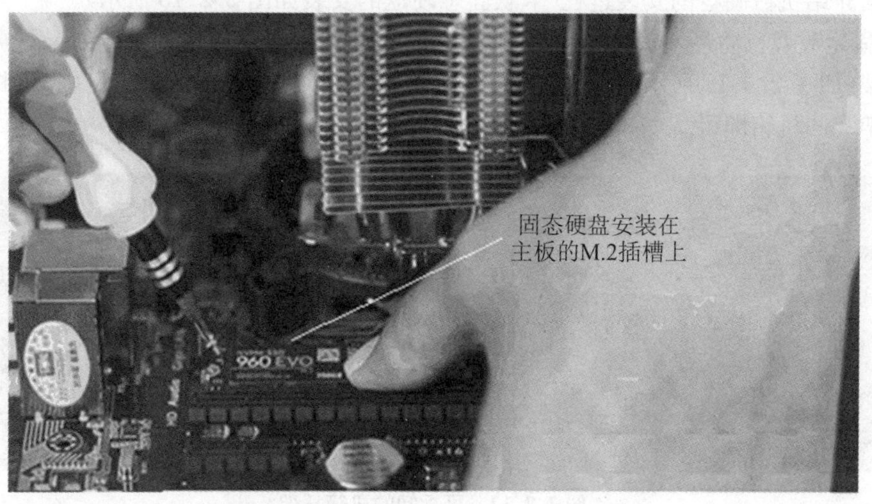

图 2.2.15　安装 M.2 接口的固态硬盘

2.2.2　安装电源

① 确定方位。观察电源和机箱的 4 个螺丝孔的分布,确定电源在机箱内的位置及方

向，如图 2.2.16 所示，机箱与电源上的螺丝孔要一一对应，如果放入的方向不正确，就只能拧上部分螺丝而无法固定住电源。

② 拧紧螺丝。安装螺丝时，应遵循“对角安装，逐步拧紧”的原则，拧上 4 颗螺丝，不要一次性把螺丝拧得过紧。

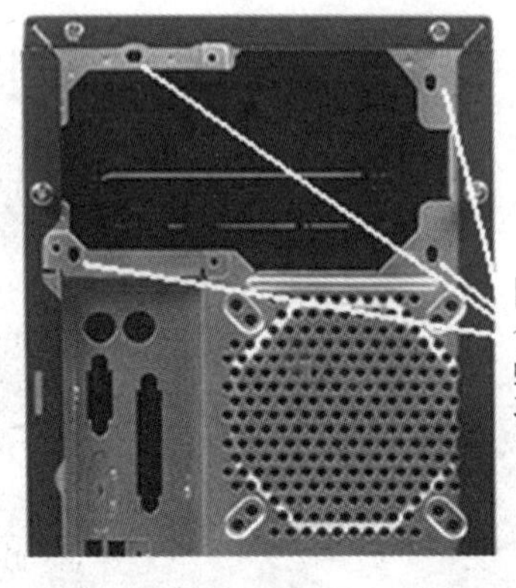

图 2.2.16　电源和机箱上的 4 个螺孔对应

说明：有的机箱的电源位置设置在下方，如图 2.2.16 右图所示，其安装方式与上述大同小异，只要提前规划好与电源的各连接线的走线路径即可。

2.2.3　安装驱动器

1. 安装硬盘

下面介绍机械硬盘的安装过程（卡状固态硬盘的安装如图 2.2.15 所示）。

① 固定硬盘。将硬盘放入机箱的硬盘托架中，然后用螺丝固定即可。如果是可拆卸的机箱托架（如图 2.2.17 所示），取下托架，将硬盘装入托架中，使用螺丝固定好，再将装好硬盘的托架装回机箱即可。

图 2.2.17　可拆卸的机箱托架

② 连接线路。SATA 硬盘有两根连线，分别是数据线和电源线，如图 2.2.18 所示，观察一下各自接口特点，然后将数据线和电源线连接到硬盘。

2. 安装光驱

① 拆卸机箱前面板。用手或螺丝刀在机箱内将选定的面板（一般选择最上面一块）轻轻往外推，直到其掉落下来，如图 2.2.19（左）所示。有的机箱面板上有卡子，捏住卡子可直

图 2.2.18　SATA 硬盘的数据线和电源线

接取下面板，如图 2.2.19(右)所示。

图 2.2.19　拆卸一块机箱前面板

② 将光驱装入机箱，上螺丝固定。把光驱从机箱前方插入机箱，插入时要注意光驱的方向，用 4 颗细纹螺钉在两侧固定，如图 2.2.20 所示。

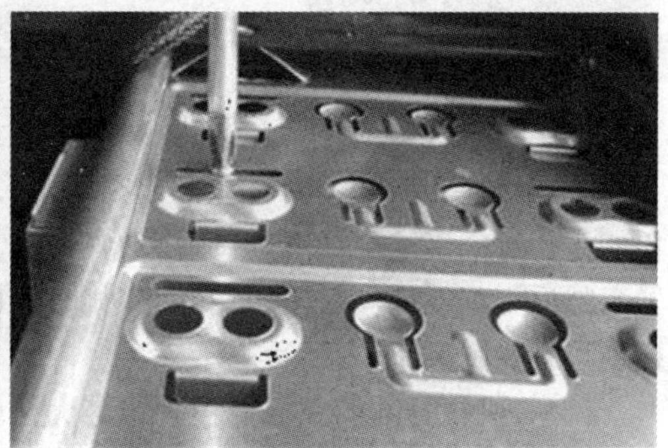

图 2.2.20　光驱的安装与固定

③ 连接线路。与上面硬盘连线方法一样，依次连接好光驱的数据线和电源线，如图 2.2.21 所示。

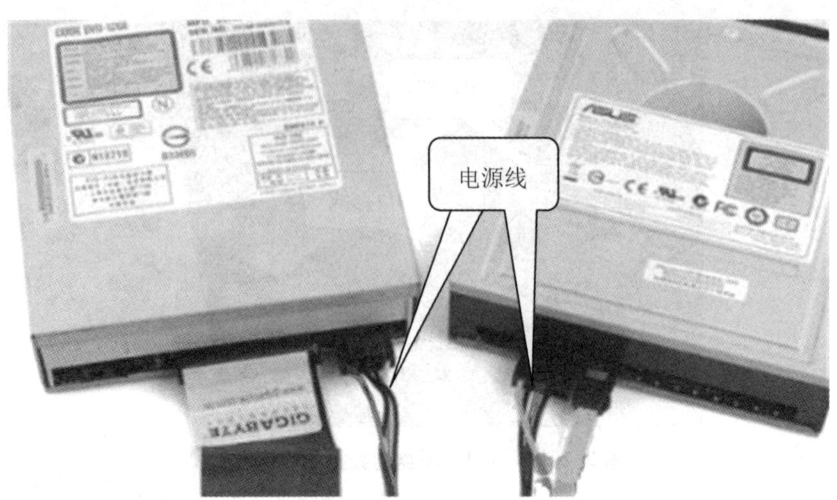

图 2.2.21 IDE 接口与 SATA 接口光驱的连接线

2.2.4 安装主板

在图 2.2.1 中我们不难发现，主机板上有不少孔，其中部分孔是用来固定主板的。

① 安装铜柱。先观察即将安装的主板，上面有分布规则的若干个小孔(一般至少 6 个)，然后将机箱卧倒，把主板放入机箱的对应位置，再观察机箱内面板上所对应的位置，然后取出主板，在面板相应小孔上分别安装一颗铜柱(又称垫脚螺母)，至少 6 颗，如图 2.2.22 所示。

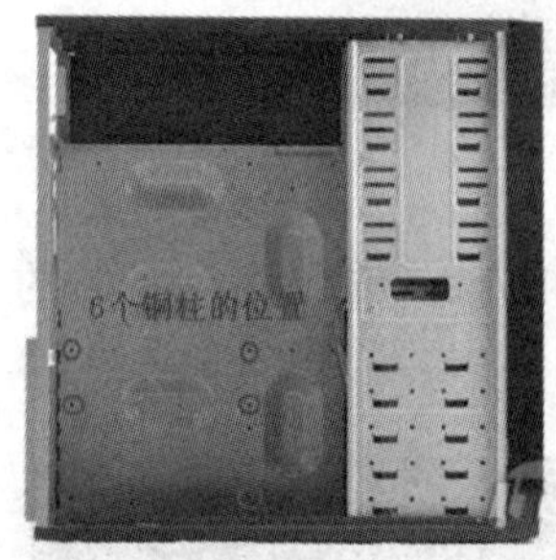

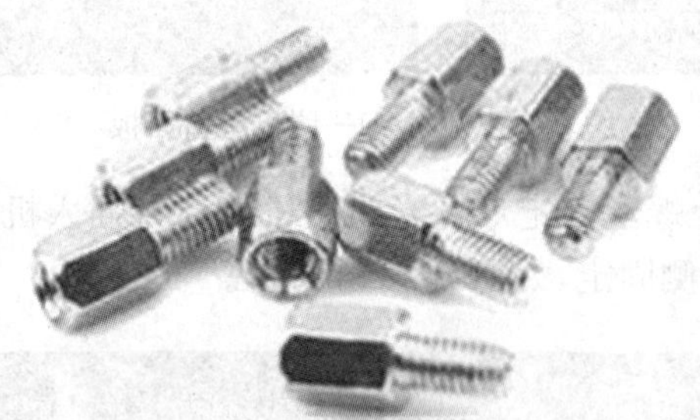
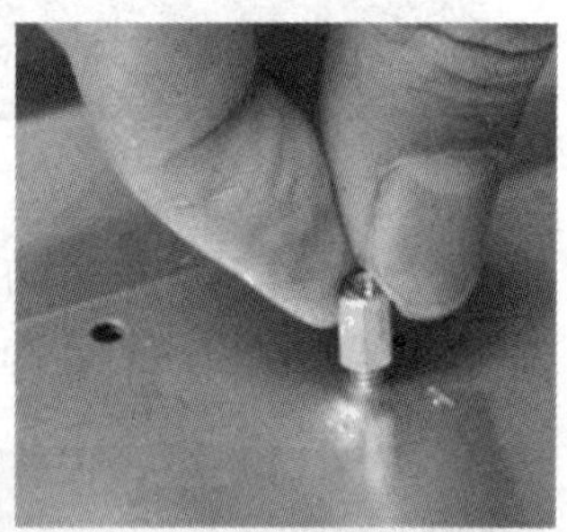

图 2.2.22 主板铜柱安放示意图

② 固定主板。双手平行托住主板，放入机箱中，可以通过机箱底部面板上的铜柱与主板的小孔对应确定主板准确位置，安放到位(注意把主板的 I/O 接口对准机箱后面相应的位置)，然后用细纹螺丝拧到与铜柱相对应的孔位上，固定好主板(螺丝拧得不能过紧，以防主板变形)，如图 2.2.23 所示。

注意：机箱背部的主板挡板有的是机箱自带的，固定在机箱上，有的是主板配套的，在安装主板时优先使用主板配套的挡板。

图 2.2.23　将主板放入机箱,对齐后用细纹螺丝固定

2.2.5　安装各种板卡

板卡主要指显卡、声卡和网卡等,一般安装在机箱内部主板的扩展槽上,不同的板卡,其插槽接口类型可能不一样,但安装方法大同小异,目前主要以 PCI-E 插槽为主。下面介绍显卡的安装过程。

① 拆掉挡板。安装前,要从机箱的背板上相应位置去除插槽边的挡板。

② 安装显卡。用手轻握显示卡两端,对准主板上的 PCI-E 显示卡插槽,垂直向下轻压到位,再用螺丝固定即可,如图 2.2.24 所示。

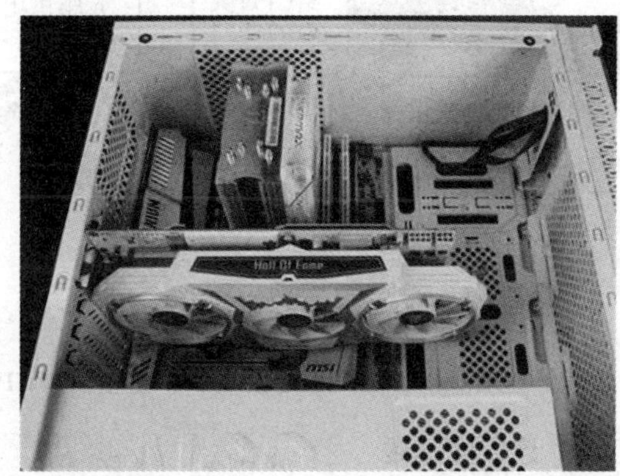

图 2.2.24　拆掉挡板(左),安装显卡(右)

③ 固定显卡。用螺丝刀将细纹螺丝拧上,使 PCI-E 显卡固定在机箱上,如图 2.2.25 所示。

2.2.6　连接机箱内部线路

1. 连接电源线

计算机的各个部件都是在低压、直流的环境下工作的,前面我们学过的硬盘和光驱的电源线即是来自主电源的两组分支。下面我们介绍主电源与主板、CPU 的连接方法。如图 2.2.26 所示,给主板供电的排线是从主电源引出的多簇连线中最宽的一簇,很容易辨认;给 CPU 供电的是 8pin 的排线(不同主板不完全一样),这两簇线的接头及主板的插座都有

图 2.2.25 将显卡固定到机箱上

防呆口设计，只要方向正确，直接垂直插入即可。

另外，CPU 风扇的电源接口在主板上，前面已经提及过。

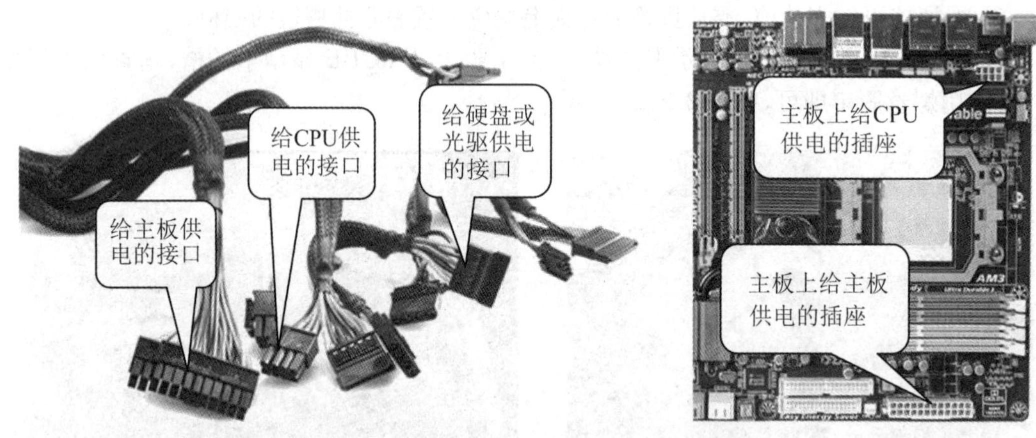

图 2.2.26 给主板和 CPU 供电的电源线及插座

2. 连接数据线

数据线的连接主要涉及外存储设备，如硬盘和光驱等。前面已经学习过硬盘和光驱上数据线的连接方法，这些数据线的另一头都要连接到主板的相应接口上，如图 2.2.27 所示。

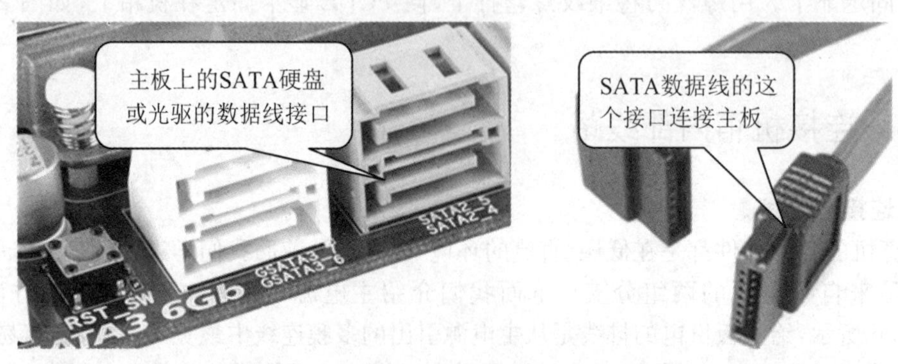

图 2.2.27 主板的 SATA 接口及 SATA 数据线

3. 连接主板与机箱前面板之间的线路

(1) 连接主板与机箱前面板之间的电源线和信号线

机箱前面板上的电源线和信号线一般有 5 组，如表 2.2.1 所示，不同机箱上的线路可能不一样多，标志也可能不一致。

表 2.2.1　前置面板电源线和信号线的标识

信号控制线英文标志	含义
POWER SW	连接电源开关按钮
POWER LED	连接电源指示灯
RESET SW	连接复位启动开关
H. D. D. LED	连接硬盘指示灯
SPEAKER	连接电脑喇叭

这些线头的连接方法都是直接垂直插入，一般主板说明书中都有连接的示意图，也可参考主板及线头上的标志来连接，如图 2.2.28 所示。

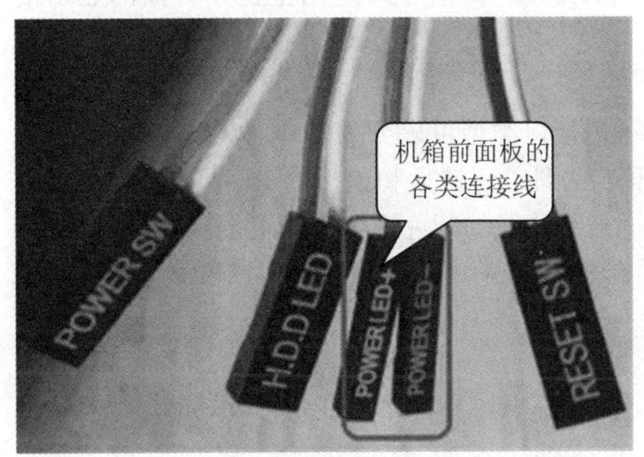

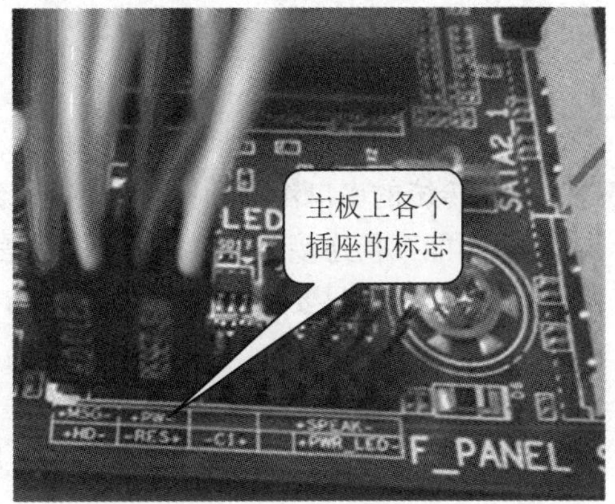

图 2.2.28　连接好的前置面板部分线路

(2) 连接前置 USB 接口线

如图 2.2.29 所示，宽的是 3.0 接口，旁边是 2.0 接口，将 USB 接口线垂直插入主板的 USB 针脚上即可。目前 USB 接口已有防呆口设计，这对初学者很有帮助，但连接前最好仔细比对主板说明书及主板上的标志，小心连接，因为一旦接线出错，轻则无法使用 USB 设备，重则会烧毁 USB 设备或主板电路。

(3) 连接前置音频接口线

前置音频接口线的连接与 USB 线的连接方法类似，由于不同主板上音频插座位置及标志都不尽相同，所以连接前必须查看主板说明书，然后在主板上找到音频标志，将线路接头按正确方向垂直插入，如图 2.2.30 所示。

(4) 连接其他前置接口线

除了上述前置线外，有的机箱还带有红外线接收接口、前置 1394 接口等，连接前要认真查看主板说明书，了解主板是否支持这些功能，如果支持，再在主板上找到相应接口及文字标志，按标志提示连接即可。

图 2.2.29 连接好的前置 USB 线

图 2.2.30 连接好的音频线

2.2.7 连接机箱外部线路

(1) 连接显示器

显示器的后部有两根线,分别是信号线和电源线,将信号线连到主机箱背面的显示接口,再将电源线接到电源插座上即可。

(2) 连接键盘和鼠标

键盘和鼠标是计算机最常用的输入设备,按接口类型可以分为串口、PS/2、USB 及无线等 4 类。传统的串口键盘和鼠标目前已经很难见到了。键盘和鼠标的 PS/2 接口虽然是一样的,但不能互换连接,在连接时要看清楚,一般靠边缘的紫色插座为键盘插座,绿色插座为鼠标插座,连接时只要将接口处的针脚与插孔相互对齐,直接插入即可。USB 接口连接简单,不再介绍。

(3) 连接网线和音频线

网线和音频线的连接很简单,如图 2.2.31 所示。

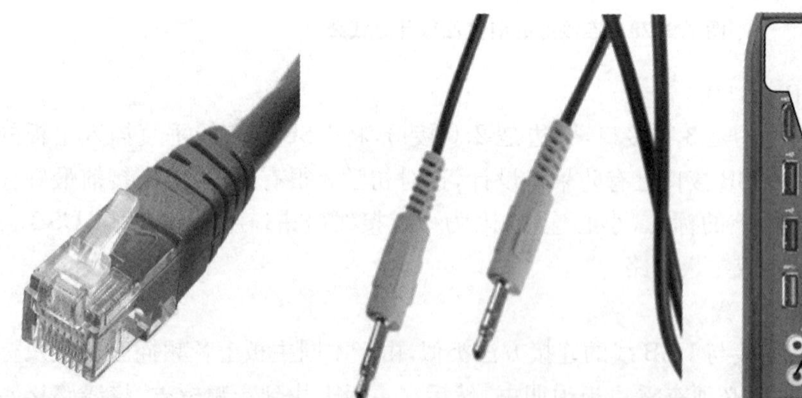

图 2.2.31 网线和音频线的连接

(4) 连接打印机等其他设备

打印机同显示器一样也有数据线和电源线,数据线接口有并口和 USB 接口之分,并口直接接到机箱背面主板上的 25 孔并口,然后拧上数据线上自带的螺丝即可。目前计算机的其他外围设备几乎都是采用 USB 接口,在此不再赘述。

2.2.8　加电测试及整理

1．加电测试

完成上述步骤之后，计算机硬件系统基本组装完成。进一步检查连线无误后，可以通电进行测试。接通主机电源，若一切正常，系统将进行自检，报告显卡型号、CPU 型号、内存容量和系统初始情况等信息。

如果开机之后不能正常显示或出现死机现象，一定要仔细检查，直到查出故障原因并排除后方能继续通电，否则会损坏机器设备。

2．整理工作

装机结束后，为保证以后正常工作，还需要进行一些整理工作。

用扎线带将电源线、驱动器数据线和面板后的所有线都就近捆扎好，如图 2.2.32 所示。SATA 数据线材质较硬，很难折起来放进电源与硬盘之间，可以将其从主板电源接口下方绕一圈，这样有利于主机箱内的散热。

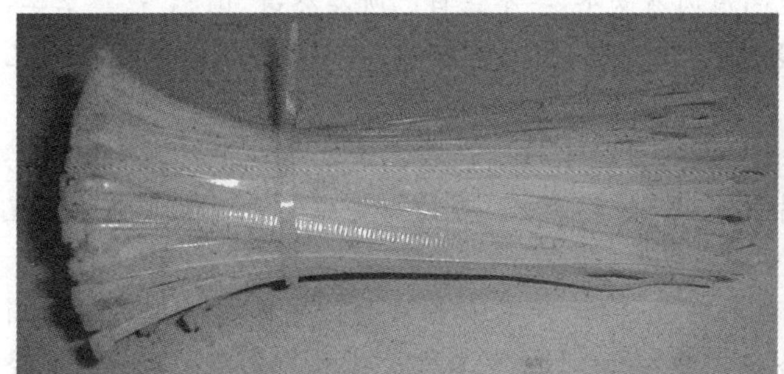
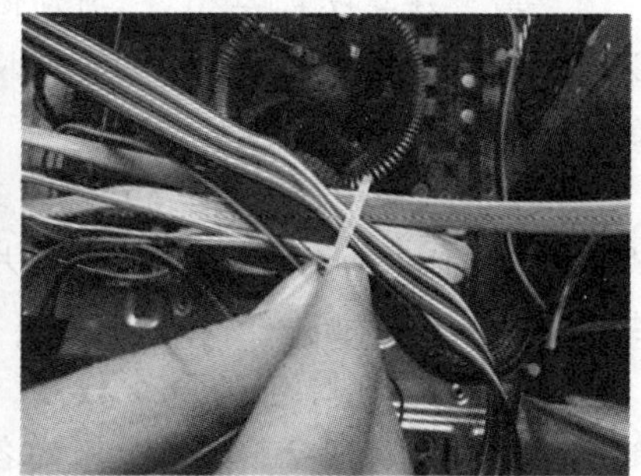

图 2.2.32　扎带及机箱内部线的捆扎

机箱内部要做到整洁、美观、牢靠，如图 2.2.33 所示。

图 2.2.33　机箱内部整理后的效果图

观察机箱边缘的滑道，合上侧面板，沿着滑道轻轻向里推，直到面板盖边缘与机箱后部边缘对齐为止，然后用螺丝固定面板盖到机箱上。到此为止，计算机的硬件组装就全部完成了，下一步是进行软件安装方面的操作，我们将在以后的项目中介绍。

从细微处展现工匠精神

材料 1

一台电视机的“雪花点”从变小到消失，图像从不鲜艳到黑的更黑、白的更白，梁骏在一块芯片的方寸之间，开启新“视”界的精彩。

梁骏出生于台州临海的一个普通军人家庭，上中学时他就对计算机产生了浓厚的兴趣，那种 0 和 1 组成的美妙世界，深深地吸引着他。大学期间，由于电脑太贵买不起，梁骏就与同寝室 8 位同学一起凑钱买了一台组装电脑，分时段使用，来继续自己对科技世界的探索。在梁骏看来，芯片的神奇之处在于，虽然只有指甲盖大小，却包含了几千万甚至几亿个晶体管，工艺越先进，数量就越多，如果达到 22 纳米工艺，就相当于在头发丝的横截面上，画出 1000 多个同心圆。芯片设计的难点也在于此，几亿条电路集成在方寸之间。

梁骏专注集成电路 20 年，打动他的原因有两个：一个是自己所在公司“国芯”这个名字；另外一个是在国外芯片遥遥领先的境遇下，他隐隐觉得，总有一天，中国人肯定需要有自己的“中国芯”。

2015 年，面向“村村通”和“户户通”工程，梁骏主持设计了高清高集成卫星数字电视芯片，以完全自主知识产权，实现了芯片技术的“自主、安全、可控”，更凭实力迅速在全球卫星接收机市场上占据第一。

2020 年春节期间，为减少接触、遏制病毒传播，开发一套语音控制的梯控系统迫在眉睫。梁骏带领团队克服疫情带来的各种困难，经过 116 万次细致入微的循环测试、改进，终于在连续奋战 40 天后成功将产品投放市场，免费捐赠给武汉第六人民医院、武汉第八人民医院、武汉儿童医院等多家医疗机构。

20 年来，梁骏心无旁骛、潜心研发，相继主持高清卫星数字电视芯片设计，在关键领域、“卡脖子”的地方攻坚克难，参与研发出国内第一颗卫星数字电视接收机芯片、第一颗有线数字电视接收机芯片，也见证了机顶盒从标清到高清的跨越。期间，他获得的成就有：发明专利 12 项、实用新型专利 6 项、集成电路布图设计专有权 17 项、软件著作权 1 项。他多次荣获浙江省科技进步奖，被评为杭州工匠、市劳动模范，荣获 2021 年度全国五一劳动奖章，并作为获奖代表在人民大会堂发言。

（根据网络报道组编。）

材料 2

计算机是一个高度精密的现代化设备，其中的每一个电子部件都是科学技术的结晶，都有自身的特性，我们在动手组装计算机的各硬件前，首先要加强实训过程中的制度学习，强化制度约束，学会责任担当，树立正确的技能观，努力提高职业技能；其次要认真、仔细地理解和牢记各个注意事项，踏实严谨，杜绝粗心大意，认真做好每一个细小环节，细致入微地完成操作，争取组装过程规范、合理、熟练，尽量做到一次点亮。

在组装过程中对遇到的共性问题和设备自身在设计、性能上的不足等要善于观察、发现，勤于思考、总结；要以大国工匠为榜样，从我做起，做好自己，逐步培养“知其然且知其所以然”的工匠精神，以匠人之心追求技艺的极致；增强民族意识，以实际行动支持自主研发、自主知识产权，奋发向上，为祖国的科技进步而努力奋斗。

问题讨论

在组装计算机的过程中要注意哪些方面？得了到什么启示？

任务 2.3　笔记本电脑拆装过程简介

2.3.1　拆卸前的注意事项

① 观看相关拆装视频，最好是同款电脑的拆装视频。

② 拆卸前要关闭电源，并拆去所有外围设备，如AC适配器、电源线、上网卡及其他电缆等，直接拆卸可能会引发一些线路的损坏。

③ 配戴相应器具（如静电环等），使用合适的工具，如镊子、钩针等工具，使用时要小心，不要对电脑造成人为损坏。

④ 由于笔记本很多部件是塑料材质的，所以拆卸时用力不可过大。

⑤ 拆卸需要十分细心，对准备拆装的细小部件如螺丝、弹簧等一定要仔细观察，明确拆卸顺序、安装部位，必要时用笔记下步骤和要点；拆卸下的部件按类摆放，这对提高组装效率很有帮助。

⑥ 拆卸内部各类电缆时，不要直接拉拽，而要先观察，明确其端口是如何连接的，然后再动手，且用力不要过大。

⑦ 不要压迫硬盘、光驱等易损部件。

⑧ 恢复安装时按照拆卸的相反程序依次进行。

2.3.2　笔记本电脑各部件拆卸举例

笔记本电脑的部件拆解是一项十分细致的工作，不同品牌、不同系列的笔记本拆卸过程都不完全一样，但只要认真观察，在掌握技巧的基础上细心操作，拆解的过程是比较简单的。这里以HP的ProBook 4321s笔记本（如图2.3.1所示）为例，讲述笔记本电脑的具体拆卸过程。

图2.3.1　HP ProBook 4321s

① 拆除电池仓内四颗螺栓，取下键盘上方音箱面板，如图 2.3.2(a)所示。

② 拆除键盘上方的四颗螺栓，取下键盘，如图 2.3.2(b)、图 2.3.3、图 2.3.4 所示。

(a) (b)

图 2.3.2 电池仓内及键盘上方四颗螺栓的位置

图 2.3.3 全尺寸悬浮式键盘

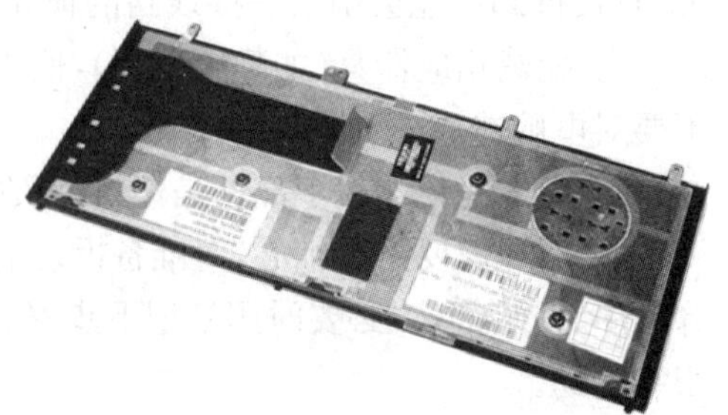

图 2.3.4 键盘底部附有金属屏蔽

③ 拆除掌托上方的三颗螺栓并将掌托向右滑动，拆下掌托，如图 2.3.5、图 2.3.6 所示。

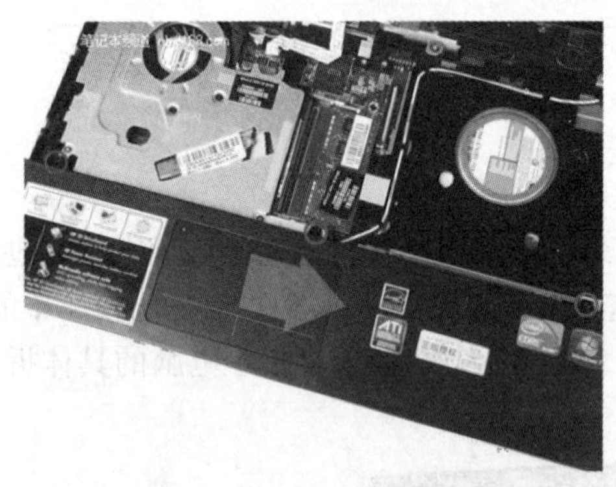

图 2.3.5 掌托上方三颗螺栓的位置

图 2.3.6 拆除掌托的内部结构

④ 电脑内部主要部件的拆卸如图 2.3.7 至图 2.3.12 所示，不再详细介绍。

最后要说明的是，笔记本电脑的安装基本上是拆卸的相反过程，所以在安装时严格按照拆卸的相反顺序依次进行即可，在此不再赘述。

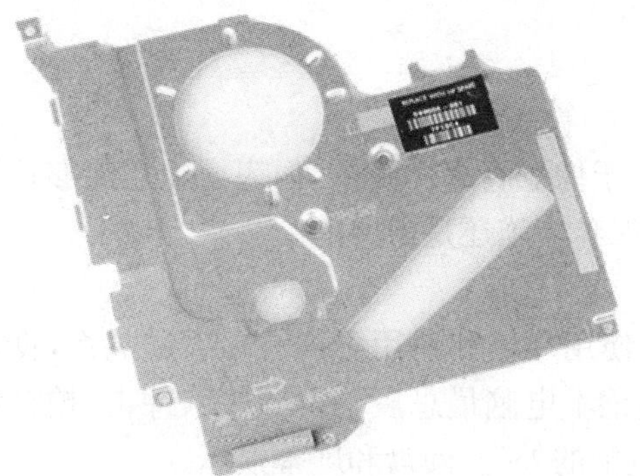

图 2.3.7 铝制散热片

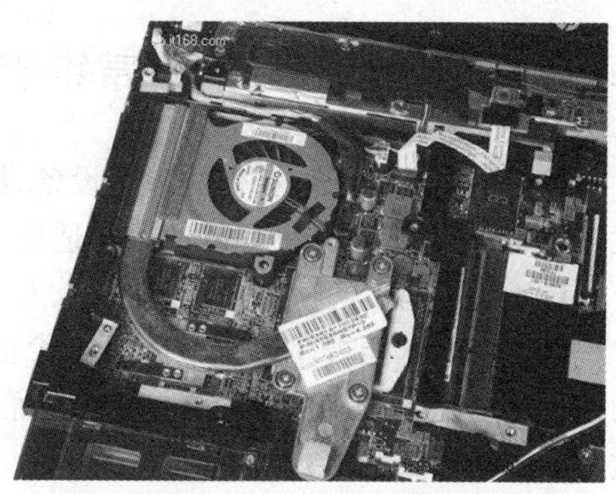

图 2.3.8 采用单热管散热解决方案

图 2.3.9 5V/2.5W 离心式散热器(左)及纯铜热管配以铝制散热稽片(右)

图 2.3.10 ATI 显卡

图 2.3.11 Intel Ibex Peak-M HM57 芯片组

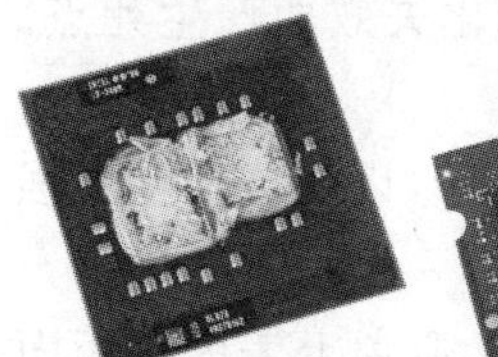

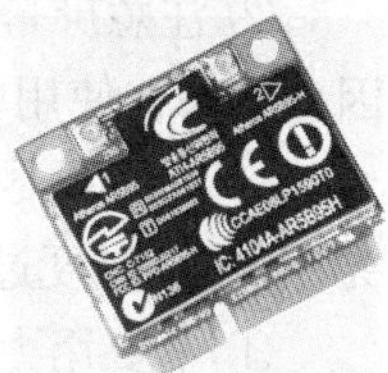

图 2.3.12 拆下的 CPU、内存、SATA 硬盘、DVD 刻录光驱和无线网卡模块

2.3.3 笔记本电脑的日常维护

笔记本电脑是一件精密的数码设备，虽说不至于像豆腐那样脆弱，但为了让它能够长期正常地为你效劳，保持良好的使用舒适度，必要的保养措施还是需要的。

1. 使用环境

笔记本电脑能否保持一个良好的状态和你的使用环境和使用习惯有很大的关系，良好的使用环境和习惯能够减少维护的复杂程度。笔记本电脑最忌震动，如跌落、冲击、拍打和放置在震动较大的地方使用，很容易导致笔记本电脑的外壳、硬盘和屏幕损坏。

强烈的电磁干扰也会损害笔记本电脑，不过笔记本电脑的外壳大都有屏蔽涂层。例如在电信机房、强功率的发射站以及发电厂机房等地方，有些电磁屏蔽设计不良的笔记本电脑会频繁死机，用户要避免在这样的环境中使用笔记本电脑。

此外，潮湿的、灰尘和烟雾较重的环境可能会造成短路甚至是风扇卡死。桌面的灰尘也会被散热风扇吸入笔记本电脑中，因此要注意桌面的清洁。

总而言之，最适合笔记本电脑使用的地方应干燥、空气清洁，没有较大的震动和强烈的电磁干扰，温度在 0～30 ℃。

2. 外壳的维护

没有额外上色的银色铝镁合金外壳比较容易打理，脏了用清洁蜡清洁一下就好，但是上面有字的外壳要小心，清洁蜡可能会把这些字清洁掉。对于浅色的塑料质地外壳就比较麻烦，因为这些外壳表面那层银色是镀上去的，不但容易脏而且容易磨损，一旦磨损就会露出镀层底下的塑料原色，而且无法修补，一旦损坏就会留下疤痕。对于这样的外壳除了悉心保护之外没有别的方法。如果你的笔记本电脑机壳设计比较平整，你也可以考虑用保护膜来“装修”一番。还有就是不要带着手表来使用笔记本电脑。

最后别忘了为你的笔记本电脑选择一款优质的电脑包，它能给予你的笔记本电脑最贴心的保护，一个设计出色的笔记本电脑包不但要能够满足装载设备的需要，而且还要有适当的强度来为笔记本电脑提供保护。

3. 屏幕的维护

笔记本的各个部件都是有使用寿命的。而其中最为娇气的恐怕就是液晶显示屏了。一个液晶显示屏的正常使用时间是 5 年左右。随着时间的推移，笔记本的屏幕会越来越黄，这就是显示屏内灯管老化的现象。那么如何将老化的时间尽可能推后呢？用户可以通过一些保养技巧来延长屏幕的使用寿命。

(1) 液晶显示屏幕的日常保护

① 长时间不使用电脑时，可使用键盘上的功能键暂时将屏幕关闭，除了节省电力外亦可延长显示屏寿命。尽量不要使用屏幕保护程序，它会缩短液晶显示屏的使用寿命。

② 注意屏幕的工作时间。长时间的高负荷使用会使液晶颗粒老化失效而产生死点。因此如果在使用中使其疲劳过度，必然会加速老化现象的出现。

③ 平时要尽量避免屏幕在强光下直接暴晒，白天使用，尽量拉上窗帘，以防屏幕受到强光照射后，温度过高，加快老化。

④ 不要用力盖上屏幕上盖，不要放置任何异物在键盘及屏幕之间，避免上盖因重压而导致内部组件损坏。

⑤ 尽量避免一边吃东西一边使用电脑，饮料及多汁食物溅到屏幕上会造成难以清理的污渍，对屏幕的危害很大，对键盘和主机的危害也是致命的。

⑥ 不要用手指甲及尖锐的物品碰触屏幕表面以免刮伤。

⑦ 屏幕表面会因静电而吸附灰尘，建议购买液晶显示屏专用擦拭布来清洁屏幕，不要用手指擦拭以免留下指纹。

⑧ 屏幕有什么问题，一定要交给专业人员来拆卸。液晶显示屏幕的内部会产生高电压，私自拆开是很危险的。

(2) 液晶显示屏幕的清洁方法

如果液晶显示屏不是太脏，可以使用较软的羊毛刷子轻轻地掸一掸，建议使用普通的化妆毛刷。这种毛刷的毛质地很柔软，不会划伤屏幕。如果实在太脏，可以用干净的棉布沾水小心擦试，有时可能遇到一些非常顽固的污迹，此时就要使用液晶显示屏专用的清洁剂了。需要注意的是，擦拭必须在关机状态进行而且清洁剂用量也不可过多，清洁时一般都是由屏幕中央开始，顺时针方向向外擦拭。

4. 键盘的维护

键盘的保护要点就是防尘和良好的使用习惯，所谓防尘就是不要在灰尘大的地方使用，不要让烟灰掉入键盘，不要在键盘前面吃东西，灰尘会加速腐蚀键盘中的导电橡胶，卡住键盘的 X 支架和氧化键盘的印刷线路。键盘是很难拆解的，因此污染后最多只能用软毛刷和吸尘器清洁一下，难以彻底清洁。个人的使用习惯也很重要，指甲应该经常修剪，不要用脏手使用键盘，否则会加速键帽上面印刷字母的磨损。

不建议使用笔记本电脑键盘来玩游戏，在游戏中忘情地狂敲对笔记本电脑键盘来说是一种“折寿”的举动，笔记本键盘在一个按键损坏之后只能整张更换，价格昂贵。

5. 鼠标的维护

笔记本电脑的鼠标形式多种多样，每一种都有不同的维护方法。下面逐一为大家介绍：

(1) 最广泛的触摸板鼠标

触摸板算是在笔记本电脑中应用最广泛的鼠标，具有容易上手、使用简便的特点。触摸板采用全密封设计，不容易受到污染，一般只需清理触摸板四周边角的灰尘。触摸板最忌的就是刮伤，触摸板表面有一层磨砂镀层，如果这个镀层损伤，随着手指的频繁摩擦，损伤会越来越大，没有了镀层的触摸板使用起来会很不爽。

(2) 鼠标指点杆

指点杆是笔记本电脑中精度最高的鼠标部件，它需要很长时间适应，许多刚刚接触笔记本电脑的用户面对指点杆都不知所措。指点杆是维护最简单的鼠标，基本上只有鼠标帽脏这一个问题，换掉就可以了，花费不会超过 50 元。除了更换，可以尝试用牙膏和牙刷清理一下，也能够得到比较好的效果。指点杆容易有漂移的现象，这是无法修复的。

6. 硬盘的维护

笔记本电脑的硬盘可以说是最娇嫩的部件之一，由于置身于结构紧凑的笔记本电脑中，热量本身就比较高，加上笔记本电脑的移动性，使硬盘成为笔记本电脑中的易损件之一。

几乎所有笔记本电脑厂家都会在说明书中要求用户不要在开机状态下移动笔记本电脑，这就是出于保护硬盘的考虑。笔记本电脑硬盘为便携的笔记本电脑设计，抗震性能比起台式机硬盘要好得多，但还是不能和闪存这样没有机械部件的存储器相比，在笔记本电脑剧烈读盘的工作中最好不要移动笔记本电脑，要移动时必须轻手轻脚、轻拿轻放。

笔记本电脑硬盘价格比起同样容量的台式机硬盘一般要高出2～3倍。一般工作中，可以在电源管理中设置适当的硬盘停转时间，这样既省电又减少了硬盘的损耗。除了怕摔，笔记本电脑硬盘也忌在运转中受压，在某些设计不良的笔记本电脑上，材质很薄的腕托下面就是硬盘，大力压迫腕托时就会压迫到硬盘，硬盘的外壳变形后会压迫轴承，发出刺耳的摩擦声。

7. 电池的维护

笔记本电脑的电池维护是很多用户关心的问题，其实现在的笔记本电脑中都有充放电控制/保护电路，只要这些电路工作正常，笔记本电脑电池是不会过度充电的。为了减少由于电芯自放电造成的频繁充电情况，现在笔记本电脑电池中的充放电控制/保护电路会控制电池在电量下降到一定幅度的时候才开始充电，而不是电量一下降就立即充电，这样就有效减少了充电的次数。

即使按照最标准的电池使用方法来使用，电池还是会损耗的，而且电脑本身更新换代很快，所以大家不必刻意为了保护电池而影响使用。另外，电池有一定的老化之后，Windows中显示的电池电量百分比可能不准确，甚至有些电池还是新的时候也会如此：显示电池电量已到0%但还能使用半小时甚至1小时；或者是显示电量还有30%电脑就自动关机。出现这些现象是因为Windows的电源管理设计无法兼容所有厂家的电池，这时可以用Battery-Mark或者PCMark软件测试一下来确定实际时间，以做到心中有数，如遇到提前强制关机现象，可联系电脑厂家协助处理。

8. 摄像头的维护

目前，许多笔记本电脑都带有内置摄像头。日常使用摄像头时，应当注意以下几点：

① 不要将摄像头直接对着阳光及其他强光，以免损害摄像头的感应器件。

② 避免摄像头的镜头接触油、湿气及灰尘等。

③ 不要使用刺激性的清洁剂或有机溶剂擦拭摄像头。

④ 最好不要长时间使用摄像头，这样容易加速元件的老化。

9. 光驱的维护

笔记本电脑光驱结构比起台式机光驱精密，因此对灰尘和污渍也更加敏感，笔记本电脑光驱经常出现的不读盘多数由灰尘引起。为了避免灰尘的影响，笔记本电脑光驱在不用的时候应该取出盘片合上托盘，而且注意不要使用劣质的光盘。

当笔记本电脑的光驱光头蒙尘的时候，应该使用专门的光头清洁剂来清洁。笔记本电脑的光驱在两侧有托盘出入用的导轨，如果装载盘片的时候用力太大，次数多了就容易加剧导轨和托盘的磨损，使得间隙增大，托盘的出入会不平稳，严重时甚至会无法弹出或者无法合上。作为预防的方法，装载盘片的时候最好用手托一下光驱的托盘，然后再将盘片压下，这样导轨受的压力会小得多，磨损自然就减轻了。

10. 笔记本电脑的散热

随着笔记本电脑的性能越来越高，机器内部芯片产生的热量也越来越多，在很短的时间内，芯片即可达到很高的温度。一般而言，笔记本电脑制造商通过风扇、散热导管、大型散热片、散热孔等方式来降低使用中所产生高温。散热解决得不好将导致系统性能下降，并严重影响系统的稳定性与可靠性，还将影响其他部件的使用寿命。

① 如果笔记本电脑背后的散热孔灰尘太多，可适当清洁一下。

② 尽量在凉爽通风的环境中使用笔记本电脑。

③ 注意让笔记本电脑“劳逸结合”，触摸键盘和底部，如果很热就关机休息一下。

④ 不要将笔记本电脑放置在柔软的物品上使用，这可能会堵住散热孔影响散热效果而降低运作效能，甚至死机。

⑤ 关闭一些不使用的外部设备和端口，具体方法是打开设备管理器，找到目标设备，将其停用。

⑥ 使用降温软件。对于笔记本电脑的主要发热源，可以采用一些软件来达到降温的目的。现在的降温软件比较多，主要有 CPUCool、CpuIdle 和 Waterfall 等几款。

⑦ 适当使用节电状态、自动休眠和睡眠等措施，以减少 CPU 的发热量。

⑧ 尽量将电源适配器竖放以减少跟桌面的接触面积，从而能更好地跟空气交换热量。

任务 2.4　计算机硬件的选购策略和建议

2.4.1　几种典型工作场景下计算机硬件的选购策略

以上我们学习了各种配件的相关知识，在实际中是不是各种配件任意买一个，然后组装在一起就可以了呢？答案是否定的。不同配件要组装在一起，首先接口要一致；其次配件之间的协调性要好，否则会出现“高射炮打蚊子”的高配低就现象，严重影响计算机总体性能。另外，由于工作性质等不同，对计算机整体硬件的要求差别也很大，在选购时需要考虑，这样才能保证最终的计算机实用性强，性价比高。

下面结合几种典型工作场景介绍硬件的选购策略。

1. 办公自动化工作场景

办公自动化工作场景下，计算机配置举例如表 2.4.1 所示。

表 2.4.1　办公自动化工作场景下计算机硬件配置举例

配置	品牌型号	数量	时价(元)
CPU	AMD Ryzen 5 2400G	1	1099
主板	华擎 A320M-HDV	1	339
内存	金泰克 4GB DDR4 2666	2	135
固态硬盘	东芝 RC500 系列(250GB)	1	319
机箱	先马平头哥 M1 电竞版	1	179
电源	先马坦克 430	1	119
显示器	小米 XMMNT238CB	1	699
键鼠装	如意鸟硕柏系列键鼠套装	1	19
合计			2908

2. 下载、阅读、压缩及视听娱乐工作场景

下载、阅读、压缩及视听娱乐工作场景下，计算机硬件配置举例如表 2.4.2 所示。

表 2.4.2 下载、阅读、压缩及视听娱乐工作场景下微机硬件配置举例

配置	品牌型号	数量	时价(元)
CPU	Intel 酷睿 i5 9600KF	1	1349
主板	七彩虹战斧 C.Z370M-DH V20	1	699
内存	海盗船复仇者 LPX 16GB DDR4 3000	1	519
固态硬盘	Intel 760P M.2 2280(512GB)	1	669
显卡	华硕 PH-GTX 1660S-O6G	1	1899
机箱	航嘉一米	1	99
电源	酷冷至尊 GX-400W(RS-400-ACAA)	1	100
显示器	AOC C27B1H	1	899
键鼠装	达尔优 LK195 键鼠套装	1	99
合计			6332

3. 网页设计、图形图像处理工作场景

网页设计、图形图像处理工作场景下,计算机硬件配置举例如表 2.4.3 所示。

表 2.4.3 网页设计、图形图像处理工作场景下微机硬件配置举例

配置	品牌型号	数量	时价(元)
CPU	Intel 酷睿 i9 12900K	1	3099
主板	华硕 ROG STRIX Z690-A GAMING WIFI	1	1299
内存	影驰 HOF PRO RGB 16GB(2×8GB) DDR4 3600	1	699
硬盘	希捷 Barracuda 1TB 7200 转 64MB SATA3	1	269
固态硬盘	三星 980 NVMe M.2(1TB)	1	799
显卡	影驰 GeForce RTX 3080 Ti HOF Pro	1	7899
显示器	飞利浦 279C9	1	2699
机箱	联力包豪斯 - O11	1	599
电源	华硕 ROG-STRIX-1000G	1	699
散热器	酷冷至尊冰神 B360 ARGB	1	479
鼠标	罗技 G102 游戏鼠标	1	119
键盘	Cherry MX BOARD 1.0 TKL 机械键盘 G80-3810	1	267
合计			18926

2.4.2 计算机硬件的选购建议

一台完整的计算机的硬件包括必备部件和可选部件,采购计算机时要结合用户实际需求,确定采购清单。下面对部分主要硬件给出一些选购建议,供采购时参考。

1. CPU 选购建议

① 性价比。CPU 主要有 Intel 和 AMD 两个厂家的产品，在选择时，一般要从主频、核数、缓存和价格等方面综合考虑 CPU 的性价比。AMD 在发布锐龙系列处理器后，其 CPU 在架构、工艺、功耗上与同级别 Intel 处理器基本持平，制作工艺上还优于 Intel 的 14 纳米工艺，发热量也没有那么大，价格上便宜不少，因而性价比较高。

② 应用领域。购买前先明确所购电脑的应用领域和工作性质及负荷大小，再确定选购的品牌和档次。

③ 在选择 Intel CPU 时，如果散装相比盒装便宜较多，建议买散装的，这样可以提升性价比。但如差价不大，考虑到有三年全国质保，还是建议选择盒装处理器。

④ 对于绝大多数的游戏来说，显卡是关键，处理器可以选低一些。但是处理器要与显卡保持均衡。

⑤ 处理器的性能好坏主要由架构、核心数量、制作工艺、主频、缓存等核心参数综合决定。所以“处理器主频越高越好”“核心数量越多越好”必须是在同架构同代同系列的情况下才有可比性。

⑥ 不可否认，总体来说处理器越贵越好，但是如果考虑性价比，还是够用就好，毕竟电子产品更新换代较快。

⑦ 处理器建议买新不买旧，由于每一代处理器性能都会有不同程度的提升，例如十代酷睿处理器与九代酷睿处理器相比，综合性能提升约 40%，但这两代现在的价格差距并不大，从而十代在性价比方面就出色不少。

2. 内存条选购建议

① 检查 SPD 芯片。购买内存时不要选购没有 SPD、SPD 信息不真实或 SPD 只是被孤零零地焊在 PCB 板上的产品。

② 检查 PCB 板。PCB 板的质量也是决定内存质量一个很重要的因素。在购买时要观察 PCB 板的层数及做工。PCB 板有多层，一般情况下层数越多越好。层数较少的 PCB 板在工作过程中受信号干扰所产生的杂波就会较大，有时会产生不稳定的现象。做工上，好的内存表面有比较强的金属光洁度，色泽均匀，部件焊接整齐，没有错位，PCB 板的边缘无任何形式的形变。

③ 检查内存金手指。金手指部分是直接与主板插槽相连的，表面应该比较光亮，没有发白或者发黑的现象。

④ 品牌标准。名牌厂商的内存芯片在出厂时都会经过严格检测，而且通常会给最大时钟频率留有宽裕空间，从而便于超频，所以尽量选购名牌产品。

⑤ 类型标准。随着技术的发展，内存的类型不断变化，现在主流的是 DDR5 内存。

3. 主板选购建议

主板的选择需考虑很多因素，如支持的 CPU 类型、工作需要、资金承受能力、升级与扩展空间等。

① CPU 插座。现在 Intel 与 AMD 的 CPU 插座已不兼容，各自也有多款，选购主板时要特别注意这点。

② 芯片组类型。其是主板性能高低的最主要因素。

③ 板载卡的类型、性能。很多主板自带显卡、声卡和网卡等，要了解板载卡的类型和性能是否满足自己的需求。

④ 工作稳定、兼容性好。这是非计算机专业的用户要重点考虑的因素。

⑤ 功能完善,扩展性能好。这是延长电脑的使用周期、节省开支的关键。

⑥ 性价比高。这是想买经济实用型电脑要知道的。

⑦ 售后服务好。这主要是非计算机专业的用户要考虑的因素,同时也是降低维护费用的有效方法。

4. 硬盘选购建议

选购硬盘时首先要了解硬盘的一些常用参数,然后要熟悉硬盘的品牌、市场占有率、质保等,最后一定要多走多问,选择柜台较大的商家,或者到专柜购买,切忌不要到一些小商家那里购买,因为对自己而言"硬盘有价、数据无价"。另外,用旧硬盘充当新硬盘是奸商目前最惯用的骗人伎俩之一,识别旧硬盘可以从以下两方面入手:

① 检查硬盘外观。使用过的硬盘会在 SATA 接口金手指部分留下明显的使用痕迹,由此可以分辨出硬盘是否使用过。另外,一些使用时间很长的硬盘会留下灰尘,虽经擦拭,那些缝隙中的灰尘还是无法完全抹去的。

② 上机检查。在将操作系统安装完毕之后,安装一款硬盘检测软件,就可以在该软件的健康栏中查看到系统硬盘的使用及通电情况了。

5. 显卡选购建议

在各种电脑配件中,显卡无疑是最受关注的产品之一,不过显卡的规格在各种配件中也是最为复杂的。选购显卡时要掌握以下技巧:

① 事先熟悉显卡的各个性能参数,做到购买时心中有数。

② 清楚自己购买显卡的意图,对显卡的档次进行定位,选购性价比高的产品。

③ 选品牌、看做工、核防伪、比售后。

④ 利用专业软件对显卡进行性能测试。

6. 显示器选购建议

① 前期准备。LED 显示器的性能参数比较专业,选购前要先掌握各参数的名称和取值范围。

② 避免坏点。在生产和运输中常常会造成个别的像素坏掉的现象,俗称坏点。这种坏点是无法维修的,只有更换整个显示屏。所以在选购液晶显示器时一定要看清楚是否有坏点。

③ 注意质保年限。对于液晶显示器来说,除了液晶面板外,决定显示器性能以及寿命的关键是电源,不同厂家的质保差别较大。

④ 软件测试。选购时仅仅通过眼睛观察是不全面的,选定心仪的一款产品后,如方便最好用专业软件进行测试。

7. 电源选购建议

① 大概了解该选用多大额定功率的电源。这一点其实认真起来的话,很难确定。一般建议其功率是显卡和 CPU 的 TDP 功耗的 2 倍。比如,i3 8100 的 TDP 为 65W,1050TI 的 TDP 为 75W,合计 140W,2 倍也就是 280W,那买一个额定 300W 的电源便妥妥当当,350W 的更好,如果后期还有升级需求,可以一步到位选购 450W 的电源。但是如涉及可超频的 CPU 和高档显卡时,挑选电源就显得更加重要。超频带来的性能提升假设有 10%,带来的功耗提升却有可能是 30%,这还没有考虑有些 CPU 和显卡超频会有瞬间功耗达到高峰的情况。

② 建议选择单路电源,多路的不考虑。

③ 选择直出、半模组还是全模组电源?这个对电源性能的影响不大,重点在于模组走线会更加方便,也更加美观。全模组价钱肯定比半模组和直出要贵。

8. 键盘和鼠标选购建议

① 键位布局。这需要用户结合自己的使用习惯进行选择。

② 做工。它包括材料的质感、边缘有无毛刺、颜色是否均匀、按键是否整齐合理、印刷是否清晰等多个方面。

③ 操作手感。此项要根据自己的习惯与爱好进行选择,一般电容式键盘的手感要好于机械式键盘。

④ 接口类型。结合自身实际,在PS/2接口、USB接口和无线接口中选择。

一、填空题

1. 计算机组装前的准备工作一般包括______的准备、______的准备和______的准备。

2. 在组装计算机硬件时,其中安装主板和CPU的一般顺序是先安装______,再安装______。

3. 目前,普通主板上的硬盘接口常见的是______和______类型的接口。

4. 根据主板的结构,主板有AT、Baby-AT、ATX、Micro ATX以及BTX等多种结构,其中______结构主板是目前最常见的主板。

5. 安装电源螺丝时,应遵循"______,逐步拧紧"的原则,拧上______颗螺丝,同时,不要一次性把单个螺丝拧得过紧。

6. 不同机箱前面板上的电源线和信号线的线路可能不一样多,标志也可能不一致,一般有5组,其中标有类似"POWER SW"的连线是用来连接______的,标有HDD LED的是______信号线,标有RESET是______信号线。

7. 目前,主流笔记本电脑一般都使用______电池作为标准配置。

8. 一般情况下,若要移动笔记本电脑,笔记本电脑应处于关机状态或______状态。

9. 影响笔记本电脑液晶屏幕好坏的因素有刷新率、分辨率、可视角度、亮度、对比度、响应时间等,其中笔记本电脑液晶屏幕的______越高,显示的图像越清晰。

二、选择题

1. 下图所示的接口为(　　)。

A. PCIe　　B. M.2　　C. SATA　　D. USB

2. Geforce 芯片是(　　)公司生产的。

A. nVIDIA　　B. AMD　　C. Matrox　　D. Intel

3. 装卸计算机的部件前,应先(　　)。

A. 把手洗干净并消毒　　B. 把手上的静电释放掉

C. 把机箱的静电释放掉　　D. 把机箱用风吹一下

4. 为了适应欧美和国内的电压,笔记本电源适配器的输入电压范围是(　　)V。

A. 110～180　　B. 180～220　　C. 220～250　　D. 110～250

5. 以下说法正确的是(　　)。

A. 现在手持设备还都不能上网

B. 现在家用计算机和多媒体计算机完全不一样

C. 现在笔记本电脑与台式机性能相差不多

D. 现在高档微机与工作站区别很大

6. 日常使用摄像头时,以下做法不正确的是(　　)。

A. 为了避免元件的老化,摄像头最好经常长时间使用

B. 不要将摄像头直接对着阳光及其他强光,以免损害摄像头的感应器件

C. 避免摄像头的镜头和油、湿气及灰尘等接触,避免直接与水接触

D. 不要使用刺激性的清洁剂或有机溶剂擦拭摄像头

三、简答题

1. 在安装计算机部件时要注意哪些事项?

2. 在安装计算机部件的过程中要遵循的三原则是什么?

3. 试简述计算机系统基本硬件安装的主要过程。

项目 3　BIOS 设置

知识目标：了解 BIOS 和 CMOS 的基本概念、功能作用及内在关系；熟悉 BIOS 设置界面的进入方法和操作热键；掌握常见的 BIOS 功能设置和恢复设置方法。

能力目标：能够进入 BIOS 程序界面并进行相关操作；能够设置常见的 BIOS 功能参数；能够恢复 BIOS 的安全和优化设置。

素质目标：通过对相关密码、电源等的对比设置，培养学生的安全意识和节能环保意识；学会责任担当，树立正确的技能观，努力提高职业技能。

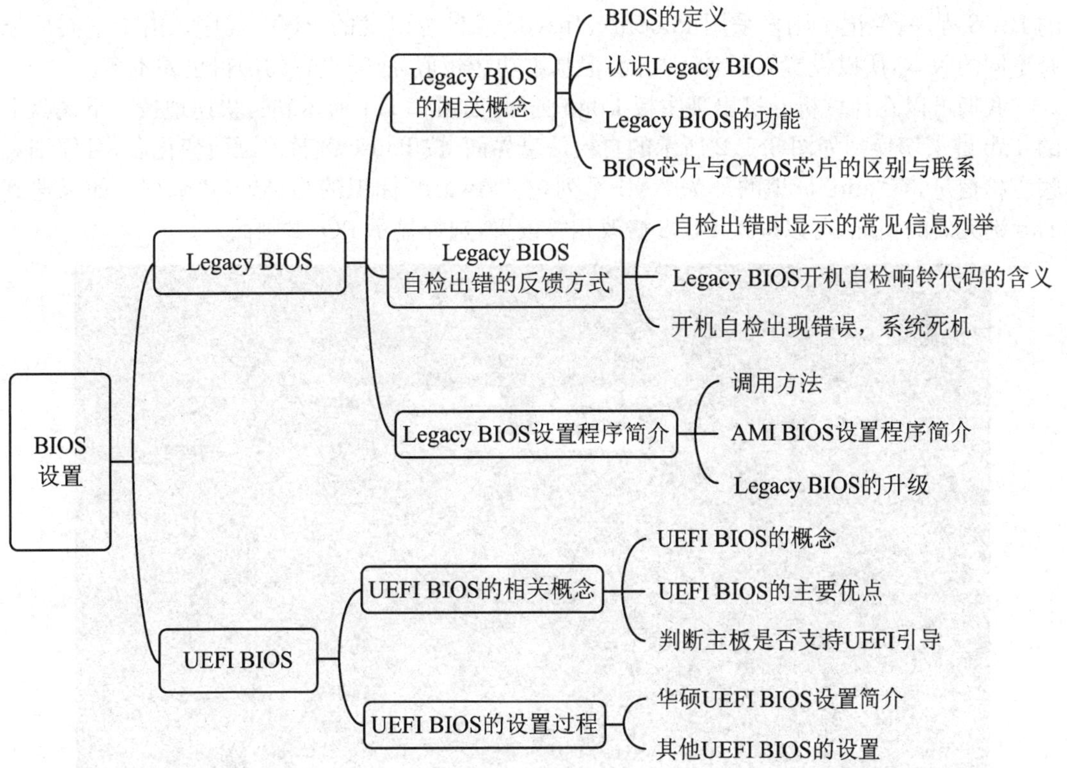

任务 3.1 Legacy BIOS 简介

3.1.1 认识 Legacy(传统)BIOS

1. BIOS 的定义

BIOS(Basic Input/Output System)是计算机的基本输入输出系统，也是计算机中最基础、最重要的程序(属于软件范畴)。该程序存放在主板的一个只读存储器(ROM)芯片中，通常称该芯片为 BIOS 芯片(属于硬件范畴)，又称其为 ROM BIOS。因此有 BIOS 程序和 BIOS 芯片之分，本书中所提及的 BIOS，有时指 BIOS 程序，有时又指 BIOS 芯片，学习时请注意区别。

除了主板有 BIOS 芯片外，显卡、硬盘、光驱、网卡、MODEM、数字相机等基本上都有 Flash 材质的 BIOS 芯片，与主板 BIOS 芯片大同小异，但往往很少被提及。

2. Legacy BIOS 程序和芯片

(1) 认识 Legacy BIOS 程序

Legacy BIOS 程序大都来自 AMI、Phoenix 和 Award(已被 Phoenix 公司收购)等大厂商，还有一些兼容厂商。目前市面上的台式机主板主要使用的是 AMI 与 Award 两个品牌的 BIOS 程序，笔记本则多采用 Phoenix、Insyde 或自主研发的 BIOS 程序。由于不同厂家有不同的版本，所以设置界面各不相同，但基本功能相似，所需设置的项目也差不多。

我们可以在计算机开机出现主板 Logo 画面(如图 3.1.1 所示)时，快速地按一下键盘上的 Tab 键来切换到如图 3.1.2 所示的自检信息界面，按 Pause 键暂停画面变化后，可仔细观察自检信息，有“ami”标识的即为 AMI 系列，有“Award”标识的为 Award 系列。如果遇到 Tab 键无效的情况，可以进入 BIOS 修改相关设置，选择显示 POST 画面。

图 3.1.1 显示 Logo 界面时按 Tab 键

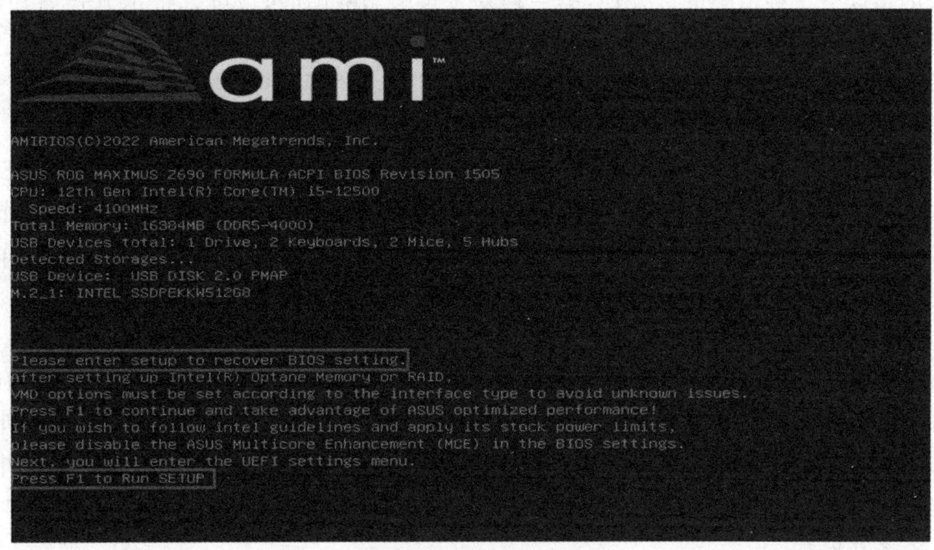

图3.1.2 开机POST信息

(2) 认识Legacy BIOS芯片

主板的BIOS程序需要存放在一块被称为“BIOS芯片”的ROM中,早期的BIOS芯片是EPROM,出厂后不能写入或必须用专业设备才能写入数据。现在主板的BIOS芯片都是Flash ROM(可以看成是一种特殊的EEPROM),其最大优点是普通用户通过相关计算机软件就可以直接对芯片中数据进行更新,便于系统升级。

BIOS芯片根据固定方式不同,分为直插式和贴片式两种。贴片式的优点是体积小、成本低,而直插式的优点是焊接工艺不会要求很高,散热相对好一些,功率也大一些。生产BIOS芯片的厂商很多,主要有Windows bond、Intel、ATMEL、SST及MXIC等公司。如图3.1.3所示,这些芯片表面都有BIOS程序开发厂商贴的标签,标记的是BIOS程序开发厂商的相关信息,而BIOS芯片厂商的信息印刷在芯片表面(撕下标签才能看到,用户一般不在意芯片是哪个厂商生产的),不要混淆了!

图3.1.3 直插式(左、中)和贴片式(右)的BIOS芯片

3. Legacy BIOS的功能

(1) 自检和初始化

开机自检程序是BIOS在开机后最先启动的程序,启动后BIOS将对计算机的全部硬件设备进行检测,这一过程称为开机自检(Power On Self Test,POST)。该过程一般包括对CPU、主板、内存、外存、显卡、各类I/O等进行检查、测试和初始化,如图3.1.2所示。

在开机自检过程中,如果发现问题,BIOS会作出判断和处理。通常情况下,BIOS对检测出来的错误分三种情况进行处理:第一种是发现轻微故障时,以屏幕提示方式通知用户,并等待用户处理,用户可以处理也可以按"F1"功能键临时忽略,以后再解决;第二种是发现会影响后续正常工作的故障,系统将会发出声音报警,提醒用户解决;第三种是发现严重系统故障时自动停机,并给出大写字符的错误信息提示。

BIOS 在完成 POST 自检后启动磁盘引导扇区的引导程序,BIOS 按照系统 CMOS 设置中设置的启动顺序信息,依次搜索启动驱动器,当搜索到有效的启动驱动器后,将操作系统盘的引导扇区记录读入内存,然后将系统控制权交给引导程序,并由引导程序装入操作系统的核心程序,以完成操作系统平台的启动过程。

(2) 程序服务

程序服务主要为应用程序和操作系统等软件服务。BIOS 直接与计算机的 I/O(Input/Output,输入/输出)设备"打交道",通过特定的数据端口发出命令,传送或接收各种外部设备的数据。软件程序通过 BIOS 完成对硬件的操作,例如,将磁盘上的数据读取出来并将其传输到打印机或传真机上,或通过扫描仪将素材直接扫描、输入到计算机中。

(3) 设置中断

设置中断也称硬件中断处理程序。在开机时,BIOS 就将各硬件设备的中断信号提交到 CPU,当用户发出使用某个设备的指令后,CPU 就会暂停当前的工作,并根据中断信号使用相应的软件完成中断的处理,然后返回原来的操作。从这个意义上说,中断是 CPU 与外设之间交换信息的一种方式,BIOS 是计算机系统中软件与硬件之间的一个可编程接口,用于计算机软件与硬件之间的沟通与衔接。操作系统对软盘、硬盘、光驱、键盘、显示器等外围设备的管理就是建立在系统 BIOS 的中断功能基础上的。

4. BIOS 芯片与 CMOS 芯片的区别与联系

(1) BIOS 芯片是只读存储器,而 CMOS 芯片是随机存储器

具体地说,前者是主板上一块 EPROM 或 EEPROM(Flash)芯片,用来存放配置计算机硬件的一组程序(即 BIOS 程序),称为 BIOS 芯片,有时简称为 BIOS;后者则是计算机主板上一块可读写的 RAM 芯片,用来保存用户当前对系统的硬件配置信息和设置的参数,其内容可以根据用户的不同要求,通过程序反复进行读写(修改),俗称 CMOS(Complementary Metal Oxide Semiconductor,互补金属氧化物半导体)芯片。

一方面,由于 CMOS 芯片是 RAM,当主板断电时,其保存的信息将丢失;另一方面,计算机在每次重启时都必须读取 CMOS 中的数据,为了解决这个矛盾,使 CMOS 中的信息能在断电情况下保留,当前的主板上都专门提供了一块可充电电池给其供电,如图 3.1.4 所示。由于这种芯片的功耗非常低,所以电池一般能维持它保存的数据在几年内不丢失。

(2) 它们都与系统设置有密切的关系

BIOS 芯片中存储的系统设置程序运行后提供设置界面供用户对系统参数的设置与修改,而 CMOS 是系统参数设置与修改后的结果存放场所。正因为这样,有人称这个设置过程为 BIOS 设置,也有人说是 CMOS 设置。准确的说法应该是"通过调用 BIOS 芯片中存储的设置程序对计算机系统参数进行设置或修改,并将这些设置与修改后的数据保存到 CMOS 芯片中"。

由此可见 BIOS 与 CMOS 是两个不同的概念(芯片),但两者又密不可分。

图 3.1.4　给 CMOS 供电的可充电电池

3.1.2　Legacy BIOS 自检出错的反馈方式

1. 自检出错时显示的常见信息列举

每次开机或重启动，BIOS 都要进行 POST 自检，如果检测到主机或外设有误，将在屏幕上显示相关提示信息，等待用户处理，下面列举一些常见错误信息，并给出解决方法以供参考。

① CMOS battery failed——CMOS 电池失效。

解决方法：CMOS 电池已经快没电了，只要更换新的电池即可。

② CMOS checksum error-Defaults loaded——CMOS 执行全部检查时发现错误，要载入系统预设值，如图 3.1.5 所示。

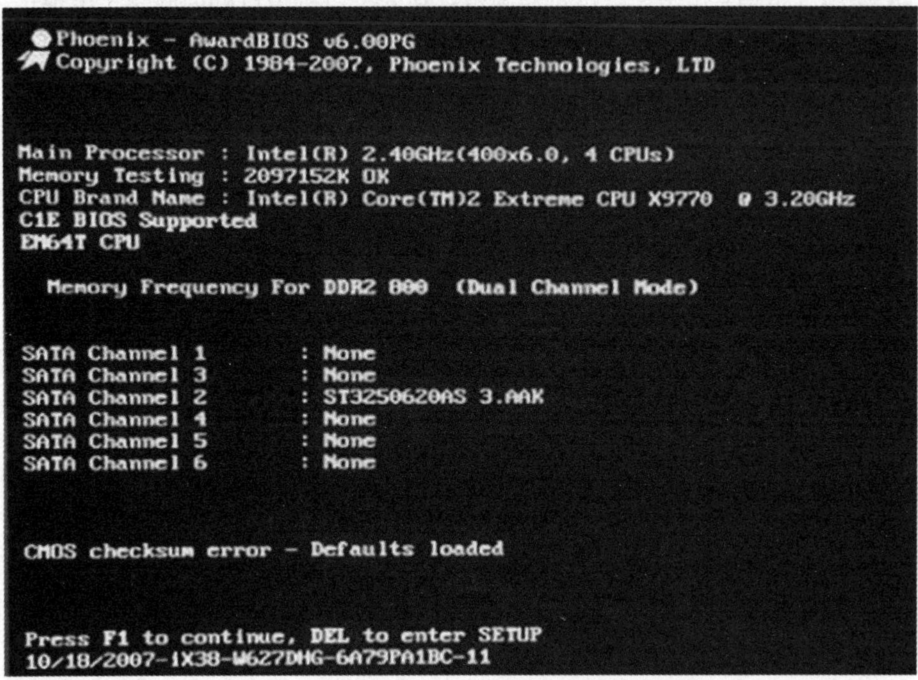

图 3.1.5　CMOS 要载入系统预设值的提示界面

解决方法:一般来说,出现这个提示表示电池快没电了,可以先换个电池试试,如果问题还是没有解决,那么说明 CMOS RAM 可能有问题,需要维修。

③ Keyboard error or no keyboard present——键盘错误或未连接键盘,如图 3.1.6 所示。

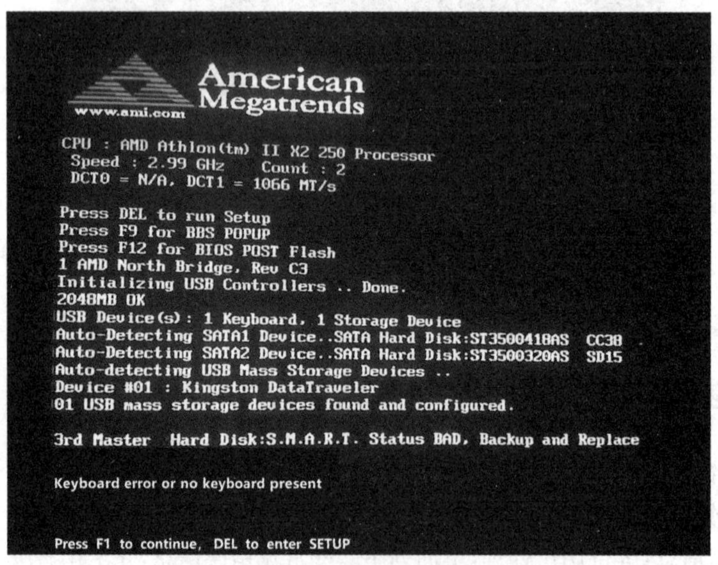

图 3.1.6 键盘错误或未连接键盘的提示界面

解决方法:检查一下键盘的连线是否松动或者损坏,重新连接或更换。

④ A disk read error occurred,Press Ctrl + Alt + Del to restart——硬盘读取错误,需要按 Ctrl + Alt + Del 重启,如图 3.1.7 所示。

解决方法:该报错是由于计算机自检硬盘存在安全范围值以外的问题。出现这种报错时,如果按 Ctrl + Alt + Del 重启之后还可以正常进入系统,可以在备份硬盘中个人重要数据后,恢复或重装系统试一下,如果无效建议报修检测硬盘;如果已经无法进入系统,有重要数据的,需要联系维修人员看看是否可以抢救数据。

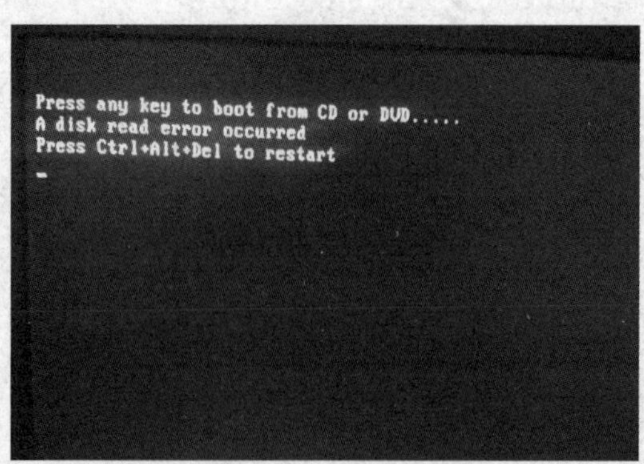

图 3.1.7 硬盘读取错误提示界面

⑤ Cache Memory Bad Do Not enable Cache——高速缓存损坏,不能使用了。

解决方法:进入到 BIOS 设置界面,将"Cache Memory"选项由"Enabled"修改为"Disabled",存盘并重新启动计算机即可暂时不用该功能。要彻底解决该故障,只有送修了。

2. Legacy BIOS 开机自检响铃代码的含义

用户在每次开机或重启时，BIOS都对各种硬件进行检测和初始化设置。如果发现硬件不正常就可能会发出不同的声音提示用户，我们称之为自检响铃。根据不同的声音提示，我们能了解硬件的问题所在。下面列出几个BIOS自检响铃类型及所表示的含义。

① Award BIOS自检响铃的含义：

1短：系统正常启动，表示机器没有任何问题。

2短：常规错误，要求进入CMOS Setup，重新设置不正确的选项。

1长2短：显示器或显示卡错误。

不断地响(长声)：内存条未插紧或损坏。清理一下内存条的金手指再重插，若还是不行，则需更换内存。

② AMI BIOS、Phoenix BIOS以及兼容BIOS开机自检响铃的含义与上述不尽相同，有兴趣的读者可以查阅相关资料进一步了解。

3. 开机自检出现严重错误，系统死机

开机自检时，如果BIOS检测到系统存在严重问题，将影响机器自身的后续工作时，系统将在屏幕上显示问题所在，并有类似信息提示"system halt"，同时系统停止响应用户请求(死机)，用户必须先排除故障，系统才能正常启动。

随着计算机的快速更新迭代，带有传统BIOS设置程序的主板已经越来越少了，下面以AMI BIOS的一个版本为例，简单介绍一下各主菜单项的名称及其各子项的设置方法。

3.1.3 传统BIOS设置程序简介

1. 调用方法

Lagecy BIOS设置程序界面是在电脑开机的最初几秒钟内通过按下键盘上的某(几)个键进入的，不同主板进入BIOS的按键不相同，一般在开机画面中有提示，如图3.1.8所示。下面给出当前常见的几种进入方法，如表3.1.1所示。

图3.1.8 BIOS设置程序调用界面

表 3.1.1 常见进入 BIOS 方法

主板类型	进入 BIOS 方法
Award BIOS	按 Del 键
AMI BIOS	按 Del 或 ESC 键或按回车等出来菜单时再按 F1
Phoenix BIOS	按 F2 键
Phoenix-Award BIOS	按 Del 键

2. AMI BIOS 设置程序简介

BIOS 设置中经常会提到 3 个单词:Disabled、Enabled 和 Auto,其中 Disabled 意思为"关闭,禁用",Enabled 意思为"启用,开启",Auto 则表示自动的意思,也就是让 BIOS 自己来控制。下面以华硕的 P5K/EPU 主板 BIOS 为例介绍 AMI BIOS 设置程序的方法。

(1) Main 菜单的设置

Main 菜单(如图 3.1.9 所示)里显示的是一些系统基本信息,并可修改一些很基本的项目,比如系统时间、界面语言、驱动器的选择等。

这个菜单中,实际上没有什么特别重要的设置,第一项是调节系统时间的,第二项是调节系统日期的,这两项在 Windows 中也能很方便地进行设置。

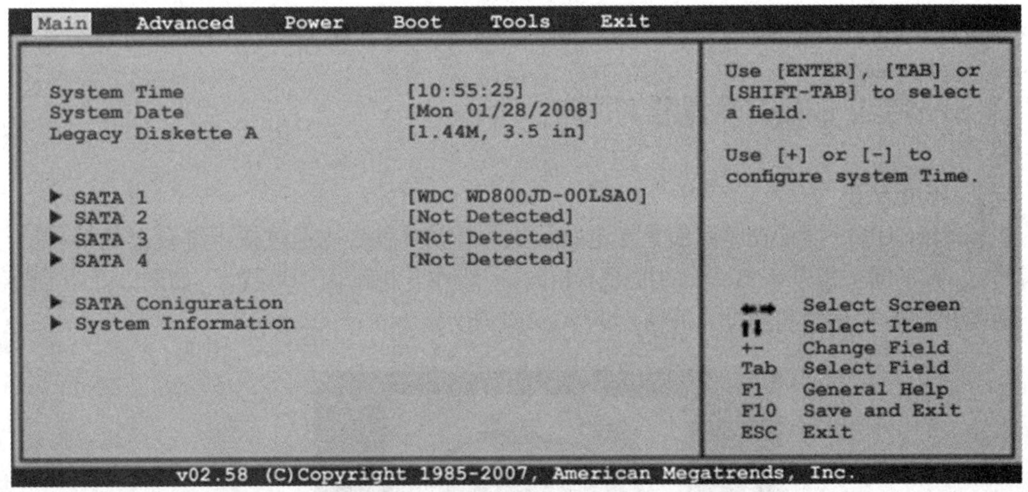

图 3.1.9 AMI BIOS 设置程序主界面

(2) Advanced 菜单的设置

Advanced 是 BIOS 设置中的高级设置选项(如图 3.1.10 所示)。一般来说,设置 CPU 超频、内存、电压调节等选项都在 Advanced 菜单下完成。

(3) Power 菜单的设置

Power 项是关于电源的设置,如电源模式、高级电源管理、键盘/鼠标开机、网络开机等设置选项,如图 3.1.11 所示。

(4) Boot 菜单的设置

Boot 菜单是与引导电脑启动相关的一些设置,这里最常用的就是设置光驱/硬盘作为首引导设备,以及电脑引导过程中的一些基本设置。如图 3.1.12 所示,Boot 菜单下面有三个子项。

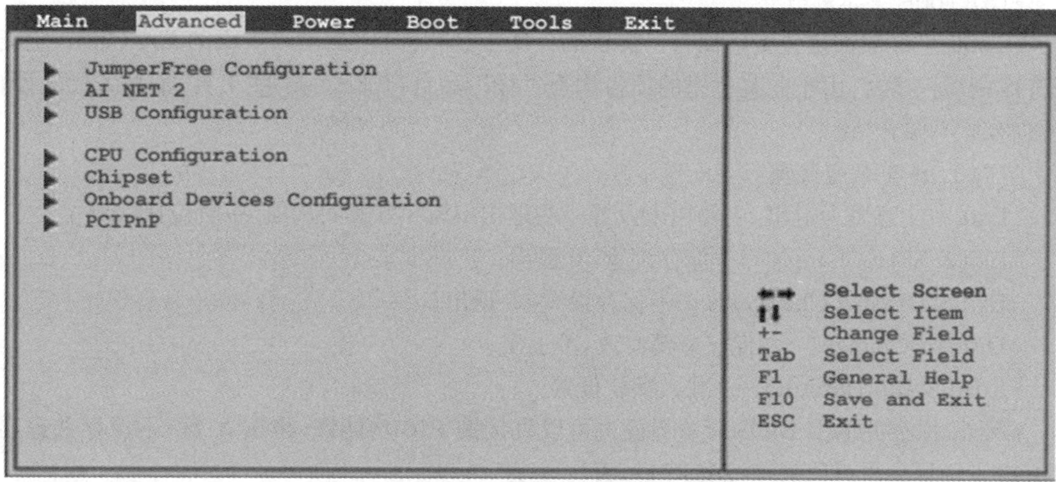

图 3.1.10　高级设置选项

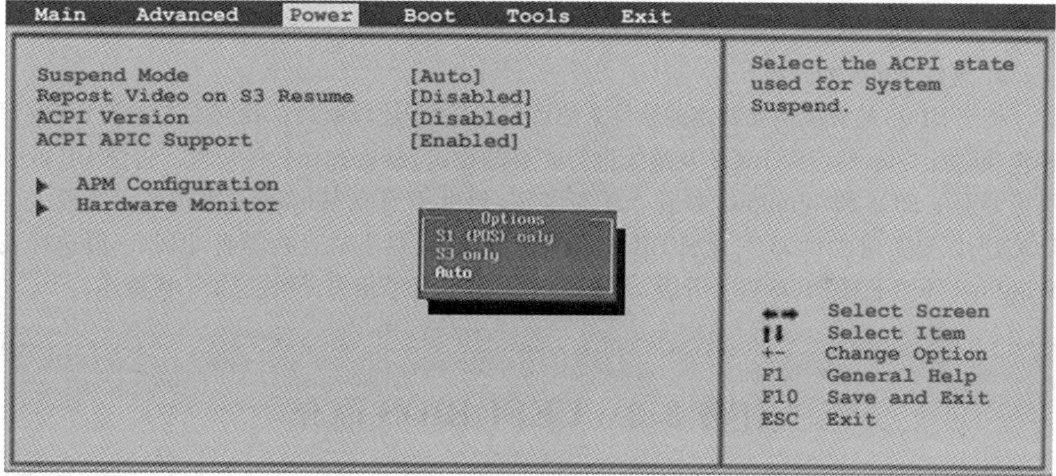

图 3.1.11　挂起模式设置

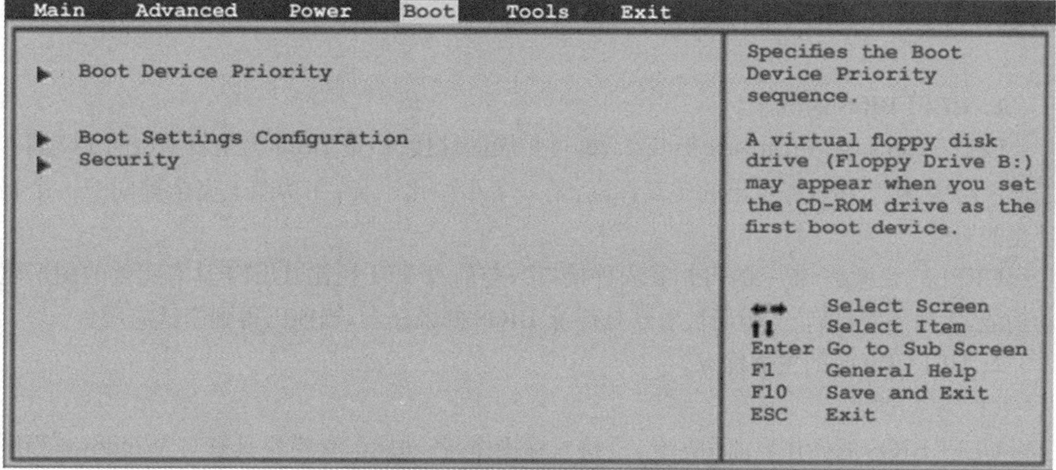

图 3.1.12　电脑启动相关设置

(5) Tools 菜单的设置

Tools 里一般都是主板厂商自己提供的一些工具软件，比如华硕主板的 EZ Flash（主板 BIOS 刷写程序）。由于此菜单里的项目均为主板厂商自行加入的一些工具，不具备代表性，所以在此不做介绍。

(6) Exit 菜单的设置

Exit 中文意思为退出，主要用来设置一些退出 BIOS 方式的选项，一般包括：

Exit & Save Changes——保存设置，并退出；

Exit & Discard Changes——不保存设置，并退出；

Discard Changes——仅仅撤销修改，不退出；

Load Setup Defaults——载入默认设置。

另外，保存并退出 BIOS 设置界面也可以直接按 F10 功能键，再按 Y 键；不保存并退出 BIOS 设置界面也可以直接按 ESC 键，再按 Y 键。

为了及时排除电脑故障和充分发挥电脑的最佳性能，我们经常要对主板的 CMOS 进行一些必要的设置和优化，这些设置包括提高计算机的启动速度、提高操作系统运行速度、方便操作系统安装等很多方面，由于 BIOS 版本很多，具体设置方法不一，在此不一一介绍。

3. 传统 BIOS 的升级

传统 BIOS 的升级需要特定的软件来协助完成，过程比较繁琐。我们要先下载 BIOS 程序包和刷新工具，然后对 BIOS 及跳线进行必要的设定，最后选择软件环境。传统 BIOS 升级可分别在 DOS 和 Windows 操作系统下实现，但由于当前 Windows 系统都无实模式的 DOS，所以要实现在 DOS 下升级 BIOS 极为不便，同时也不适合初学者，因此一般选择在 Windows 环境下对 BIOS 进行升级，大家如有需要，可参考相关资料，这里不再赘述。

任务 3.2　UEFI BIOS 简介

3.2.1　认识 UEFI BIOS

1. UEFI BIOS 的概念

EFI（Extensible Firmware Interface，可扩展固件接口）是 Intel 为全新类型的 PC 固件的体系结构、接口和服务提出的建议标准，是一个小型化系统，在功能上完全等同于一个轻量化的 OS。

UEFI 的意思是“统一的可扩展固件接口”，与前身 EFI 相比，UEFI 具有完整的图形驱动功能，实现了安全启动，因而被看作是传统 BIOS 的继任者，当前已得到广泛应用。

2. UEFI BIOS 的主要优点

(1) 易操作性

UEFI BIOS 的操作界面图形化，支持鼠标操作，各功能配置模块具有与 Windows 程序一样的风格，且提供中文等多语言操作界面。

(2) 可扩展性强

UEFI BIOS 支持 GPT 磁盘分区架构，能对 2TB 以上容量的硬盘进行分区管理(硬盘 GPT 分区表只在容量大于 2T 时才有必要使用，否则直接用传统 BIOS MBR 模式就可以)。

(3) 兼容性好

UEFI BIOS 启动模式有两种：一种是兼容启动模式 CSM，另一种是纯 UEFI 启动模式。

CSM 兼容启动模式是 UEFI 和传统 BIOS 两者共存模式，既能用传统 BIOS 引导模式，也能用新式 UEFI 启动电脑系统。UEFI 启动模式则只能在 UEFI 引导模式下来启动电脑系统。

系统主板上的 CSM 兼容模块不开启是纯 UEFI，开启了同时支持两种引导模式，即 UEFI、BIOS。

如果主板是 UEFI 模式，并且操作系统中有 Windows 7，需要先关闭安全启动，然后才能开启 CSM。

主板的 Launch CSM 开启时，能使原本不完全支持 UEFI 的系统也能兼容支持 UEFI 的模块，关闭时则停止对 UEFI 的兼容性支持。

目前 Windows 8 及以上版本的系统已完全支持 UEFI，但 Windows 7 的 64 位系统还不完全支持 UEFI。因此 UEFI 在传统 BIOS 下安装 Windows 7 的 64 位系统就必须开启 CSM 来进行兼容，否则用 UEFI U 盘安装盘安装操作系统时，可能会因主板不能识别 U 盘而无法启动。

(4) 寻址空间更大

传统 BIOS 是 16 位汇编语言程序，只能运行在 16 位实模式下，可访问的内存只有 1MB；而 UEFI 是 32 位或 64 位高级语言程序(C 语言程序)，突破实模式限制，可以达到要求的最大寻址能力。

(5) 启动速度更快

传统 BIOS 要先将 CPU 初始化，然后跳转到 BIOS 启动处进行 POST 自检，此过程如有严重错误，则电脑会用不同的报警声提醒用户，接下来采用读中断的方式加载各种硬件，在完成硬件初始化后，才进入操作系统启动过程。UEFI 是运行预加载环境，先直接初始化 CPU 和内存(CPU 和内存若有问题则直接黑屏)，然后启动 PXE(Preboot eXecution Environment，预启动执行环境)，采用枚举方式搜索各种硬件并加载驱动，完成硬件初始化之后进入操作系统启动过程。

由上可知，UEFI 方式只是缩短了电脑在操作系统启动前的自检时间，并不能加快操作系统本身的启动及后续运行速度。

3. 判断主板是否支持 UEFI 引导的几种常见方法

① 在“计算机管理”窗口中查看。打开“计算机管理”窗口，单击左侧的“磁盘管理”，在右侧出现的磁盘列表中选中“磁盘 0”并右键“磁盘 0”，在弹出的菜单中如果有“转换成 MBR 磁盘”，则说明是 UEFI 启动的，如有“转换成 GPT 磁盘”，则说明为传统的 BIOS 启动，如图 3.2.1 所示。

② 进入 BIOS 查看。重启电脑，按 Del 键(不同电脑可能不一样)进入 BIOS 设置界面，切换到“Boot”或“启动”菜单，查看是否有 UEFI 字样的选项，如图 3.2.2 所示。

③ 同时按住键盘上 Windows 和 R 键，在弹出的运行窗口中输入“msinfo32”，然后确定，打开“系统信息”窗口，观察主板是否支持 UEFI 启动。BIOS 模式为 UEFI 的则支持 UEFI 启动，如图 3.2.3 所示。

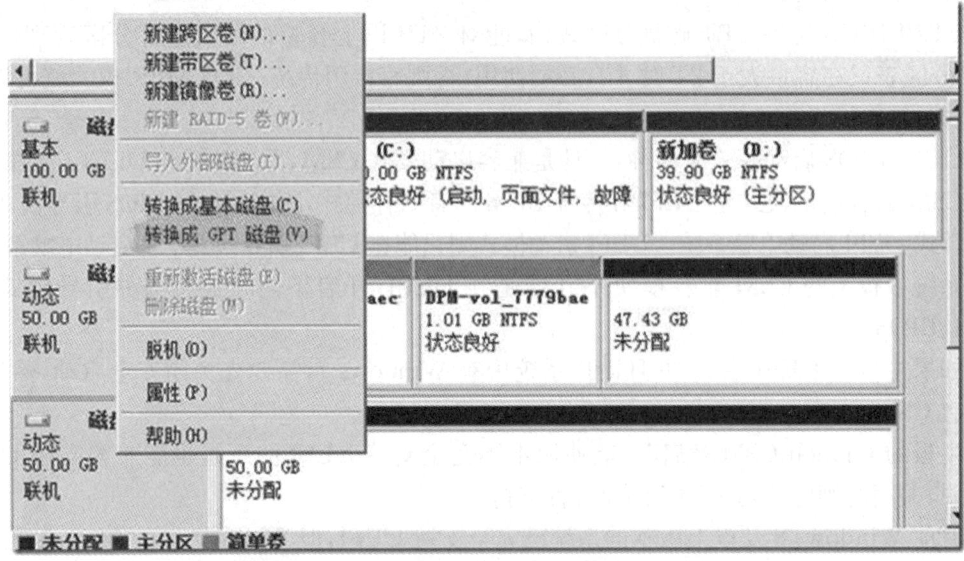

图 3.2.1　在“计算机管理”窗口中查看引导方式

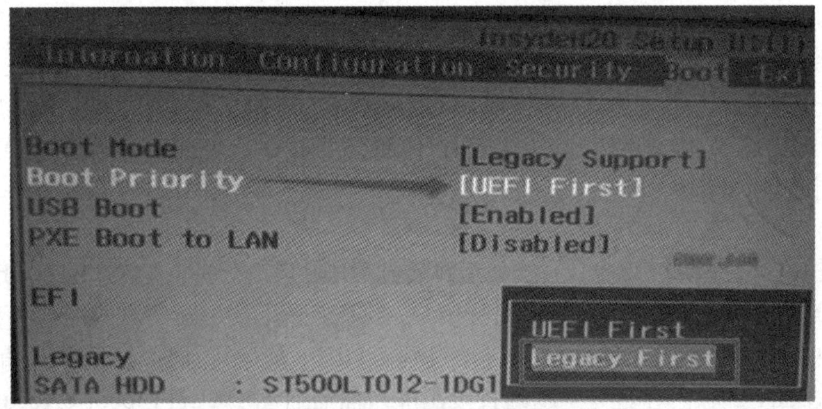

图 3.2.2　BIOS 设置界面的 Boot 菜单

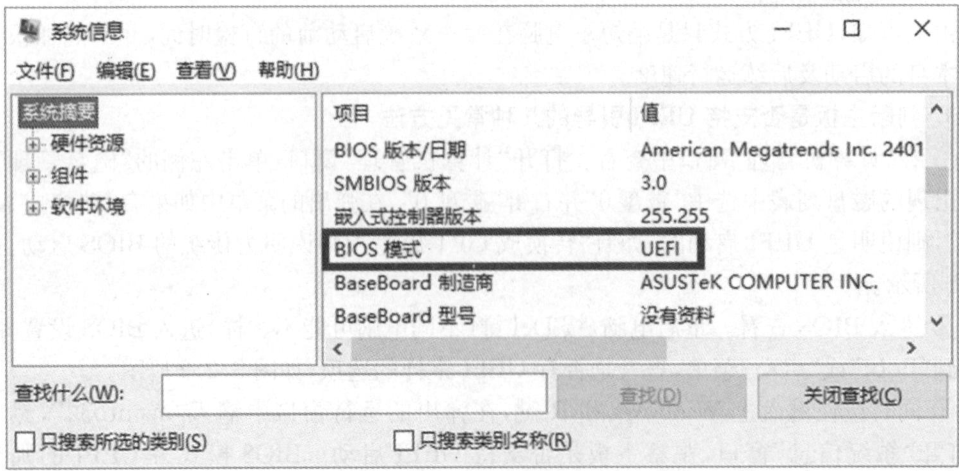

图 3.2.3　判断主板是否支持 UEFI 引导

3.2.2　UEFI BIOS 的设置过程

1．华硕 UEFI BIOS 设置简介

UEFI BIOS 的设置过程与传统 BIOS 的设置差不多，只是功能更多、界面更友好、操作更简单。不同厂家、同一厂家不同系列的主板自带的 UEFI 程序提供的界面是有差别的，下面以华硕 PRIME X299 EDITION 30 主板的 UEFI BIOS 为例来介绍 CMOS 参数的设置过程。

用户在开机瞬间按键盘上的 Delete 键或 F2 键，进入华硕 UEFI BIOS 的“EZ Mode”（简单模式）界面。在该界面中，可以看到 CPU、内存的频率和电压、风扇转速、外存储器信息以及启动盘顺序等信息，如图 3.2.4 所示。

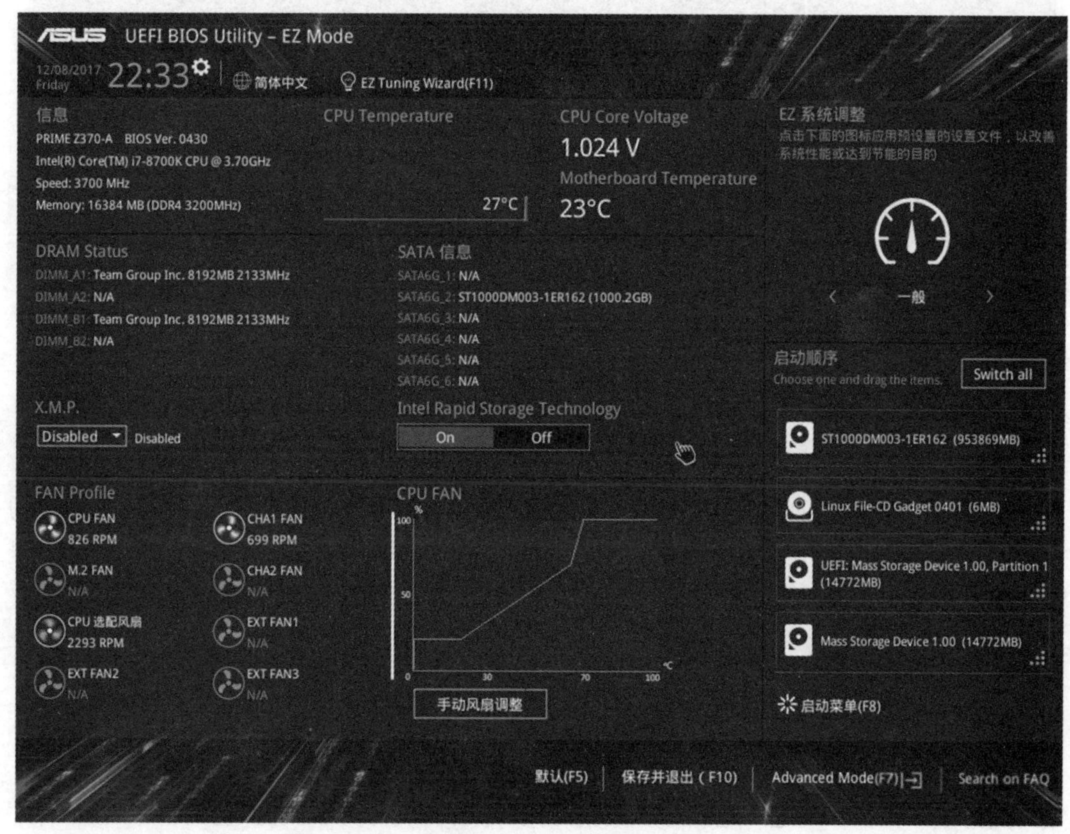

图 3.2.4　华硕 UEFI BIOS 的“EZ Mode”界面

在“EZ Mode”界面，用户通过单击右上角的“＜”或“＞”选择一项即可将计算机设置成“节能”“标准”“最佳化”三种状态之一，每种状态下，系统将自动对一些参数值进行调整，以达到该状态的要求（用户无需知道系统进行了哪些调整）。

在右边“启动顺序”选项，若要设定某个设备作为第一启动设备，用鼠标选中该设备，并按住鼠标左键不放将该设备拖到列表最上方就可以了。

在“EZ Mode”界面下方点击“手动风扇调整”，打开“Q-Fan”控制窗口，可以手动调整所有风扇的温度曲线，如图 3.2.5 所示。PRIME X299 EDITION 30 主板的风扇接口特别多，一共有 11 个。HS FAN 是 VRM 风扇，可以自由设置转速。

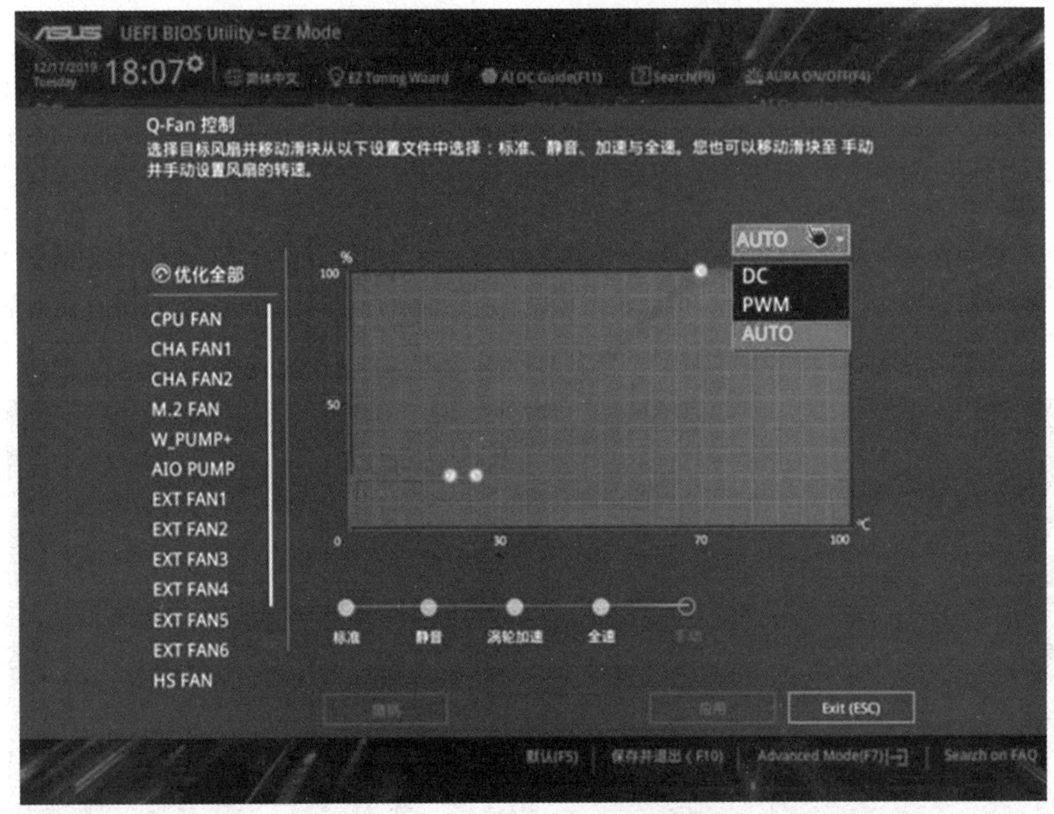

图 3.2.5 “EZ Mode”下“Q-Fan”控制窗口

在“EZ Mode”界面点击右下角“Advanced Mode（F7）”即可进入 UEFI BIOS 的“Advanced Mode”（高级模式）。如图 3.2.6 所示，在“Advanced Mode”下，用户可以在“概要”“Ai Tweaker”“高级”“监控”“启动”和“工具”等六个菜单项下，逐一进行详细设置（需要具备一定计算机专业水平）。

（1）“概要”主菜单

图 3.2.6 所示即为“概要”主菜单界面，在这里可以选择用户操作界面的语言等。

（2）“Ai Tweaker”主菜单

点击“Ai Tweaker”进入超频选项调整界面，如图 3.2.7 所示，这里包括“Ai 超频调控”等多个选项，可以调整 CPU 和内存的主频、外频等，也可以调整 CPU 及内存的电压，还可以进行电源管理等。如果不想超频，可以全部选择默认值。其中，PLL Overvoltage 5G 以上才需要打开，这里设为“关闭”；内存如果支持 XMP，XMP 最好打开。“Ai Tweaker”（AI 智能超频）如果是高频内存条，可以直接打开 XMP 设置。

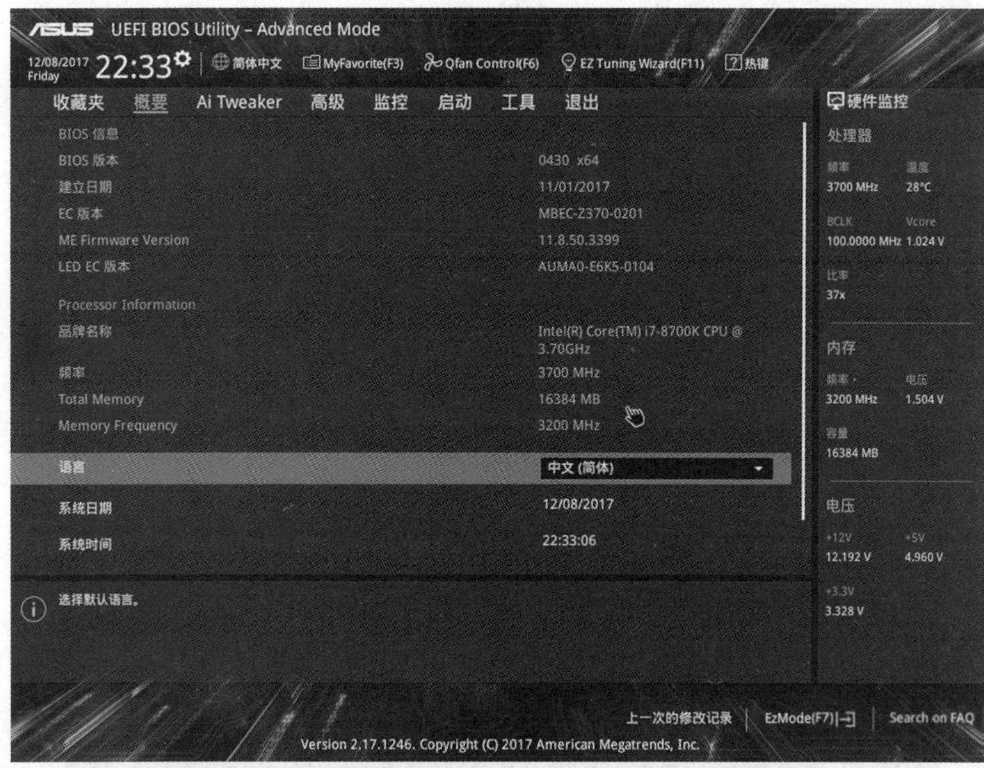

图 3.2.6　“Advanced Mode”主界面（当前显示“概要”菜单项）

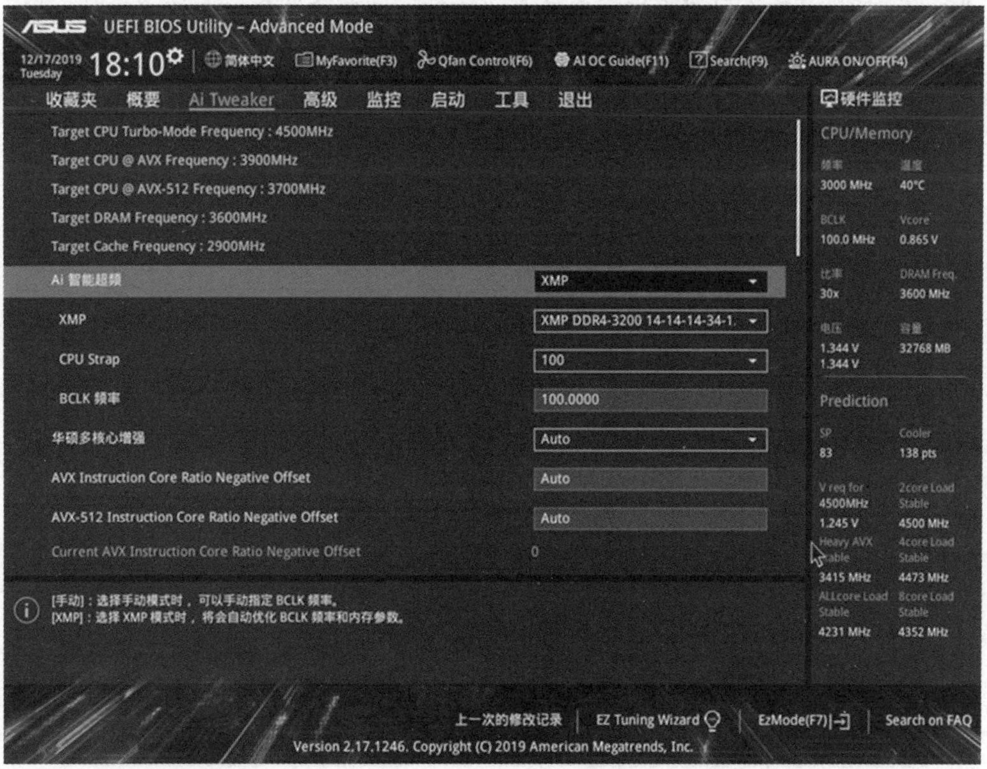

图 3.2.7　“Advanced Mode”下的“Ai Tweaker”菜单项

CPU 的超频有 4 种方式可选，其中最实用的是“Sync All Cores”与“By Specific Core”，如图 3.2.8 所示。

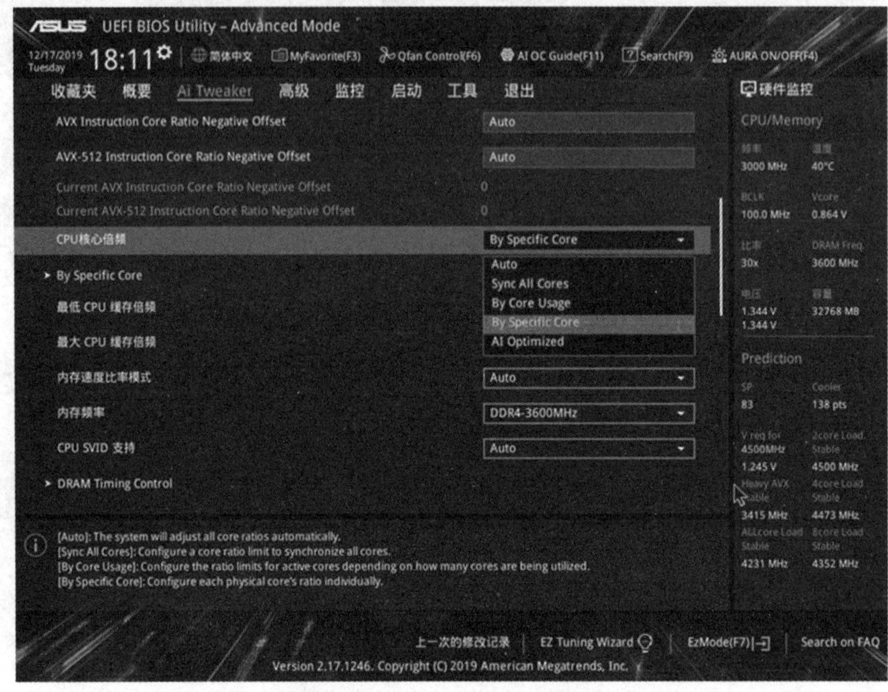

图 3.2.8　CPU 的超频方式

“By Specific Core”：可以根据每个核心体质的不同单独调整单个核心的频率以及电压，以便让好体质的核心运行在更高的频率之上，如图 3.2.9 所示。

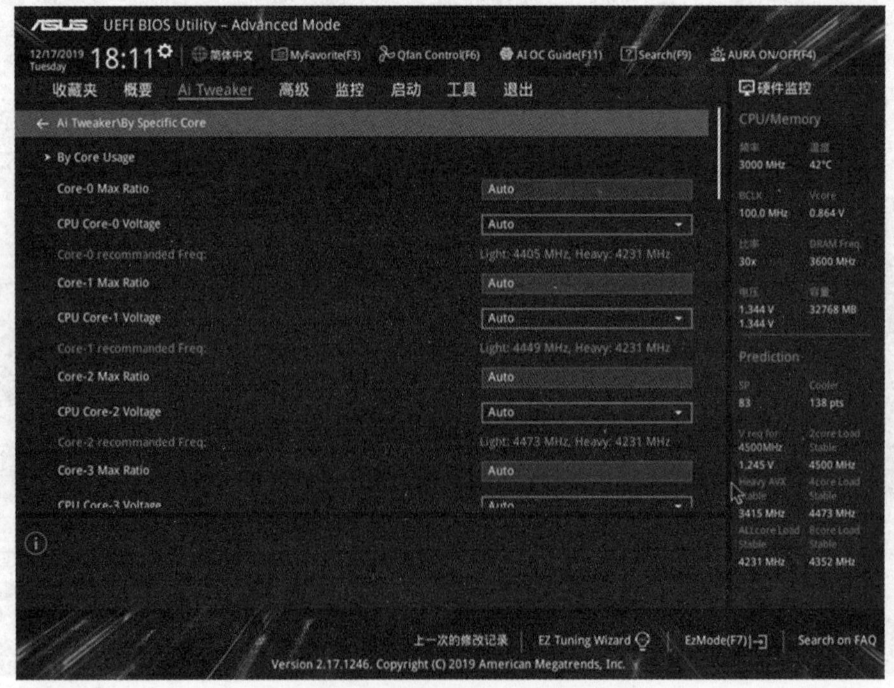

图 3.2.9　调整单个核心的频率和电压

“DRAM Timing Control”：设置内存时序小参。在图 3.2.10 中单击“DRAM Timing Control”，展开内存时序小参设置界面，如图 3.2.11 所示。

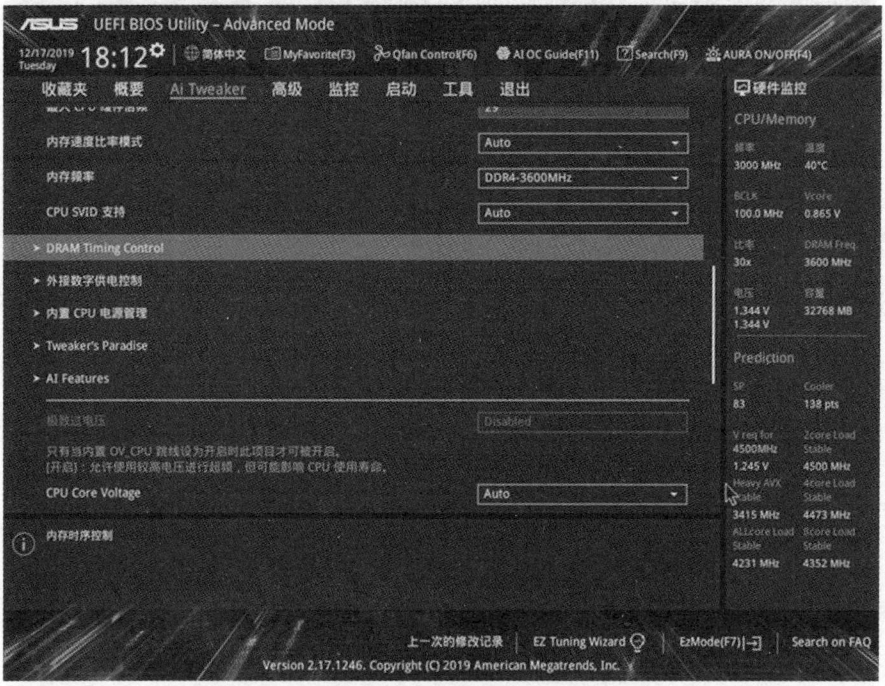

图 3.2.10　设置内存时序小参的入口

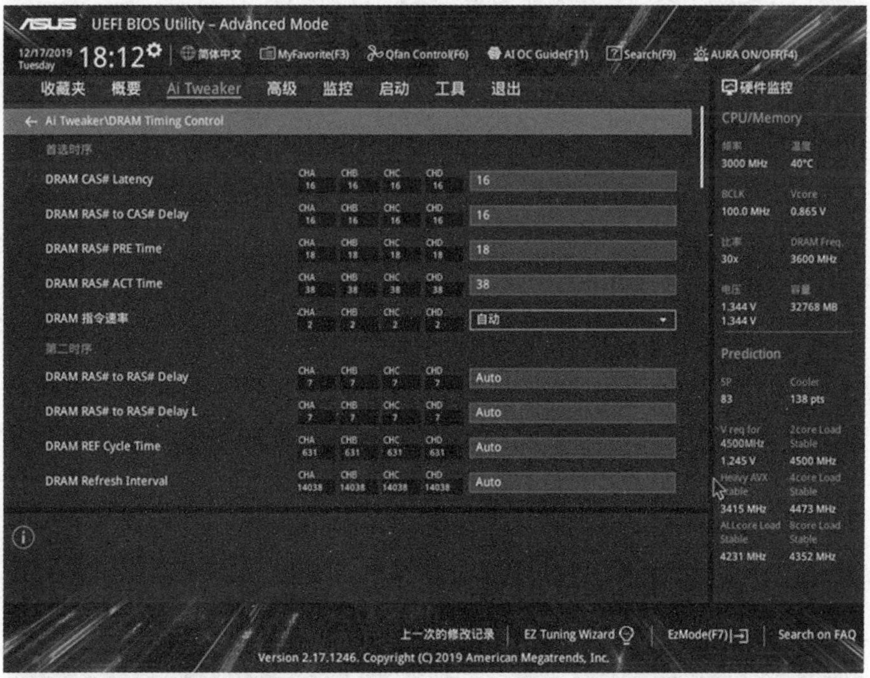

图 3.2.11　内存时序小参设置界面

在图 3.2.10 中单击“外接数字供电控制”可设置防掉压。在“CPU 负载线修正”中有 8 个等级可选，如图 3.2.12 所示。不过这块主板在默认的“Auto”状态下已能在高负载下保持电压的稳定，不需要做特殊的防掉压设置。

图 3.2.12 “CPU 负载线修正”的默认“Auto”状态

超频后控制温度的另一个方法就是设置功耗墙，另外，还可以设置 CPU 核心电压、MESH 电压、内存电压以及内存控制器电压，不再一一介绍。

(3) “高级”主菜单

“高级”主菜单如图 3.2.13、图 3.2.14 所示。

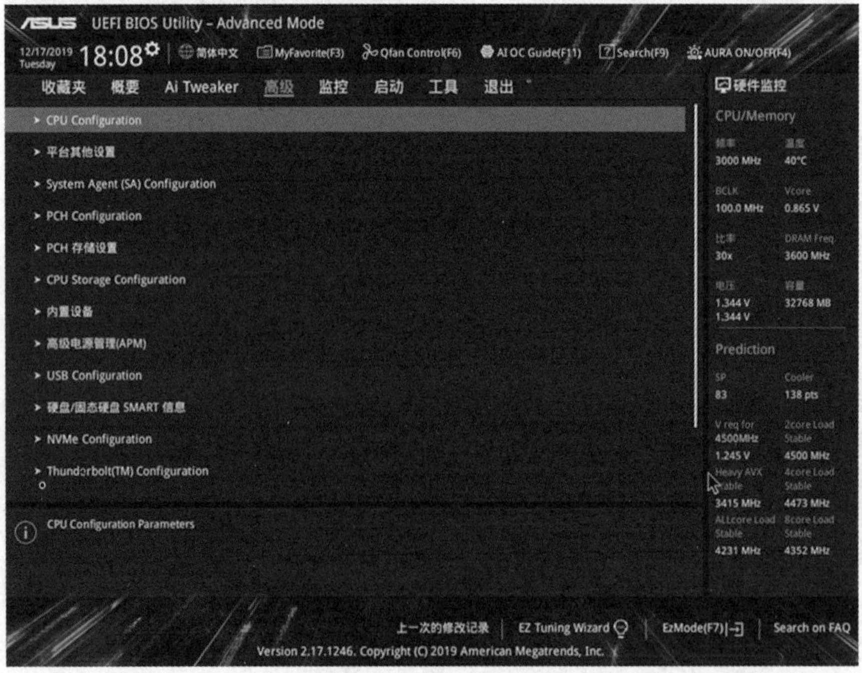

图 3.2.13 “Advanced Mode”下“高级”菜单项的前半部分子菜单

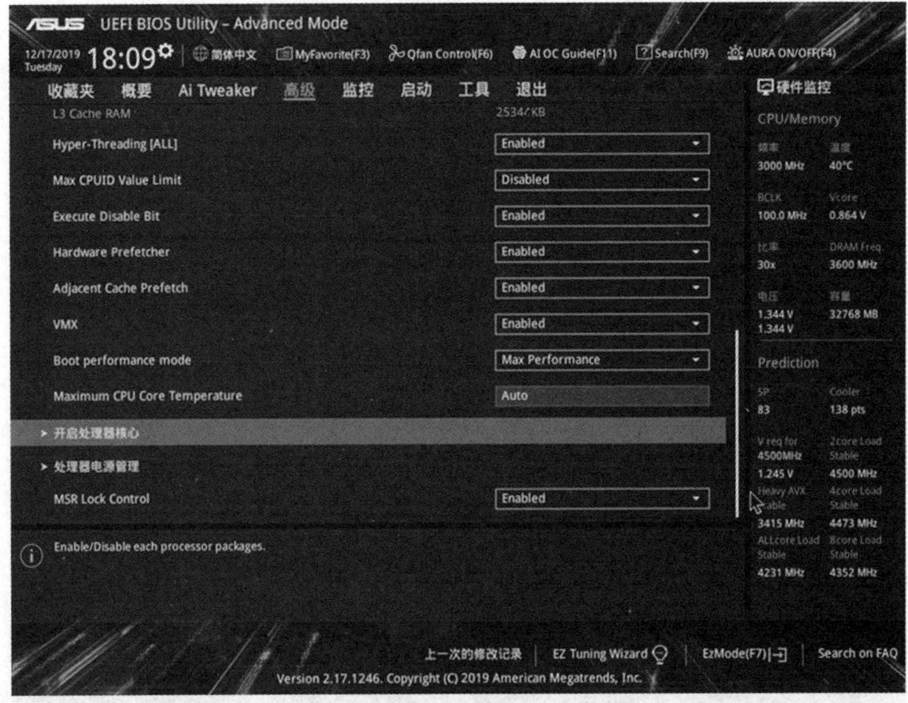

图 3.2.14　“Advanced Mode”下“高级”菜单项的后半部分子菜单

(4)“监控”主菜单

除了在“EZ Mode”界面可以设置温度曲线之外，在“Advanced Mode”的“监控”界面中同样也能调节风扇策略，如图 3.2.15 所示。

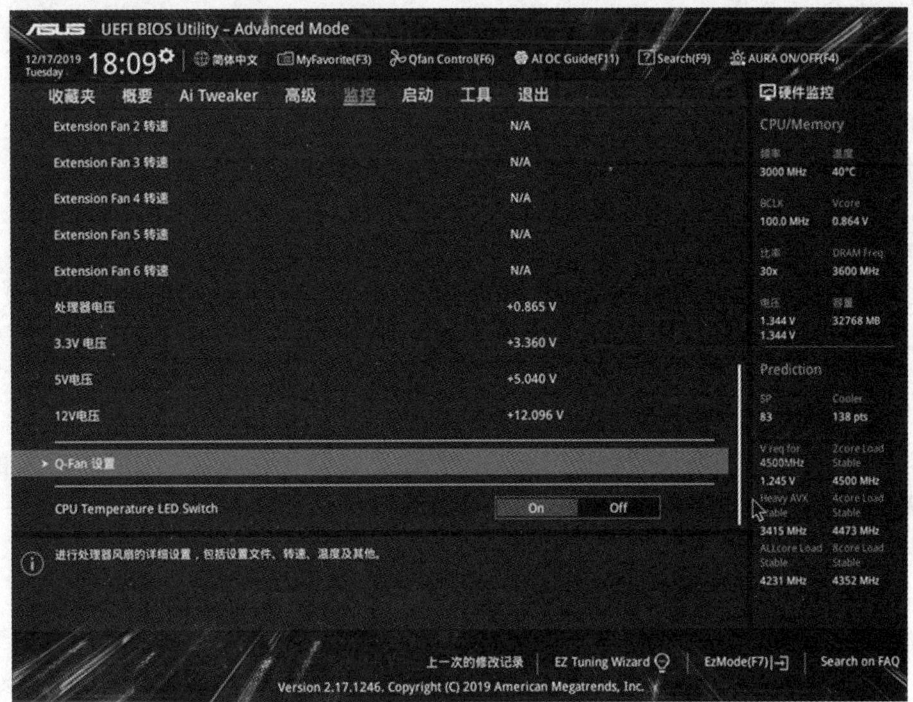

图 3.2.15　“Advanced Mode”下的“监控”菜单项

(5)“启动”主菜单

在“Advanced Mode”下的“启动”界面中可以更灵活地进行启动设备的设置，如图 3.2.16 所示。

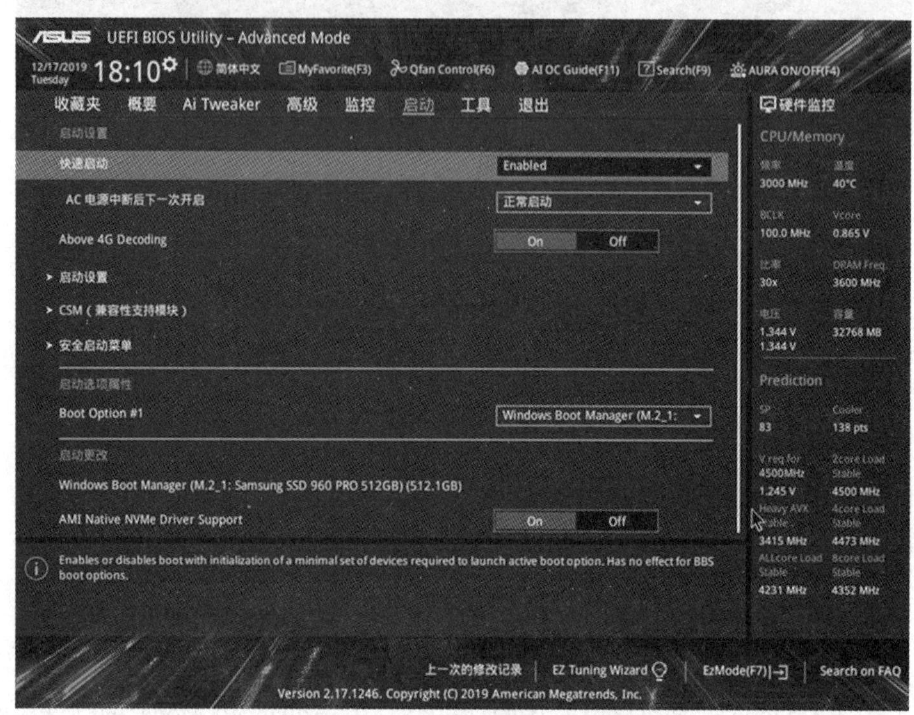

图 3.2.16 “Advanced Mode”下的“启动”菜单项

(6)“工具”主菜单

“工具”菜单项下主要是 BIOS 升级程序、动画设置以及一些深度功能，如图 3.2.17 所示。其中 BIOS 升级程序支持本地文件和在线升级功能，十分便捷。

BIOS 的 Firmware 代码决定了系统对硬件支持、协调的能力。现在新硬件层出不穷，BIOS 不可能预先支持如此繁多的硬件，需要通过对 BIOS Firmware 的更新来完善。比如使 BX 主板“认识”PⅢ，让 i740 显卡在非 Intel 芯片组的主板上正常工作等，都需要升级主板 BIOS 才能实现。另外，任何一种硬件都有可能因设计上的不足或 BUG(错误)，而和系统发生各种各样的冲突甚至使电脑不能稳定运行。这些问题也可以通过升级 BIOS 来解决，一是升级主板 BIOS，一是升级具体硬件的 BIOS(如果它的 BIOS 具有升级能力的话)。

2. 其他 UEFIBIOS 的设置

其他厂家 UEFI BIOS 的设置过程大同小异，图 3.2.18 所示是微星 UEFI BIOS 的设置界面，大家可以与华硕的加以比较，这里就不重复介绍了。

UEFI BIOS Utility – Advanced Mode
12/17/2019 Tuesday 18:10　简体中文　MyFavorite(F3)　Qfan Control(F6)　AI OC Guide(F11)　Search(F9)　AURA ON/OFF(F4)
收藏夹　概要　Ai Tweaker　高级　监控　启动　工具　退出　硬件监控
> 华硕升级 BIOS 应用程序 3
> 安全清除
Flexkey　Reset
设置动画　关闭
> ASUS User Profile
> 华硕 SPD 信息
> ASUS Armoury Crate
> 显卡信息
用来升级 BIOS
CPU/Memory
Prediction
上一次的修改记录　EZ Tuning Wizard　EzMode(F7)　Search on FAQ
Version 2.17.1246. Copyright (C) 2019 American Megatrends, Inc.

图 3. 2. 17　“Advanced Mode”下的“工具”菜单项

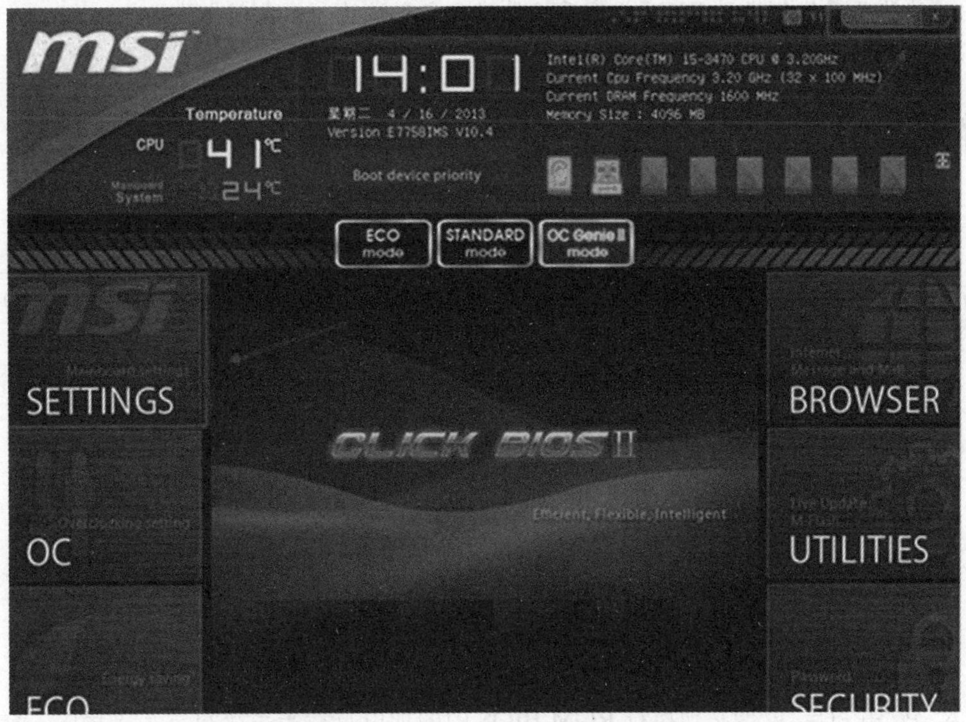

图 3. 2. 18　微星 UEFI BIOS 的设置界面

BIOS——小芯片大能耐

材料 1

小李是某公司的财务人员，平时使用电脑主要是利用财务软件处理公司财务数据，对计算机专业知识掌握不多，但其自认为够用了。近期单位频频有人私下问她，是不是她向别人透露了自己的工资收入。作为一个合格的财务人员，她当然不会犯这样低级的错误，在她一一耐心解释之下，同事们还是半信半疑，因为除了财务人员知道，剩下就只有老板了，但不公开他们的工资是老板要求的！小李自己也百思不得其解，一直怀疑是不是自己无意中泄露的。直到有一天，她的一个懂电脑的朋友帮她解开了此困惑：她的电脑没有设置开机密码，可能有同事趁空打开，偷看过她的电脑！设置开机密码？BIOS？小李耐心地听朋友向其介绍这些感觉离自己很遥远的专业名词，随后成功为自己的电脑设置了开机密码。有过教训的小李对 BIOS 充满了好奇，她参看了很多专业书籍，慢慢解开了 BIOS 的面纱，同时对自己电脑的配置做了详细优化。

材料 2

小张是某大学二年级学生，由于中学时就对电脑作图感兴趣，高考志愿填报时就选择了计算机相关专业。对于要不要掌握 BIOS 相关知识，他觉得自己从高中到现在电脑都用了几个了，此前一直不了解 BIOS，但丝毫没有影响他使用电脑，现在不掌握 BIOS 应该也没什么问题，因为厂家在生产电脑时，已经配置好了，而且身边也没有多少人知道 BIOS。

问题讨论

1. 举例说说哪些情形下不进行 BIOS 设置，电脑可能无法正常工作。
2. 谈谈你对优化设置 BIOS 提高系统性能及安全性的一些合理化建议。
3. 上述两个材料对你有什么启示？

一、填空题

1. BIOS 是__________的简称，BIOS 控制着主板的一些最基本的__________操作，另外 BIOS 还要完成计算机__________，通常称为 POST(Power On System Test)。

2. “CMOS battery failed”是常见的主板 BIOS 出错信息，其含义是__________。

3. BIOS 设置程序都是在电脑开机的最初几秒钟内按下键盘上的某(几)个键进入设置界面的，如 ESC 键、回车键、F2 键等，还有最常见的_____键。

二、选择题

1. BIOS 芯片是一个(　　)存储器。

A. 只读　　B. 随机　　C. 动态随机　　D. 静态随机

2. BIOS 的功能主要包括三大方面，下面(　　)不属于 BIOS 的功能。

A. 自检和初始化　　B. 程序服务　　C. 逻辑运算　　D. 设置中断

3. 下面是与 ROM BIOS 中的 CMOS SETUP 程序相关的叙述，其中错误的是(　　)。

A. PC 开机后，就像必须执行 ROM BIOS 中的加电自检与系统自举装入程序一样，也必须执行 CMOS SETUP 程序

B. CMOS 因掉电、病毒入侵、放电等原因造成其内容丢失或破坏时，需执行 CMOS

SETUP 程序重新写入配置数据

C. 用户希望更改或设置开机口令时,需执行 CMOS SETUP 程序

D. 在系统开机自举装入程序执行前,若按下某一特定热键(如 Delete 键等)可以启动 CMOS SETUP 程序

4. BIOS 芯片中常见的 CMOS SETUP 程序主要来自三大厂商,其中(　　)不属于。

A. AMI　　B. LG　　C. Award　　D. Phoenix

5. SATA Configuration 表示 SATA 配置,主要是对(　　)的配置。

A. CPU　　B. 内存　　C. 显卡　　D. 硬盘

6. 在开机启动时,如果想要进入 BIOS 设置界面,部分微机可立刻按下(　　)键,进入 BIOS 设定界面。

A. Delete　　B. Ctrl　　C. Alt　　D. Tab

7. 我们通常说的"BIOS 设置"或"COMS 设置",其较准确的说法是(　　)。

A. 利用 CMOS 中的设置程序对 CMOS 参数进行设置并将结果保存于 BIOS

B. 利用 CMOS 中的设置程序对 BIOS 参数进行设置并将结果保存于 BIOS

C. 利用 BIOS 中的设置程序对 CMOS 参数进行设置并将结果保存于 CMOS

D. 利用 BIOS 中的设置程序对 BIOS 参数进行设置并将结果保存于 CMOS

项目4　计算机软件系统的安装

知识目标：了解硬盘分区与格式化的基本概念和作用；熟悉硬盘分区与格式化的常见类型；理解磁盘格式化的概念与工作原理；掌握硬盘分区的规划思路与划分方法；掌握U盘安装Windows 10的方法，以及安装驱动程序和应用程序的方法。

能力目标：能够查看并辨识现有的硬盘分区，能够根据需要创建硬盘分区，能够拆分、调整、删除硬盘分区；能够结合实际正确选择格式化的方式；能够利用U盘完整安装Windows 10；能够安装系统所需的硬件驱动程序；学会用其他方法安装系统和驱动程序；能够根据实际需要安装、卸载应用软件。

素质目标：通过对国外网络安全事件相关案例的介绍，分析操作系统国产化的必要性和可行性，培养学生的网络安全意识、爱国情怀、民族自信心及责任担当，激励其奋发向上，为祖国的科技进步努力奋斗。

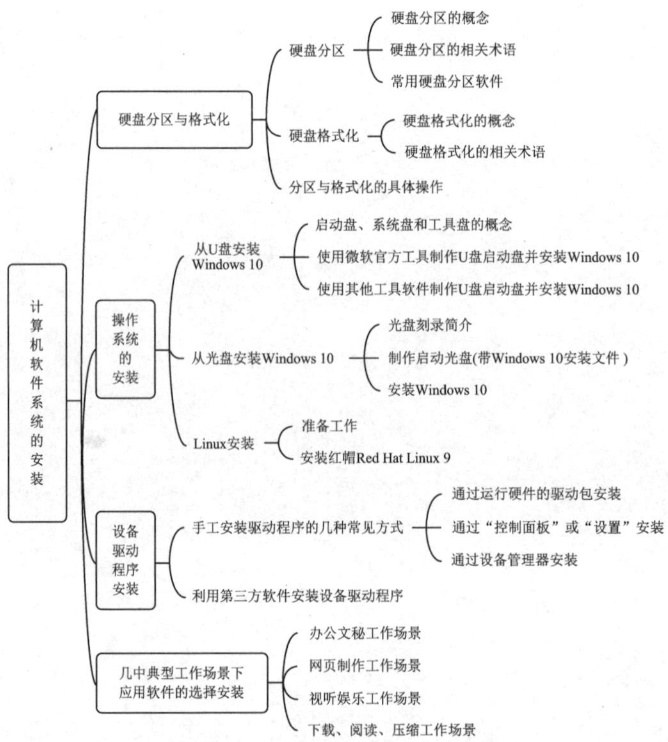

任务4.1　硬盘分区与格式化

4.1.1　硬盘分区

1. 硬盘分区的概念

硬盘是目前最常用的外存储设备，在使用一块新硬盘来存储数据前，往往先要对硬盘进行初始化，并进行合理分区和格式化操作。在WINDOWS系统下，硬盘初始化过程是在“磁盘管理”界面下完成的，期间用户要选择该硬盘的分区形式（MBR和GPT二选一），其他操作由系统自动完成。

MBR（MASTER BOOT RECORD）是主引导记录的意思，MBR方式是一种老的分区方式，从本质上说就是对硬盘设置各项物理参数，指定硬盘主引导记录和引导记录备份的存放位置，是对一定的连续存储的硬盘空间集合的一种管理方式。其支持的单个物理磁盘最大容量为2 TB，并且该磁盘最多只有4个主分区（或最多3个主分区，1个扩展分区）。用户可以根据不同需求和喜好，将硬盘分成若干个分区，并为每个分区指定不同的使用用途。在每个特定分区空间范围内，计算机对文件的读写访问，都遵守统一的规则。GPT（GLOBALLY UNIQUE IDENTIFIER PARTITION TABLE FORMAT）是一种由基于ITANIUM计算机中的可扩展固件接口（EFI）使用的磁盘分区架构，这种方式允许每个磁盘最多有128个分区，支持高达18EB的卷大小，允许将主磁盘分区表和备份磁盘分区表用于冗余，还支持唯一的磁盘和分区ID（GUID）。用户可以根据自身实际，利用WINDOWS自带功能或第三方软件实现MBR和GPT这两种分区方式的互转。

硬盘按使用方式不同可分为基本磁盘和动态磁盘，这两种磁盘在分区时都可以根据实际情况选择MBR或GPT分区方式。新硬盘初始化后一般为基本磁盘，其盘符只能是26个英文字母中的一个，而A、B已被软驱占用，所以实际上可用的盘符只有C～Z共24个；另外，在一个基本磁盘上最多只能创建四个主分区或三个主分区一个扩展分区。动态磁盘是在“磁盘管理器”中由基本磁盘升级得到的，其用“卷”来代替分区的概念，包括简单卷、跨区卷、带区卷、镜像卷、RAID-5卷等。与基本磁盘相比，动态磁盘的优点是：其一，可以将磁盘容量扩展到非邻近的磁盘空间；其二，在一个硬盘上可创建的卷（分区）个数没有限制。基本磁盘和动态磁盘可以互转，基本磁盘转换为动态磁盘可以直接操作（磁盘数据不丢失），但是动态磁盘要转回到基本磁盘，必须先删除磁盘所有分区，然后才能转回去，所以要提前把磁盘内有用的数据全部拷出来。

2. 硬盘分区的相关术语

（1）物理硬（磁）盘

真实可见的硬盘叫物理硬盘，如图4.1.1所示是两块物理硬盘。

（2）硬盘分区

当一个物理硬盘的容量较大时，我们往往需要将其分成若干个分区，这些分区有不同的类型：主分区和扩展分区，后者由若干个逻辑分区构成，每个分区中存放不同类型的软件和

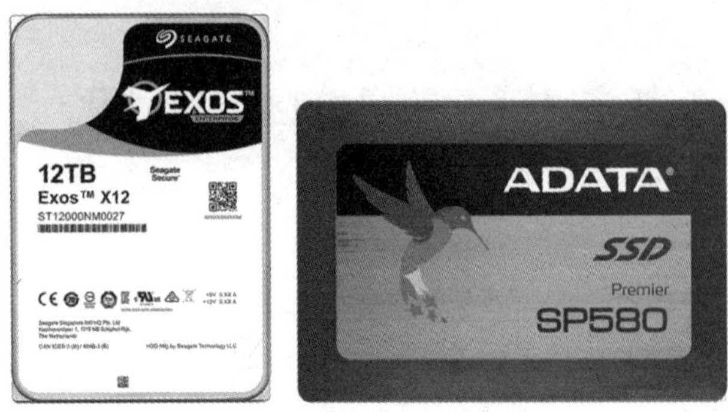

图 4.1.1　两块物理硬盘

数据。如图 4.1.2 所示,“硬盘”区域 C 到 H 的图标表示有 6 个分区,这是一块(或多块)物理硬盘经过分区后得到的多个分区,使用时给我们的感觉好像是 6 块独立的物理硬盘。一块物理硬盘可以分割成一个硬盘分区,也可以根据需要分割成数个分区,分区后仍可以根据需要重新调整原分区方案。

图 4.1.2　硬盘分区

(3) 主分区(Primary Partition)

主分区是一种特殊的硬盘分区,一般是用来安装操作系统的,一块物理硬盘至少要有 1 个主分区,但最多只能有 4 个主分区。

(4) 扩展分区(Extended Partition)

扩展分区是相对主分区而言的,给硬盘分区时要先分好主分区,当分好主分区后,如果还有剩余的磁盘空间,则剩下的空间只能划分给一个扩展分区。由此可知,扩展分区可以没有,最多只有 1 个。如果存在扩展分区,这个扩展分区必须要再划分成 1 个或多个区域(每个区域称为一个逻辑分区或逻辑盘或逻辑驱动器),这样才可使用。删除分区时顺序正好相反,要先删除所有逻辑分区,然后删除扩展分区,最后才能删除各个主分区。

主分区和扩展分区的总数最多只能有 4 个,当创建了 4 个主分区后就不能再创建新的主分区和扩展分区了。现在的硬盘容量越来越大,用户如果想得到 5 个及以上的分区,可通过创建扩展分区实现(此时主分区最多只能创建 3 个),一个扩展分区可以划分的逻辑分区的数量是没有限制的。

由此可见,硬盘的总容量 = 各个主分区的总容量 + 扩展分区的容量;扩展分区的容量 = 各个逻辑分区的容量之和。主分区和扩展分区都可以用来安装应用软件和存放数据,但操作系统只能安装到主分区。

另外,硬盘中可能还有隐藏的分区(可能是主分区,也可能是逻辑分区),在计算总容量时要考虑进去。

(5) *活动分区*

被设置为活动状态的那个主分区称为活动分区,也称启动分区,这是操作系统启动的分区。正常分区的话,C 区常被指定为活动分区。计算机中每个主分区都可以设置为活动分区,但不能同时将两个及以上的主分区设为活动分区。

在图 4.1.3 中我们看到,有两块物理硬盘,磁盘 0 被分成 4 个硬盘分区,都是主分区,其中 C 盘是启动分区;磁盘 1 被分成 2 个硬盘分区,1 个主分区(同时也是活动分区)、1 个扩展分区(包含 1 个逻辑分区)。

卷	布局	类型	文件系统	状态	容量	可用空间	% 可用
(E:)	简单	基本	NTFS	状态良好 (活动, 主分区)	300.00 GB	273.24 GB	91 %
(F:)	简单	基本	NTFS	状态良好 (逻辑驱动器)	631.51 GB	336.00 GB	53 %
(磁盘 0 磁盘分区 1)	简单	基本		状态良好 (EFI 系统分区)	99 MB	99 MB	100 %
(磁盘 0 磁盘分区 4)	简单	基本		状态良好 (恢复分区)	798 MB	798 MB	100 %
SSD系统盘 (C:)	简单	基本	NTFS	状态良好 (启动, 页面文件, 故障转储, 基本数据分区)	99.22 GB	20.86 GB	21 %
工作数据 (D:)	简单	基本	NTFS	状态良好 (基本数据分区)	132.66 GB	65.30 GB	49 %

图 4.1.3　6 个分区(2 个主分区、4 个逻辑分区的 1 个扩展分区)

3. 常用硬盘分区软件

傲梅分区助手是一个简单易用、功能多的磁盘分区管理软件,如图 4.1.4 所示,在它的帮助下,可以无损地执行调整分区大小、移动分区位置、复制分区、复制磁盘、合并分区、切割分区、创建分区等操作。同时它可以在四个主分区的磁盘上直接创建分区。

除了傲梅分区助手外,硬盘分区软件还有很多,如 PQmagic(硬盘分区魔术师)、EASEUS Partition Manager(硬盘分区工具)等,它们的功能及操作方法大同小异。

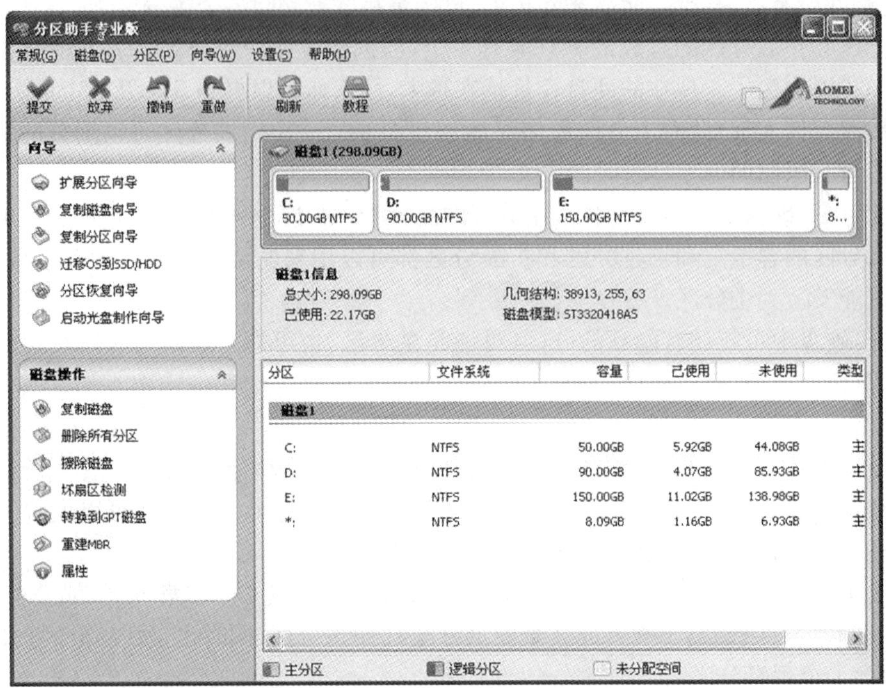

图 4.1.4 傲梅分区助手主界面

4.1.2 硬盘格式化

1. 硬盘格式化的概念

硬盘经过分区之后，还不能直接存储数据，还要对硬盘进行格式化(Format)。格式化是在硬盘中确定文件系统，建立磁道和扇区，以便操作系统使用硬盘来储存数据。

2. 硬盘格式化的相关术语

(1) 低级格式化

它指将整块硬盘划分成一个个半径不同的同心圆(磁道)，再将磁道划分为若干个扇区，每个扇区的容量为固定大小(原来是 512 字节，现在是 4096 字节)的字节数。

低级格式化在硬盘出厂时已由生产商完成了，通常使用者无需再进行低级格式化操作。低级格式化是对硬盘高损耗的操作，将大大缩短硬盘的使用寿命。因此，只有当硬盘出现物理坏道或其他格式化无法解决的问题时才进行低级格式化。低级格式化后硬盘，所有分区都删除(当然盘内所有数据也丢失了)，整个硬盘成为一“未划分的空间”，必须重新分区和高级格式化。

注意：低级格式化只对机械硬盘有效，对固态硬盘无意义。

(2) 普通格式化(简称格式化)

它是针对硬盘某个具体的分区进行的，主要是将分区上的所有磁道扫描一遍，清除分区内的所有内容，不可恢复，同时给硬盘分区分配文件系统。普通格式化可以检测出硬盘上的坏道，并做标记不用，与快速格式化相比，速度会慢一些。对于刚分过区的硬盘，每个分区都要进行普通格式化；对于正常使用的硬盘，如果某个区出现问题无法解决，可对该区单独进行普通格式化操作，但频繁进行普通格式化对硬盘也有不可忽视的损耗。操作系统一般都自带普通格式化程序，而且不同操作系统有不同的格式化程序和方案。

(3) 快速格式化

与普通格式化相比，快速格式化速度要快得多，因其仅是清掉 FAT 表（文件分配表），使系统认为盘上没有文件了，并不真正格式化该分区，相当于快速删除整个逻辑磁盘的所有文件。快速格式化后可以通过工具恢复该分区的数据。

与低级格式化相比，普通格式化和快速格式化都属于高级格式化。一般来说，这三种格式化中选择快速格式化的机会最多，速度也最快。如果怀疑硬盘有坏道或出现逻辑错误，可以使用普通格式化。如果遇到无法解决的问题，可以考虑选择低级格式化。

(4) 文件系统

在进行高级格式化操作前，必须要为该分区选择一个文件系统（其中最主要的是文件分配表，简称 FAT）。文件系统是操作系统用于明确磁盘或分区上文件的组织方法和数据结构。其主要功能是对文件存储器空间进行组织和分配，负责文件存储，并对存入的文件进行保护和检索。具体地说，它负责为用户建立文件，存入、读出、修改、转储文件，控制文件的存取，当用户不再使用时撤销文件等。常见的文件系统有 FAT32、NTFS 等。

FAT32 是 FAT（也称 FAT16，支持的分区容量最大为 2 GB）的替代者，其最大支持 2 TB 的磁盘，在 Windows 系统中可以创建最大磁盘分区大小为 32 GB，单个文件最大支持 4 GB，但是不支持小于 512 MB 的分区。

NTFS（Windows NT File System）文件系统是一个基于安全性的、可恢复的文件系统，其支持的分区（如果采用动态磁盘则称为卷）大小可以达到 2 TB，能比 FAT32 更有效地管理磁盘空间，最大限度地避免了磁盘空间的浪费，是目前的主流文件系统。

另外，还有几种我们可能见到的文件系统：

① exFAT（Extended File Allocation Table File System，扩展 FAT）是为 4 G 以上的 U 盘而设计的（由于超过 4 GB 的 U 盘格式化时默认是 NTFS 格式，会损伤 U 盘），其在 Windows，Linux 以及 Mac 系统上都可以读写，作为 U 盘或者是移动硬盘的格式是比较合适的。

② ext2 是为解决 ext 文件系统的缺陷而设计的可扩展的、高性能的文件系统，又被称为二级扩展文件系统，是 Linux 文件系统中使用最多的类型，并且在速度和 CPU 利用率上较为突出，存取文件的性能也极好，还可以支持 256 字节的长文件名，是 GNU/Linux 系统中标准的文件系统。ext3 是一种日志式文件系统，是对 ext2 系统的扩展。ext4 是 ext3 的改进版，具有更佳的性能和可靠性。

③ reiserFS 是 Linux 环境下最稳定的日志文件系统之一。

④ VFAT 是一种主要用于处理长文件的文件名系统，它运行在保护模式下并使用 VCACHE 进行缓存，具有和 Windows 系列文件系统和 Linux 文件系统兼容的特性。因此 VFAT 可以作为 Windows 和 Linux 交换文件的分区。

⑤ APFS 文件系统是苹果公司发布的新的文件格式，替代 HFS + 格式，专门用于对闪存/SSD 进行优化。

⑥ CDFS 是大部分光盘的文件系统。

4.1.3 分区与格式化的具体操作

分区与格式化的软件很多,如傲梅分区助手等,这些软件不但能分区,还能进行格式化。有的操作系统安装程序自带分区与格式化功能,后面具体学习时再做介绍。

注意:分区与格式化都会清除磁盘中的数据,还可能不同程度地损伤磁盘,所以都要慎用,一般在必要时用快速格式化即可。

任务 4.2 操作系统的安装

4.2.1 从 U 盘安装 Windows 10

1. 启动盘、系统盘和工具盘的概念

(1) 启动盘

启动盘(Startup Disk),又称紧急启动盘(Emergency Startup Disk)或安装启动盘。它是写入了操作系统镜像文件的具有特殊功能的移动存储介质(U 盘、光盘、移动硬盘以及早期的软盘),主要是在硬盘中安装的操作系统因感染病毒等崩溃而无法正常启动时用来临时启动并对硬盘中系统进行修复或者重装的。因此提前准备一个启动盘很重要,当你的系统崩溃时,启动盘就发挥作用了。

早期的启动盘主要是光盘或软盘,随着移动存储技术的快速发展,当前 U 盘和移动硬盘已成为启动盘的首选。

在计算机几十年的发展过程中,启动盘得到广泛应用,其特性及用途也发生变化,形成了各种类型的启动盘。就微软而言,对启动盘的叫法就有多种,如紧急启动盘、紧急引导盘、紧急修复磁盘、安装启动盘、系统引导盘等。另外不少杀毒软件也提供创建"应急杀毒启动盘"的功能。

本节我们主要介绍 U 盘启动盘的制作和使用。

(2) 系统盘

系统盘的概念在日常使用时比较模糊,有时指安装了操作系统的硬盘分区,如 C 盘安装了 Windows 10、D 盘安装了 Linux,则可以称 C 盘和 D 盘为系统盘(即能够开机引导和启动操作系统的盘)。有时指包含有操作系统安装文件(包括系统安装源文件或 GHOST 镜像文件)的 U 盘或光盘(能够提供安装文件,向硬盘指定分区安装操作系统的盘)。

(3) 工具盘

工具盘中存有修复受损计算机的一些常用工具软件,如 Windows PE、磁盘检测工具、硬盘分区工具、内存扫描工具等。

如果一个 U 盘具有启动功能、内有某操作系统安装源文件及常用工具软件,我们通常称此 U 盘为能启动的系统工具盘,有时也简称为启动盘,作为一个计算机用户,备有一个这样的 U 盘是很有必要的。

2. 使用微软官方工具制作 U 盘启动盘并安装 Windows 10

(1) 使用微软官方工具制作 U 盘启动盘

① 准备一台电脑、一个 U 盘(大于 8 G),U 盘会被格式化,如果 U 盘中有有用的文件,要提前备份到其他地方。

② 到微软官方网站的"下载 Windows 10"页面,如图 4.2.1 所示,单击"立即下载工具",下载 U 盘启动盘制作工具 MediaCreationTool21H2. exe(类似文件名,版本不同稍有差异),保存到指定路径下。

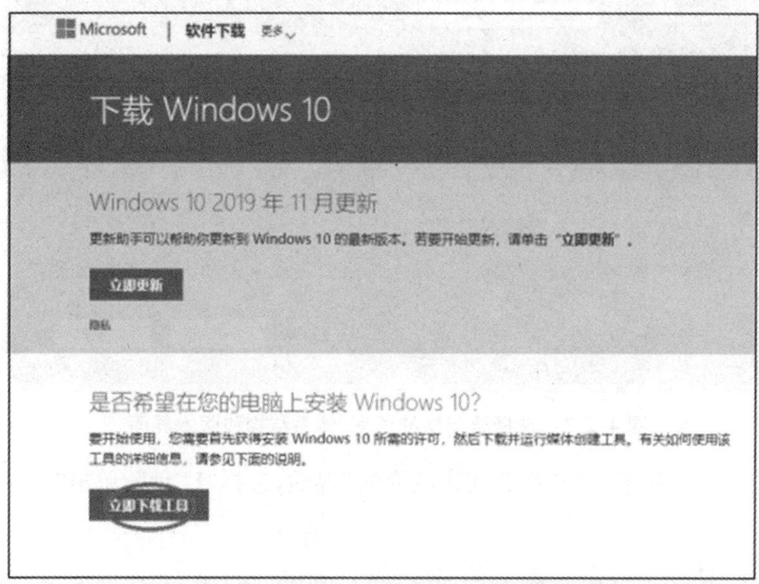

图 4.2.1　微软网站下载 U 盘启动盘制作工具

③ 找到刚下载的文件,双击运行,在弹出的"微软软件许可条款"界面,点击"接受"后,显示如图 4.2.2 所示界面,选择"为另一台电脑创建安装介质"后,单击"下一步"。

图 4.2.2　选择"创建安装介质"

④ 在图 4.2.3 中选择要创建的语言、体系结构和版本，然后单击“下一步”。

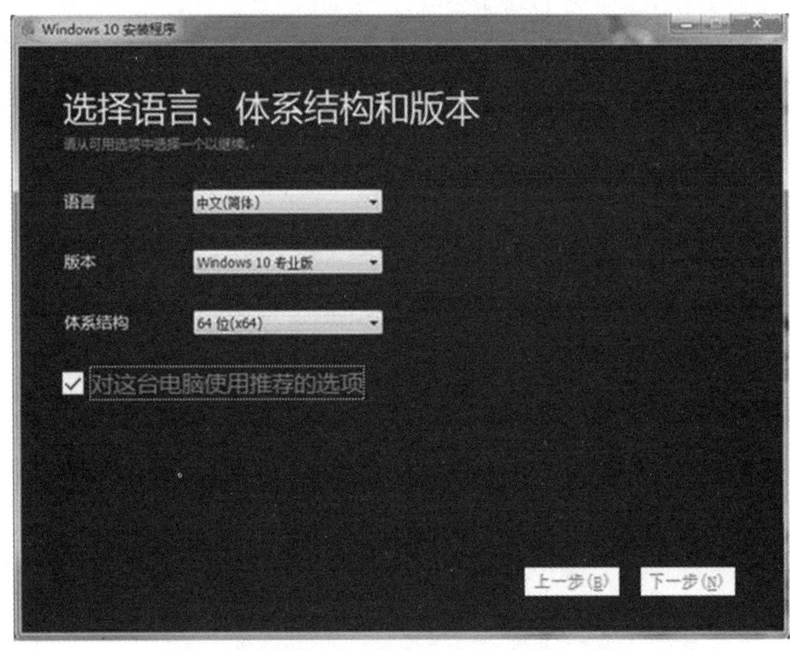

图 4.2.3 选择要创建的语言、体系结构和版本界面

⑤ 在如图 4.2.4 所示的“选择要使用的介质”界面，选择“U 盘”，单击“下一步”。

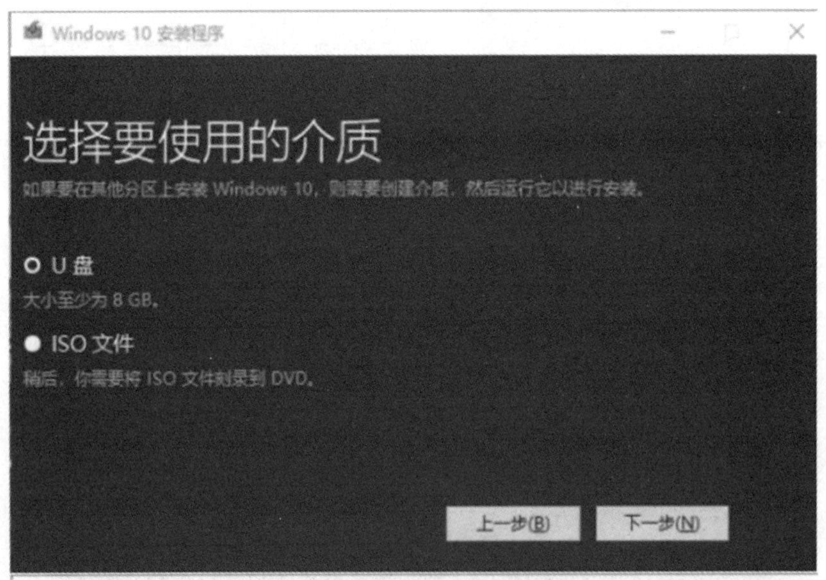

图 4.2.4 “选择要使用的介质”界面

⑥ 点击“可移动驱动器”下的 U 盘(观察一下，选中自己要用来制作启动盘的 U 盘)，如果没有找到(如 U 盘忘了插入主机，现在插入)，点击“刷新驱动器列表”，然后单击“下一步”，如图 4.2.5 所示。

⑦ 下载对应版本的 Windows 10 系统，耐心等待下载完成，如图 4.2.6 所示。

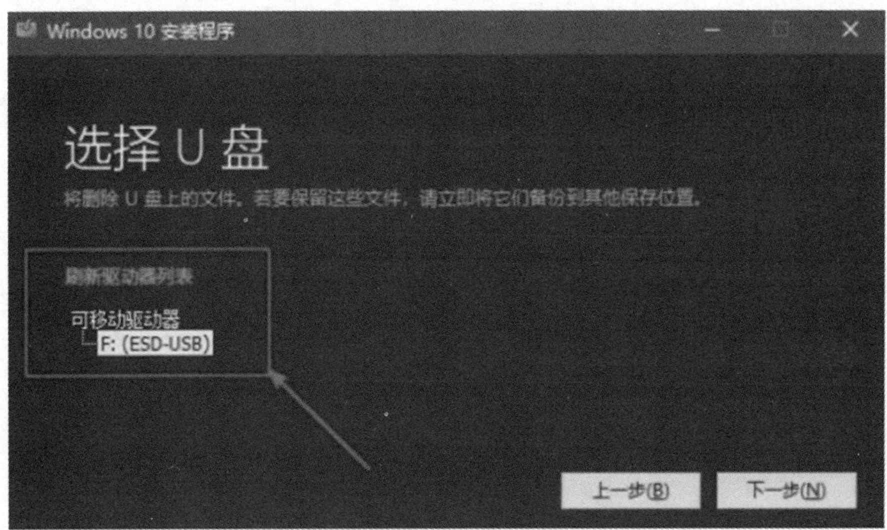

图 4.2.5　选择 U 盘

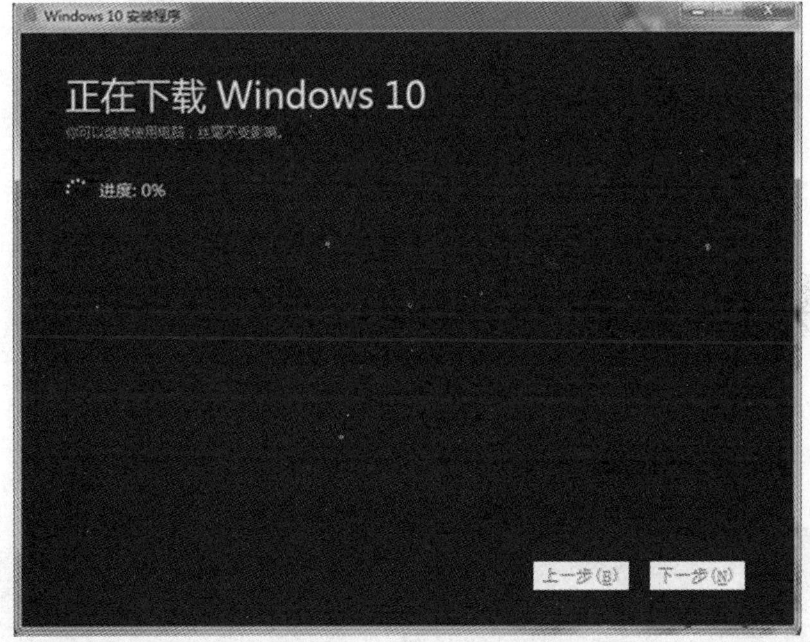

图 4.2.6　下载对应版本

⑧ 当 Windows 10 系统被成功写入到 U 盘之后，提示 U 盘已准备就绪，点击“完成”，稍等，启动 U 盘即制作完毕。

弹出 U 盘再重新插入，打开制作好的 U 盘，可以看到其中已有 Windows 10 的安装文件，而且 U 盘空间已使用了近 4 GB，如图 4.2.7 所示。

(2) 利用已制作好的 U 盘安装 Windows 10

① 将制作好的 Windows 10 官方 U 盘到插入需要安装系统的主机上，开机按 F2 快捷键(或 F8 或 F9 或 F11 或 F12 或 ESC 等，不同主板可能不一样)，弹出启动菜单(Windows Boot Manager)，选择带有 UEFI 前缀的 U 盘启动项，按回车键，如图 4.2.8 所示。

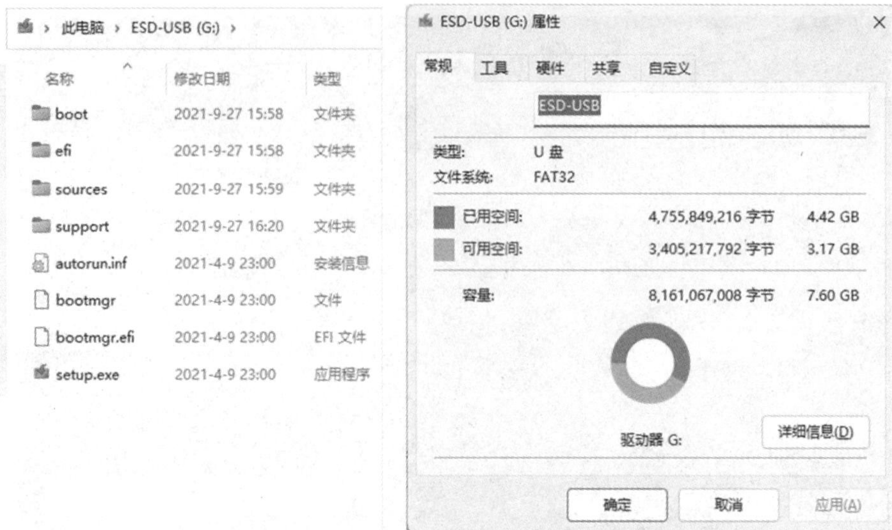

图 4.2.7　查看已制作好的 U 盘中的信息

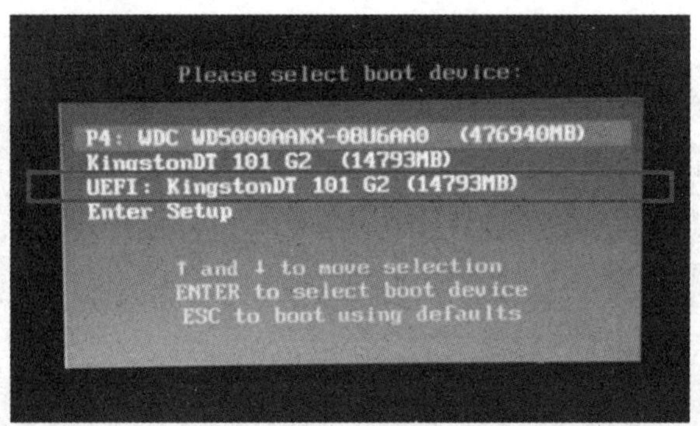

图 4.2.8　选择带有 UEFI 前缀的 U 盘启动

② 启动安装程序，进入如图 4.2.9 所示界面，选择好安装语言、时间格式、键盘输入法，点击“下一步”。

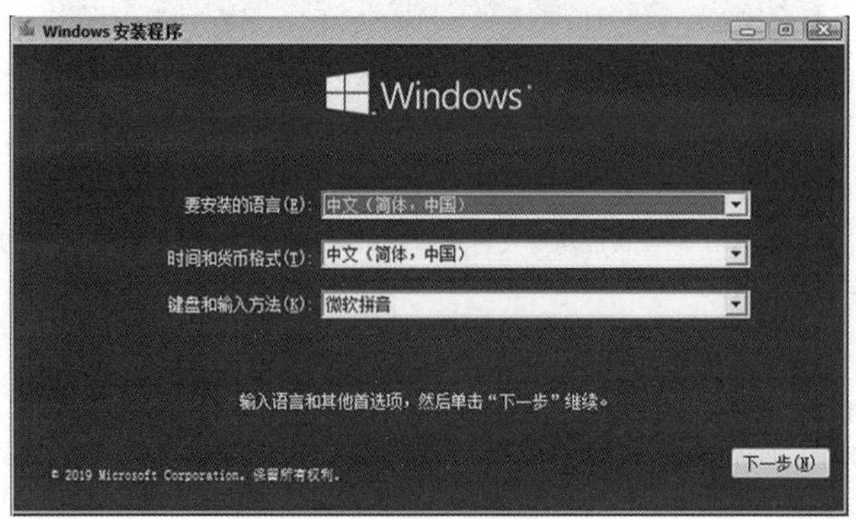

图 4.2.9　选择安装语言等信息

③ 在图 4.2.10 界面，直接点击“现在安装”。

图 4.2.10　“现在安装”界面

④ 输入密钥，如果没有密钥，直接点击“我没有产品密钥”，如图 4.2.11 所示。

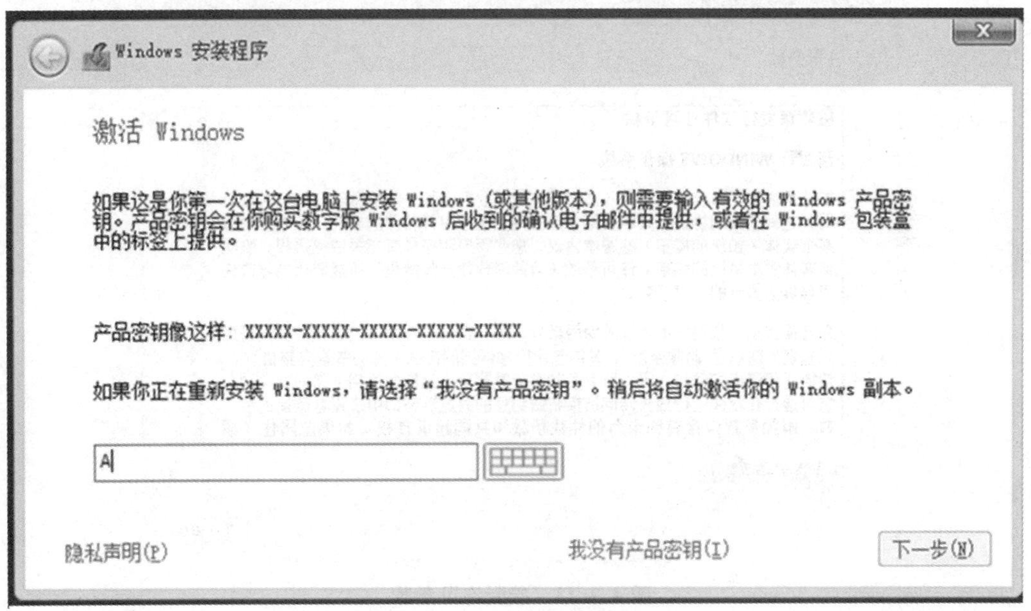

图 4.2.11　“输入密钥”界面

⑤ 在图 4.2.12 所示的列表中选择要安装的 Windows 版本，这里选择了“Windows 10 专业版”，选中之后，点击“下一步”。

⑥ 在图 4.2.13 中单击“我接受许可条款”左侧方框，选中本项，然后点击“下一步”。

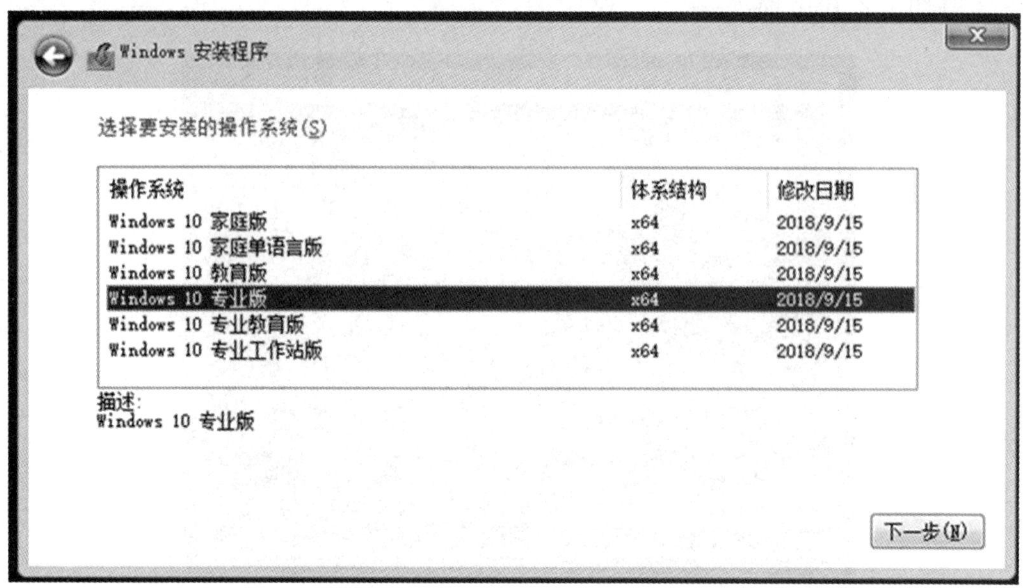

图 4.2.12 选择要安装的 Windows 版本

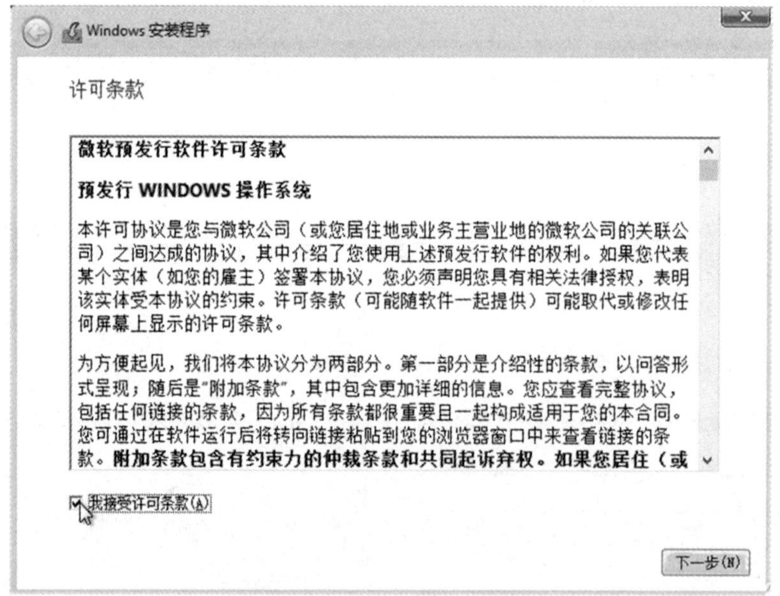

图 4.2.13 接受许可条款

⑦ 在图 4.2.14 所示的选择安装类型界面，单击选择下面的“自定义：仅安装 Windows (高级)”。

⑧ 进入到硬盘分区界面(要确认已备份好原来各分区中的数据；如果此时需要备份，请终止安装，然后备份有用数据)，删除所有分区(如果有扩展分区，要先删除扩展分区)，只剩下一个未分配的空间，如图 4.2.15 所示，单击选中列表中“驱动器 0 未分配的空间”，点击“新建”。

⑨ 输入要建立的分区大小，如果固态硬盘容量小，大小直接默认，点击“应用”，建立一个分区，如果要创建 2 个以上分区，就自行设置大小(Windows 10 至少 50 GB 以上 C 盘空

间)，点击“应用”，如图 4.2.16 所示。

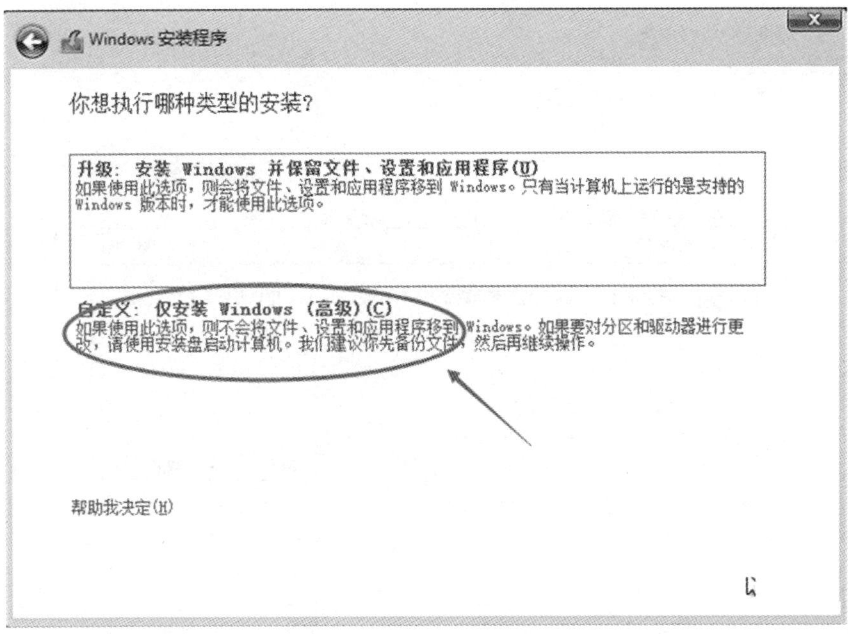

图 4.2.14　选择安装类型界面

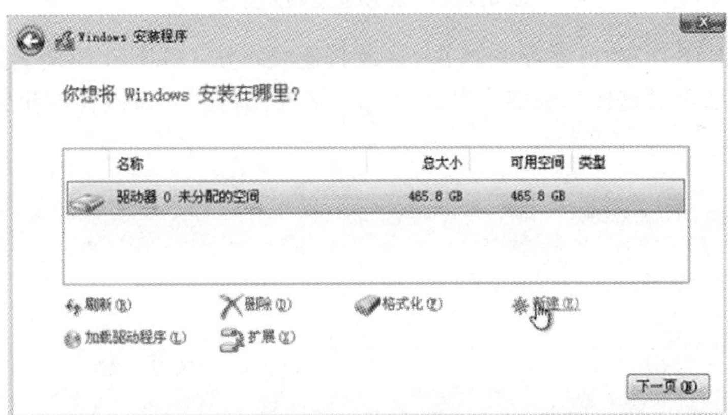

图 4.2.15　硬盘分区界面

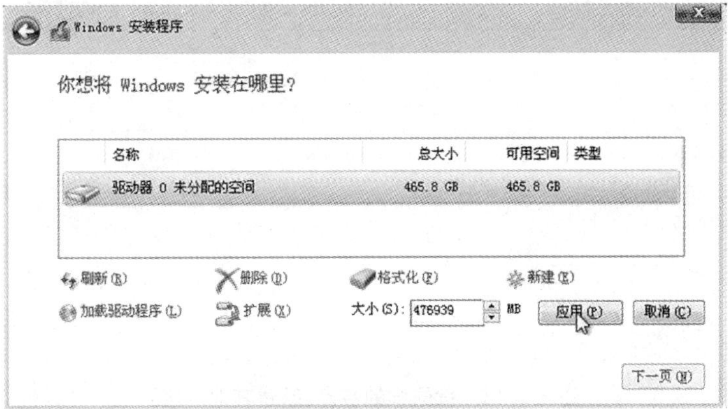

图 4.2.16　设置分区大小

⑩ 如图 4.2.17 所示，弹出提示框，提示会建立额外分区，直接点击“确定”。

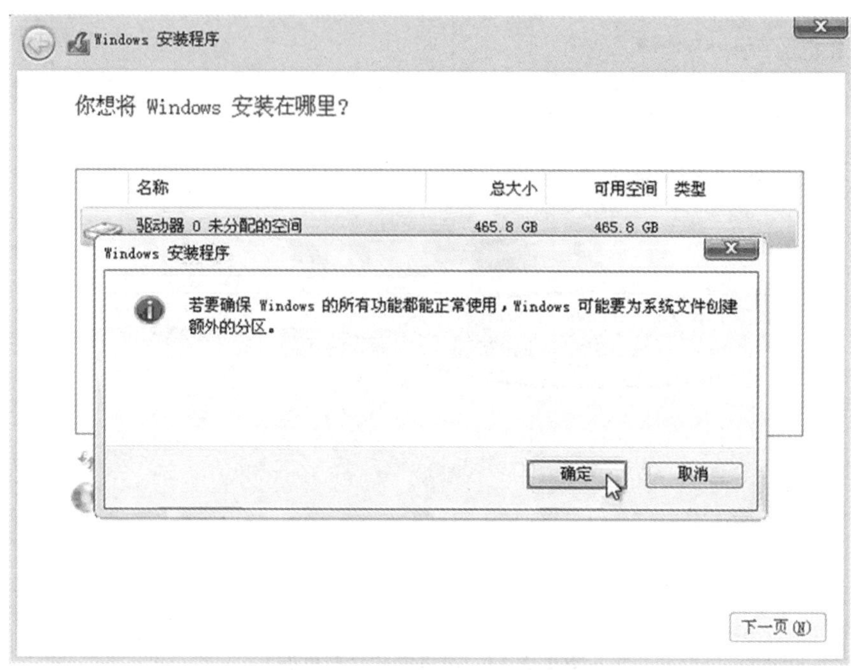

图 4.2.17 自动建立额外分区

⑪ 如图 4.2.18 所示，已建好一个主分区及其他额外分区(UEFI 模式下会有 MSR 保留分区，GPT 分区表都会这样)，选中主分区，点击“格式化”，然后按同样的步骤，新建其他分区(如果还有的话)。

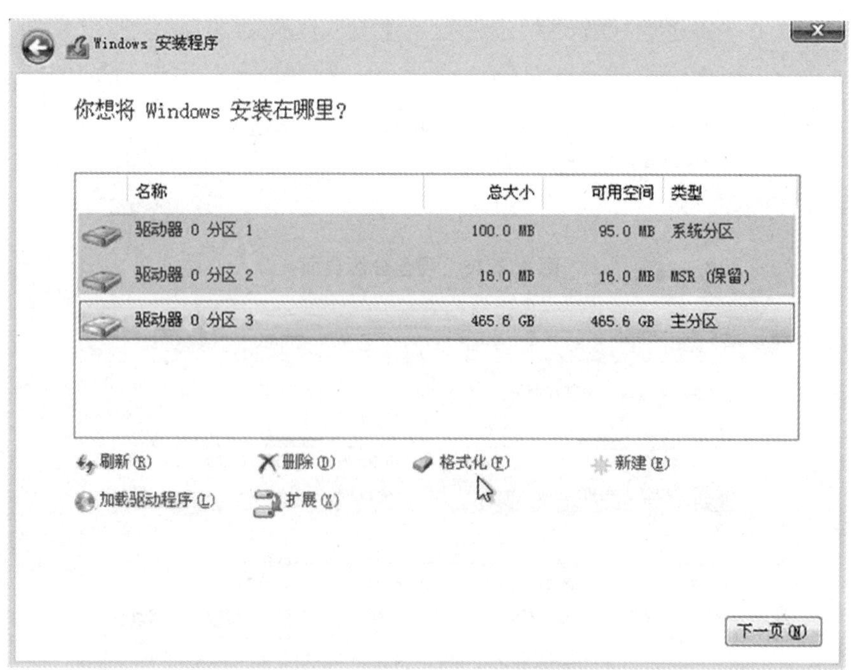

图 4.2.18 按同样的步骤，新建其他分区

⑫ 完成分区之后，选中操作系统要安装到的分区，一定要选对！一般是第一个主分区，如图 4.2.19 中的“分区 3”，然后单击“下一步”。

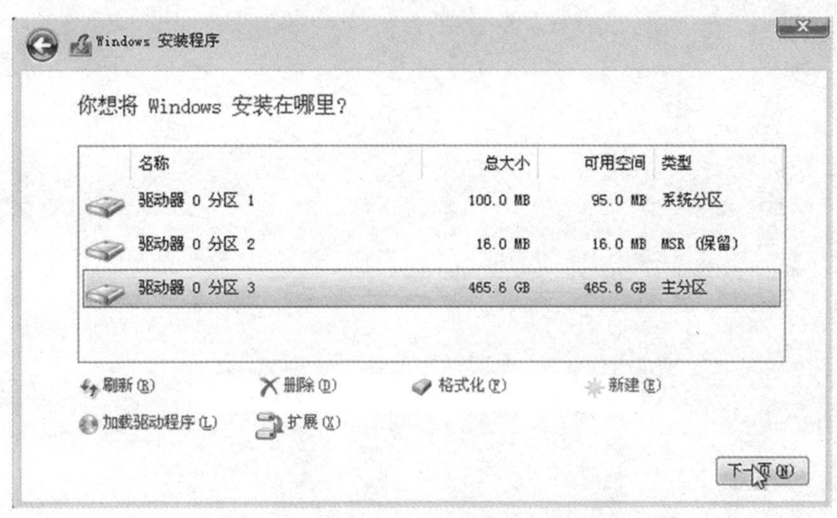

图 4.2.19　选中操作系统要安装到的分区

⑬ 开始进行 Windows 10 系统文件、功能安装等过程，需等待几分钟。

⑭ 上一步完成后会重启电脑，在屏幕上提示重启时拔出 U 盘(后面的安装过程用不到 U 盘了)，启动进入如图 4.2.20 所示界面，正在准备设备。设备准备完成后，电脑再次重启，进入图 4.2.21 所示界面，准备就绪时间比较长。

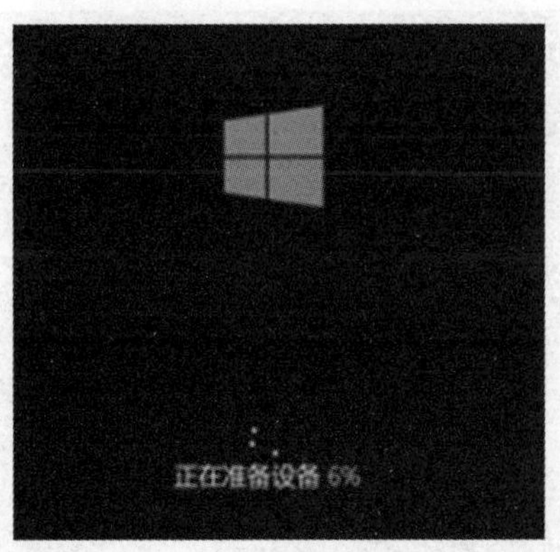

图 4.2.20　重启电脑，拔出 U 盘

图 4.2.21　电脑再重启、准备

⑮ 安装完成后，进入小娜帮助向导，按提示进行系统设置。

⑯ 图 4.2.22 是创建账户界面，“创建账户”是建立微软 Microsoft 账户，“脱机账户”是建立本地账户，这里单击“脱机账户”，建立本地账户。

⑰ 设置账户密码，如果不想设置，直接单击“下一步”。

⑱ 如图 4.2.23 所示，进入到 Windows 10 全新界面，安装完成(Windows 10 如果没有激活，可以参考网络上提供的方法来激活)。

图 4.2.22　创建账户界面

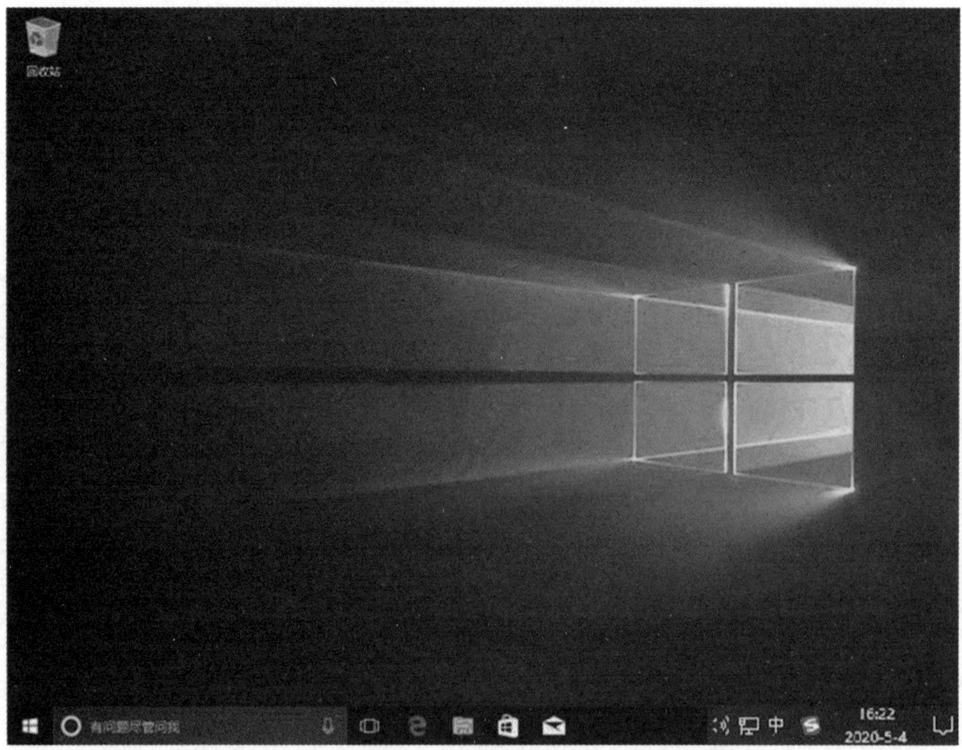

图 4.2.23　Windows 10 桌面

3．使用其他工具软件制作U盘启动盘并安装Windows 10

当前U盘启动盘制作工具可分为基于DOS启动和基于Windows PE（即Windows Preinstallation Environment，Windows预先安装环境的简称）启动两种类型，它们安装和维护系统的方式不同。前者优点是方便直接，对硬件要求低，兼容性较好；缺点是制作起来较为复杂，功能较少且大多数人不太熟悉DOS。后者的优点是图形化界面，操作方便，可以集成很多实用软件，甚至可以取代Windows完成日常大部分操作和应用；缺点主要是兼容性稍差，特别是对老旧主板支持性差。

基于Windows PE的U盘启动盘的制作是初学者的首选，其制作工具软件虽然有很多，但使用方法基本一致。制作过程：准备一个U盘，最好8 GB以上（因为U盘中除了存储启动文件外，往往还要存放一些其他工具软件及所要安装的操作系统的原版安装源文件或Ghost镜像文件），下载、安装、运行一款U盘制作工具软件，按提示操作即可。

4.2.2　从光盘安装Windows 10

1．光盘刻录简介

当前，计算机用户存储数据主要有如下途径：硬盘、移动存储设备（如U盘、各种闪存卡及移动硬盘等）、光盘、网络等，采用光盘保存数据可以有效减少数据意外损坏的可能性，同时具有价格低廉、保存时间长久等诸多优点，是长期备份资料数据的一种很好的选择。

我们日常见到的光盘主要有两种：一种是里面已经存放有数据的只读光盘（包括视频、音频、资料及软件等），其价格高低主要取决于其中存储内容的价值而非盘片本身价值，我们可以利用光驱多次读取光盘中的信息，但不能向该光盘中写入数据。另一种是空白光盘。与向硬盘写入数据不同，向光盘写入（刻录）数据速度较慢，且必须具备三个条件：刻录光驱、可刻录的（空白）光盘和刻录软件。空白光盘有只能写入一次数据和可以反复写入数据两种。图4.2.24所示是Nero Express的主界面，该软件操作简单、易上手。

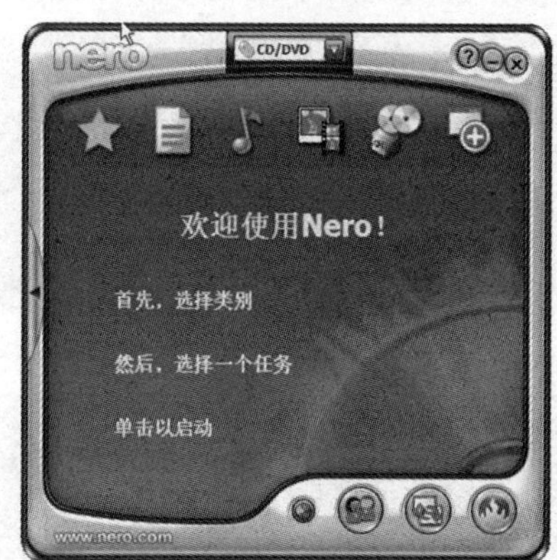

图4.2.24　Nero Express

2．制作启动光盘（带Windows 10安装文件）

制作启动光盘的过程比制作启动U盘要麻烦一些，制作步骤如下：

① 在计算机主机上安装好DVD刻录机1台，准备空白DVD光盘1片。

② 下载Windows 10系统ISO文件到硬盘或U盘中，如cn_windows_10_multiple_editions_version_1511_x86_dvd_76365bf8.iso。

③ 下载、安装、运行能制作光盘启动盘的软件，如 UltraISO，按教程操作。

3. 从光盘安装 Windows 10

将上述制作好的 Windows 10 启动光盘放入光驱，在 BIOS 中设置光盘启动。启动后的安装步骤与从 U 盘安装基本一致，在此不再赘述。

4.2.3 Linux 安装

Linux 操作系统最大的特点是其代码的开源性。随着 Linux 不断发展，Linux 所支持的文件系统类型也在迅速扩充，越来越多的数据中心服务器都使用 Linux，因为可以节省大量的许可证费用及维护费用。

Linux 的开发公司很多，每个公司又有多个版本，Red Hat Linux 是目前世界上使用最多的 Linux 操作系统。它具备良好的图形界面，无论是安装、配置还是使用都十分方便，而且运行稳定。

以下对 Red Hat Linux 9 光盘启动安装过程做简要介绍。

1. 准备工作

① 购买或下载 Red Hat Linux 9 的安装光盘(3 张盘)或镜像文件。

② 在硬盘中至少留 2 个分区给安装系统用，挂载点所用分区推荐 4G 以上，交换分区不用太大(250 M 左右比较适合)。

③ 记录电脑中下列设备的型号：鼠标、键盘、显卡、网卡、显示器。

④ 准备好网络设置用到的 IP 地址、子网掩码、默认网关和 DNS 名称服务器地址等信息。

2. 安装 Red Hat Linux 9

将光驱设为第一启动盘，放入第一张安装光盘后重新启动电脑，如果你的光驱支持自启动，则将出现图 4.2.25 所示界面，直接按回车键或等待一会将出现图 4.2.26 所示界面。

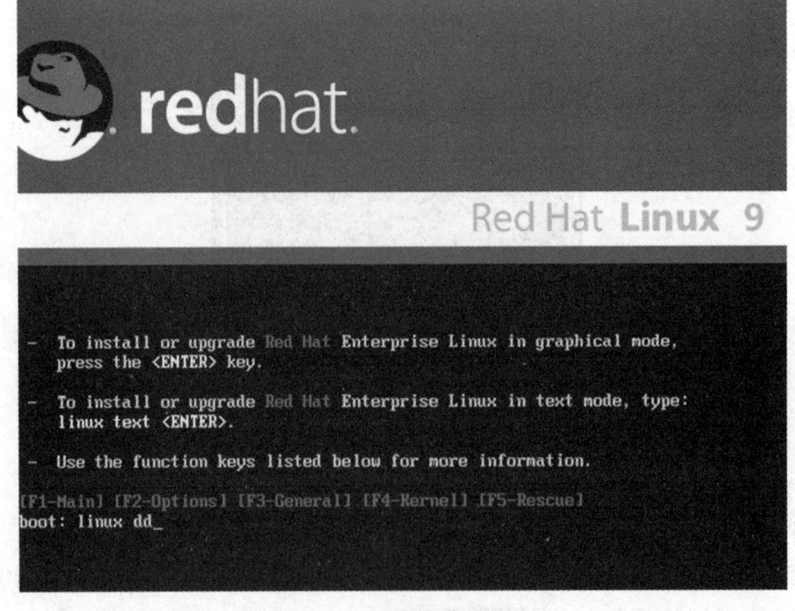

图 4.2.25 屏幕等待界面

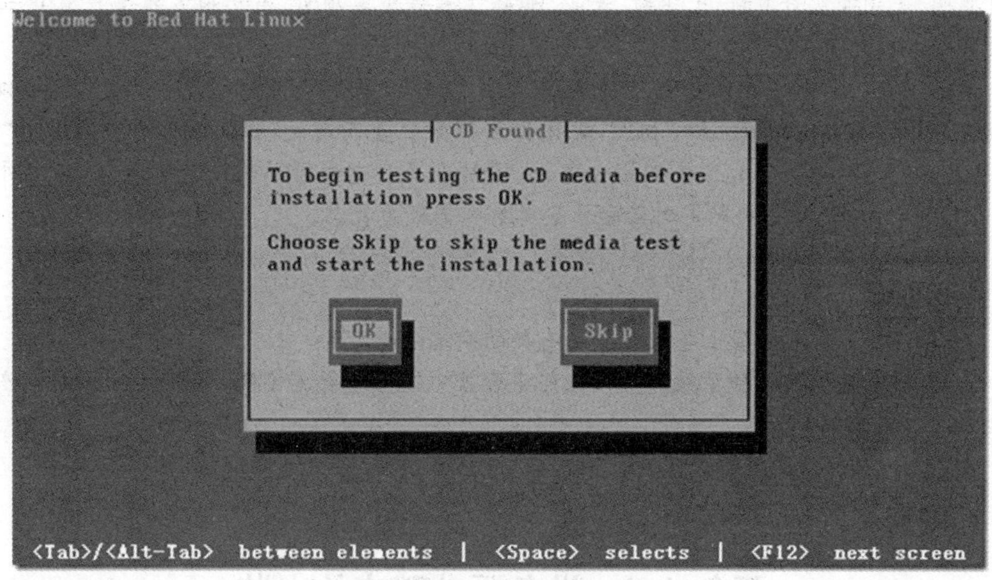

图 4.2.26　是否测试安装 CD

选“OK”开始测试安装 CD；选“Skip”不测试安装 CD 开始安装。选“Skip”后回车，系统开始安装，点击“Hide Help”关闭帮助文本，点击“Release Notes”显示发行注记，点击“Next”按钮，开始进行具体的系统安装，其安装过程与 Windows 基本一致。

与 Windows 系统一样，Linux 也可以从 U 盘启动、安装。制作 Linux 启动 U 盘的方法与上述 U 盘 Windows 启动盘的制作过程相似，这里不再赘述。

操作系统国产化势在必行

材料 1

当前 x86 架构生态占据全球主要市场份额，微软公司和英特尔公司各自凭借自身规模效应和技术优势，使其产品 Windows 和 CPU 占据了绝大部分市场份额，结成了“Wintel”技术联盟，构筑了极高的生态壁垒。

材料 2

我国操作系统本土化始于 20 世纪末，多以 Unix/Linux 为基础进行二次开发，曾陆续诞生超过 20 多个不同版本，但由于极高的生态壁垒，在过去 20 多年里，这些国产操作系统所占市场份额一直很小。随着我国数字与信息化的推进，网络信息安全已成为大国角逐的核心竞争要素。特别是一系列网络安全事件，如 2008 年微软黑屏事件、2010 年 Stuxnet 震网病毒事件、2013 年棱镜门、2017 年 Intel 芯片 Minix 泄露风险等的相继爆发，使得发展本土化软硬件成为国家防范网络攻击与威胁需要直接面对的问题。

2011 年以来，国家在各个层面相继出台了一系列政策，特别是 2020 年提出的“2 + 8”安全可控体系，将信息技术应用创新产业（简称“信创”）作为一项国家战略，预示着国产软硬件厂商春天的到来。

目前市场较为熟知的国产操作系统（包括服务器、个人桌面）有：深度 Deepin、统一 UOS、优麒麟 UbuntuKylin、红旗 Linux、中标麒麟 Neokylin、中兴新支点、银河麒麟 Kylin、中科方德 Delix、普华等。经过多年的发展，以麒麟系列为代表的国产操作系统已经全面应用于银河、天河超级计算机,大飞机、大船、嫦娥工程等重要项目,有力地支撑着信息化和现代化事业的发展。

发展信创产业是实现安全化、可控化和自主系统化,提升行业核心竞争力的必备基础。虽然与距今已有40余年的x86相比,我国信创产业任重而道远,但我国信创产业正由“能用”快速向“好用”过渡。我们有理由相信,我国信创产业走向国际化是必然趋势,与国外如Intel、IBM、Oracle等巨头平等对话和业务对抗即将成为常态。

(根据网络报道组编。)

问题讨论

1. 你还知道哪些国际上与操作系统有关的网络安全事件?

2. 当前主要国产操作系统哪些用在服务器上?各自支持的CPU有哪些?知名国产移动端操作系统有哪些?

3. 支持国产,从我做起。你对使用国产软硬件还有什么忧虑吗?

任务4.3 设备驱动程序的安装

设备驱动程序(Device Driver),简称驱动,是一种可以使操作系统和设备通信的特殊程序,可以说相当于硬件的接口,操作系统只有通过这个接口,才能控制硬件设备工作。假如某设备的驱动程序未能正确安装,则该硬件设备便不能正常工作。因此,设备驱动程序被誉为“硬件和操作系统之间的桥梁”。

由于不同计算机的硬件配置各不相同,当操作系统安装完毕以后,一些设备,如键盘、鼠标等的驱动程序在操作系统安装时已自动安装,而另一些设备的驱动是需要手工安装的,如主板、显卡、声卡和网卡等。安装驱动有很多方法,如通过控制面板、设备管理器等;如果有硬件的驱动包,可以打开驱动包,直接安装;如果电脑可联网,还可以从硬件厂家网站下载、安装或用第三方软件(如驱动精灵)来安装。

4.3.1 手工安装驱动程序的几种常见方式

1. 通过运行硬件的驱动包安装

(1) 主板驱动程序的安装

利用商家提供的驱动光盘或事先上网下载主板驱动程序,找到驱动程序存放的文件夹,如图4.3.1所示,有主板主芯片组驱动、显卡驱动、声卡驱动、网卡驱动等,分别对应主板自带的主芯片组等部件。打开压缩文件,找到主文件,如图4.3.2所示,双击运行,在接下来的安装过程中,基本上单击“下一步”或“确定”即可。

(2) 显卡驱动程序的安装

找到显卡驱动程序,如图4.3.3所示,双击这个自解压exe可执行文件,出现如图4.3.4所示的运行界面,单击“运行”即可,驱动安装完毕后,系统一般提示要重新启动。

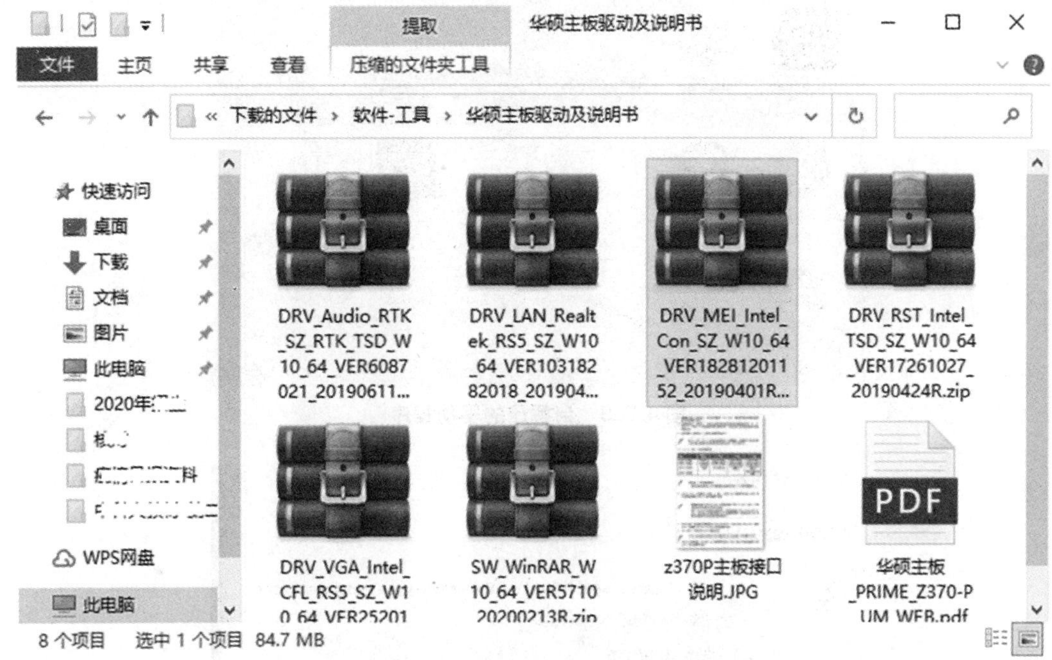

图 4.3.1　找到并打开驱动程序存放的文件夹

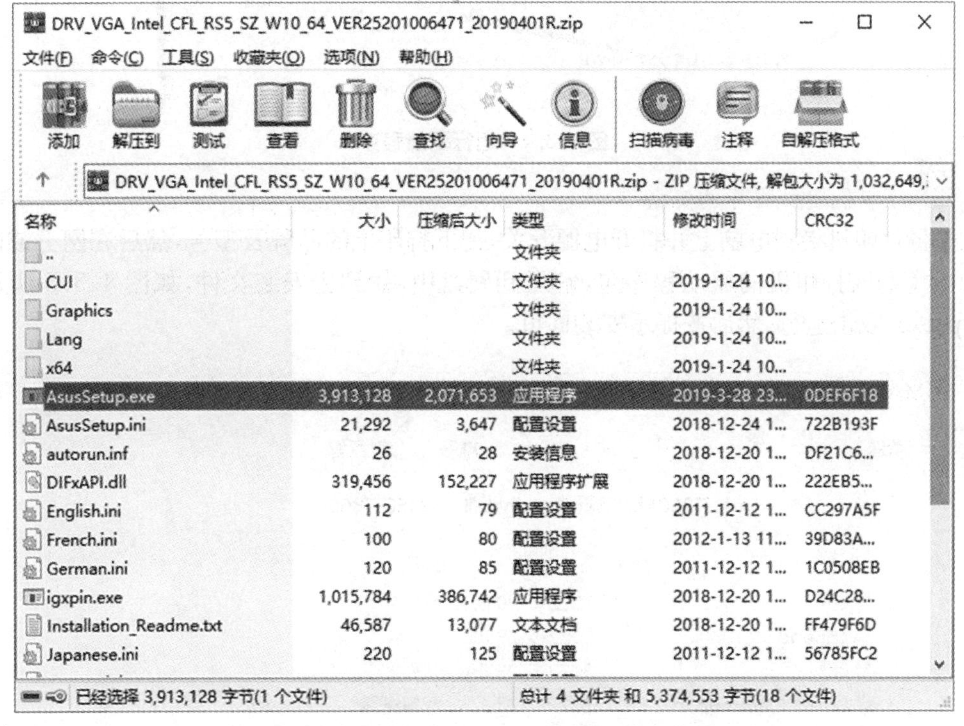

图 4.3.2 打开主板驱动的压缩文件，找到主文件，运行、安装

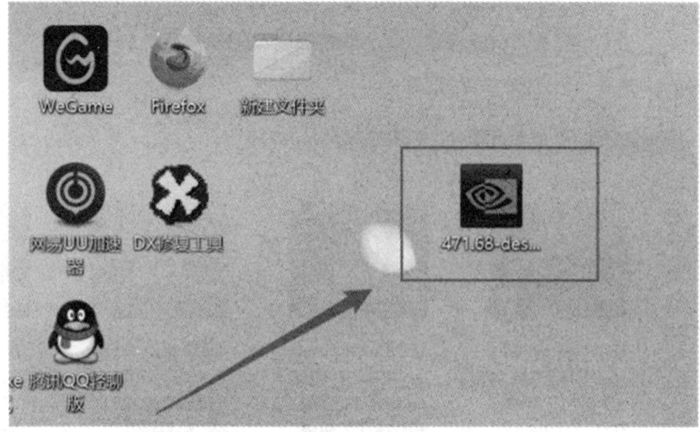

图 4.3.3 自解压的驱动程序

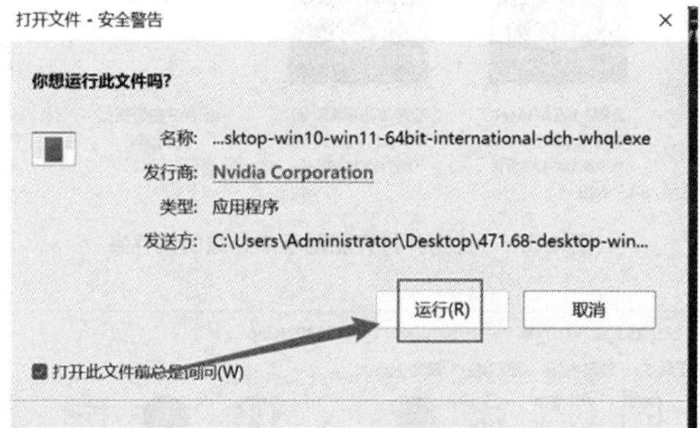

图 4.3.4 运行驱动程序

(3) 打印机驱动程序的安装

先将打印机接到电脑上并打开电源开关,记下打印机的品牌及型号,然后在网上或随机光盘中找到该打印机的驱动程序包,解压到硬盘中,找到主安装文件,如图 4.3.5 所示的 Setup.exe,双击运行,然后按提示安装即可。

图 4.3.5 找到主安装文件 Setup.exe,双击安装

2．通过“控制面板”或“设置”安装——以打印机驱动程序安装为例

打开“设置”窗口，在该窗口找到“设备”图标，单击打开“设备”窗口，如图 4.3.6 所示，依次单击“打印机和扫描仪”“添加打印机和扫描仪”，如图 4.3.7 所示，系统开始扫描与本机相连的打印机，如果找到的打印机与实际要安装的打印机一样，按提示安装驱动程序即可。如果系统没有找到打印机或找到的打印机与实际相连的打印机不一样，单击下面“我需要的打印机不在列表中”，这时打开图 4.3.8 所示界面，根据实际情况选择一项，这里选择最下方“通过手动设置添加本地打印机或网络打印机”，单击“下一步”，打开如图 4.3.9 所示常见打印机品牌及型号的列表，在列表中查找，看看有没有与实际要安装的打印机一样的型号，有的话，选中并单击“下一步”安装驱动程序即可；没有的话，单击“从磁盘安装”，在打开的窗口中选择事先下载的打印机驱动程序所在的文件夹，按提示安装。

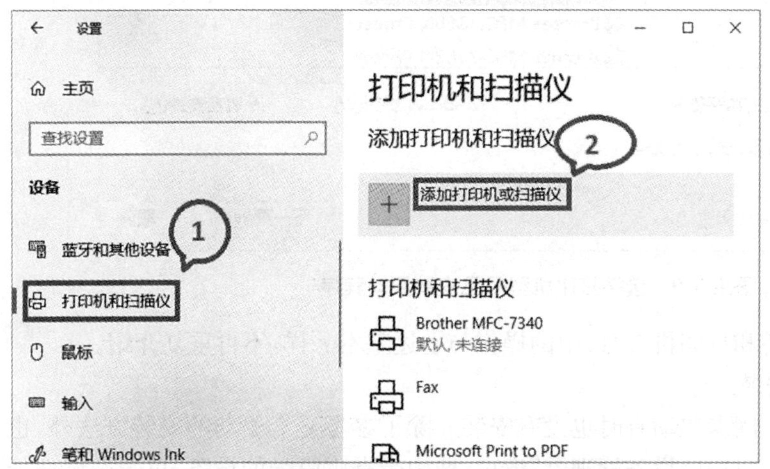

图 4.3.6　选择和“添加打印机和扫描仪”界面

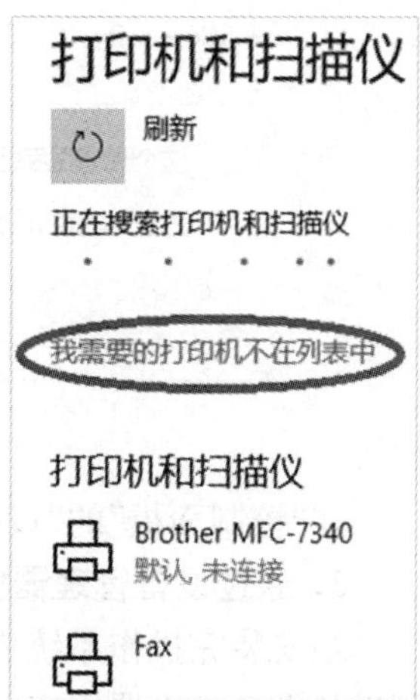

图 4.3.7　不在列表中

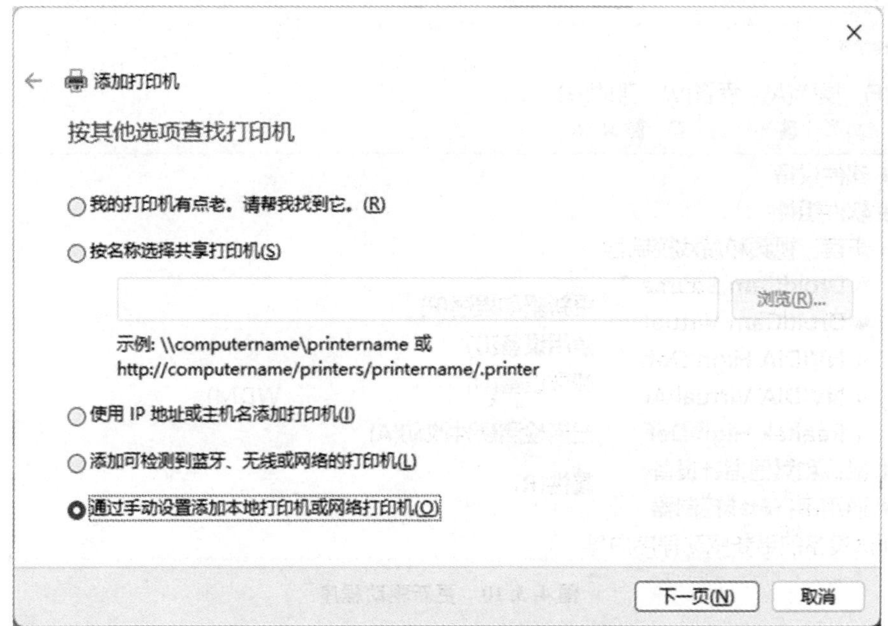

图 4.3.8　根据实际情况选择添加打印机方式

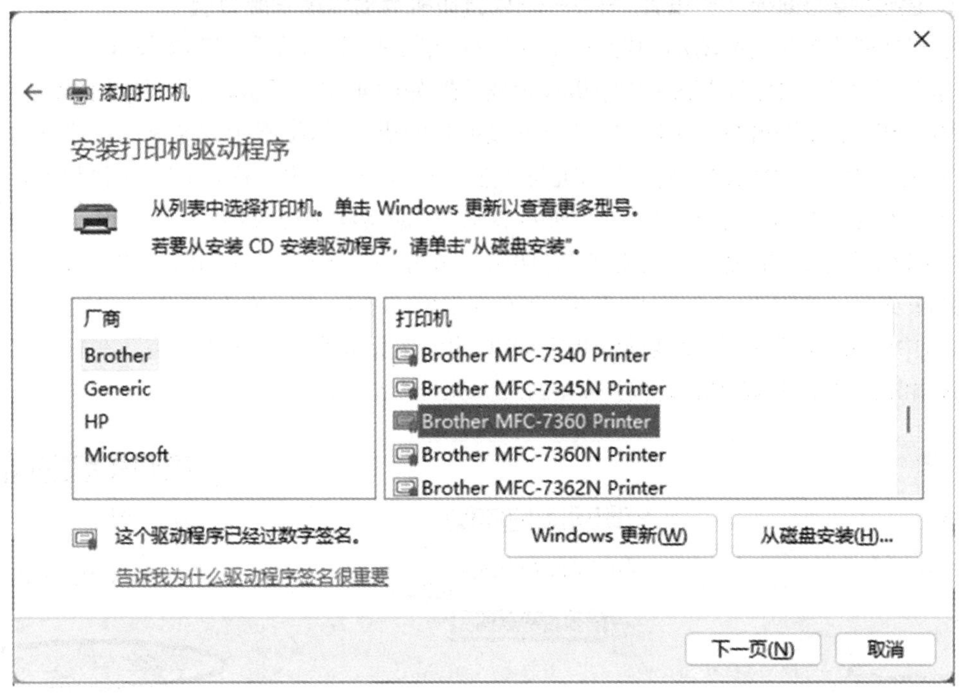

图 4.3.9　选择打印机型号及安装驱动程序

在"控制面板"的"设备和打印机"窗口中的操作与上述基本一样，不再重复介绍。

3. 通过设备管理器安装

当安装完操作系统后，网卡驱动有时也没有安装。除了参考显卡驱动的安装方法外，也可以从设备管理器中安装。打开"设备管理器"窗口，选中带有感叹号的设备，单击右键选择"更新驱动程序"，如图 4.3.10 所示。

图 4.3.10　更新驱动程序

选择"更新驱动程序"后，将弹出硬件更新向导，如图 4.3.11 所示，单击选择"浏览我的电脑以查找驱动程序”，出现如图4.3.12所示界面。单击右边“浏览”按钮，选择网卡驱动程序所在的目录，选择好目录后，单击右下方“下一步”按钮，开始安装该设备驱动。

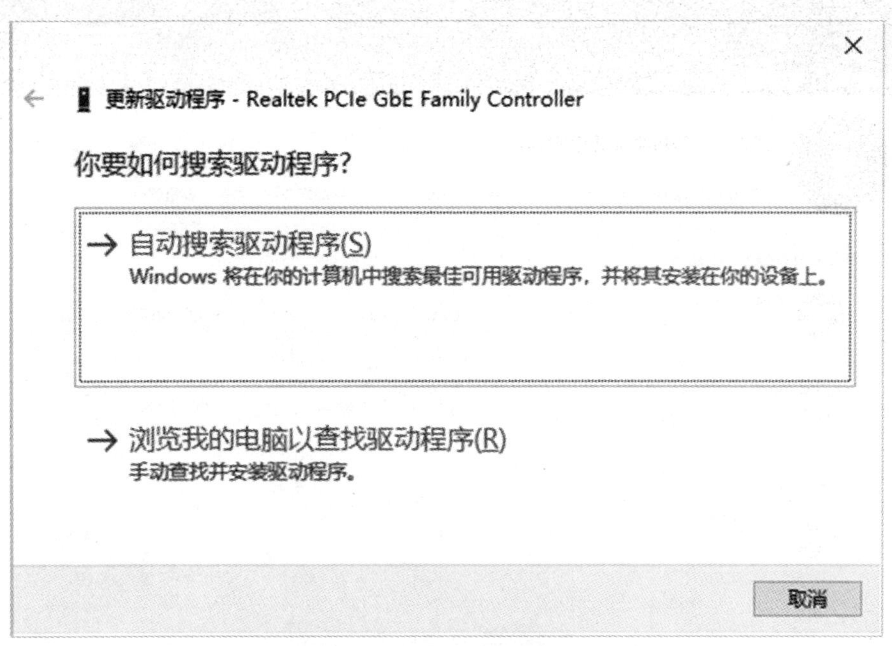

图4.3.11　硬件驱动安装向导

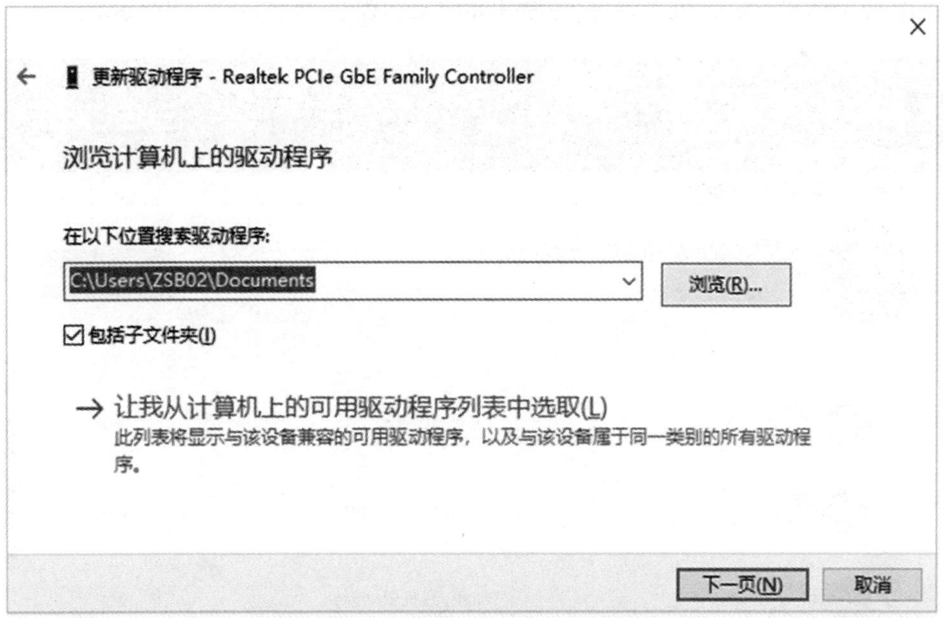

图4.3.12　选择驱动程序文件所在目录

4.3.2　利用第三方软件安装设备驱动程序

当系统安装完毕后，有部分设备驱动没有安装，此时也可以从网上下载能自动检测、安装及升级驱动的专门软件，如360驱动大师等，如图4.3.13所示。

图4.3.13 360驱动大师的"驱动安装"界面

单击"驱动管理"按钮，可以备份、还原和卸载驱动程序，如图4.3.14所示。

图4.3.14 360驱动大师的"驱动管理"界面

任务 4.4　几种典型工作场景下应用软件的选择安装

4.4.1　办公文秘工作场景

1. Microsoft Office 2021 的安装

Microsoft Office 2021 只支持在 Windows 10 及以上环境下安装，安装前要先卸载干净之前的 Office，默认安装位置为系统盘(C 盘)。

① 下载安装包并解压到指定文件夹中。

② 找到 Office 2021 解压后存放的文件夹，以管理员身份运行 Setup.exe 安装程序，如图 4.4.1 所示。

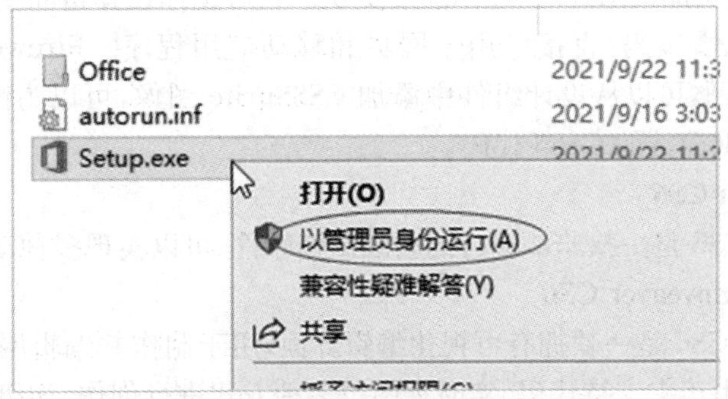

图 4.4.1　运行 Setup 安装程序

③ 软件检测安装所需要的环境后，开始安装 Office，如图 4.4.2 所示，耐心等待安装完成即可。

④ 安装完后即可试用了，但要长期使用，就必须购买产品并进行激活。

图 4.4.2　安装 Office

2．WPS Office 2019

WPS Office 2019 的功能及用法与 Microsoft Office 2021 类似，安装过程也很简单，这里不再赘述。

4.4.2 网页制作工作场景

网页制作所需软件最常用的当属"网页制作三剑客"：Fireworks CS6（在网页图像设计中的功能完美）、Flash CS6（在网页矢量动画制作和网站客户端的应用广泛）、Dreamweaver CS6（在网页制作领域中的功能强大）。前面介绍的安装方法都适合这三款软件的安装，这里就不再详述了，下面分别对这三款软件作简单介绍。

网页制作三剑客原来是 Macromedia 公司的，后来被 Adobe 收购，冠名为 Adobe。

1．Adobe Fireworks CS6

Adobe Fireworks CS6 是专业的网页图片设计、制作与编辑软件。它不仅可以轻松制作出各种动感的 Gif、动态按钮、动态翻转等网络图片。更重要的是 Fireworks 可以轻松地实现大图切割，让网页加载图片时，显示速度更快。它可让你在弹指间便能制作出精美的图形和交互式内容，无需编码，直接应用于网页和移动应用程序。Fireworks CS6 可以利用 jQuery 制作移动主题，可以从设计组件中添加 CSSSprite 图像，可以为网页、智能手机和平板电脑应用程序提取简洁的 CSS3 代码。

2．Adobe Flash CS6

Adobe Flash CS6 是一款非常流行的动画制作软件，可以实现多种动画特效。

3．Adobe Dreamweaver CS6

Dreamweaver CS6 是一款拥有可视化编辑界面，用于制作并编辑网站和移动应用程序的网页设计软件。由于它支持代码、实时视图等多种方式进行创作，初级人员无需编写任何代码就能快速创建 Web 页面，其成熟的代码编辑工具也适合 Web 开发高级人员。

4.4.3 视听娱乐工作场景

1．播放工具(网络播放工具、暴风影音等)

暴风影音是目前比较流行的视频播放工具，双击启动安装程序，如图 4.4.3 所示。设置好参数后单击"开始安装"，软件安装过程如图 4.4.4 所示。

2．腾讯 QQ 与微信

腾讯 QQ 与微信的安装过程与暴风影音类似，参照暴风影音的安装过程即可。

4.4.4 下载、阅读、压缩工作场景

1．迅雷

迅雷使用先进的超线程技术，能够将存于第三方服务器和计算机上的数据文件进行有效整合。通过这种先进技术，用户能够以更快的速度从第三方服务器和计算机获取所需的数据文件。这种超线程技术还具有互联网下载负载均衡功能，在不降低用户体验的前提下，迅雷网络可以对服务器资源进行均衡，有效降低了服务器负载。

图 4.4.3　开始安装界面

图 4.4.4　正在安装界面

2. 超星

超星阅览器(SSReader)是北京超星公司拥有自主知识产权的图书阅览器,是专门针对数字图书的阅览、下载、打印、版权保护和下载计费而研究开发的。经过多年不断改进,SSReader 现已发展到 4.1.5 版,是国内外用户数量最多的专用图书阅览器之一。它兼容 pdg、pdf、txt、htm 等多种格式的文件。

3. WinRAR

WinRAR 是一款文件压缩管理共享软件,WinRAR 内置程序可以解开 cab、arj、lzh、tar、gz、ace、uue、bz2、jar、iso、z 和 7z 等多种类型的档案文件、镜像文件和 tar 组合型文件,具有历史记录和收藏夹功能。它采用新的压缩和加密算法,使压缩率进一步提高,而资源占用相对较少,并可针对不同的需要采取不同的压缩配置。

一、填空题

1. 当前 Windows 操作系统所用的分区格式主要是______和______。

2. 硬盘分区的相关术语包括：______分区、______分区和______分区。

3. 本项目主要介绍的两类操作系统分别是______和______。

4. 硬盘格式化包括______格式化、______格式化和______格式化。

5. (机械)硬盘低级格式化是指将整块硬盘划分成一个个半径不同的同心圆(磁道)，再将磁道划分为若干个扇区，每个扇区的容量为固定大小(原来是______字节，现在是______字节)的字节数。

6. 硬盘分区与格式化都会______磁盘中的数据，还不同程度地损伤磁盘，所以都要慎用，一般在不得已时用______格式化即可。

7. 当前操作系统的安装途径主要包括硬盘安装、______安装、光盘安装及网络安装等。

8. Linux 操作系统默认的管理员账号是______。

9. 生活中我们提到的网页三剑客通常是指______、______和 ______。

10. 请列举三款常用的下载工具：______、______、______。

二、选择题

1. 下面的(　　)不是硬盘分区软件。

A. 傲梅分区助手　　B. PQmagic

C. EASEUS Partition Manager　　D. CPU-Z

2. (　　)相当于快速删除整个逻辑磁盘的所有文件，格式化后还可以通过工具软件恢复该分区的数据。

A. 普通格式化　　B. 快速格式化　　C. 低级格式化　　D. 模拟格式化

3. 下列(　　)不是文件系统。

A. FAT　　B. DOS　　C. FAT32　　D. NTFS

4. 办公文秘工作场景下经常使用的软件是(　　)。

A. Photoshop　　B. 电驴　　C. Office 2019　　D. 3D MAX

5. (　　)是一个文件压缩管理共享软件，其内置程序可以解开 cab、arj、lzh、tar、gz、ace、uue、bz2、jar、iso、z 和 7z 等多种类型的档案文件、镜像文件和 tar 组合型文件，同时还具有历史记录和收藏夹功能。

A. WinRAR　　B. 超星　　C. 迅雷　　D. FlashGet

项目5　计算机软件系统的维护

知识目标：了解计算机病毒、黑客、网络防火墙的概念；熟悉测试计算机性能的方法，掌握系统性能优化的常用方法；熟悉数据备份、还原与恢复的方法；熟悉软件故障的主要原因，掌握常见故障的排除方法。

能力目标：能够配置计算机的基本安全环境；能够对计算机系统进行测试，并能有针对性地进行系统性能优化；能够对系统及重要数据进行备份、还原；能够快速、准确地判别和排除常见的软件故障。

素质目标：分析软件维护相关工作岗位和工作内容的社会价值，引导学生敬业爱岗，培养学生踏实刻苦的良好品德。

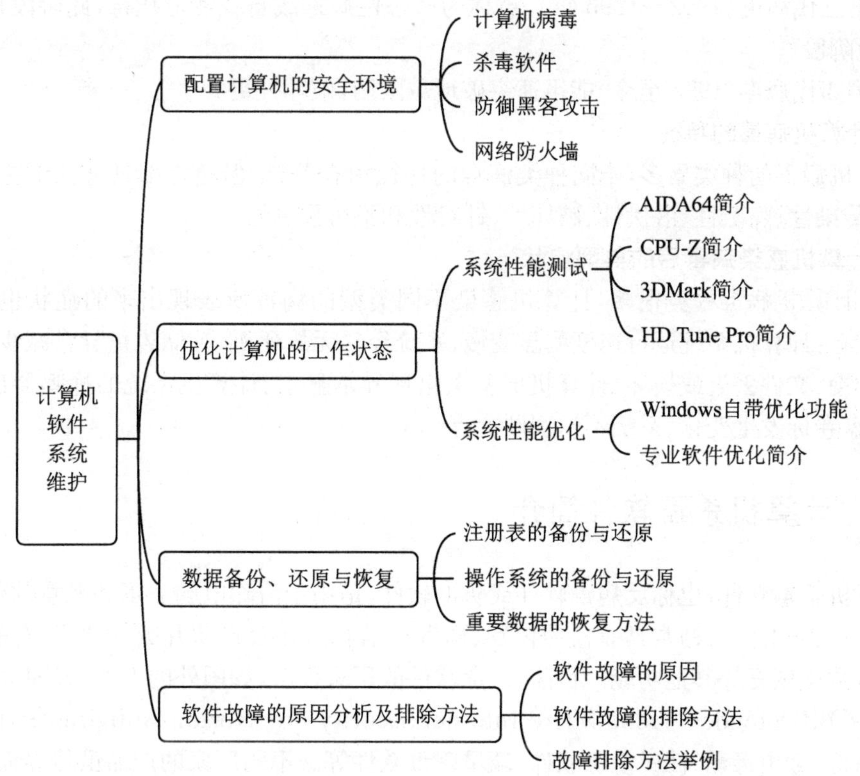

任务 5.1 让计算机工作在安全的环境中

5.1.1 计算机病毒

1. 计算机病毒的定义

计算机病毒(Computer Virus),是指编制或者在计算机程序中插入的破坏计算机功能或者毁坏数据,影响计算机使用,并能自我复制的一组计算机指令或者程序代码(参见《中华人民共和国计算机信息系统安全保护条例》第五章第二十八条)。

2. 计算机病毒的发展历史

1983 年计算机病毒首次被确认,当时并没有引起人们的重视,直到 1987 年,计算机病毒因巨大的破坏性才开始受到世界范围内的普遍重视。我国发现计算机病毒是在 1989 年。至今,全世界已发现数万种计算机病毒,并且还在高速增加。

总体来说,计算机病毒的发展历史大致可以划分为以下 4 个阶段:

① 第一代病毒(1986～1989 年),被称为传统病毒,此阶段是计算机病毒的萌芽和滋生时期。

② 第二代病毒(1989～1991 年),被称为混合型病毒,此阶段是计算机病毒由简单发展到复杂,由单纯走向成熟的阶段。

③ 第三代病毒(1992～1995 年),被称为多态性病毒或自我变形病毒,此阶段是病毒的成熟发展阶段。

④ 第四代病毒(1996 至今)能迅速突破地域限制,破坏性更大。

3. 计算机病毒的特征

计算机病毒的种类繁多,不同种类病毒的特征稍有差异,但通常都具有如下主要特征:寄生性、传染性、隐蔽性、潜伏性、破坏性、针对性和不可预见性。

4. 计算机感染病毒后的典型症状

由于计算机病毒种类很多,计算机感染不同类型的病毒所表现出来的症状也有差异。典型症状有:计算机系统运行速度明显变慢、系统经常无故死机、存储容量异常减少、系统引导速度变慢、文件丢失或损坏、计算机屏幕上出现异常显示、计算机系统的蜂鸣器出现异常声响、磁盘卷标发生变化、系统不识别硬盘等。

5.1.2 计算机杀毒软件简介

计算机杀毒软件,也称反病毒软件或防毒软件,是用于清除电脑病毒和恶意软件等计算机威胁的一类软件,其通常具有监控识别、病毒扫描和清除及自动升级等功能,有的杀毒软件还带有数据恢复等其他功能。目前,杀毒软件的厂家很多,如国外的 KAV、ESET NOD32 Antivirus、BitDefender、Trend Micro Internet Security Pro、Norton Antivirus 等,国内的奇虎 360 杀毒、金山毒霸、江民杀毒软件、瑞星杀毒软件等。不同厂家的产品虽然界面不一,但其主要功能大同小异。下面介绍几款常见的杀毒软件。

1. ESET NOD32 Antivirus 简介

下载、解压、安装后，打开该软件，其主界面如图 5.1.1 所示。

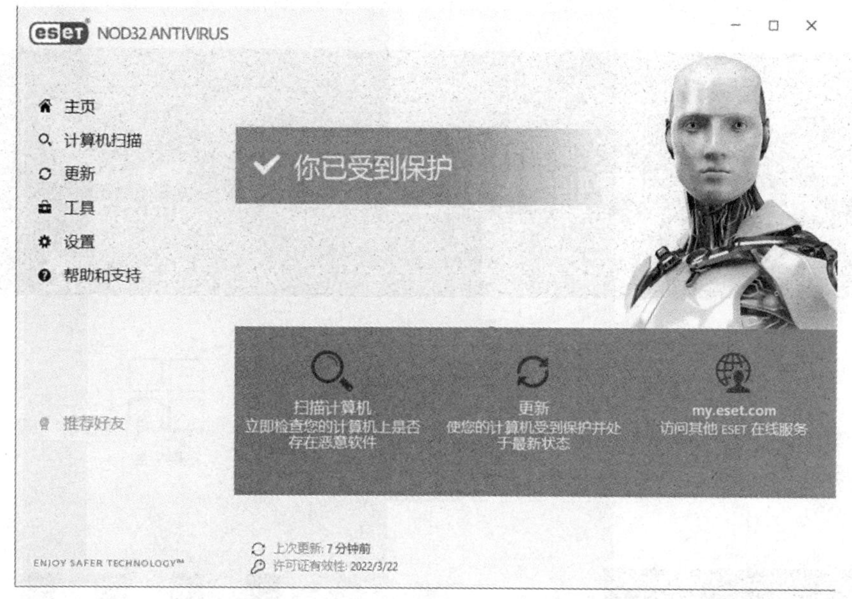

图 5.1.1　ESET NOD32 Antivirus 主界面

2. 360 安全卫士简介

360 安全卫士是一款由奇虎推出的功能强、效果好、受用户欢迎的免费安全软件。其拥有查杀木马、清理插件、修复漏洞、电脑体检、保护隐私等多种功能，并独创了“木马防火墙”功能，依靠抢先侦测和云端鉴别，可全面、智能地拦截各类木马，保护用户的重要信息，其主界面如图 5.1.2 所示。

图 5.1.2　360 安全卫士主界面

360杀毒是360安全卫士中的一个独立组件，它目前采用国际知名的小红伞病毒查杀引擎，以及360安全中心潜心研发的木马云查杀引擎。双引擎使其拥有完善的病毒防护体系，不但查杀能力出色，而且对于新产生病毒木马能够第一时间进行防御，其主界面如图5.1.3所示。

图5.1.3 360杀毒软件主界面

5.1.3 防御黑客攻击简介

1. 黑客的概念

黑客一词的基本涵义是指拥有熟练电脑技术的人，但大部分人习惯将其指作电脑侵入者，将黑客的入侵行为称为黑客攻击。

2. 黑客攻击的类型

黑客攻击可分为非破坏性攻击和破坏性攻击两种类型。非破坏性攻击一般是为了扰乱系统的运行，并不盗窃系统资料，通常采用拒绝服务攻击或信息炸弹；破坏性攻击是以侵入他人电脑系统、盗窃系统保密信息、破坏目标系统的数据为目的。

3. 黑客攻击的常见方式

随着计算机技术及网络的发展，黑客攻击的方式五花八门，不断更新，下面列举几个常见的攻击方式：

(1) 后门程序

由于程序员设计一些功能复杂的程序时，一般采用模块化的程序设计思想，将整个项目分割为多个功能模块，分别进行设计、调试，这时的后门就是一个模块的秘密入口。在程序开发阶段，后门便于测试、修改和增强模块功能。正常情况下，完成设计之后需要去掉各个模块的后门，不过有时由于疏忽或者其他原因(如将其留在程序中，便于日后访问、测试或维护)后门没有去掉，一些别有用心的人会利用穷举搜索法发现并利用这些后门，然后进入系统并发动攻击。

(2) 信息炸弹

信息炸弹是指使用一些特殊工具软件,短时间内向目标服务器发送大量超出系统负荷的信息,造成目标服务器超负荷、网络堵塞、系统崩溃的攻击手段。比如向未打补丁的 Windows 系统发送特定组合的 UDP 数据包,会导致目标系统死机或重启;向某型号的路由器发送特定数据包致使路由器死机;向某人的电子邮件发送大量的垃圾邮件将此邮箱“撑爆”等。目前常见的信息炸弹有邮件炸弹、逻辑炸弹等。

(3) 拒绝服务

拒绝服务又叫分布式 DOS 攻击,它是使用超出被攻击目标处理能力的大量数据包消耗系统可用带宽资源,最后致使网络服务瘫痪的一种攻击手段。攻击者首先通过常规的黑客手段侵入并控制某个网站,然后在服务器上安装并启动一个可由攻击者发出的特殊指令来控制进程,攻击者把攻击对象的 IP 地址作为指令下达给进程,这些进程就开始对目标主机发起攻击。这种方式可以集中大量的网络服务器带宽,对某个特定目标实施攻击,因而威力巨大,顷刻之间就可以使被攻击目标带宽资源耗尽,导致服务器瘫痪。

(4) 网络监听

网络监听是一种监视网络状态、数据流以及网络上传输信息的方法,它可以将网络接口设置在监听模式,并且可以截获网上传输的信息。也就是说,当黑客登录网络主机并取得超级用户权限后,使用网络监听可以有效地截获网上的数据,这是黑客使用最多的方法。但是,网络监听只能应用于物理上连接于同一网段的主机,通常被用于获取用户口令。

4. 防御黑客攻击的常见手段

对于普通计算机用户而言,要安装查杀病毒和木马的软件,及时修补系统漏洞,重要数据要加密和备份,注意个人的账号和密码保护,养成良好的上网习惯。总之,随着国家网络信息安全法律法规的健全、随着国家机关和企事业单位网络信息安全环境的改善、随着全民网络信息安全意识的提高,防范黑客攻击和减少攻击破坏力的效果会越来越好。

5.1.4　网络防火墙简介

1. 网络防火墙的概念

网络防火墙一般是指位于计算机和它所连接的网络之间的软件。硬件防火墙是指把网络防火墙软件做到芯片里面,由硬件自己执行这些功能,能减少计算机 CPU 的负担。所以硬件防火墙是由软件和硬件设备组合而成的,在内部网和外部网之间、专用网与公共网之间构造的保护屏障。这里涉及的网络防火墙主要是指计算机中安装的网络防火墙软件。

2. 网络防火墙的作用

防火墙软件对流经它的所有网络通信都要进行扫描,从而能够过滤掉一些攻击,以免其在目标计算机上被执行。防火墙软件还可以关闭不使用的端口、禁止特定端口的流出通信、封锁特洛伊木马、禁止来自特殊站点的访问等,从而防止来自入侵者的所有通信。

3. 网络防火墙的部署位置

如图 5.1.4 所示,防火墙位于内网和外网(如 Internet)之间,是内网和外网之间信息流通的唯一通道,根据企业的安全策略控制网络数据包的出入,保证内部网的安全运行。

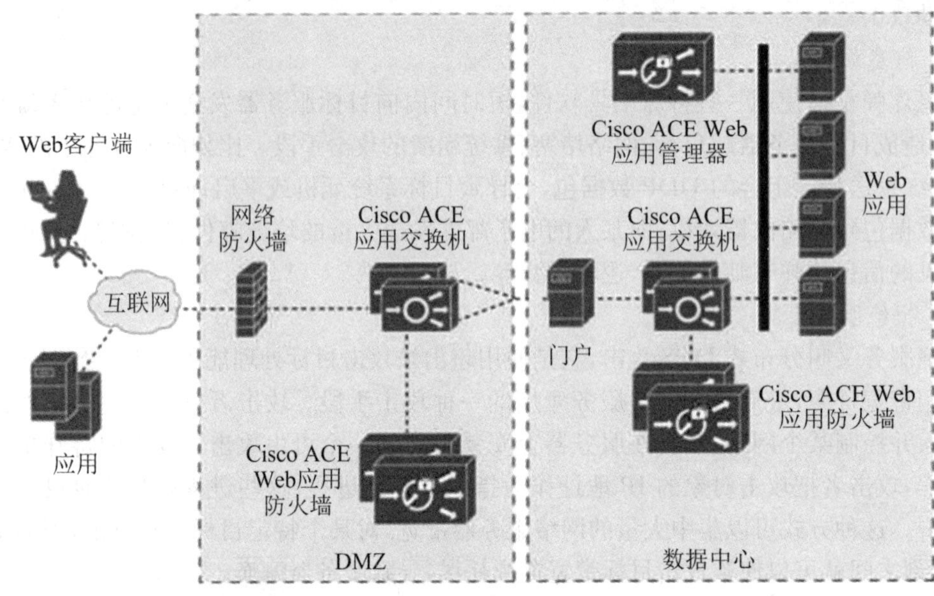

图 5.1.4　网络防火墙的部署位置

4. 网络防火墙实例简介

对于普通用户来说,配置一个硬件防火墙实在是太昂贵也太麻烦了,而使用个人防火墙来保证个人计算机的安全是一种不错的选择。个人防火墙能够隐蔽用户暴露在网络上的信息,对其提供足够的安全保护。它不需要额外的硬件资源就能实现对系统的保护,价格相对来说便宜。另外,它在抵挡外来攻击的同时,还可以抵挡来自内部网络的攻击。

目前在 Windows 操作系统下比较著名的防火墙有国外的 ZoneAlarm、Norton Personal Firewall 以及 Sygate Personal Firewall 等,国内有瑞星个人防火墙、360 网络防火墙、天网防火墙个人版等多款产品。图 5.1.5 所示是瑞星个人防火墙主界面,直观易操作。

图 5.1.5　瑞星个人防火墙主界面

课程思政案例

材料1

当前计算机网络发展日新月异，网络上的病毒也随之越来越多，挖矿木马就是近些年出现的代表。2018年4月，腾讯公司曾监测到一个遍布全球的PhotoMiner木马挖矿组织，该组织通过入侵FTP服务器、SMB服务器来扩大传播范围，在短短两年的时间内，大量计算机被感染，感染用户比例排名前三的国家分别是中国(26%)、美国(25%)和德国(12%)。

为什么有这么多计算机用户中招呢？挖矿木马很“挑食”，只有那些配置非常高的电脑，它们才会入侵。作为资深游戏玩家，一台高配的电脑是必不可少的，他们为了不影响电脑速度和外挂的使用，常常不安装或停用安全软件，这就给挖矿木马以趁虚而入的大好机会。

木马进入电脑后，为不让机主察觉，达到长期控制的目的，它实时检测电脑CPU的占用率，一旦发现超过50%，它就适可而止，加上部分游戏玩家自身计算机专业知识欠缺，这就导致他们的电脑被植入挖矿木马都“无感”。等到用户不操作电脑甚至息屏的时候，挖矿木马就会启动全速挖矿模式。对用户来说，主机长期高负荷运转，对电脑损害极大，显卡、主板、内存等硬件会提前报废，同时也会造成大量电力能源浪费。

(根据网络报道组编。)

材料2

2017年5月WannaCry病毒爆发，袭击了全球150多个国家和地区，影响领域包括政府部门、医疗服务、公共交通、邮政、通信和汽车制造业，让全球用户一夜间都知道了它的大名。时至今日，勒索病毒的变种依旧猖獗，智能性越来越高、针对性越来越强，其锁定目标后先进行复杂的数据分析，一旦被勒索病毒加密，要想重新获得原始数据，绝大部分用户只有按要求缴纳高额赎金这唯一选择。

(根据网络报道组编。)

问题讨论

1. 你的电脑安全吗？如何提高计算机的安全防护能力？
2. 除了书中提到的病毒防御措施，你还有哪些好的建议？

任务5.2　优化计算机的工作状态

5.2.1　整机性能测试软件——AIDA64

AIDA64可谓是久负盛名，早在16位计算机操作系统是主流的时候，Lavalys公司就开发了它，那时名为AIDA16，后来依次改名为AIDA32、Everest，被FinalWire公司收购后改名为现在的AIDA64。

AIDA64可以进行底层硬件扫描，检测电脑的软硬件信息，详细显示硬件各方面信息。AIDA64还可以进行温度压力测试，对内存和CPU进行评分等，且评分的准确度、可靠性和公正程度都比较高。其支持数千种主板和数百种显卡，支持对并口/串口/USB端口设备的检测，支持对各式各样的处理器的检测，硬件数据库规模超过 11.5 万条。

1. 启动 AIDA64

AIDA64 启动后，其主界面如图 5.2.1 所示。

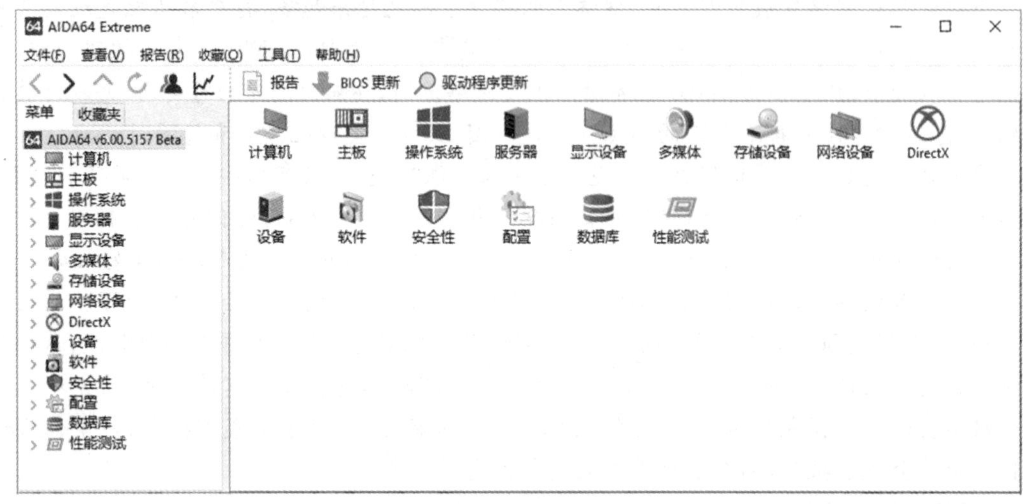

图 5.2.1 AIDA64 主界面

2. 检测处理器

双击左侧“主板”项，展开“主板”项后，单击下面的“中央处理器”子项，就会在右侧窗口显示出该处理器的型号和规格等所有参数，如图 5.2.2 所示，拖动右侧滚动条可以看到更多信息。

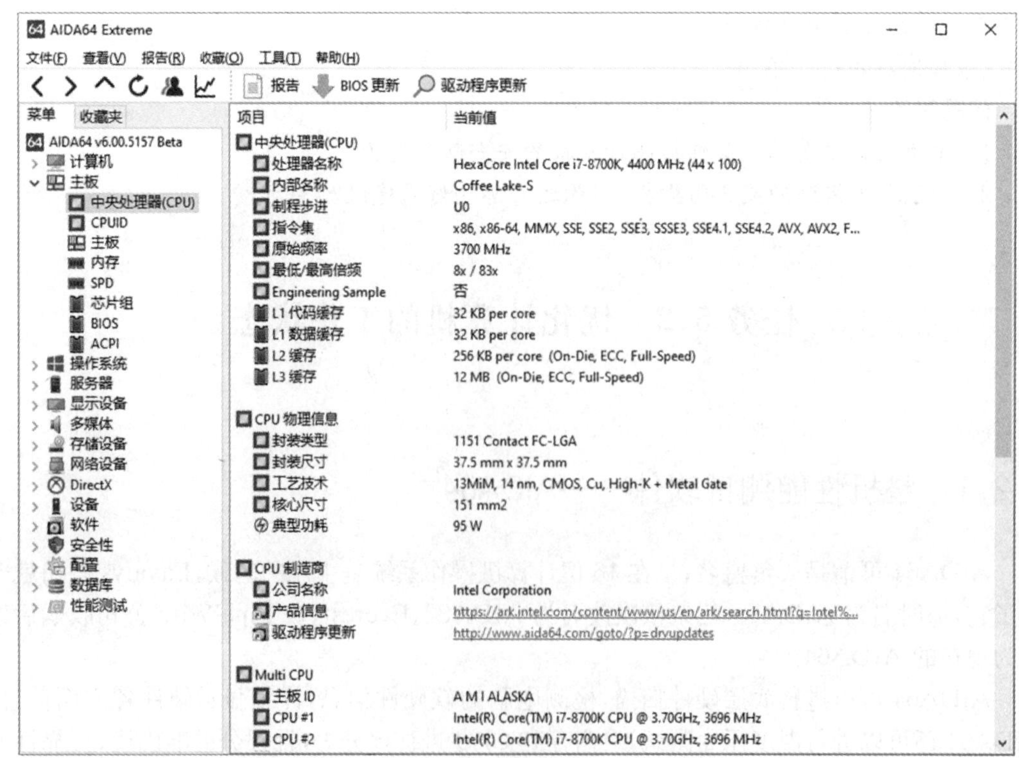

图 5.2.2 检测处理器

依次单击"主板"项下的"CPUID"等子项,右侧窗口会相应切换显示不同子项的信息。如单击"主板"项下的"SPD"子项,在右侧的设备描述可以看到内存信息,如图5.2.3、图5.2.4所示。这里重点要看内存的生产日期、品牌、频率和时序等参数,此外还可以看到内存所占用的插槽情况。

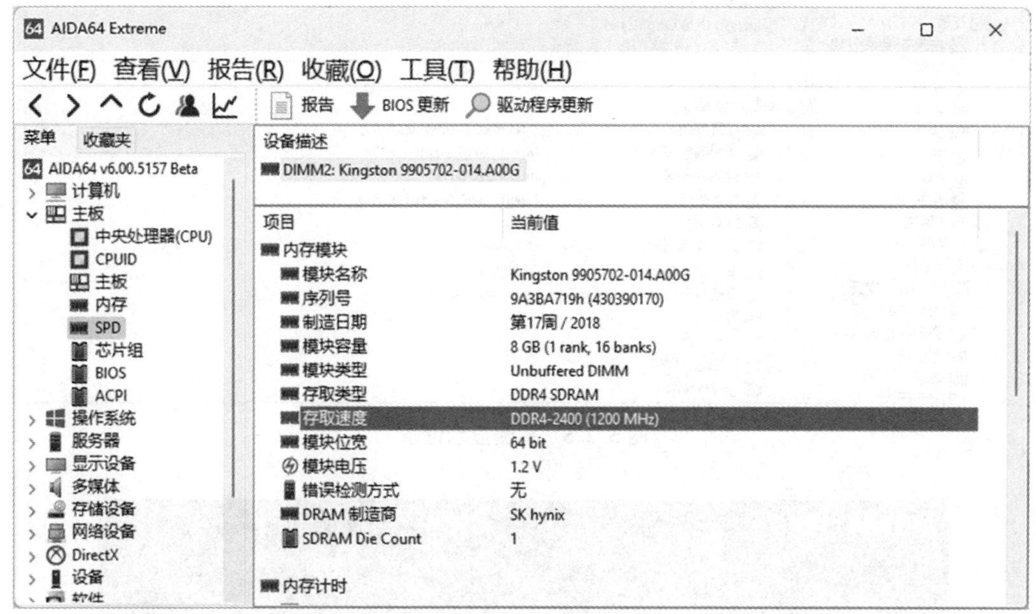

图 5.2.3　检测内存

图 5.2.4　检测内存(续)

3. 检测显示设备

双击"显示设备"项,展开后单击"Windows 视频"子项,可以在右侧的设备描述中看到本机显卡的参数,如图5.2.5所示。

其他设备,如网络设备、存储设备等,检测的操作方法同上,不再赘述。

4. 检测 CPU

单击"工具"菜单项,在出现的下拉菜单中单击"AIDA64 CPUID"子菜单,将显示如图5.2.6所示CPU的详细信息。

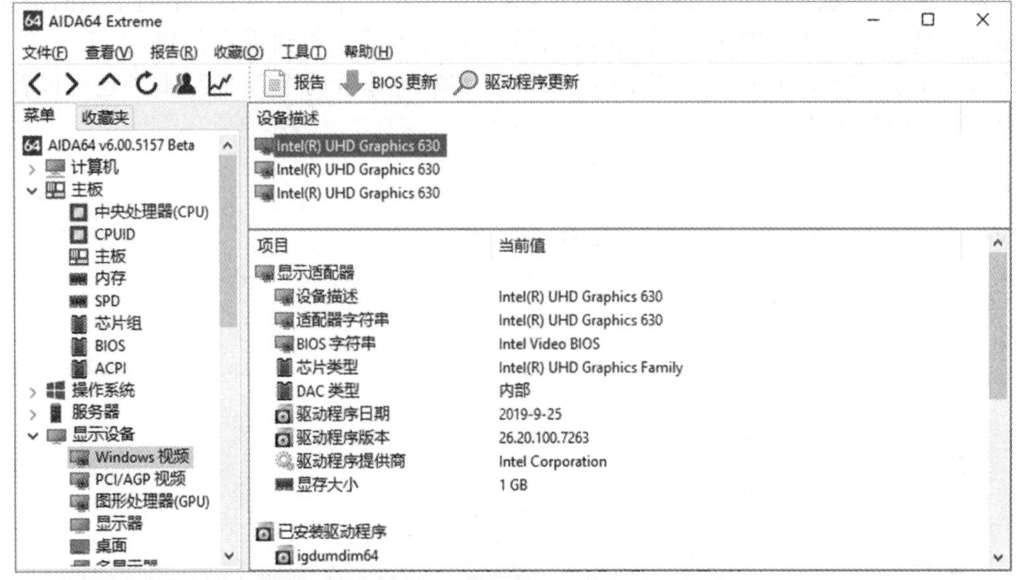

图 5.2.5　检测显示设备

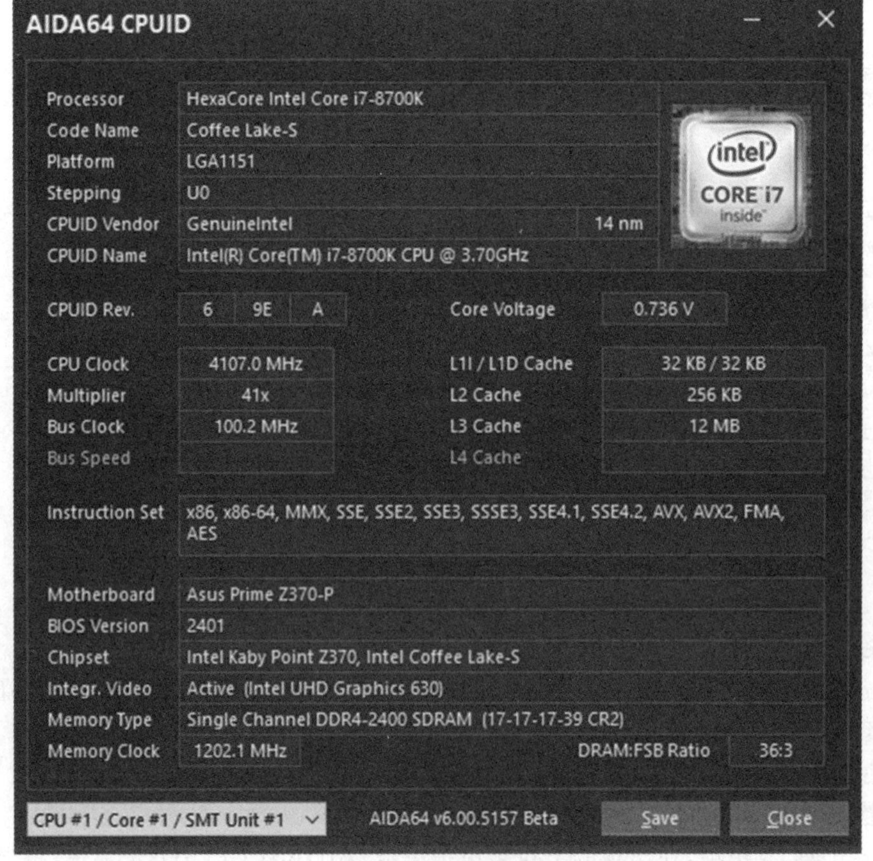

图 5.2.6　检测 CPU

5．检测硬盘使用时间和次数

双击“储存设备”项，展开后单击“SMART”子项，可以看到硬盘的使用时间和次数，如图 5.2.7 所示。其中“Power-On Hours Count”是使用的时间，“Power Cycle Count”是使用的次数。一般来说新购的硬盘使用时间在 20 小时以下可以认为是正常的。

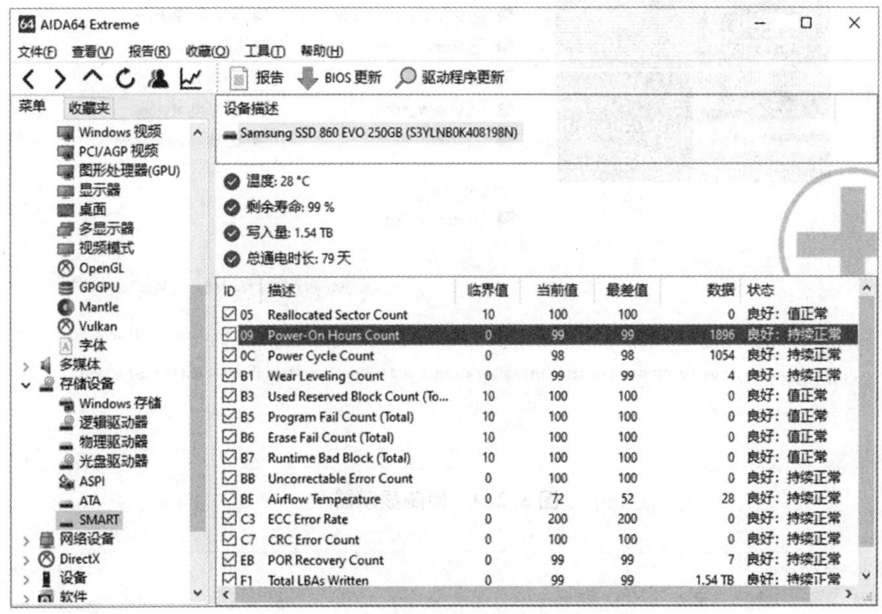

图 5.2.7　检测硬盘使用时间和次数

6．检测屏幕是否有坏点

如图 5.2.8 所示，单击“工具”菜单，在出现的下拉菜单中单击“显示器检测”子菜单，界面如图 5.2.9 所示，根据情况单击相应复选框，选择所需检测的内容，然后单击右下角的“Auto Run Selectsd Tests” 按钮，自动运行所选选项，系统进行自动检测，也可选定某一项，单击右下角的“Run Selectsd Tests” 按钮，手动一项一项检测。

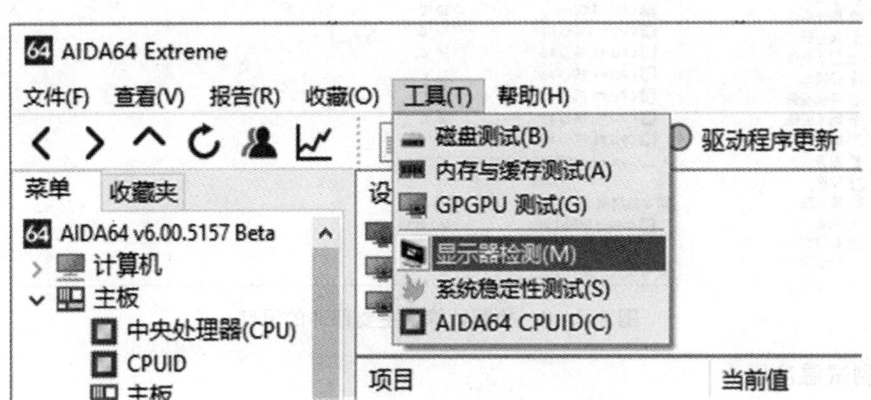

图 5.2.8　调用“显示器检测”子菜单

7．检测温度

双击“计算机”项，展开后单击“传感器”子项，如图 5.2.10 所示，可以看到各项的即时温度和功耗值。

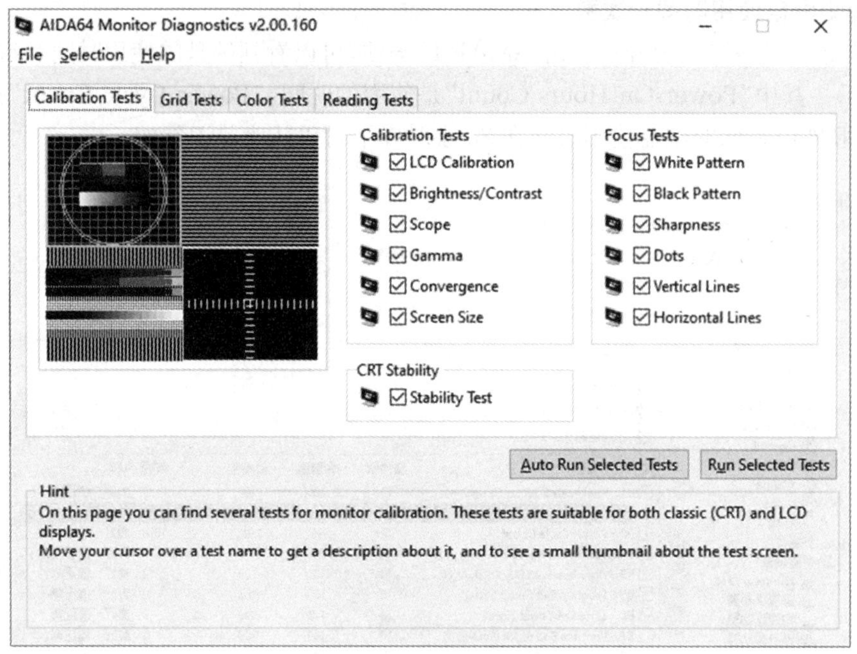

图 5.2.9 检测显示器

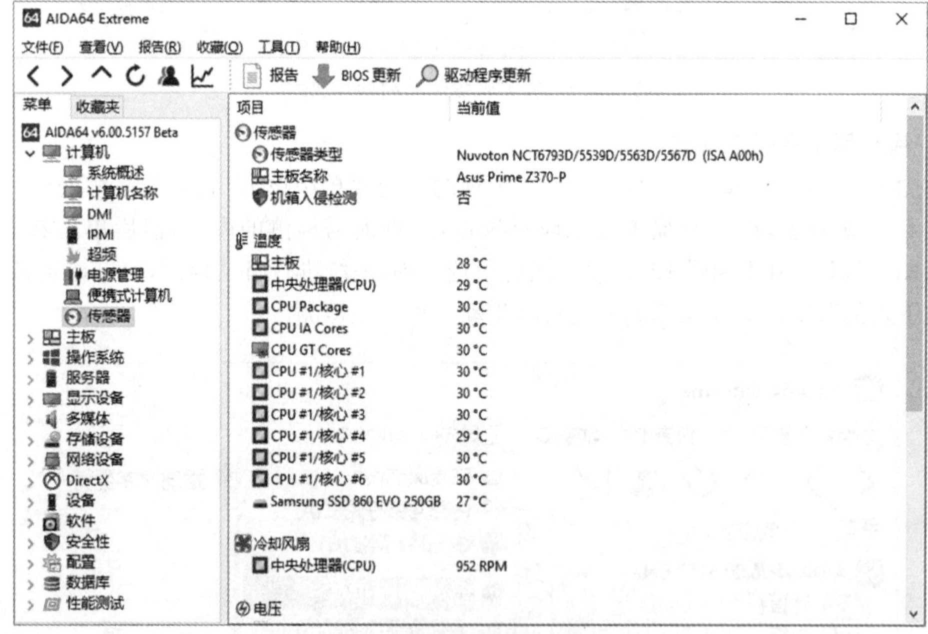

图 5.2.10 检测计算机主要部件的温度

8. 测试温度压力

单击“工具”菜单，在出现的下拉菜单中单击“系统稳定性测试”子菜单，这时界面如图5.2.11所示，左上角是要测试的项目，一般选CPU、FPU、Cache就可以了，也可以选上GPU双烤。一般认为，待机低于60 ℃，满载CPU不降频(可以不睿频但是要保持基本频率)，CPU Throttling曲线一直为0%，表示系统是没有问题的。

经常见到的整机性能测试软件还有鲁大师，其界面非常直观、友好，很容易上手。

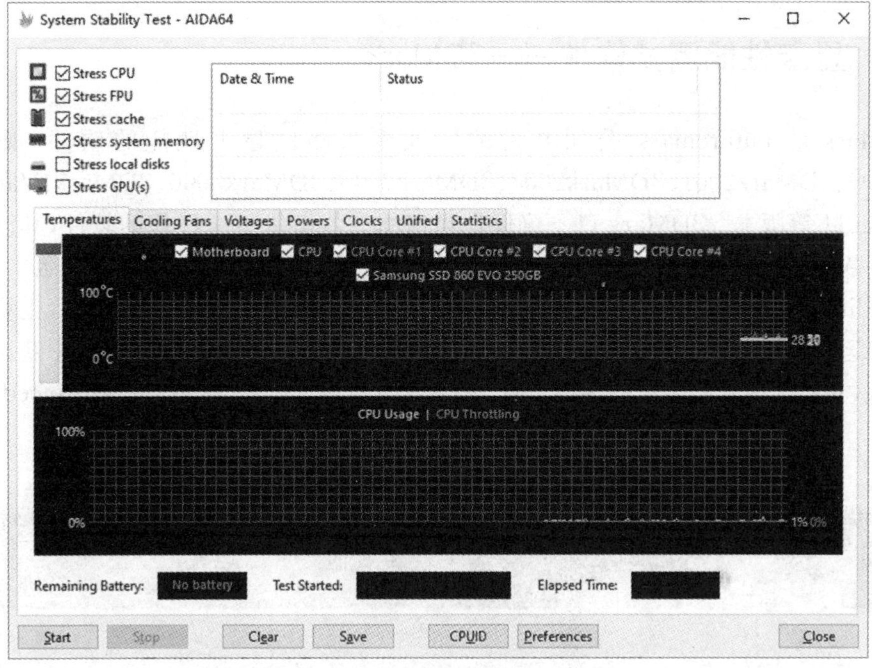

图5.2.11　测试系统温度压力

5.2.2　CPU性能测试软件——CPU-Z

CPU-Z是一款CPU信息检测软件，如图5.2.12所示。检测信息包括CPU名称、厂商、性能、当前电压、L1与L2 Cache情况、内核进程、内部和外部时钟等，支持全系列的Intel和AMD品牌的CPU。

图5.2.12　CPU-Z检测处理器

5.2.3 显卡性能测试软件——3DMark

3DMark 是 Futuremark 公司开发的一款专为测试显卡性能的软件，现已发行 3DMark99、3DMark2001、3DMark2003、3DMark2005、3DMark2006、3DMark Vantage 和 3DMark2011 等版本。3DMark 已不仅仅是当初的一款衡量显卡性能的软件，其已渐渐转变成了一款衡量整机性能的软件。3DMark 11 是目前的最新系列，包含三个版本：基础版（Basic Edition）、高级版（Advanced Edition）和专业版（Professional Edition），主要用于测试计算机运行游戏的性能，其测试的主要方式是通过运行几个测试游戏以从中获得显卡的各项参数，并给出准确而公正的最终得分，其主界面如图 5.2.13 所示（以 Advanced Edition 版为例）。

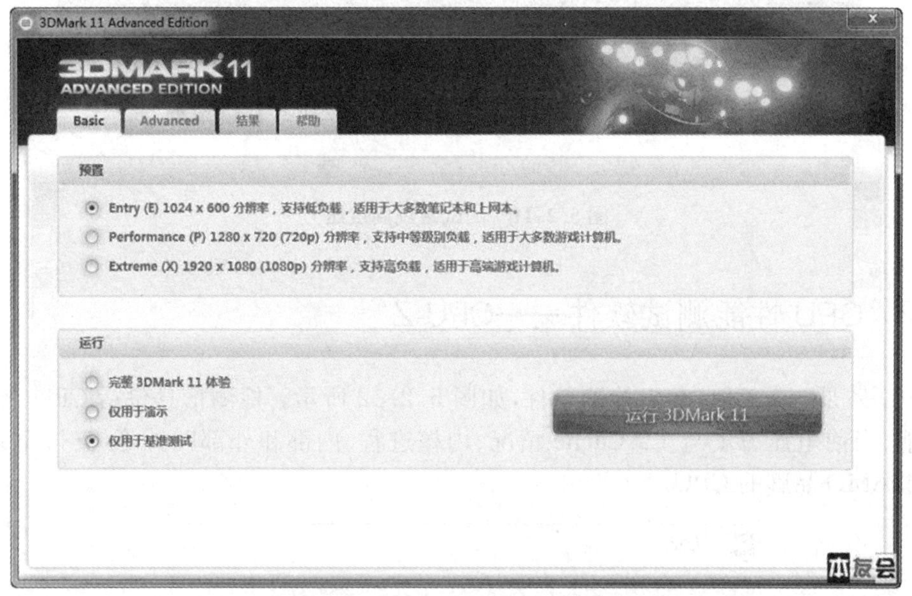

图 5.2.13　3Dmark 11 主界面

进入主程序界面，可以看到，3Dmark 11 的界面设计非常简洁，方便上手。高级版（Advanced Edition）相对基础版（Basic Edition）提供了更多功能，可选择进行入门级（Entry）、性能级（Performance）、极限级（Extreme）三种缺省的测试，允许自定义测试设置，音频视觉演示可自定义分辨率，允许离线测试结果管理和循环测试等。

单击“Advanced”，进入 3Dmark 11 的高级设置界面，如图 5.2.14 所示。

3DMark11 的测试分为四大步。第一步是基于深海（Deep Sea）场景的测试，包括两项测试内容。第一项测试时曲面细分特效处于关闭状态，但却加入了大量的光照和阴影；第二项测试使用了中等级别的曲面细分特效，这将会消耗很多 GPU 资源，因此适当删减了光照和阴影数量。单击“运行 3DMark11”按钮，软件将自动开始测试用户计算机，测试过程中可以观赏美轮美奂的游戏场景，如图 5.2.15 所示。

第二步是基于神庙（High Temple）场景的测试，也包括两项测试内容，如图 5.2.16 所示，相比深海（Deep Sea）测试场景，其物体模型更为复杂。在第一项测试中，曲面细分中等，光源只有一个；在第二项测试中，曲面细分级别最高，光源数量也非常多，阴影成像更为复杂。

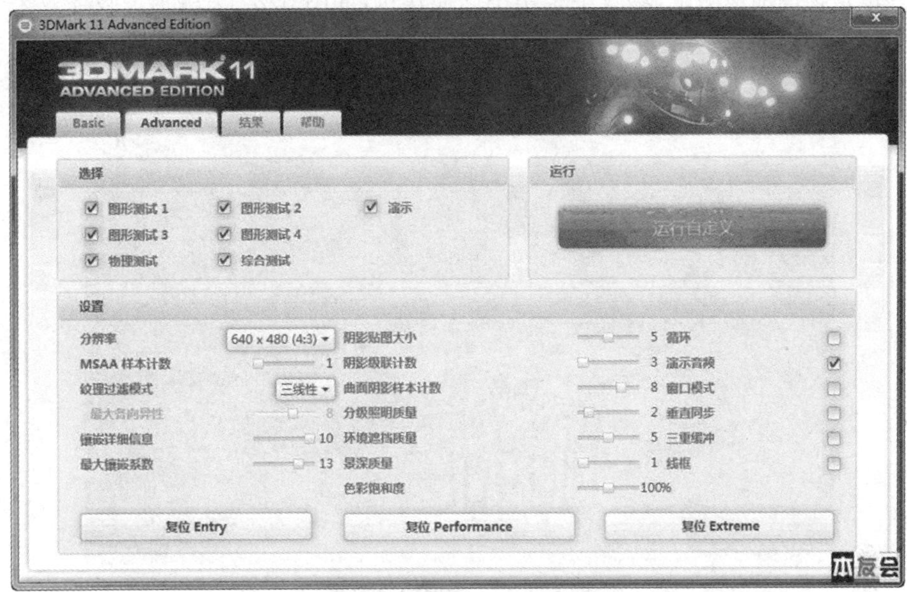

图 5.2.14　3DMark11 设置界面

图 5.2.15　深海(Deep Sea)场景测试

图 5.2.16　神庙(High Temple)场景测试

第三步是物理加速测试,场景中采用小球撞建筑,如图 5.2.17 所示。破坏效果是游戏中最常见的一种物理技术,这个场景中,众多石球和石柱相互作用,其物理运算量是非常庞大的,无论 CPU 还是 GPU 都将不堪重负,这样就能知道计算机的物理加速能力了。

图 5.2.17 物理加速测试

最后一步是综合性能测试,各种各样的新技术特性都使用,但都不是很多,以免对 CPU 和 GPU 造成太多压力,其中包括中等数量物体的刚体物理模拟、中等 GPU 渲染、基于 DirectCompute 和 Bullet 物理库的软体物理,中等曲面细分、中等光照。此外,3DMark 11 还加入了音频视觉演示效果,Demo 中配合原生音轨,展示 3DMark 11 深海、神庙场景,画质和其他特效会根据系统配置而自动调整以保证流畅的速度,如图 5.2.18 所示。

图 5.2.18 综合性能测试

图 5.2.19、图 5.2.20 和图 5.2.21 所示是 3DMark11 对一款笔记本电脑在三种等级下的测试得分情况。

单击"保存"按钮,可以把分数通过软件上传到 Internet,与其他计算机作对比。

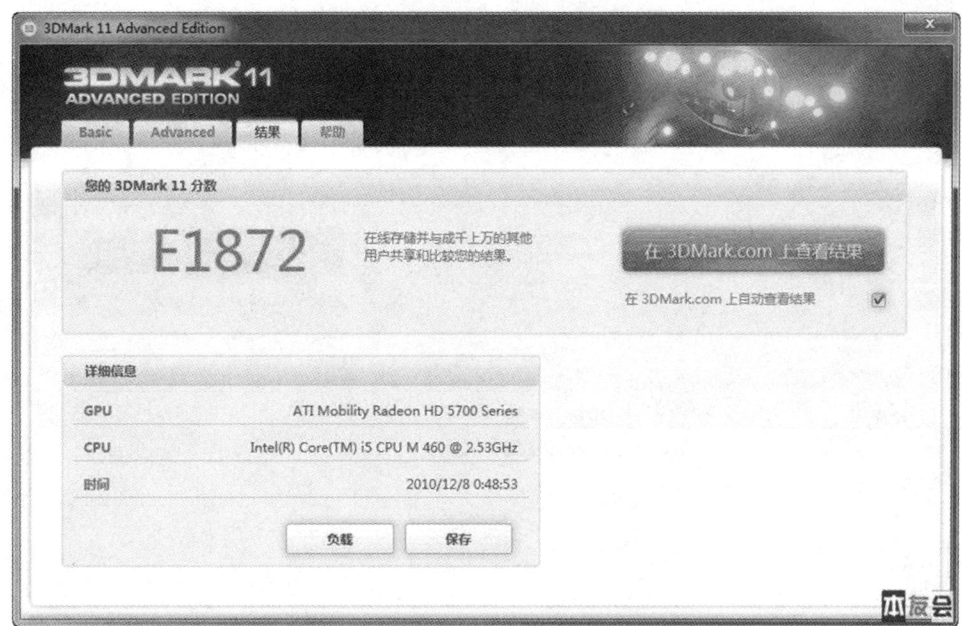

图 5.2.19　入门级(Entry)测试的得分

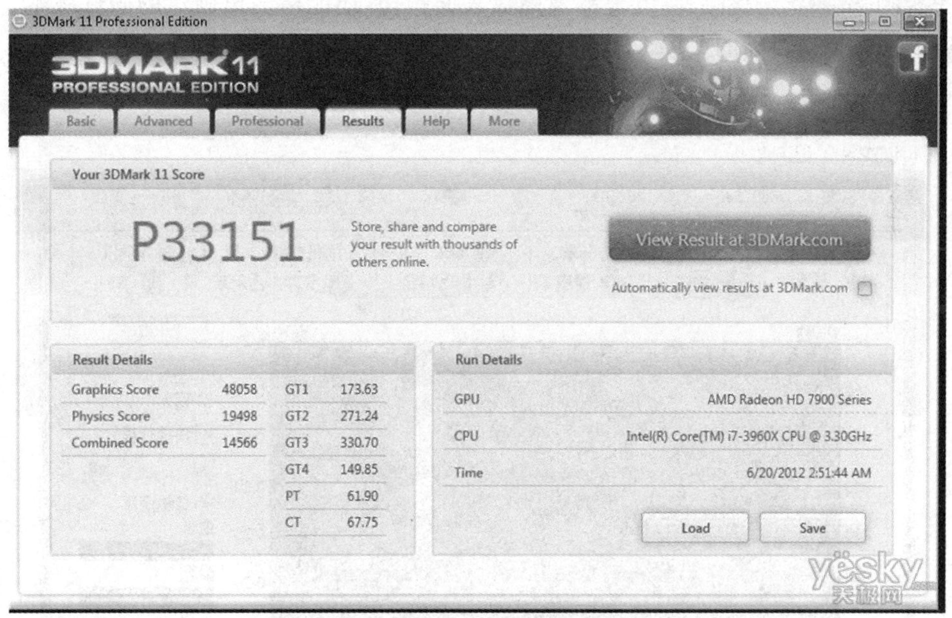

图 5.2.20　性能级(Performance)测试的得分

5.2.4　硬盘性能测试软件——HD Tune Pro

在购买机械硬盘、SSD 硬盘、U 盘及储存卡等设备之后，我们都希望能充分了解它们的性能，特别是磁盘读写速度是否符合厂商的标称值。

HD Tune Pro 是国外一款经典、小巧、易用的磁盘测试工具软件，其主要功能有硬盘传

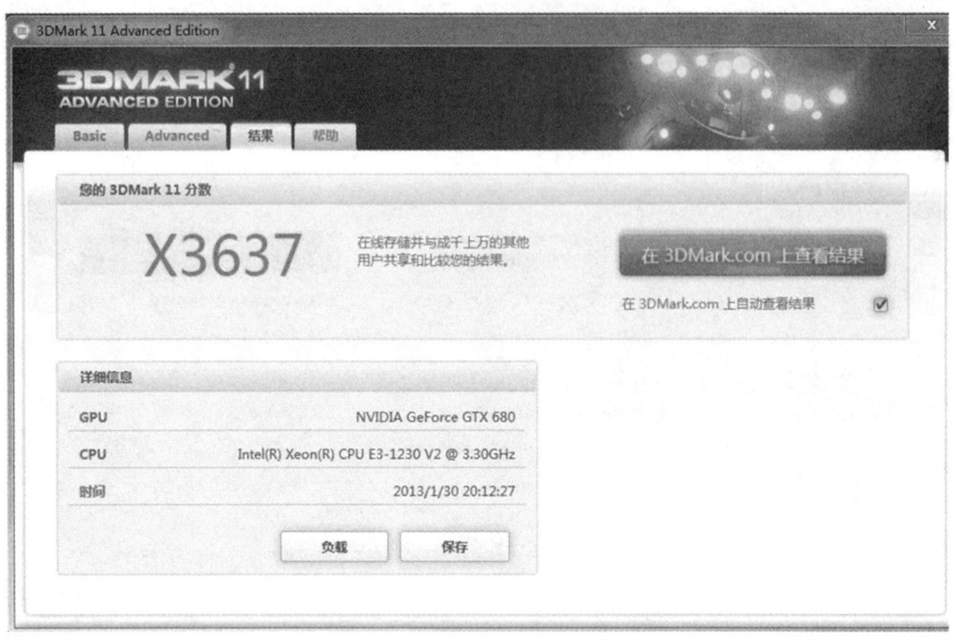

图 5.2.21 极限级(Extreme)测试的得分

输速率检测、健康状态检测、温度检测及磁盘表面扫描，还能检测出硬盘的固件版本、序列号、容量、缓存以及当前的 Ultra DMA 模式等，如图 5.2.22、图 5.2.23 所示。

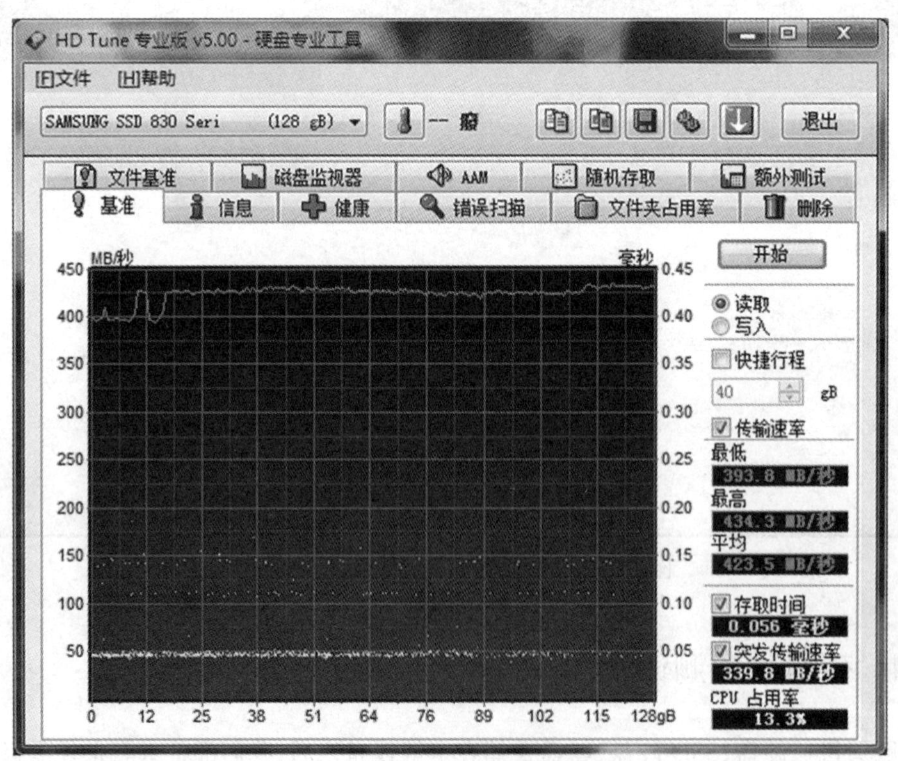

图 5.2.22 HD Tune Pro 测试三星 SSD 固态硬盘的数据

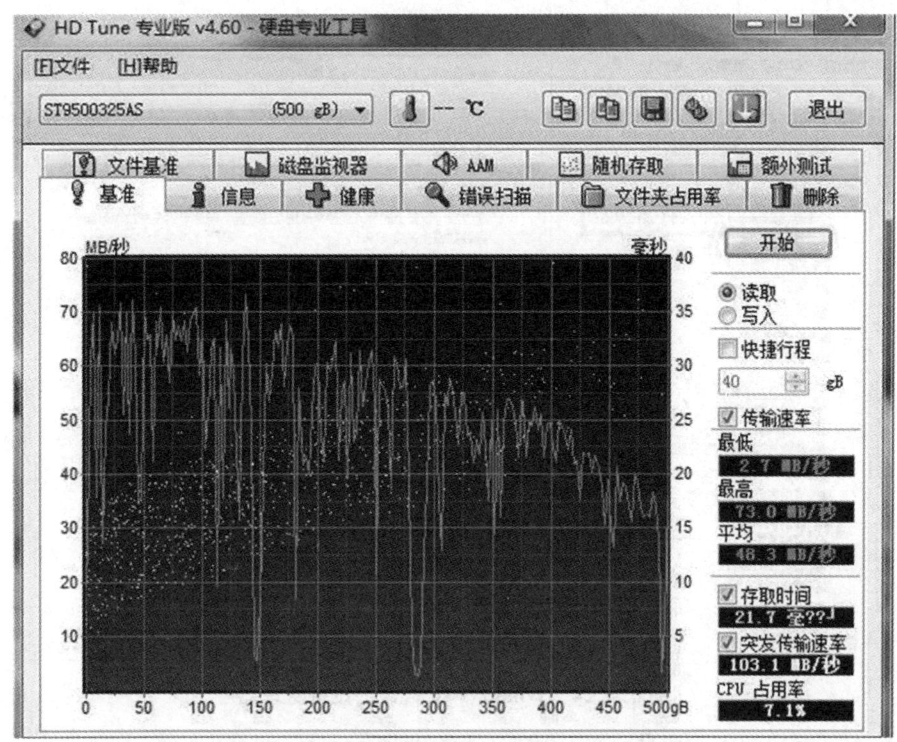

图 5.2.23　HD Tune Pro 测试希捷机械硬盘的数据

5.2.5　使用系统自带功能优化系统

1. 优化系统 BIOS 参数

BIOS 参数设置是否正确、合理对计算机的性能影响很大，优化 BIOS 参数能有效提高系统的硬件性能及开机自检速度。其设置与优化方法在项目 3 中已经详细介绍过，这里不再重复。

2. 优化硬盘性能

Windows 10 自带的优化硬盘性能工具有设备管理器和驱动器优化工具。

(1) 设备管理器的设置

设备管理器可用于提高驱动器的读写速度。在设备管理器上启用写缓存，允许计算机在传输数据到硬盘之前将其保存在缓存中。将数据保存到缓存比保存到硬盘要快得多，所以会提高硬盘性能。设置步骤如下：

右键单击"开始"按钮，打开快速菜单，选择"设备管理器"，在打开的窗口找到"磁盘驱动器"，然后单击左侧的箭头，列出电脑中安装的所有驱动器。选择要更改的驱动器，然后单击右键，从弹出式菜单中选择"属性"，在打开的"属性"窗口顶部单击"策略"选项卡，勾选"启用设备上的写入缓存"，如图 5.2.24 所示。

(2) 驱动器优化

Windows 10 自带的驱动器优化工具可以整理碎片以加快磁盘的寻址速度，同时也会修复一些文件系统错误。一般情况下该工具会自动运行，除非第三方软件关闭了此功能。我

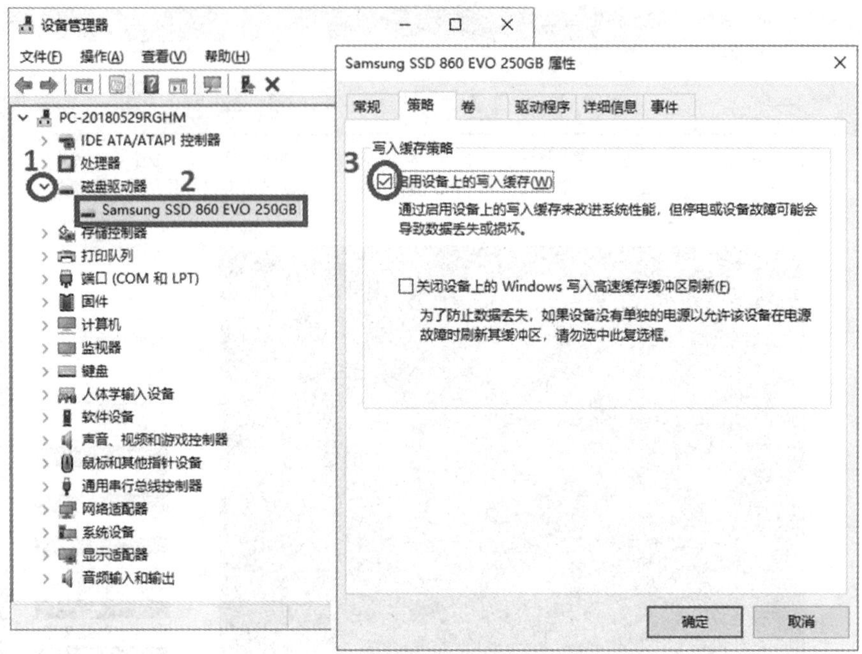

图 5.2.24 Windows 10 自带的设备管理器

们可以通过以下方法检查其是否被禁用：单击屏幕左下角的“开始”按钮，在弹出的菜单列表中找到“Windows 管理工具”，单击打开这个文件夹，在其中找到并单击“碎片整理和优化驱动器”，将会打开“优化驱动器”窗口，如图 5.2.25 所示。

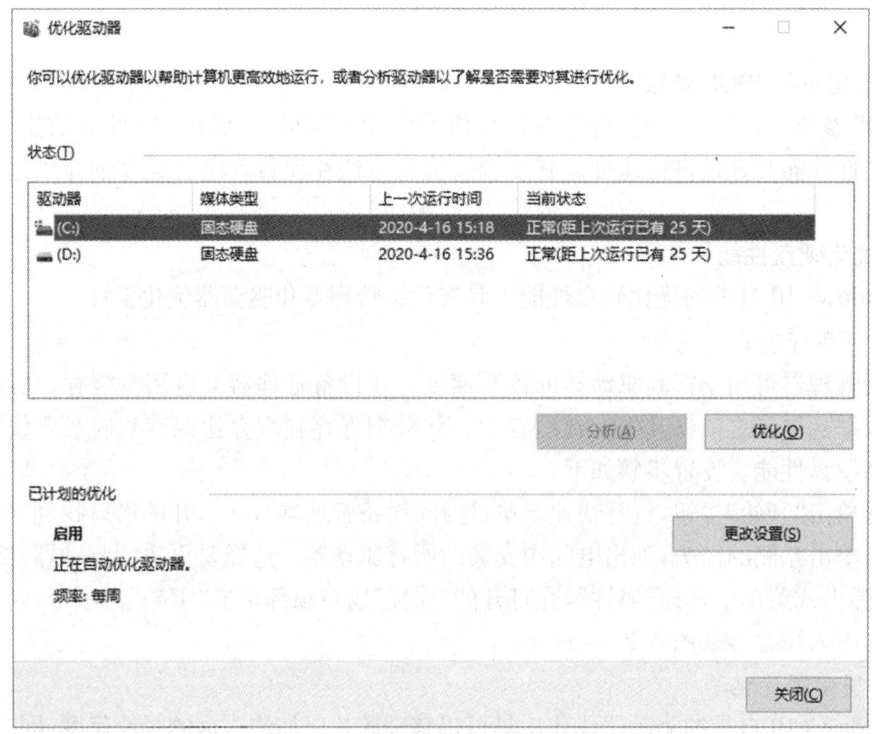

图 5.2.25 Windows 10 自带的驱动器优化工具

在“优化驱动器”窗口，可以选择“分析”还是“优化”某个选中的驱动器；在窗口底部，单击“更改设置”按钮可以设置驱动器是每天优化、每周优化还是从不优化。

另外，如果电脑上有机械硬盘，在 Windows 10 中，先打开“此电脑”，选中机械硬盘的盘符，单击鼠标右键，在弹出的菜单中选择“属性”，如图 5.2.26 所示，在弹出的“本地磁盘属性”窗口上，去掉“除了文件属性外，还允许索引此驱动器上文件的内容”，否则可能会在搜索该磁盘文件时浪费大量的时间，出现不必要的卡顿。

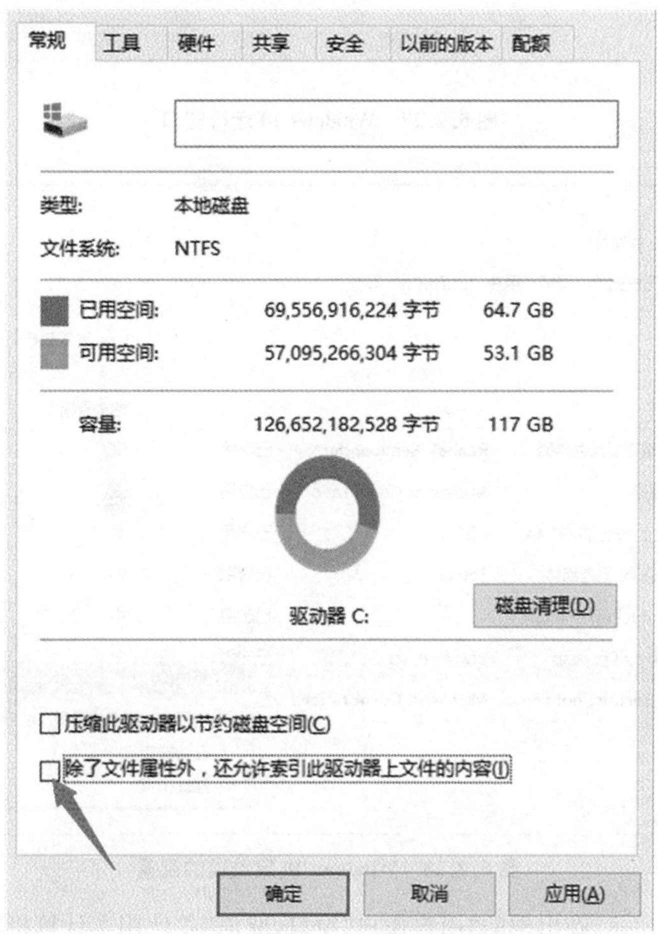

图 5.2.26　机械硬盘的“本地磁盘属性”窗口

3. 优化系统启动速度

下面介绍几种常见的优化开机启动速度的方法。

(1) 开机加速

在键盘上按 WIN + R 组合键，调出运行窗口，如图 5.2.27 所示，在窗口的文本框中输入“msconfig”，单击“确定”。在打开的新窗口中点击“启动”选项卡，在该选项卡下再单击“打开任务管理器”。如图 5.2.28 所示，在打开的“任务管理器”窗口，选中要禁止的启动项，单击右键，在弹出的菜单中选择“禁用”，即可禁止该启动项。重复操作，可以禁用多个启动项。

(2) 登录加速

在键盘上按 WIN + R，调出运行窗口，在文本框中输入“netplwiz”，单击“确定”。

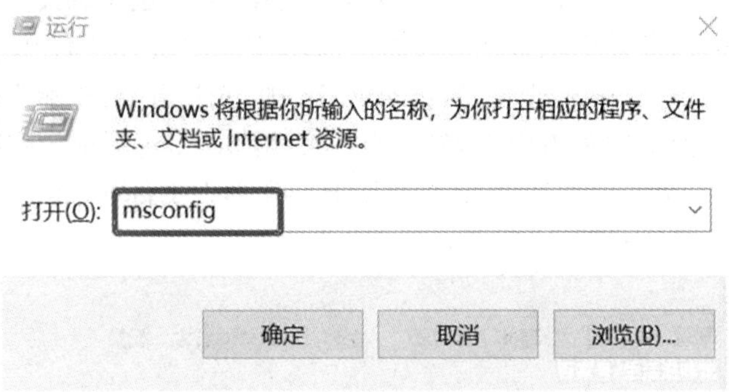

运行

Windows 将根据你所输入的名称，为你打开相应的程序、文件夹、文档或 Internet 资源。

打开(O): msconfig

确定 取消 浏览(B)...

图 5.2.27　Windows 10 运行窗口

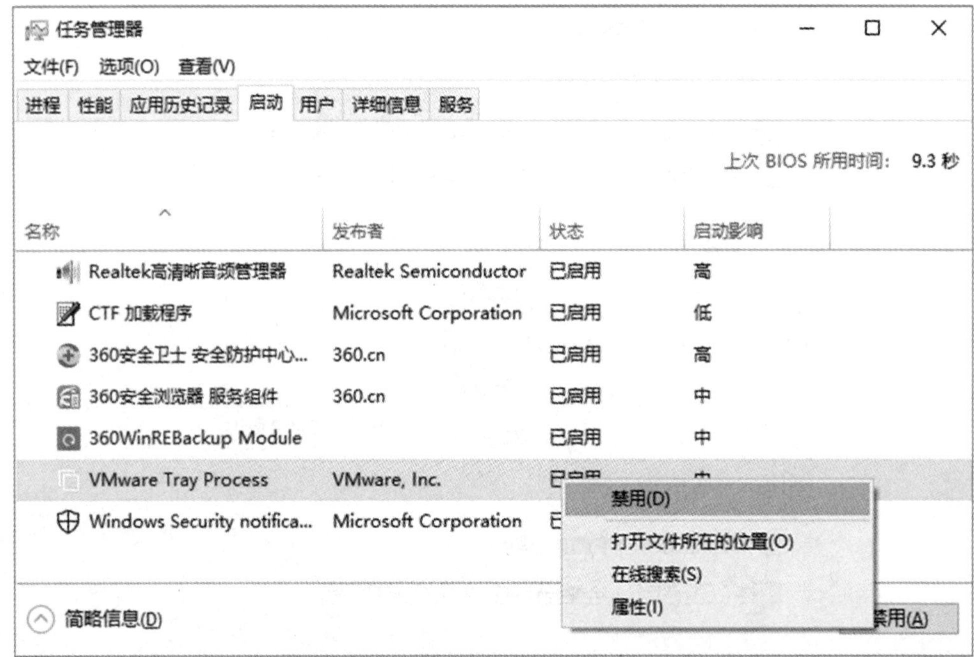

图 5.2.28　Windows 10 启动项的配置

如图 5.2.29 所示，在出现的“用户账户”窗口，取消“要使用本计算机，用户必须输入用户名和密码(E)”的勾选，单击“确定”，在弹出的窗口中输入当前登录用的用户名和密码，然后依次单击“确定”，关闭窗口，电脑重启后就不会出现登录窗口了(降低了系统安全性，用户酌情考虑是否需要)。

(3) 关闭多余服务

右键单击桌面上“此电脑”，选择“管理”，在打开的“计算机管理”窗口左侧单击“服务和应用程序”，再在下方展开的选项中单击“服务”子选项，则窗口右侧显示系统所有服务的列表，如图 5.2.30 所示。单击某个服务，列表左右两侧分别显示相应服务的详细描述和启、停按钮。

不同用户所需服务不尽相同，下面是一般 Windows 10 用户可禁止或停用的组件服务，仅供参考。

① Computer Browser(默认手动)：可以被网络和共享中心的网络发现功能取代，设置

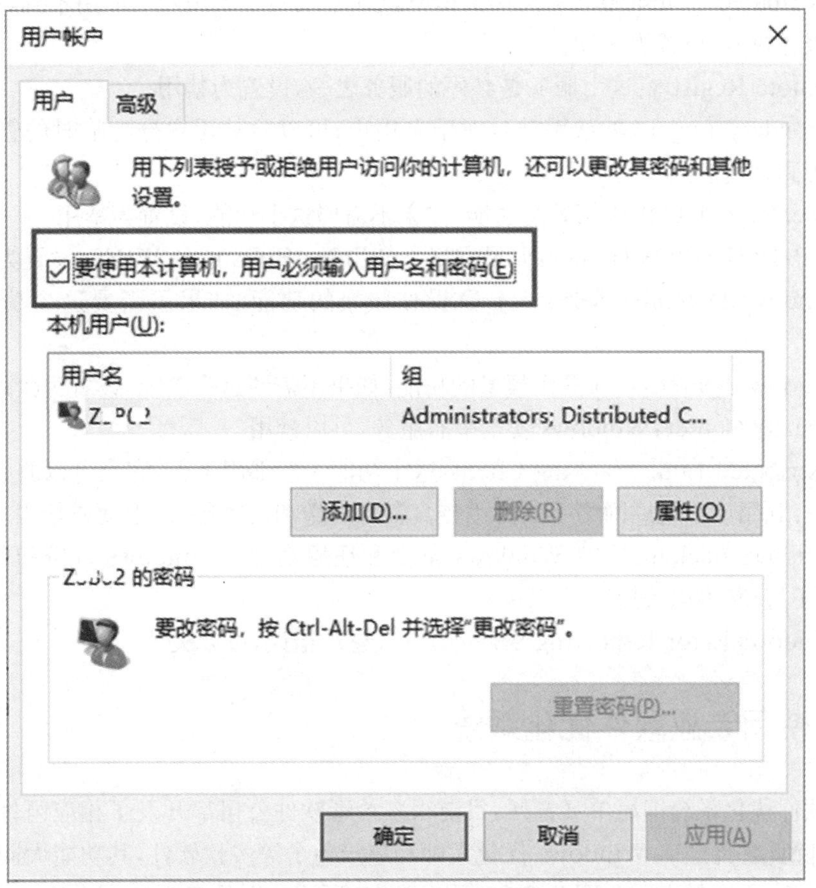

图 5.2.29　Windows 10 的“用户账户”窗口

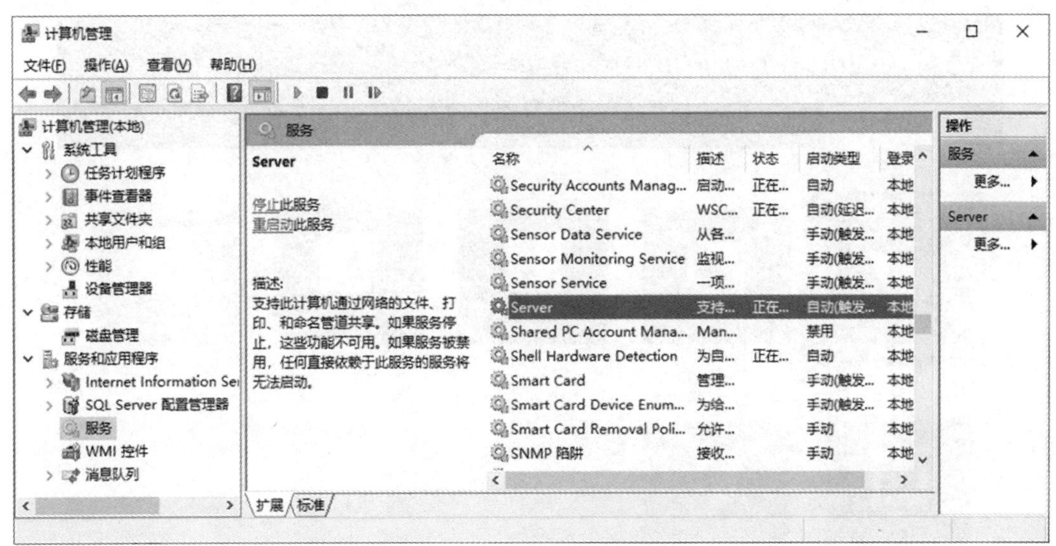

图 5.2.30　组件服务信息

为手动。

② Distributed Link Tracking Client：个人用户一般用不到，设置为手动。

③ Distributed Transaction Coordinator(默认手动):个人用户一般用不到,也容易受到远程拒绝服务攻击,设置为手动。

④ Remote Registry:这个服务是必停的服务之一,设置为禁用。

⑤ Secondary Logon(默认手动):对于多用户,可以给某用户分配临时的管理员权限,一般不会用到,设置为手动。

⑥ Superfetch:I/O 操作频繁的功能,如果不需要这个功能,设置为禁用。

⑦ TCP/IP NetBIOS Helper:如果网络不使用 NetBIOS 或是 WINS,设置为手动。

⑧ Windows Defender Service:I/O 操作频繁的功能,如果不需要这个功能,设置为禁用。

⑨ Windows Search:I/O 操作频繁的功能,如果不需要这个功能,设置为禁用。

⑩ Security Center:Windows 安全中心服务,可以禁用。

⑪ Distributed Link Tracking Client:这个功能一般都用不上,完全可以放心禁用。

⑫ Fax:利用计算机或网络上的可用传真资源发送和接收传真,手动或禁用。

⑬ Windows Backup:提供 Windows 备份和还原功能。Windows 备份和版本恢复功能,一直都不好使,可以关掉。

⑭ Windows Error Reporting Service:没人喜欢错误,可以关掉。

5.2.6 使用专业软件优化系统

专业软件优化系统即简单又方便,目前很多杀毒软件公司都开发了相应组件,如 360 安全卫士等,除此之外还有 Windows 优化大师和超级兔子等多款软件,其功能大同小异,操作界面直观友好,很容易上手。图 5.2.31、图 5.2.32 所示分别是 Win10 优化大师软件的主界面和“Windows Store 应用缓存清理”的“清理”界面,具体操作较简单,不再详述。

图 5.2.31 Win10 优化大师主界面

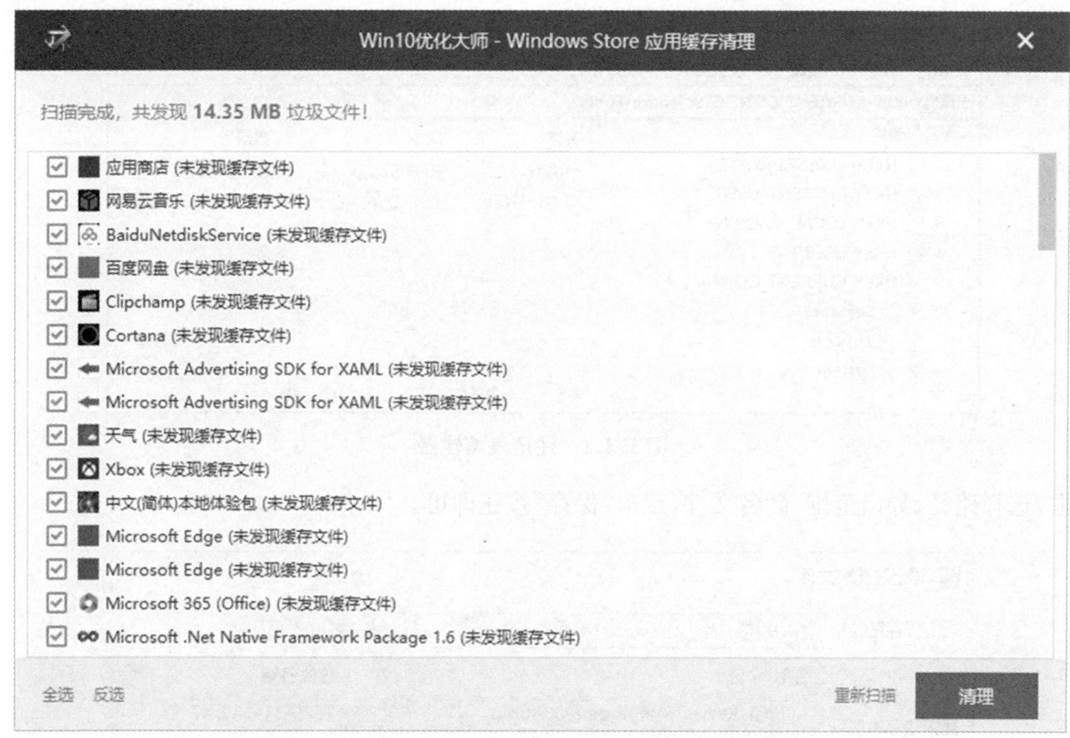

图 5.2.32　“Windows Store 应用缓存清理”之“清理”界面

任务 5.3　数据备份、还原与恢复

5.3.1　注册表的备份与还原

1. 注册表的概念及功能

注册表(Registry)是 Windows 管理配置系统运行参数的巨大的树状分层的数据库，其整合、集成了全部系统和应用程序的初始化信息，包含硬件设备的说明、相互关联的应用程序与文档文件、窗口显示方式、网络连接参数、有关计算机安全的网络共享设置等，具有方便管理、安全性较高、适于网络操作等特点。在 Windows 系统中，注册表采用“关键字”和“键值”来描述项目及其项目值，关键字可以分为两类：一类是系统自定义的，通常称为“预定义关键字”；另一类是由应用程序定义的，应用程序不同，其项目也就不同。

2. 注册表的备份、还原与优化

右键单击“开始”→“运行”，在出现的“运行”对话框中键入“regedit”并单击“确定”按钮，进入注册表编辑器，如图 5.3.1 所示。

(1) 注册表的备份

依次单击注册编辑器中“文件”→“导出”，出现如图 5.3.2 所示“导出注册表文件”对话

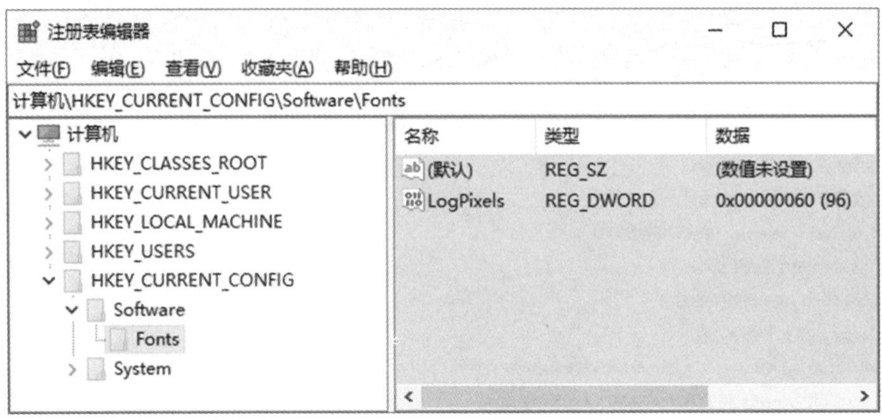

图 5.3.1 注册表编辑器

框，选择路径、导出范围、命名文件，点击“保存”按钮即可。

图 5.3.2 注册表文件的保存

(2) 注册表的还原

依次单击注册编辑器中“文件”→“导入”，出现如图 5.3.3 所示“导入注册表文件”对话框，选择路径、选择注册表文件，点击“打开”按钮即可。

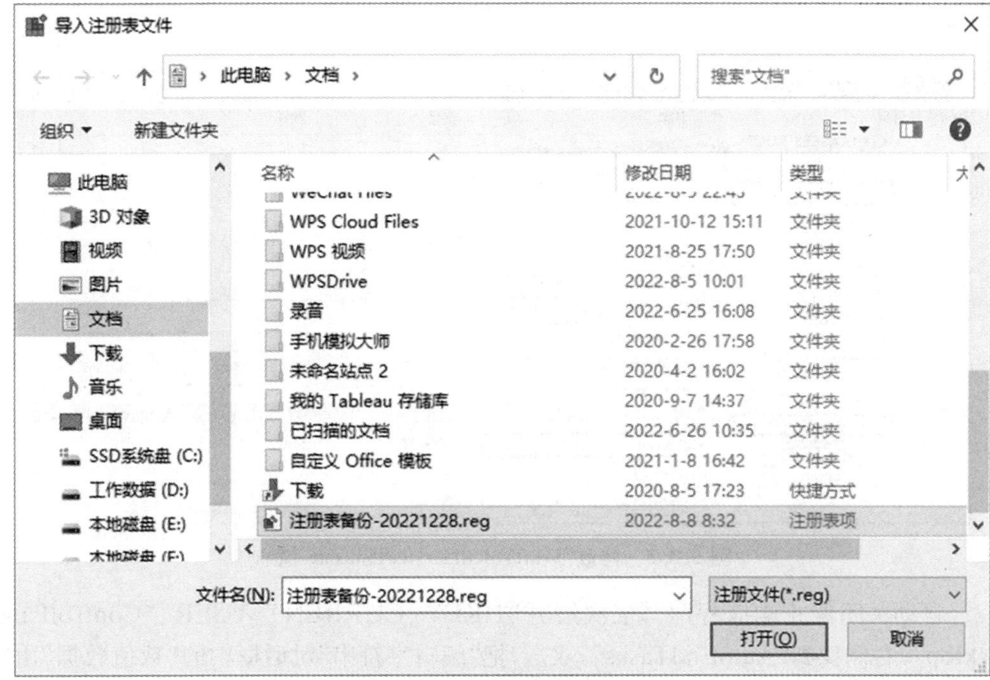

图 5.3.3　注册表文件的打开

(3) 注册表的优化举例

优化修改注册表在电脑安全设置、系统稳定性方面起着很重要的作用,但由于注册表均为表值,因此初学者一般都不敢触及,下面为大家分享几个实用的注册表优化方法,对于提高电脑的开关机速度以及上网速度有一定帮助。

① 加快开机及关机速度。如图 5.3.4 所示,依次展开“HKEY_CURRENT_USER”“Control Panel”“Desktop”,将“HungAppTimeout”的数值数据更改为“3000”。再如图 5.3.5 所示,展开“HKEY_LOCAL_MACHINE”“System”“CurrentControlSet”“Control”,将“WaitToKillServiceTimeout”的数值数据更改为 5000。

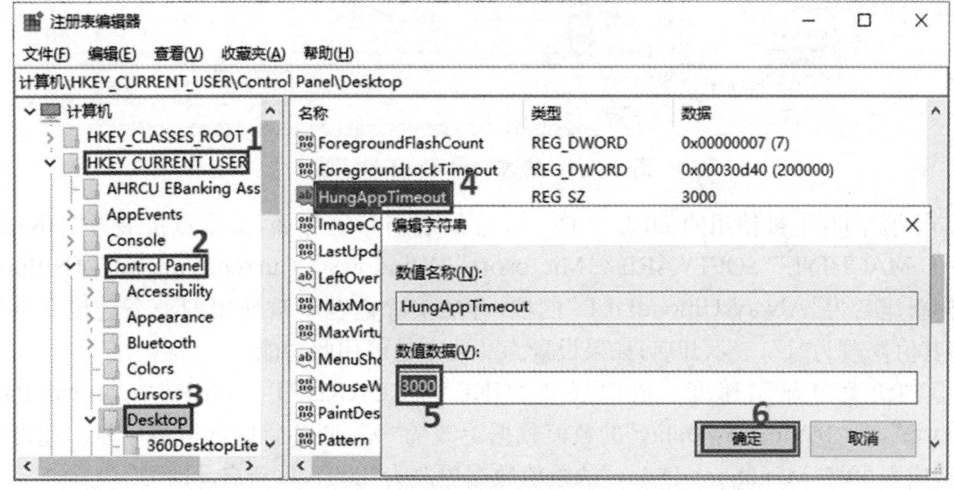

图 5.3.4　修改“HungAppTimeout”值

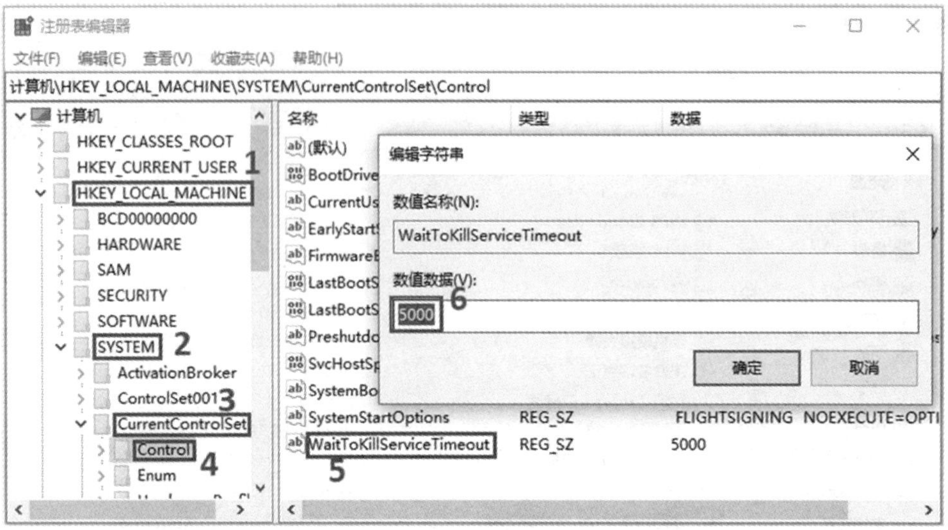

图 5.3.5 修改“WaitToKillServiceTimeout”值

② 自动关闭停止响应程序。依次展开“HKEY_CURRENT_USER”“ControlPanel”“Desktop”,右侧找到“AutoEndTasks”,双击,把“编辑字符串”对话框中的“数值数据”由“0”修改为“1”,再单击“确定”,如图 5.3.6 所示。

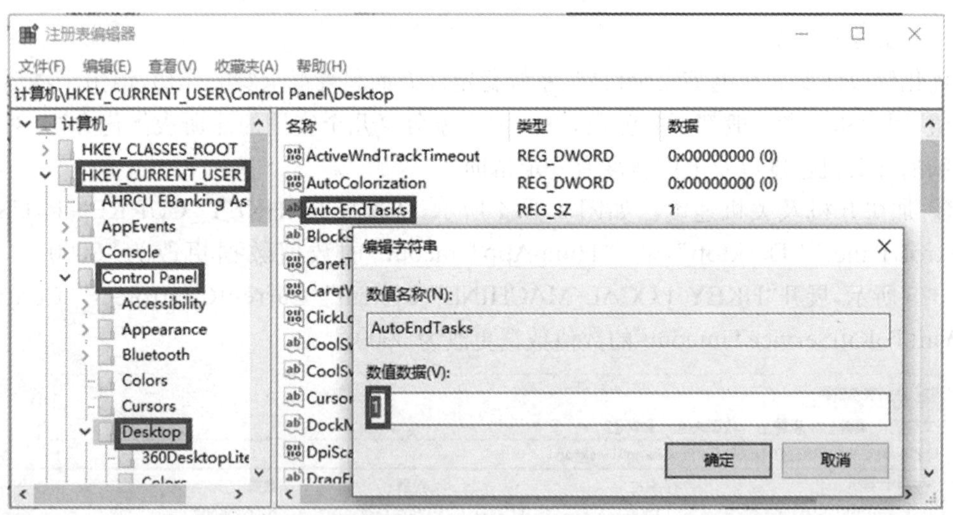

图 5.3.6 修改“AutoEndTasks”值

③ 清除内存不被使用的 DLL 文件。在注册表窗口主界面,依次点击展开“HKKEY_LOCAL_MACHINE”“SOFTWARE”“Microsoft”“Windows”“CurrentVersion”“Explorer”,在右侧新建名为“AlwaysUnloadDLL”的项,开启清除内存不被使用的动态链接文件的功能:将其值修改为“1”,表示开启;如果设置为“0”,则是停用此功能。

④ 加快菜单显示速度。依次展开“HKEY_CURRENT_USER”“Control Panel”“Desktop”,将“MenuShowDelay”的数值数据更改为“0”,调整后如觉得菜单显示速度太快而不适应则可将“MenuShowDelay”的数值数据更改为“200”,重新启动即可。

5.3.2　操作系统的备份与还原

操作系统的备份与还原可以用操作系统自带的功能实现，也可以利用专门的软件完成。

1. Windows 10 系统自带的备份与还原功能

(1) 创建系统镜像文件(备份)

① 找到并打开"备份和还原(Windows 7)"窗口。单击"开始"按钮，在开始菜单中找到"控制面板"，单击打开，如图 5.3.7 所示，在窗口中找到"备份和还原(Windows 7)"，双击打开。

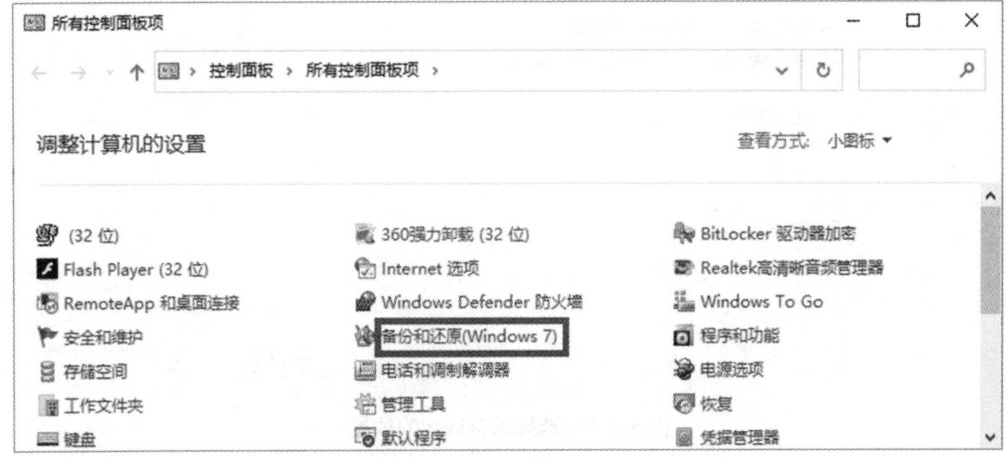

图 5.3.7　控制面板主界面

② 创建系统映像。如图 5.3.8 所示，在打开的"备份和还原(Windows 7)"窗口中，单击左侧"创建系统映像"选项。

图 5.3.8　"备份和还原(Windows 7)"主界面

③ 选择保存映像的位置。如图 5.3.9 所示，在打开的“创建系统映像”窗口，提供了三种备份方式，用户根据情况选择一种适合自己的方式来存储系统映像文件，本次演示存储在硬盘上，确定后选择“下一步”。

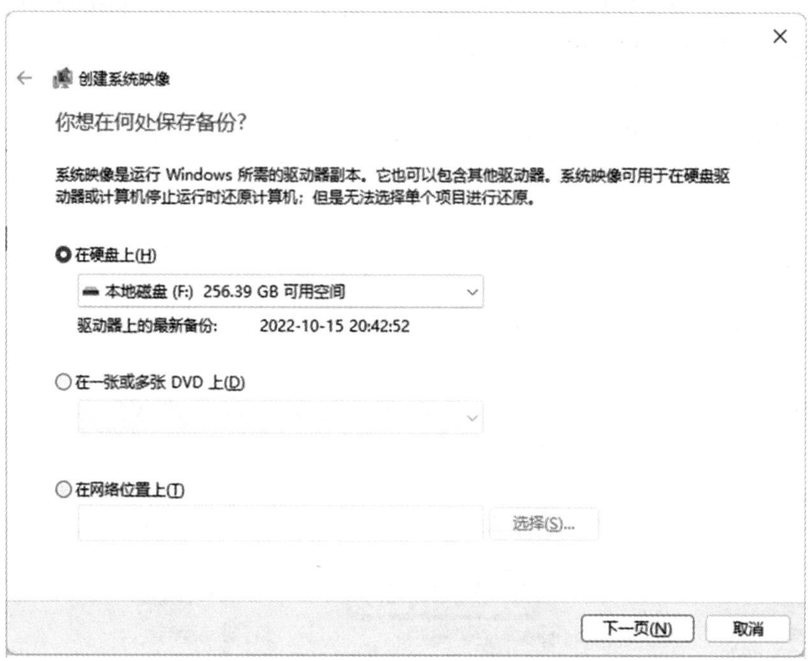

图 5.3.9 选择保存映像的位置

④ 选择需要备份的分区。如图 5.3.10 所示，默认可备份分区：EFI 系统分区＋系统分区＋恢复分区，完成后选择“下一步”。

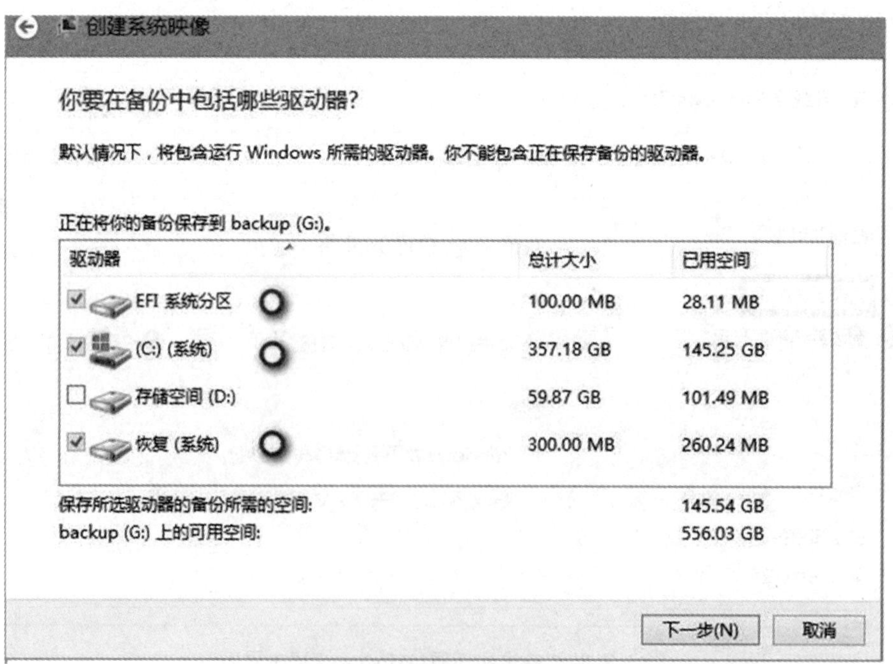

图 5.3.10 选择需要备份的分区

⑤ 确认备份设置。系统会提示将要备份的分区和占用的硬盘空间，确认无误后可以点击“开始备份”，如图 5.3.11 所示。

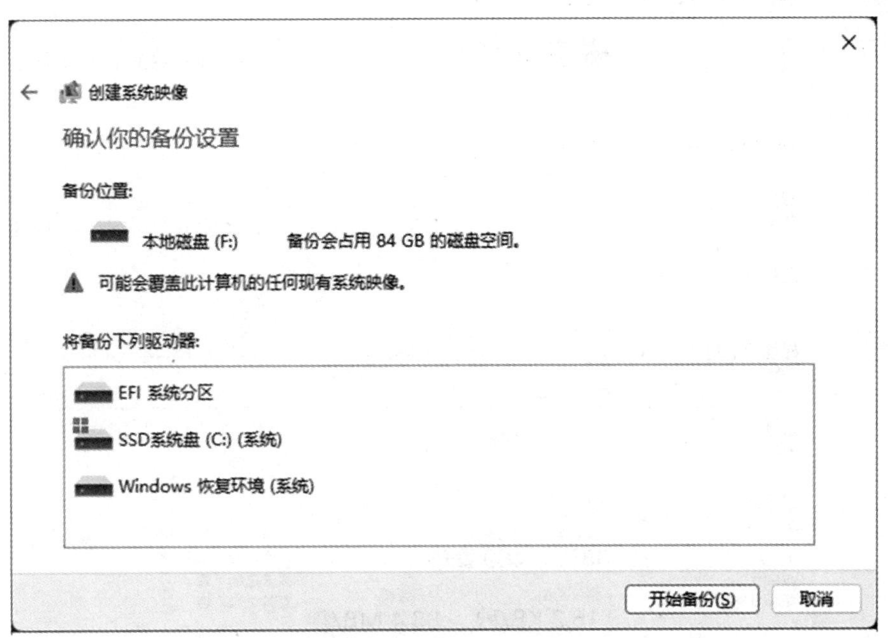

图 5.3.11　确认备份设置

⑥ 备份开始。Windows 自带系统备份的速度很快，一般在 30 分钟以内，如图 5.3.12 所示。

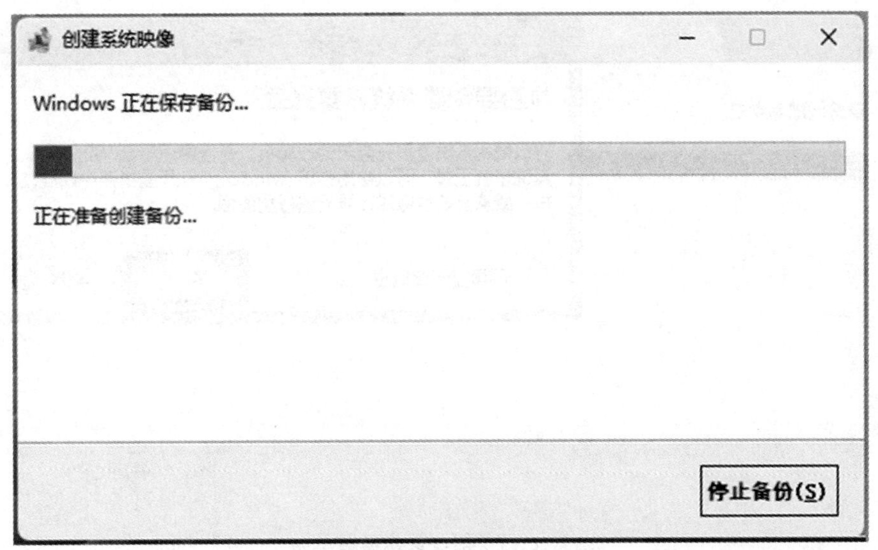

图 5.3.12　开始备份

调出任务管理器，如图 5.3.13 所示，可以看到存储到硬盘的速度达到了 80 MB/s 左右，146 GB 的文件备份仅耗时 20 分钟左右，比 Ghost 等工具快了很多。

⑦ 备份完成后，系统会提示“是否要创建系统修复光盘”，如图 5.3.14 所示，有条件的话可以选择“是”，然后插入空白光盘，点击“创建光盘”，稍等片刻，系统修复光盘创建完成。

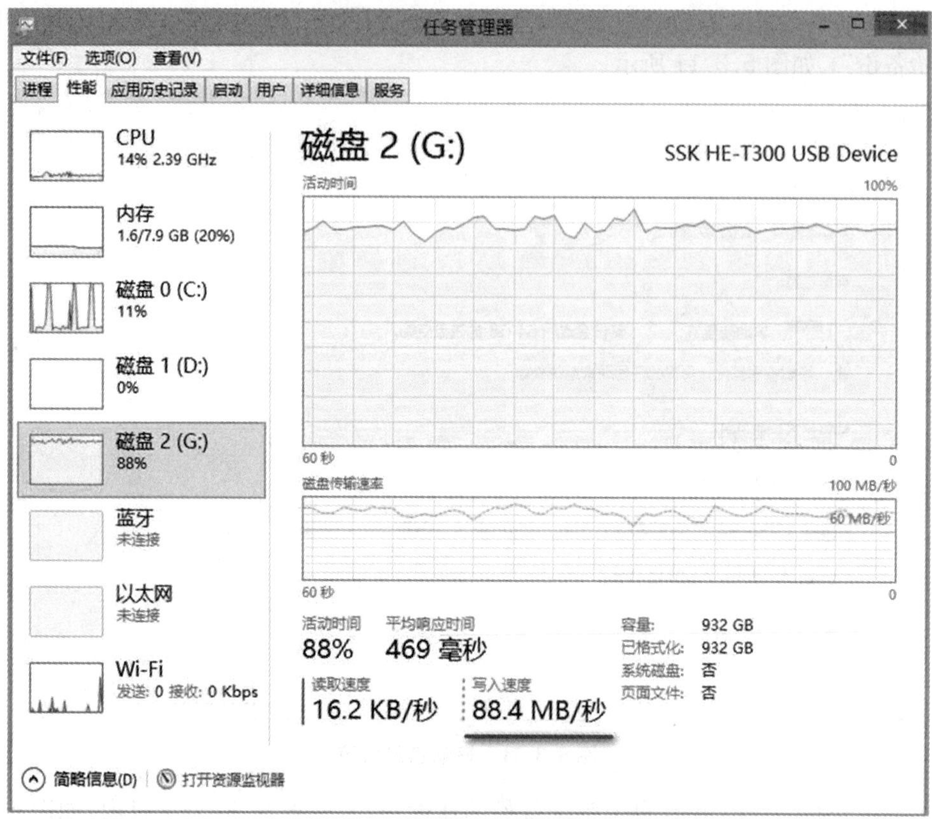

图 5.3.13 任务管理器显示的备份速度

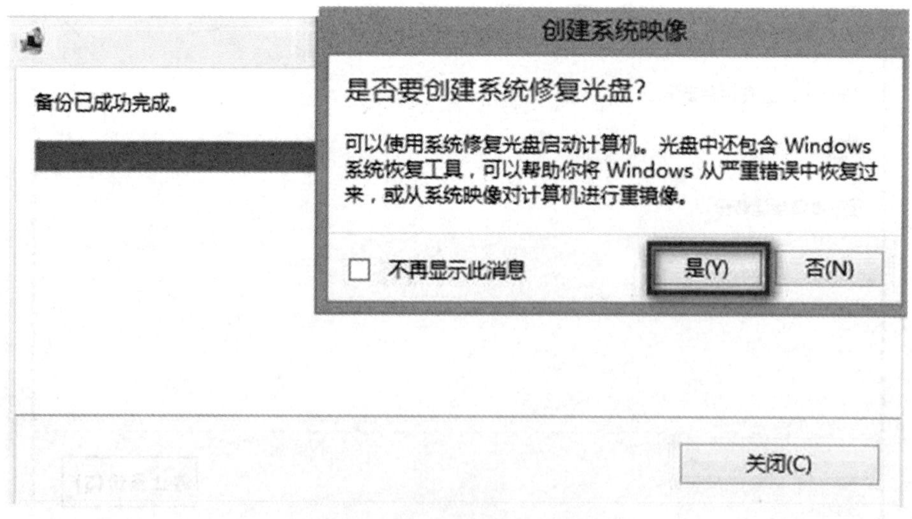

图 5.3.14 创建系统修复光盘

(2) 在 Windows 下利用已备份的文件还原系统

在控制面板的“备份和还原(Windows 7)”界面，如图 5.3.15 所示，单击“还原我的文件”按钮。

如图 5.3.16 所示，在打开的“还原文件”窗口中，点击“浏览文件夹”按钮，并从打开的窗口中选择“备份文件”所在的文件夹进行添加，如图 5.3.17 所示。

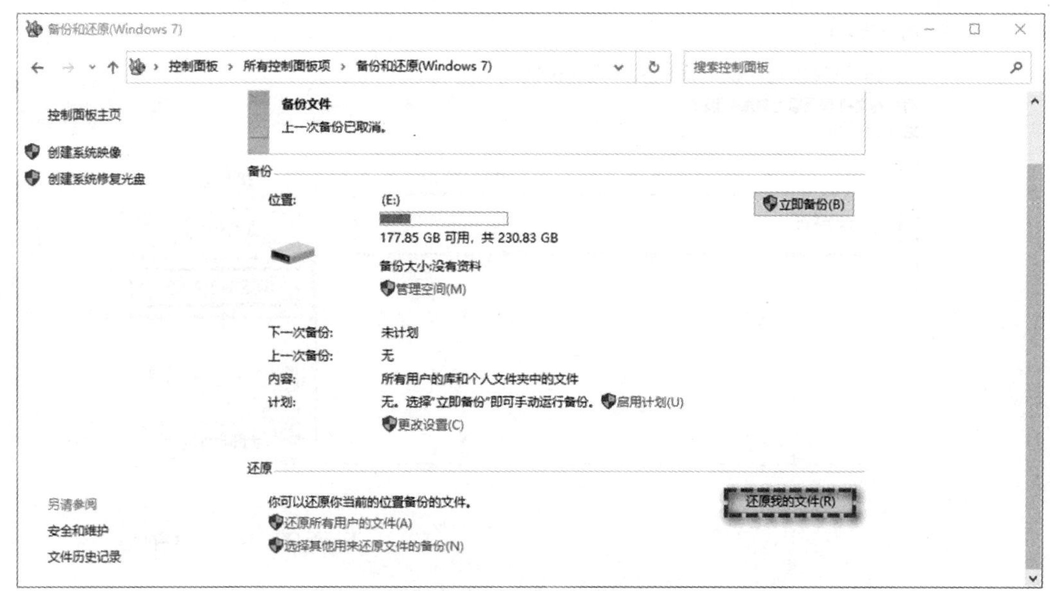

图 5.3.15　控制面板的“备份和还原(Windows 7)”界面

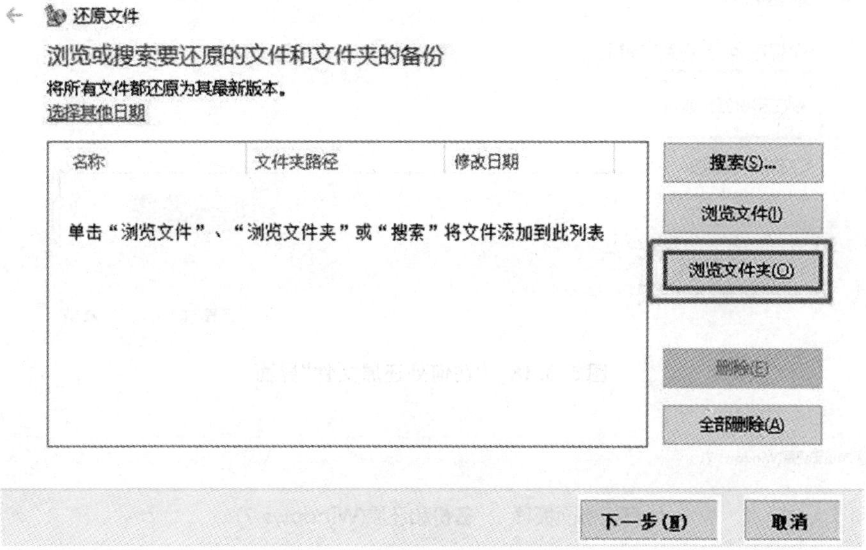

图 5.3.16　“还原文件”窗口

接着在“在何处还原文件”项，直接勾权选“在原始位置”项，点击“还原”按钮，如图 5.3.18 所示，此时将自动进行 Windows 10 系统的还原操作。

说明：如图 5.3.19 所示，如果在控制面板的“备份和还原(Windows 7)”界面“还原”项下显示“Windows 找不到此计算机的备份”，则可能是之前没有备份或备份文件不在此计算机上，这时可以单击“选择其他用来还原文件的备份”选项，从网络上得到备份文件。

(3) 利用 Windows 映像恢复光盘启动还原系统

由于当前计算机中光驱已经很少见了，这里不再详述。

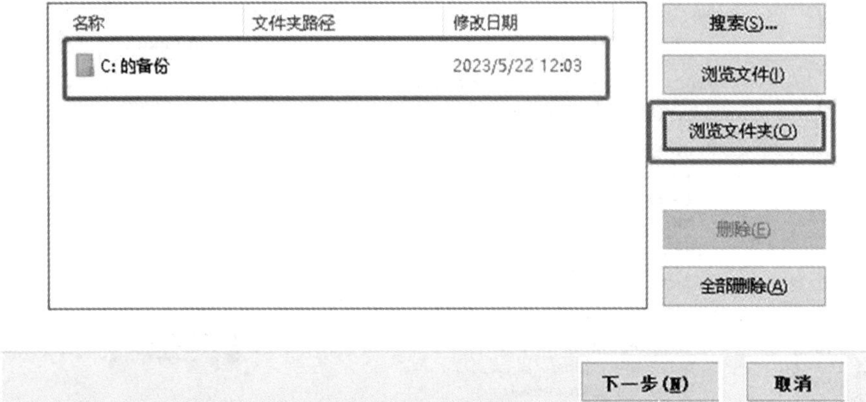

图 5.3.17 “还原文件”窗口中选择“备份文件”

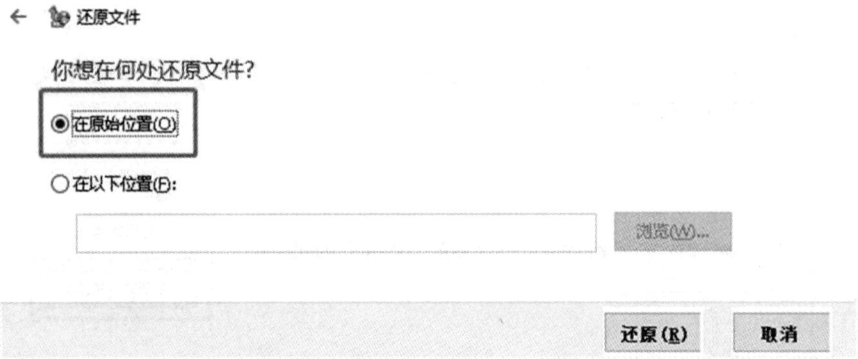

还原文件

你想在何处还原文件?

在原始位置(O)

在以下位置(F):

浏览(W)...

还原(R) 取消

图 5.3.18 “在何处还原文件”界面

图 5.3.19 选择其他用来还原文件的备份

2. 利用 Ghost 软件备份与还原操作系统

Ghost 软件是美国赛门铁克公司推出的一款目前最为常用的硬盘备份还原工具,可以实现FAT16、FAT32、NTFS、OS2等多种硬盘分区格式的分区及整块硬盘的备份还原。新版本的Ghost包括DOS版本和Windows版本，DOS版本只能在DOS环境中运行，Windows版本只能在Windows环境中运行。

如图5.3.20所示，Ghost主菜单中有以下几项，其含义如下：

Local：本地操作，对本地计算机上的硬盘进行操作。

Peer to peer：通过点对点模式对网络计算机上的硬盘进行操作。

GhostCast：通过单播/多播或者广播方式对网络计算机上的硬盘进行操作。

Options：使用Ghost时的一些选项，一般使用默认设置即可。

Help：一个简洁的帮助。

Quit：退出Ghost。

当计算机上没有安装网络协议的驱动时，Peer to peer和GhostCast选项不可用（在DOS下一般都没有安装）。

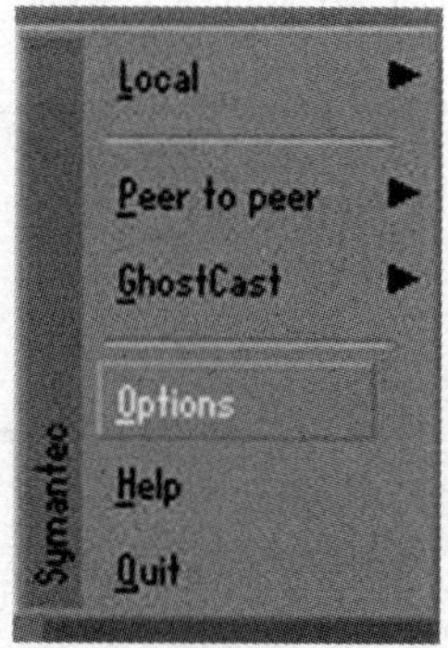

图5.3.20 Ghost主菜单

Ghost主要功能包含三大部分：

① 分区操作，用于分区的对拷、备份及还原，如图5.3.21所示，操作如下：

Local→Partition →To Partition 分区到分区的对拷（克隆）

→To Image 分区到镜像（备份）

→From Image 镜像到分区（还原）

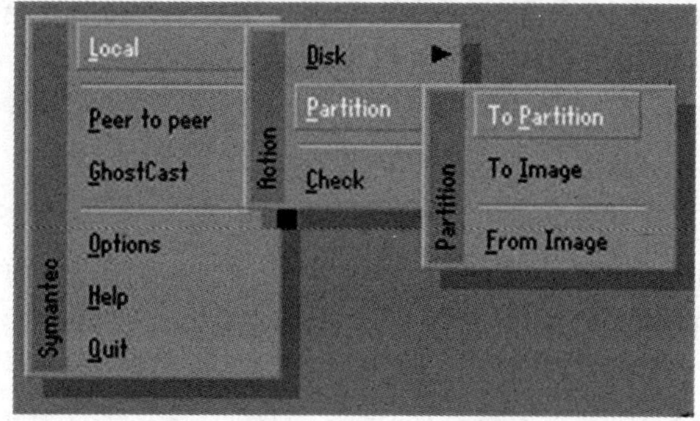

图5.3.21 Ghost分区操作

② 磁盘操作，用于磁盘的对拷、备份及还原，如图5.3.22所示，操作如下：

Local→Disk →To Disk 磁盘到磁盘的对拷（克隆）

→To Image 磁盘到镜像(备份)

→From Image 镜像到磁盘(还原)

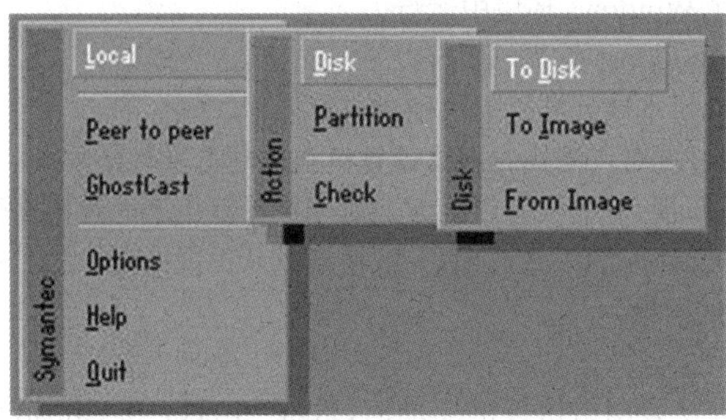

图 5.3.22 Ghost 磁盘操作

③ 局域网操作,用于网络计算机上的硬盘进行操作,如图 5.3.23 所示。

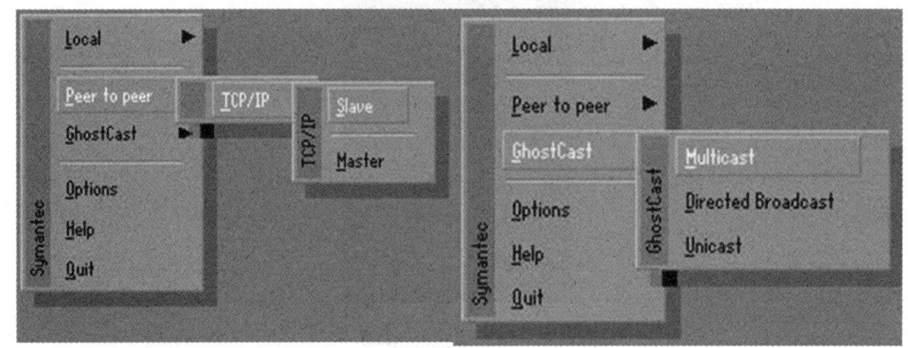

图 5.3.23 Ghost 网络操作

5.3.3 重要数据的恢复方法

1. 恢复被破坏的系统文件

我们在使用 Windows 10 系统的过程中,有时会因为某些操作而导致系统文件损坏,然后系统会出现运行报错、开机报错等。遇到这种情况,该怎么办呢?其实,我们可以使用 Windows 10 系统内置的文件检查器工具来修复受损文件。

(1) 使用 SFC 命令修复

如图 5.3.24 所示,以管理员身份打开"命令提示符"界面。在命令提示符处,键入命令"sfc/scannow",然后按回车键。"sfc/scannow"命令将扫描所有受保护的系统文件,并用位于压缩文件夹"%WinDir%\System32\dllcache"中的缓存副本替换损坏的文件,如图 5.3.25 所示。

验证完成之前,请勿关闭"命令提示符"窗口。扫描结果将在此过程结束后显示。

扫描结束后,返回结果可能是以下消息之一:

① Windows 资源保护找不到任何完整性冲突。这表示没有任何丢失或损坏的系统文件,无需处理。

图 5.3.24　以管理员身份打开"命令提示符"界面

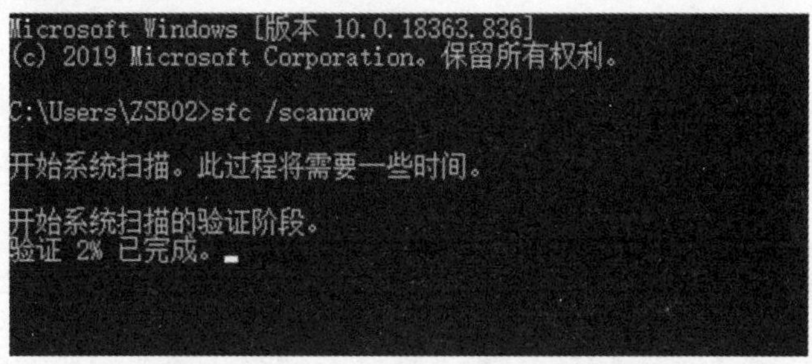

图 5.3.25　"sfc/scannow"命令执行界面

② Windows 资源保护无法执行请求的操作。要解决此问题，请在"安全模式"中执行"系统文件检查器"，并确保"PendingDeletes"和"PendingRenames"文件夹存在于"%WinDir%\WinSxS\Temp"下。

③ Windows 资源保护找到了损坏文件并成功修复了这些文件。详细信息包含在"CBS.Log %WinDir%\Logs\CBS\CBS.log"中，无需处理。

④ Windows 资源保护找到了损坏文件但无法修复这些文件。详细信息包含在"CBS.Log %WinDir%\Logs\CBS\CBS.log"中。

找到 CBS.log 文件，按要求处理。

若要手动修复损坏的文件，请查看系统文件检查器进程的详细信息，查找损坏的文件，然后手动将损坏的文件替换为已知完好的文件副本（用户可以在正常使用的同版本系统中复制 CBS.log 列表中的文件到故障电脑中替换损坏文件）。

（2）使用 DISM 命令修复（需要联网）

以管理员身份打开"命令提示符"界面，依次执行"DISM.exe/Online/Cleanup-image/Scanhealth""DISM.exe/Online/Cleanup-image/Restorehealth"两个命令。第一条命令是扫描全部系统文件并和官方系统文件对比；第二条命令是把那些不同的系统文件还原成系统官方源文件，跟重装差不多。

DISM.exe 是一个非常强大的镜像部署工具，可以帮助用户找回损坏的系统文件！

2. 恢复被删除的数据

EasyRecovery 是由互盾数据恢复工作室出品的一款专注于数据恢复的软件，它支持恢复不同存储介质的数据，如硬盘、光盘、U 盘/移动硬盘、数码相机、手机等，能恢复包括文档、表格、图片、音视频等各种数据文件，且操作简单方便。

(1) EasyRecovery 软件的“误删除文件”选项操作简介

① 下载 EasyRecovery 数据恢复软件的安装包，安装好之后运行软件，可以看到界面上有六种的恢复选项，如图 5.3.26 所示，这里选择“误删除文件”选项。

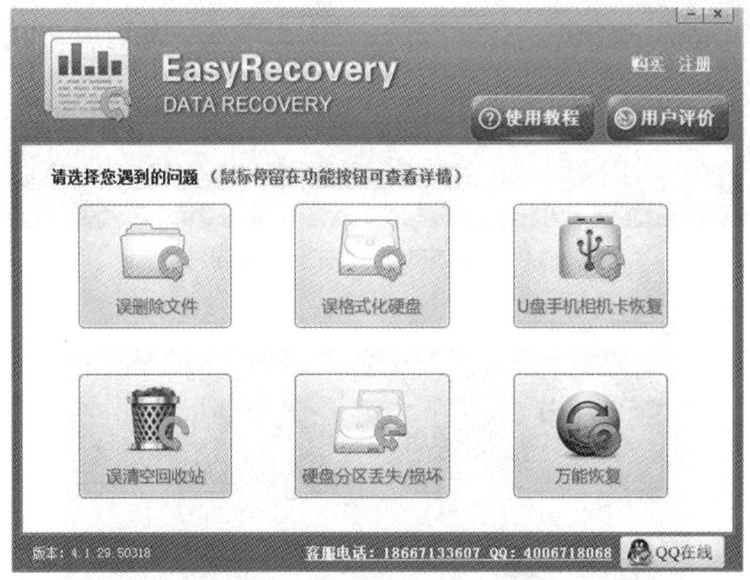

图 5.3.26 EasyRecovery 软件主界面

② 图 5.3.27 所示的是计算机分区信息，在其中找到误删文件所在的分区并勾选上，之后点击“下一步”按钮，软件开始对分区进行数据的深度扫描。扫描需要一定的时间，耐心等待扫描完成即可。

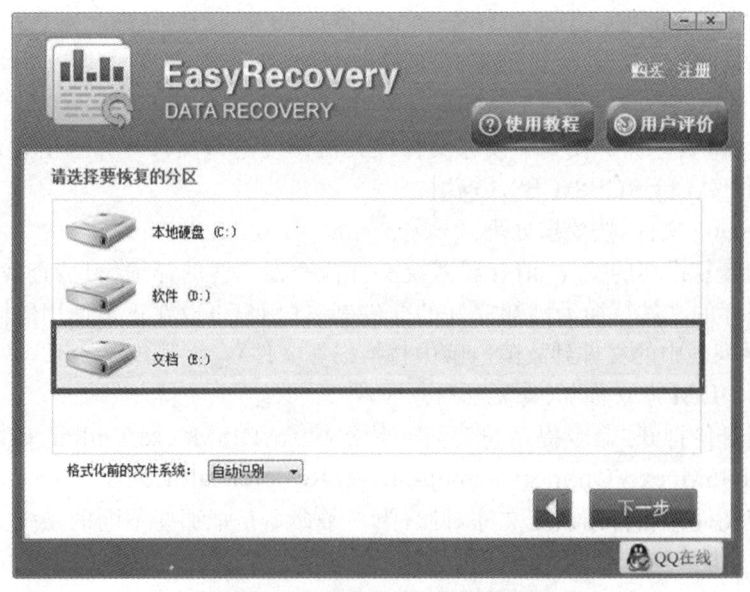

图 5.3.27 选中要恢复数据的分区

③ 扫描完成之后，在界面左侧找到误删文件对应的类型（扩展名），点击选中，右侧显示有具体的文件信息，在其中找到需要的文件勾选上，之后点击“下一步”按钮，如图 5.3.28 所示。

④ 如图 5.3.29 所示，点击“浏览”按钮，选择恢复后的文件的存储位置，点击“下一步”按钮，软件开始对选中文件进行恢复，待恢复完成后用户可前往存储位置查看结果。

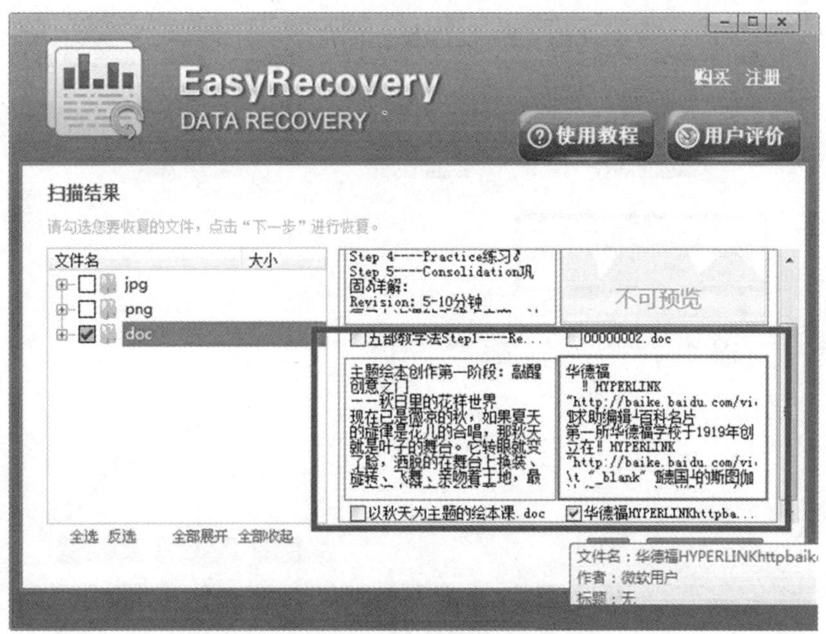

图 5.3.28　找到要恢复的文件

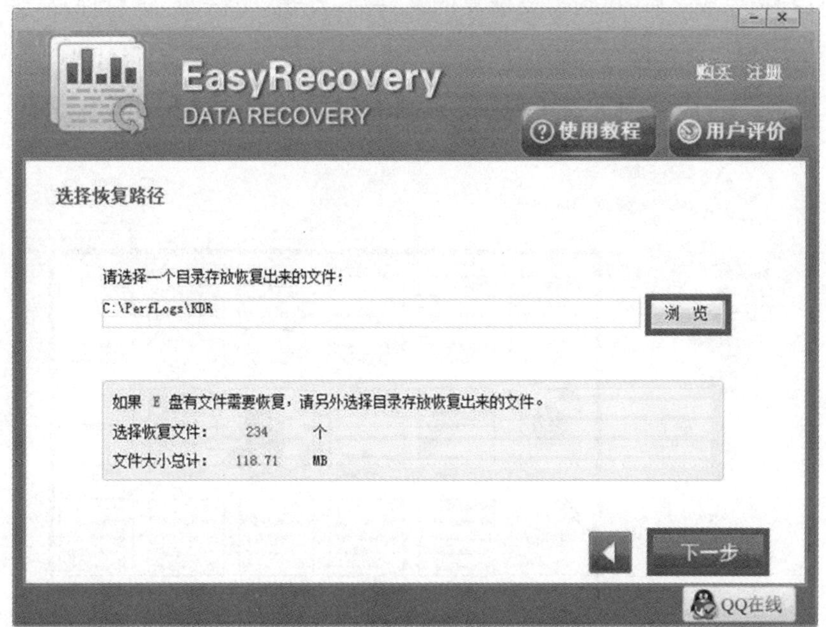

图 5.3.29　将文件恢复到指定位置

(2) EasyRecovery 软件的“U 盘手机相机卡恢复”选项操作简介

U 盘早已成为常用的数据存数工具。作为一款移动的便携式存储工具，U 盘已被广泛使用，对于经常使用 U 盘的用户来说，如果误删了 U 盘内重要数据 EasyRecovery 可以轻松恢复误删除的数据。

① 如图 5.3.30 所示，选中 U 盘图标，单击“开始扫描”按钮进行扫描。注意在扫描的过程中，不要终止扫描，以免影响文件的恢复效果。

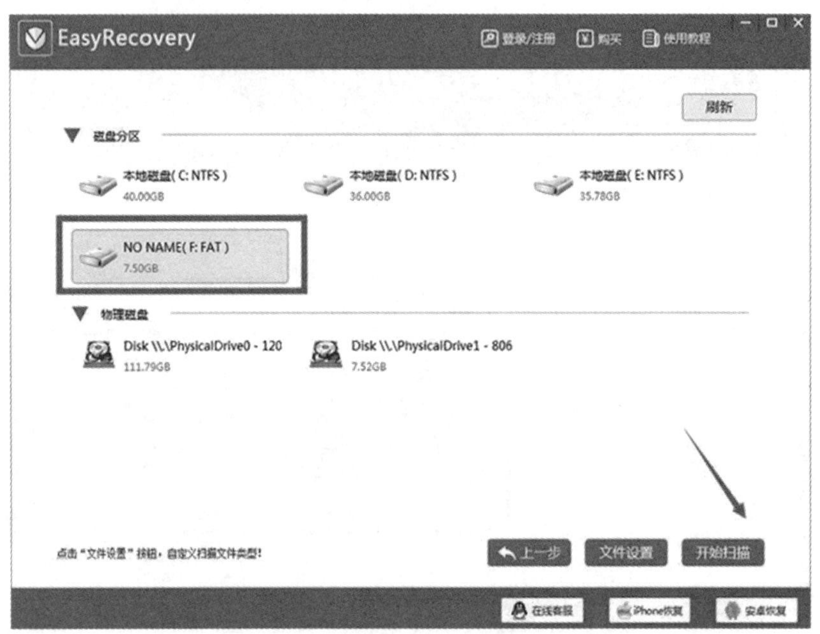

图 5.3.30　对选中的 U 盘进行扫描

② 软件扫描完成之后，找到需要恢复的文件后，点击“下一步”进行保存，如图 5.3.31 所示。

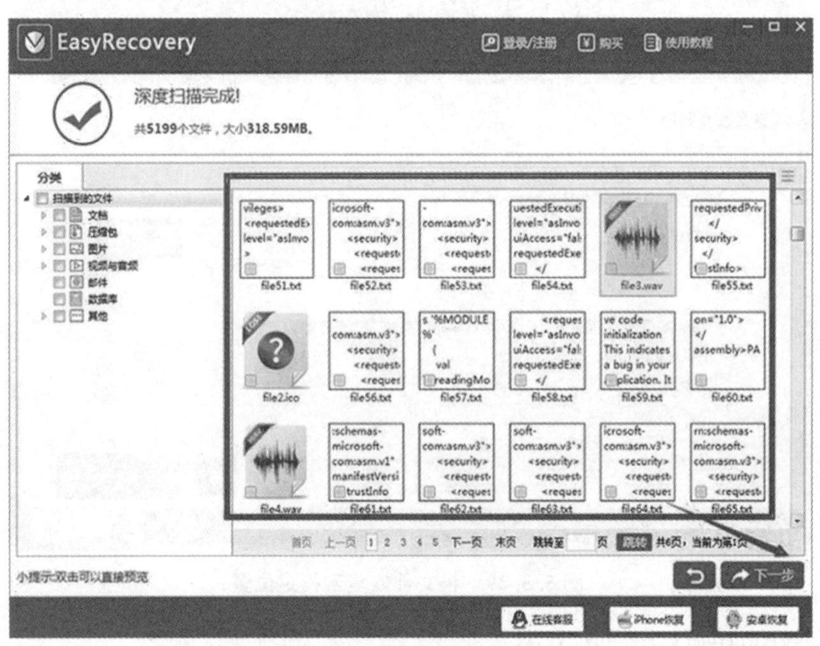

图 5.3.31　找到被误删除的文件

③ 如图 5.3.32 所示，点击右侧的“浏览”按钮，选择文件保存位置，然后点击“恢复”按钮，这样我们不小心删除的文件就可以恢复了。

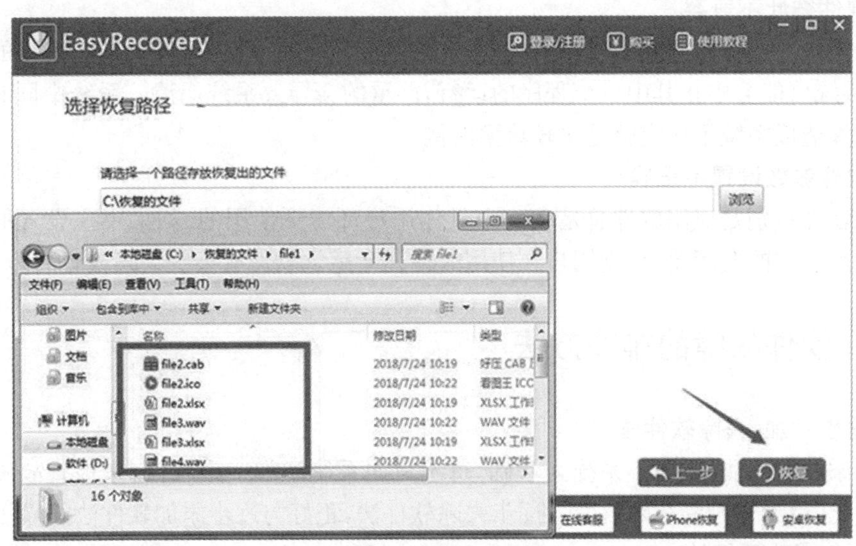

图 5.3.32　恢复删除的文件

EasyRecovery 软件的其他功能选项的操作方法与上述相似，不再介绍。

如果有文件被彻底误删，要立即停止对电脑中其他文件的一切操作，并利用该软件进行上述相关的操作即可找回需要的文件。

任务 5.4　软件故障的原因分析及排除方法

5.4.1　软件故障原因分析

计算机软件一般可分为系统软件和应用软件两大类，因而软件故障主要也就体现在这两方面，其故障原因主要包括：

1. 误操作

误操作是指用户在使用计算机时，误将有用的系统文件删除或者执行了格式化命令，这样会使硬盘中重要的数据丢失。

计算机病毒会给系统带来难以预料的破坏，有的病毒会感染硬盘中的可执行文件，使其不能正常运行；有的病毒会破坏系统文件，造成系统不能正常启动；还有的病毒会破坏计算机的硬件，使用户蒙受更大的损失。

另外，有的杀病毒软件在查杀时有误报的情况，如果用户不加识别，有些有用的文件就会被杀病毒软件误认为是病毒而删除，导致出错。

2. 非法操作

非法操作是人为操作不当造成的。如卸载程序时不使用程序自带的卸载程序，而直接将程序所在的文件夹删除，这样一般不能完全卸载该程序，反而会给留下大量的垃圾文件，成为系统故障隐患。

3．软件彼此不兼容

有些软件在运行时与其他软件有冲突，相互不能兼容。如果这两款不能兼容的软件同时运行，系统可能会中止其中一个程序的运行，严重的会导致系统崩溃。系统中同时运行多个杀毒软件造成系统不稳定就是比较典型的例子。

4．软件参数设置不正确

一款软件特别是应用软件总是在一个具体用户环境下使用的，如果用户设置的环境参数不能满足用户的使用要求，则用户在使用时往往会感觉软件有某些缺陷或者故障。

5.4.2 软件故障的排除方法

1．逐步添加/去除软件法

逐步添加软件法，以最小系统为基础，每次只向系统添加一个软件，来检查故障现象是否发生变化，以此来判断故障软件。逐步去除软件法，正好与逐步添加软件法的操作相反。

2．软件最小系统法

软件最小系统是指能使电脑开机运行的最基本的软件环境，即只有一个基本操作系统环境，不安装任何应用软件。根据故障分析判断的需要，在软件最小系统的基础上安装需要的应用软件。通过使用一个干净的操作系统环境，可以判断故障属于系统问题、软件问题，还是软、硬件间的冲突问题。

3．安全模式法

安全模式法主要用来诊断由于注册表损坏或一些软件不兼容导致的操作系统无法启动的故障。安全模式法的诊断步骤为，首先用安全模式启动电脑后卸载不兼容的软件，然后退出重启电脑，启动后安装新的软件即可，如果还是不能正常启动，则需要使用其他方法排除故障。

4．程序诊断法

针对运行环境不稳定等故障，可以用专用的软件来对计算机的软、硬件进行测试，如3DMark2006、Windows Bench99等，根据这些软件的反复测试生成的报告文件，我们就可以比较轻松地找到一些故障原因。

5．软件参数重置法

现在的软件为了适应不同环境用户的需要，都预留了一些配置参数。因此，当软件出现了一些应用故障或者缺陷时，可从软件的配置参数入手解决，针对软件故障的表现对相应的参数加以修改，从而有效排除故障。

5.4.3 软件故障及排除方法举例

1．操作系统故障诊断(针对 Windows 10 专业版)

(1) Windows 10 的任务栏自动隐藏后无法显示

故障描述：默认情况下，Windows 10 任务栏可以显示在屏幕的顶部、底部、左侧或右侧，不知什么原因导致任务栏无法显示。

解决办法如下：

① 在 Metro 界面或 Windows 10 桌面处，按 Windows + X 组合键调出左下角的隐藏快捷菜单，在菜单中单击“设置”，如图 5.4.1 所示。

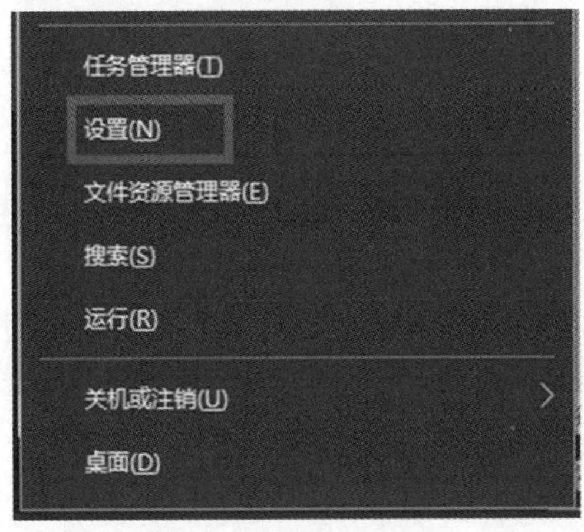

图 5.4.1　单击“设置”

② 在弹出的“设置”窗口找到“个性化”选项，如图 5.4.2 所示，单击该选项。

图 5.4.2　单击“个性化”选项

③ 在打开的“个性化”子窗口中左侧找到“任务栏”，单击选中，如图 5.4.3 所示，在窗口右侧单击“在桌面模式下自动隐藏任务栏”下方的“开”，这时“开”就变换成“关”了，此时 Windows 任务栏也显示出来了。

(2) Windows 10 中搜索记录不能删除

故障描述：经过一段时间的操作，Windows 10 中留下很多搜索记录，不能自动删除。

解决办法如下：

① 单击 Windows 10“开始”按钮，在出现的菜单中点击“设置”选项，打开“设置”窗口，上下移动右侧滚动条，找到“搜索”选项，如图 5.4.4 所示。

② 在弹出的“搜索”子窗口界面，首先在左侧列表中找到并点击“权限和历史记录”，然后在右侧找到并点击“清除设备的历史记录”，如图 5.4.5 所示。

③ 系统将自动删除搜索痕迹，完成后关闭窗口即可。

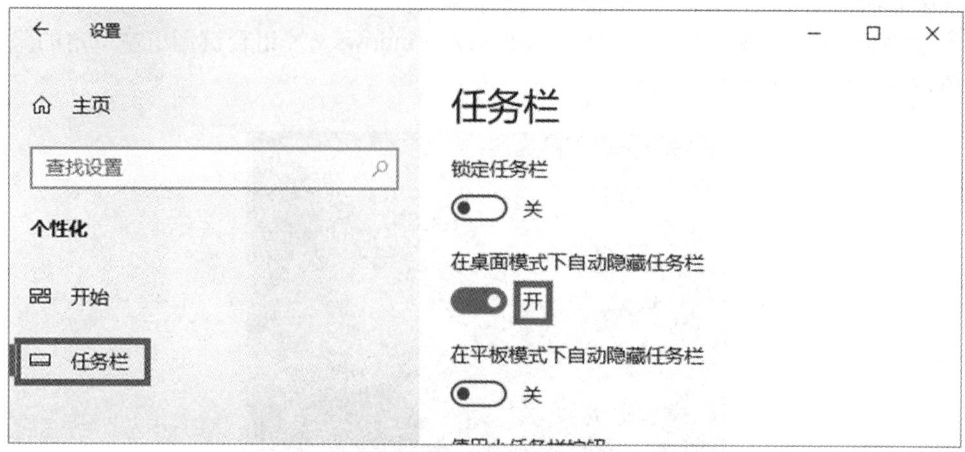

图 5.4.3 恢复显示“任务栏”

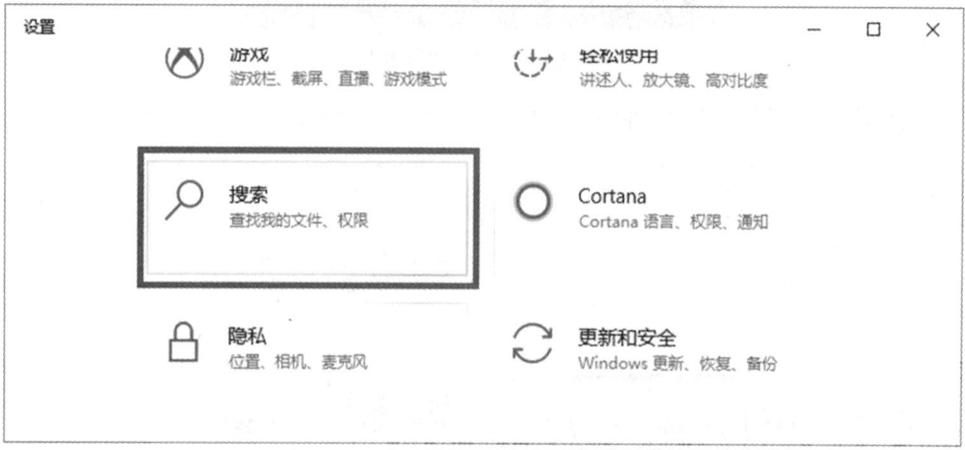

图 5.4.4 点击“更改电脑设置”按钮

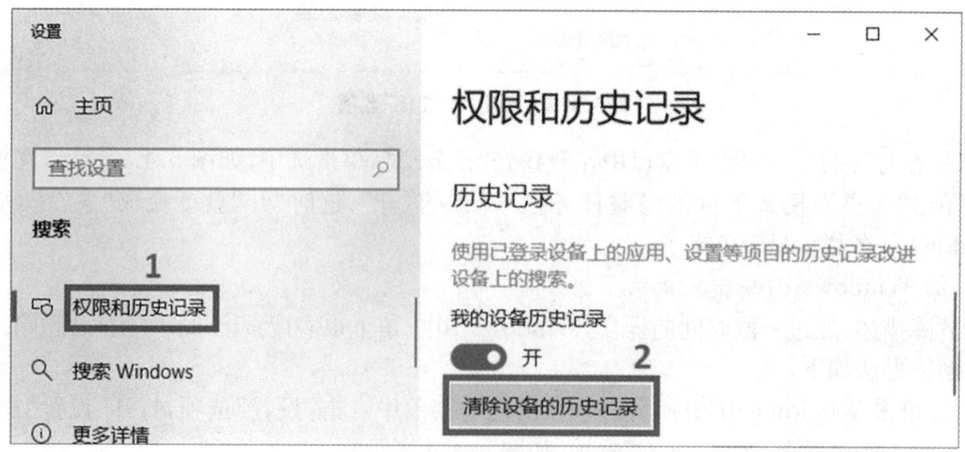

图 5.4.5 点击“删除历史记录”

(3) Windows 10 文件夹无响应,系统假死

故障描述:在打开视频等较大文件时,资源管理器响应很慢,系统卡住无反应(“假死”)。

解决办法如下：

① 最简单的方法是在出现故障时，按 Windows + D 键，使屏幕显示桌面，在桌面选择右键刷新（或者按 F5 键），如图 5.4.6 所示，一般刷新几次后再切回到文件夹页面即可恢复正常。

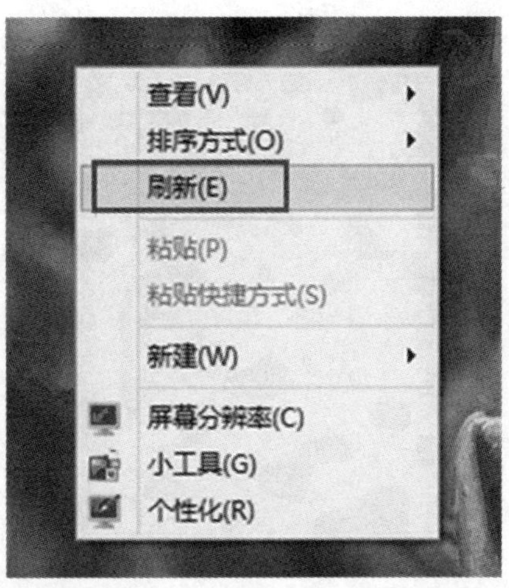

图 5.4.6　桌面选择右键刷新

② 如果上述方法无效，可以按 Ctrl + Alt + Del 键，打开“任务管理器”窗口，在“详细信息”选项卡中找到“explorer.exe”并单击选中，然后单击右下角“结束任务”按钮，如图 5.4.7 所示。

任务管理器

文件(F)　选项(O)　查看(V)

进程　性能　应用历史记录　启动　用户　详细信息　服务

名称	PID	状态	用户名	CPU	内存(专用...	描述
csrss.exe	384	正在运行	SYSTEM	00	736 K	Client Server Runti...
csrss.exe	448	正在运行	SYSTEM	00	892 K	Client Server Runti...
dwm.exe	892	正在运行	DWM-1	00	13,288 K	桌面窗口管理器
explorer.exe	1760	正在运行	thinkcc	00	20,360 K	Windows 资源管理器
ibmpmsvc.exe	736	正在运行	SYSTEM	00	340 K	ThinkPad Power ...
lsass.exe	588	正在运行	SYSTEM	00	1,940 K	Local Security Aut...
lvvsst.exe	1940	正在运行	SYSTEM	00	696 K	Auto Scroll Start S...
micmute.exe	1904	正在运行	SYSTEM	00	1,052 K	Microphone Mute...
MsMpEng.exe	636	正在运行	SYSTEM	00	35,316 K	Antimalware Servi...
rundll32.exe	2828	正在运行	SYSTEM	00	496 K	Windows 主进程 (...
SearchIndexer.exe	2880	正在运行	SYSTEM	00	6,840 K	Microsoft Window...
services.exe	580	正在运行	SYSTEM	00	2,924 K	服务和控制器应用

简略信息(D)　　结束任务(E)

图 5.4.7　“任务管理器”界面

③ 当桌面变成只有背景的状态时，在“任务管理器”窗口中选择左上角“文件”菜单下的“运行新任务”，如图 5.4.8 所示。

④ 在“新建任务”窗口的文本框中输入“explorer”后回车，系统会重新回到桌面。

任务管理器

文件(F) 选项(O) 查看(V)

运行新任务(N)

退出(X)

启动 用户 详细信息 服务

名称	状态	14% CPU	54% 内存	2% 磁盘	0% 网络
System		0.2%	0.1 MB	0.2 MB/秒	0 Mbps
任务管理器		11.3%	20.8 MB	0.1 MB/秒	0 Mbps
开始		0%	19.0 MB	0 MB/秒	0 Mbps
Runtime Broker		0%	3.1 MB	0 MB/秒	0 Mbps
360安全浏览器 (32 位) (5)		0.2%	353.2 MB	0 MB/秒	0 Mbps
Runtime Broker		0%	5.4 MB	0 MB/秒	0 Mbps
服务主机: 功能访问管理器服务		0%	1.0 MB	0 MB/秒	0 Mbps
Snipaste		0%	18.9 MB	0 MB/秒	0 Mbps
Windows Defender SmartScreen		0%	8.5 MB	0 MB/秒	0 Mbps
服务主机: Geolocation Service		0%	1.9 MB	0 MB/秒	0 Mbps
Microsoft Excel		0%	46.6 MB	0 MB/秒	0 Mbps
Microsoft IME		0%	2.7 MB	0 MB/秒	0 Mbps
服务主机: AVCTP 服务		0%	1.2 MB	0 MB/秒	0 Mbps

图 5.4.8 任务管理器中打开“运行新任务”窗口

(4) Windows 10 桌面上丢失一些常用图标

故障描述:电脑启动进入 Windows 10 后发现桌面上的“此电脑”图标和“网络”图标不见了,如图 5.4.9 所示。

解决办法如下:

① 在桌面空白处单击鼠标右键,从弹出的快捷键菜单中选择“个性化”菜单项,如图 5.4.10 所示。

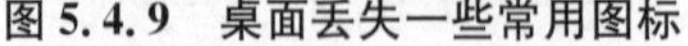

图 5.4.9 桌面丢失一些常用图标

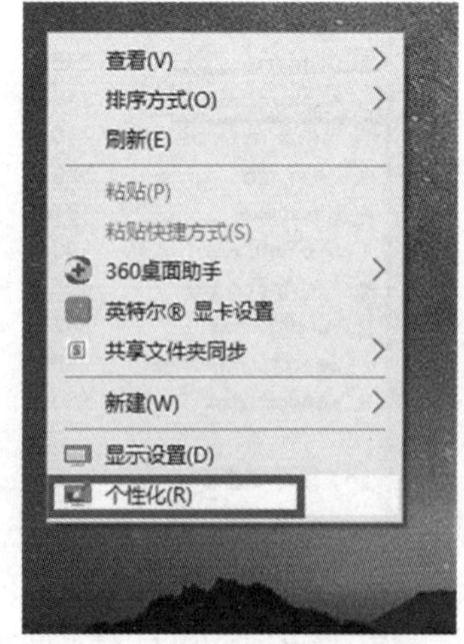

图 5.4.10 “个性化”菜单项

② 在打开的“设置、个性化”子窗口的左侧找到并单击“主题”选项,在右侧列表中找到“桌面图标设置”选项并单击,如图 5.4.11 所示。

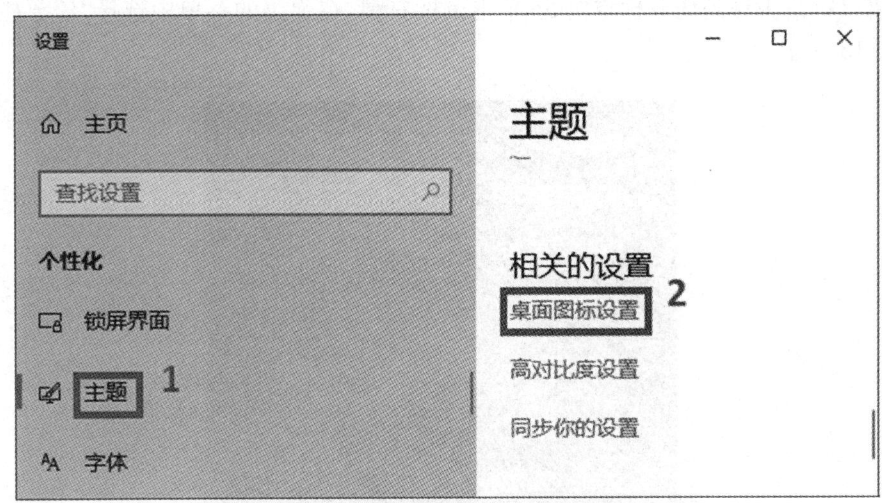

图 5.4.11　找到并单击“桌面图标设置”选项

③ 如图 5.4.12 所示，在打开的“桌面图标设置”窗口的“桌面图标”组合框中单击选中“计算机”和“网络”左侧的复选框，然后单击“确定”按钮，即可将这两个图标在桌面显示出来。

图 5.4.12　“桌面图标设置”窗口

(5) 任务栏中的“音量”图标消失

故障描述：任务栏右边的中原有的“音量”图标没有了。

解决办法如下：

① 将鼠标箭头移到任务栏空白处，单击鼠标右键，在弹出的菜单中选择“任务栏设置”，如图 5.4.13 所示。

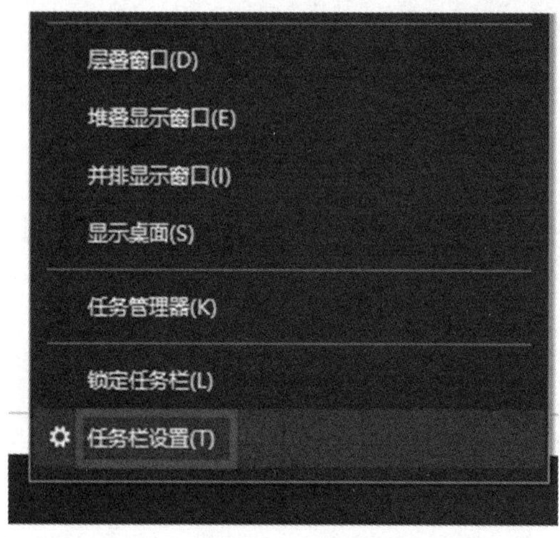

图 5.4.13 打开任务栏右键菜单

② 在打开的“设置、个性化”窗口的左侧找到“任务栏”选项，单击后在窗口右侧找到“选择哪些图标显示在任务栏上”，如图 5.4.14 所示。

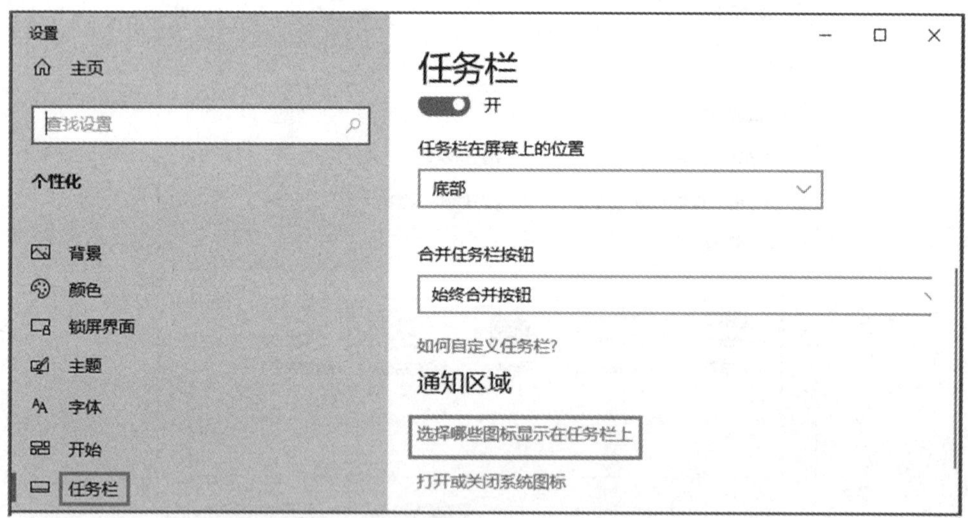

图 5.4.14 打开“设置、个性化”窗口

③ 在“选择哪些图标显示在任务栏上”子窗口中，鼠标拉动右侧滚动条，在列表中找到“音量”选项，单击其右侧的“关”，这时“关”字转换成“开”字，如图 5.4.15 所示，此时任务栏右侧 🔊 图标就显示出来了。

上述方法只适用于音量图标消失而声音仍然正常的情况，如果是声卡硬件有问题，那就要维修或更换声卡了。

(6) 任务管理器被系统管理员停用

故障描述：按下键盘上的 Ctrl + Alt + Del 组合键，在打开的菜单中不显示“任务管理器”选项，用户无法打开“任务管理器”窗口，如图 5.4.16 所示。

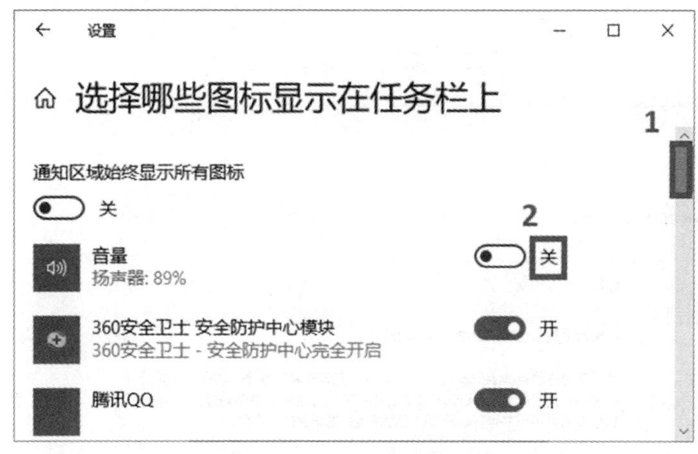

图 5.4.15　打开"音量"选项

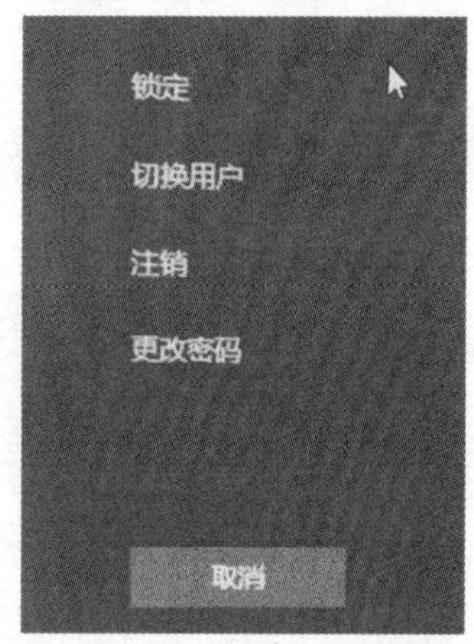

图 5.4.16　无"任务管理器"选项

解决办法如下：

① 右键单击"开始"按钮，在弹出的菜单中选中"运行"菜单项，弹出"运行"对话框。

② 在"打开"下拉列表文本框中输入"gpedit.msc"，然后单击"确定"按钮，弹出"本地组策略编辑器"对话框。

③ 在"本地组策略编辑器"窗口依次展开"用户配置"→"管理模板"→"系统"→"Ctrl + Alt + Del 选项"分支，如图 5.4.17 所示，在窗口右侧的窗格中双击"删除'任务管理器'"选项。

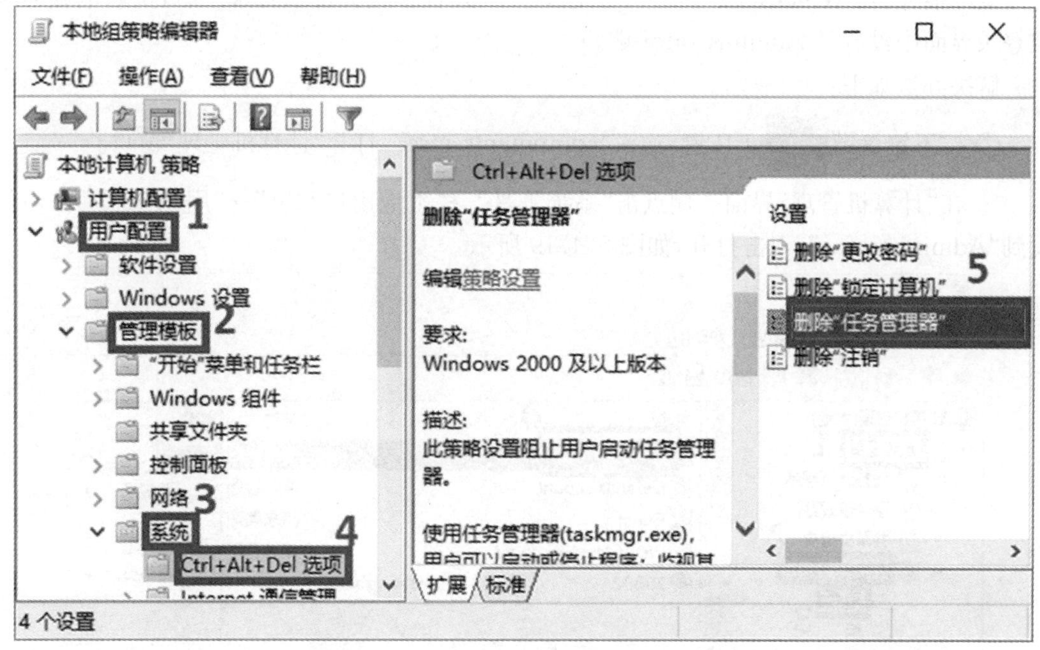

图 5.4.17　"本地组策略编辑器"窗口

④ 在弹出的"删除'任务管理器'"窗口中，选中"未配置"单选按钮，然后单击"确定"按钮即可，如图 5.4.18 所示。此时按下键盘上的 Ctrl + Alt + Del 组合键，在弹出的窗口中已经有"任务管理器"选项了。

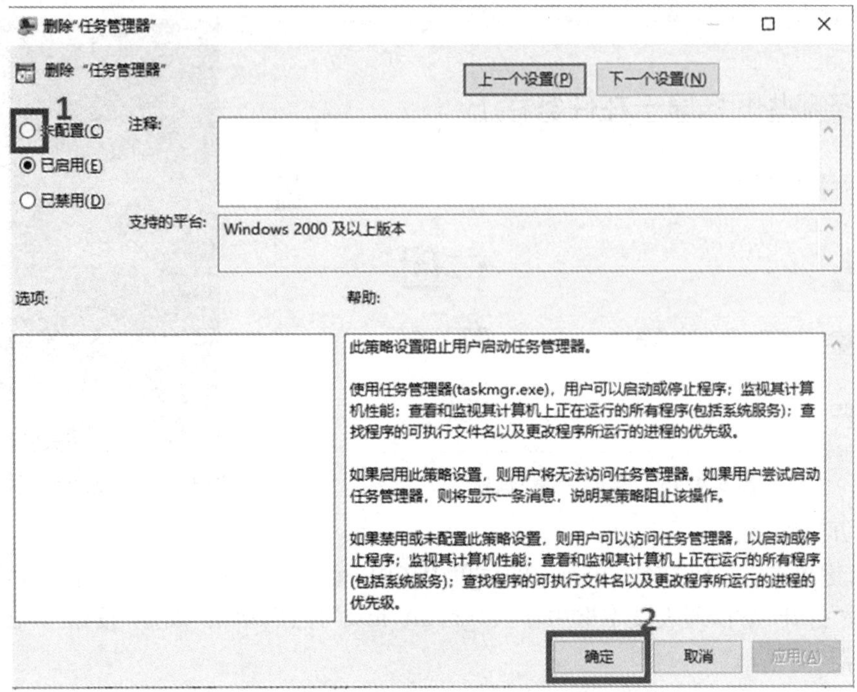

图 5.4.18 "删除'任务管理器'"窗口

(7) 无法用 Administrator 账户登录

故障描述：在 Windows 10 系统中新建另一个具有管理员权限的账户后，重启电脑时发现登录界面中没有了 Administrator 账户。

解决办法如下：

① 按下键盘键 + R 键，输入"compmgmt.msc"，打开"计算机管理"窗口。

② 在"计算机管理"界面左侧点击"系统工具"→"本地用户和组"→"用户"，然后在右侧找到"Administrator"，双击打开，如图 5.4.19 所示。

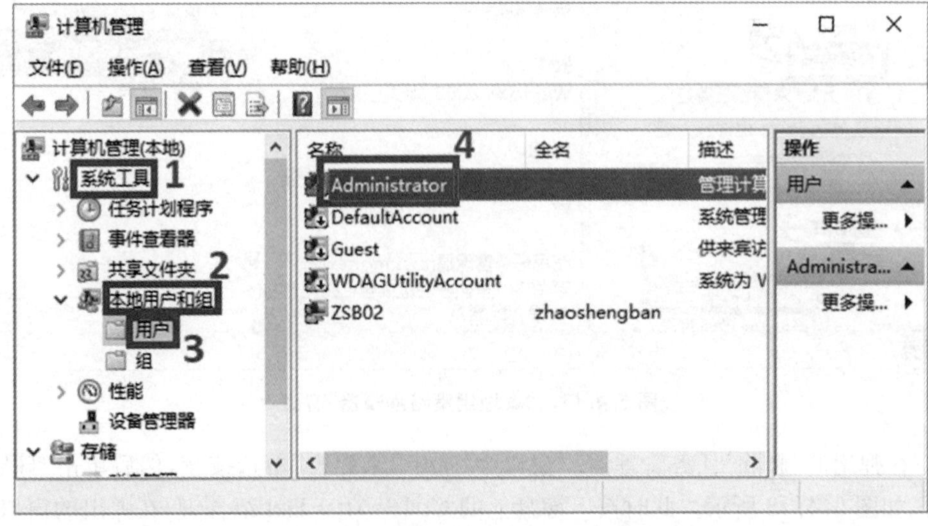

图 5.4.19 在"计算机管理"界面找到"Administrator"

③ 在打开的“Administrator 属性”窗口中勾选“密码永不过期”,同时取消“账户已禁用”的勾选,如图5.4.20所示,依次点击“应用”和“确定”按钮,关闭窗口。

④ 点击“开始”按钮,点击“用户”图标,弹出“Administrator”管理员账户,点击切换即可,如图5.4.21所示。

图5.4.20 启用“Administrator”账户

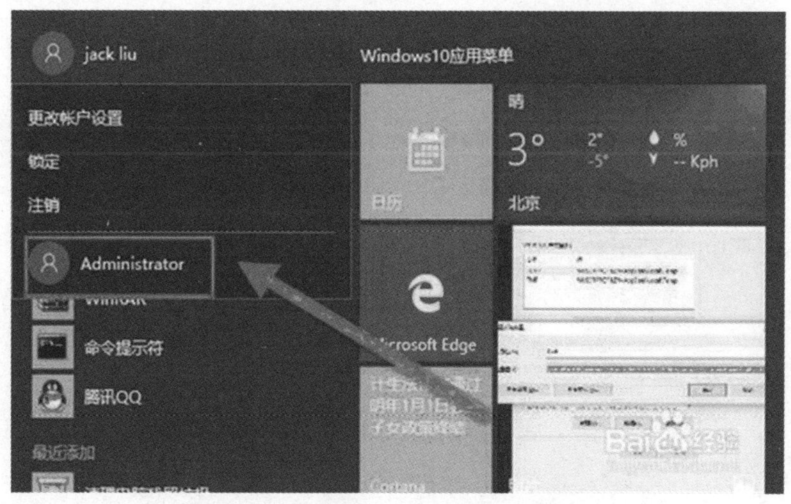

图5.4.21 切换到 Administrator 账户

(8) 屏幕上经常出现“正在更新……请不要关闭计算机……”

故障描述:Windows 10 设置了系统自动更新功能,在计算机联网的情况下,微软网站一旦有新的更新信息,Windows 10 系统将自动更新。

解决办法如下:

① 右键点击桌面上的“此电脑”,或者在资源管理器的左侧右键“此电脑”,选择“管理”。

② 进入“计算机管理”界面后,双击左侧选项栏里面的“服务和应用程序”,单击“服务”,此时,右侧就会出现许多服务选项,找到“Windows Update”,如图5.4.22所示。

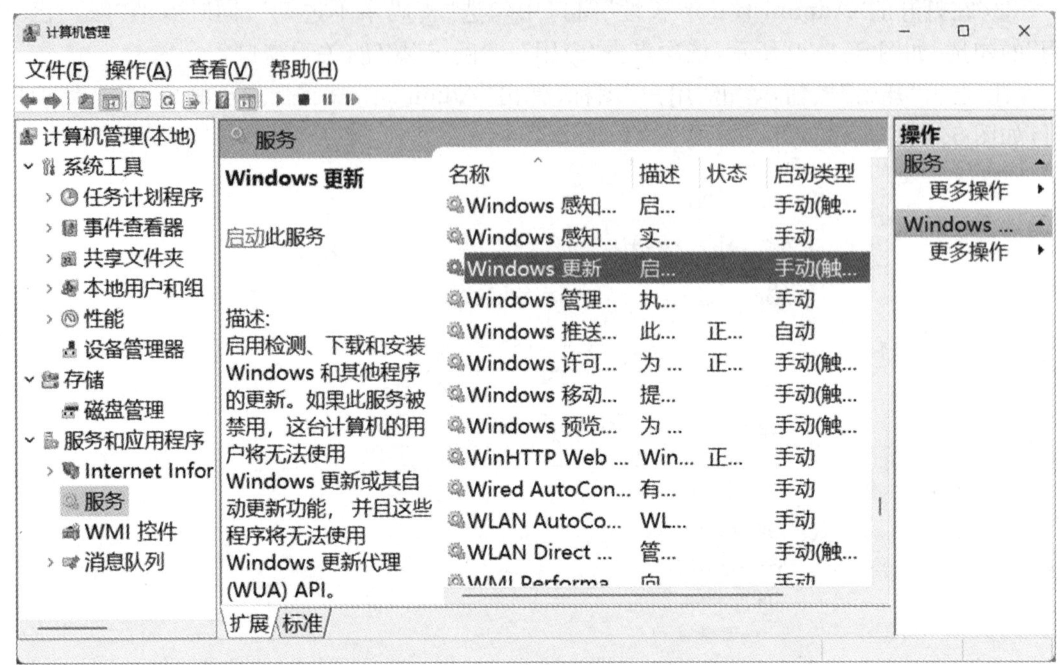

图 5.4.22 "Windows Update"服务

③ 双击打开"Windows Update"服务，在弹出的小窗口中点击"停止"按钮，然后把启动类型改为"禁用"，如图 5.4.23 所示，点击"确定"，这样就关闭了 Windows 10 的自动更新服务。

Windows 更新 的属性(本地计算机)

常规 登录 恢复 依存关系

服务名称: wuauserv

显示名称: Windows 更新

描述: 启用检测、下载和安装 Windows 和其他程序的更新。如果此服务被禁用，这台计算机的用户将无法使用

可执行文件的路径:
C:\WINDOWS\system32\svchost.exe -k netsvcs -p

启动类型(E): 手动

服务状态: 已停止 停止(T)

启动(S) 停止(T) 暂停(P) 恢复(R)

当从此处启动服务时，你可指定所适用的启动参数。

启动参数(M):

确定 取消 应用(A)

图 5.4.23 禁用 Windows Update

(9) Windows 10 自带的部分应用被卸载

故障描述:有些朋友觉得 Windows 10 自带的一些应用工具好像用不着或者根本不会用就卸载掉了。可是等到要用时才后悔,怎样才能恢复呢?

解决办法如下:

① 鼠标右键单击"开始"按钮,在出现的菜单中选择"Windows PowerShell(管理员)",如图 5.4.24 所示。

图 5.4.24　打开 Windows PowerShell 窗口

② 在打开的"管理员:Windows PowerShell"窗口中的命令提示符后,输入"Get-Appx-Package-AllUsers| Foreach {Add-AppxPackage-DisableDevelopmentMode-Register "$($_.InstallLocation)AppXManifest.xml"}",再回车,如图 5.4.25 所示。

③ 待命令执行完毕后,重启电脑后就会发现所有 Windows 10 内置应用都安装好了。

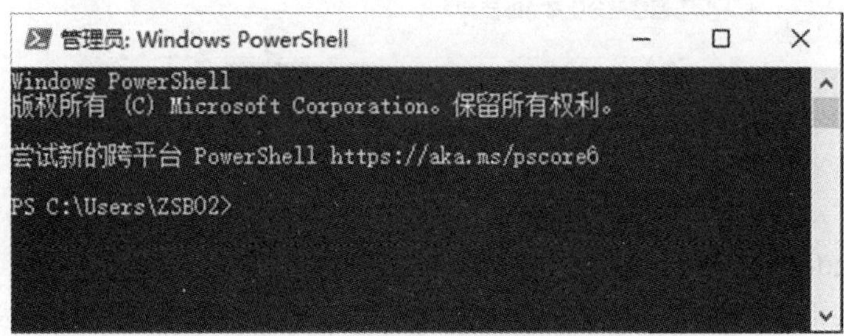

图 5.4.25　在窗口输入指定命令字符串

(10) 出现报错、无法最大化窗口、花屏等问题

故障描述:有部分游戏是针对早期的 DirectX 版本开发的,而 Windows 10 自带的是 DirectX 12,所以有时在玩游戏时会出现版本不兼容的状况。

解决办法如下:

① 如图 5.4.26 所示,单击"任务栏"左侧的"搜索"按钮,在打开的窗口下方搜索文本框中输入"启用或关闭 Windows 功能",单击窗口右上角系统找到的"启用或关闭 Windows 功能"选项,打开"Windows 功能"窗口。

图 5.4.26 搜索"启用或关闭 Windows 功能"

② 在"Windows 功能"窗口展开"旧版组件"选项，点击勾选"DirectPlay"左侧复选框，再按下"确定"按钮，如图 5.4.27 所示，Windows 10 系统就会自动搜索并启用该功能，故障消除。

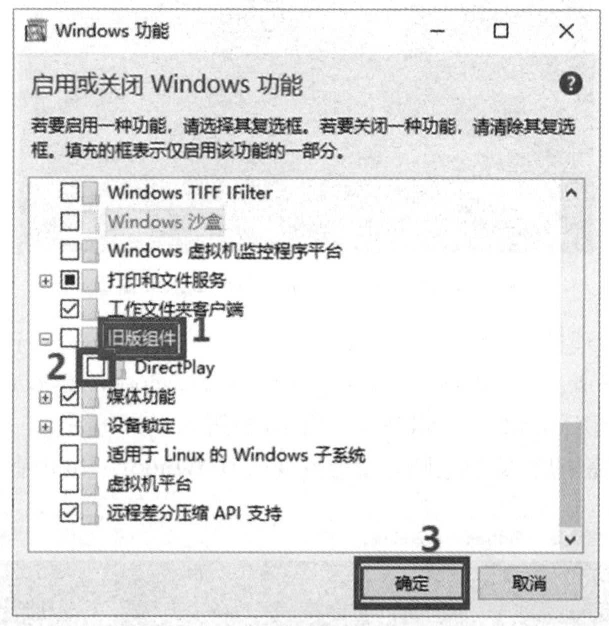

图 5.4.27 启用"旧版组件"窗口

(11) 在 Windows 10 中新建文件夹时系统卡死

故障描述：当你在创建一个文件夹的时候，Windows 10 资源管理器突然卡死，一点都动弹不了。

解决办法如下：

① 鼠标右键单击 Windows"开始"按钮，在弹出的菜单中选择"文件资源管理器"，然后在打开的窗口依次点击"文件""更改文件夹和搜索选项"选项，如图 5.4.28 所示。

② 在打开的"文件夹选项"窗口下方的"隐私"选项中，单击"清除"按钮，清除文件资源管理器的历史记录，再单击"确定"，关闭窗口，如图 5.4.29 所示。之后在新建或重命名文件夹时，就不用再担心卡死了！

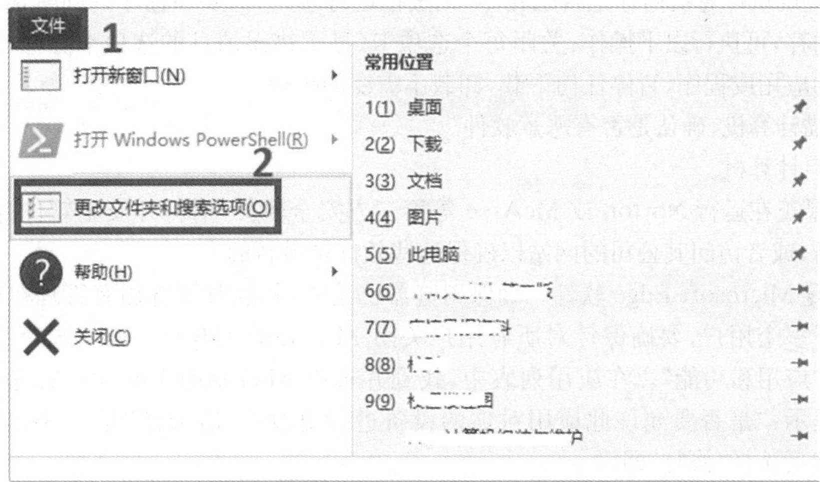

图 5.4.28　选中并打开“更改文件夹和搜索选项”选项

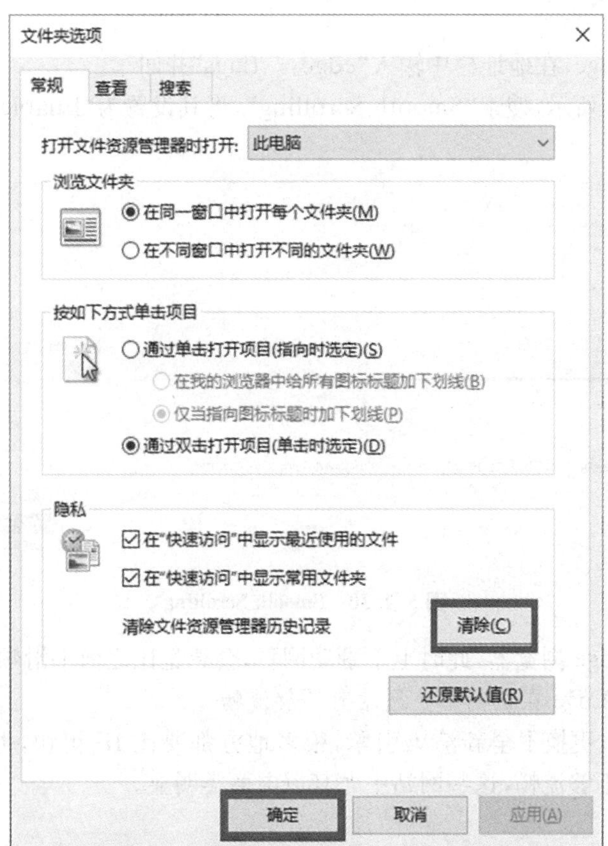

图 5.4.29　清除“文件资源管理器”的历史记录

2. Microsoft Edge 浏览器故障诊断

(1) 打开 Microsoft Edge 时出现问题

故障描述:无法打开 Microsoft Edge,或者打开后迅速关闭,或者无法打开特定网页。

解决办法如下:

① 检查确认计算机内存是否已耗尽,无法在运行应用、扩展和程序的同时加载站点,如果要释放内存,可执行以下操作:关闭每个选项卡(显示错误消息的选项卡除外),关闭其他正在运行的应用或程序,暂停任何下载,卸载不需要的扩展。

② 扫描计算机,确认是否有恶意软件。

③ 重启计算机。

④ 如果正在运行 Norton 或 McAfee 等第三方安全软件,请打开安全软件并检查是否有安全更新,或者访问其公司的网站以确保这些软件是最新的。

⑤ 修复 Microsoft Edge 软件。确保浏览器已关闭,并且对设备拥有管理权限(如果设备中登录了多个用户,要确保针对所有用户关闭 Microsoft Edge)。依次选择“开始”“设置”“应用”“应用和功能”。在应用列表中,找到并选中 Microsoft Edge,然后选择“修改”。如果出现提示:“是否要允许此应用对你的设备进行更改?”,请选择“是”。确保已连接到 Internet,然后选择“修复”即可。

(2) Microsoft Edge 无平滑滚动效果

故障描述:打开 Microsoft Edge 后,显示网页内容时无法呈现出平滑滚动的效果。

解决办法如下:

① 打开新版 Edge,在地址栏中输入“edge://flags”并回车。

② 如图 5.4.30 所示,搜索“Smooth Scrolling”,将其设置为“Enable”。

图 5.4.30 Smooth Scrolling

③ 重新启动 Edge 浏览器,此时上下翻动网页,会感觉比之前平滑顺畅。

(3) Microsoft Edge 在访问一些网站时不够流畅

故障描述:Edge 更换了全新渲染引擎,很多地方都要比 IE 更快,但不少人发现,Edge 在浏览很多网站时不够流畅,这些网站中尤其以电商类明显。

解决办法如下:

在地址栏中输入“about:flags”进入开发者模式,然后搜索“Experimental JavaScript”,在显示的“Experimental JavaScript”选项后,将“已禁用”改成“已启用”,这时浏览器会提示重启才生效。重启浏览器后,再次打开电商类网站时,会发现比以前流畅一些了。

3. 办公软件故障

(1) Word 2019 在试图打开文件时遇到错误

故障描述:有时候在打开外来文件时会显示 Word 在试图打开文件时遇到错误问题。

解决办法如下：

① 找到文件位置，打开文件，出现如图 5.4.31 所示错误。

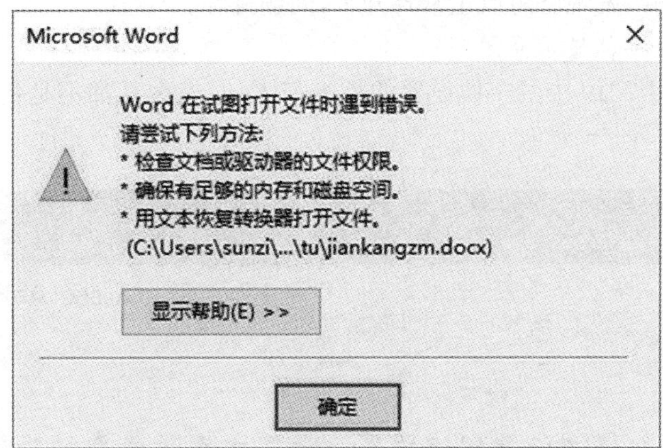

图 5.4.31　Word 在试图打开文件时遇到错误

② 右击文件，在弹出的菜单中选择“属性”选项，打开“属性”对话框，如图 5.4.32 所示。

图 5.4.32　Word “属性”对话框

③ 在“属性”对话框下方的“安全”选项中，单击“解除锁定”前的复选框，取消选中，然后单击“确定”，关闭窗口。

④ 重新打开文件，发现已可以正常打开了，问题排除。

(2) Word 2019 字体显示问题

故障描述：Word 2019 中的字体设置的是仿宋体，但怎么看都不是仿宋体，如图 5.4.33 所示。

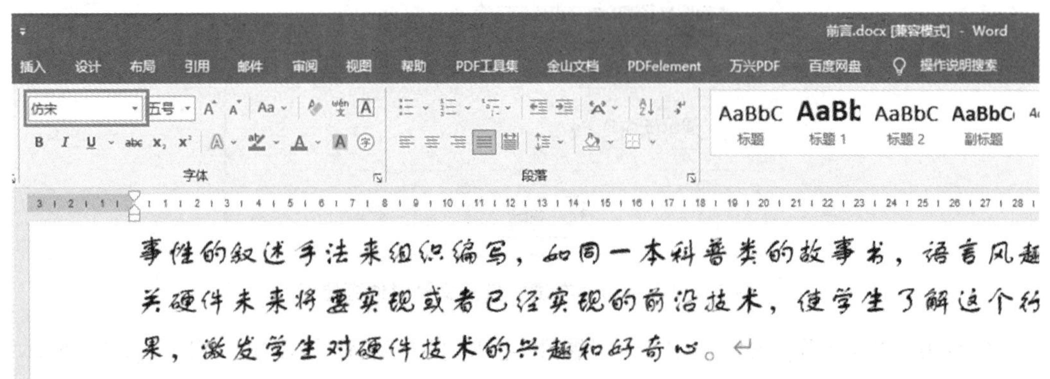

图 5.4.33　Word 2019 中的字体显示不正常

解决办法如下：

① 在 Word 菜单栏最左侧找到“文件”菜单项并单击，如图 5.4.34 所示，在出现的下拉菜单的最下方找到“选项”并单击。

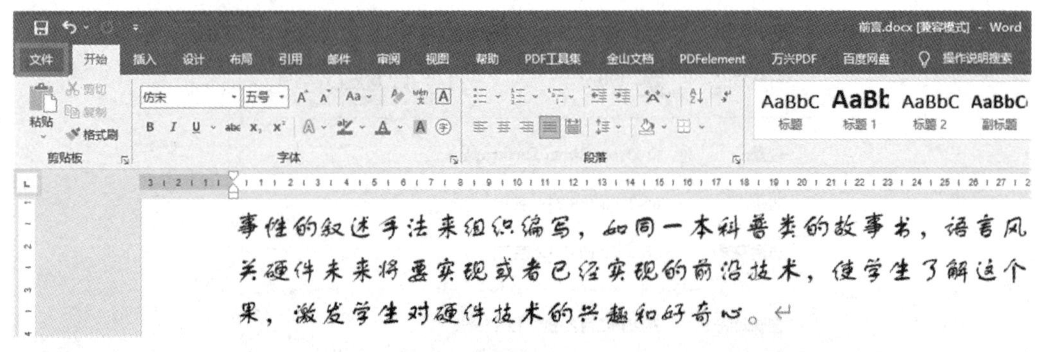

图 5.4.34　通过“文件”菜单项打开“Word 选项”对话框

② 在如图 5.4.35 所示的“Word 选项”对话框中单击左侧“保存”选项后，在右侧显示的“保存文档”下面区域中找到“将字体嵌入文件(E)”“仅嵌入文档中使用的字符(适于减小文件大小)(C)”子项，单击其左侧的复选框分别勾选中，然后单击“确定”按钮关闭对话框，问题即可解决。

(3) 找不到对号

故障描述：想在 Word 中插入对号，但找到的符号不太像对号。

解决办法如下：

① 在 Word 菜单栏找到并单击“插入”菜单项，在下方显示的选项中点击“符号”，再在其下单击“其他符号”，打开“符号”窗口。

② 在打开的“符号”窗口中，点击“字体”右侧的下拉箭头，在打开的列表中找到并点击

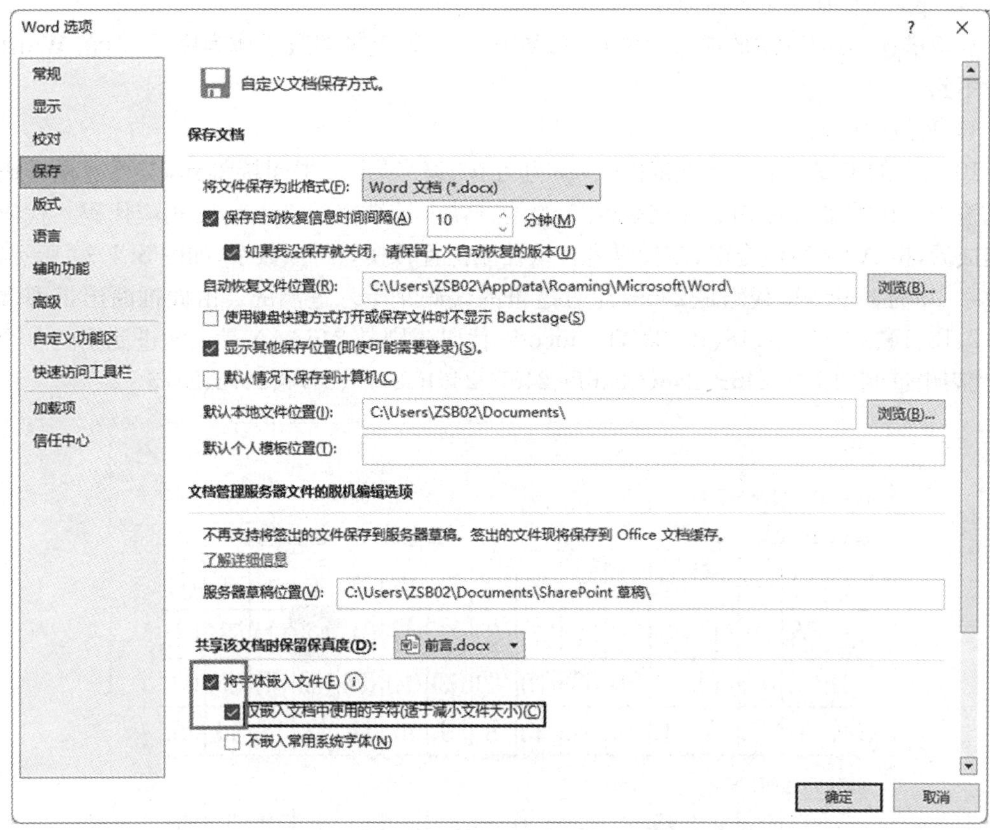

图 5.4.35　在“Word 选项”对话框中进行设置

“Wingdings2”，在其下方的区域翻找对号“✓”，找到后选中，点击“插入”按钮，如图 5.4.36 所示。

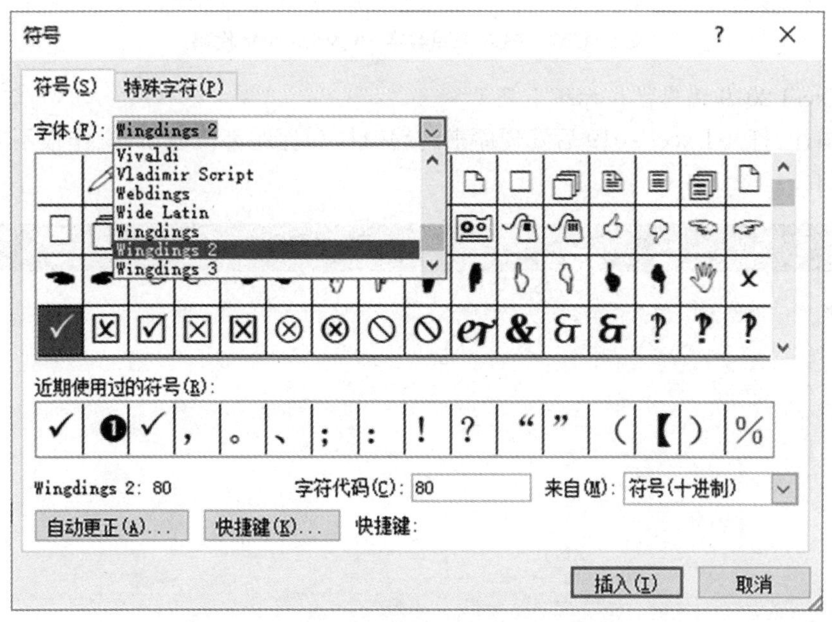

图 5.4.36　在“符号”窗口找到并插入对号“✓”

(4) 找不到 10 以上带圈数字

故障描述：有时列举的项目较多时，需要用到 10 以上带圈数字作为序号，但在 Word 中却找不到。

解决办法如下：

10 以上的带圈数字不能直接插入，但也可在“符号”窗口中间接得到，需要通过转码的方式输入。在需要输入 10 以上带圈数字的位置输入该数字的 Unicode 相应代码。代码输入完成后，按 Alt + X 组合键，该代码将自动在原位置转换为带圈数字，如图 5.4.37 所示，带圈数字 10 的 Unicode 代码是 2469，注意这里的代码是十六进制的。由此推断出带圈数字 11、12、13、14、15、16、17、18、19、20 的 Unicode 代码分别是 246A（A 是十六进制中的一个数字，代表十进制的 10）、246B、246C、246D、246E、246F、2470、2471、2472、2473。

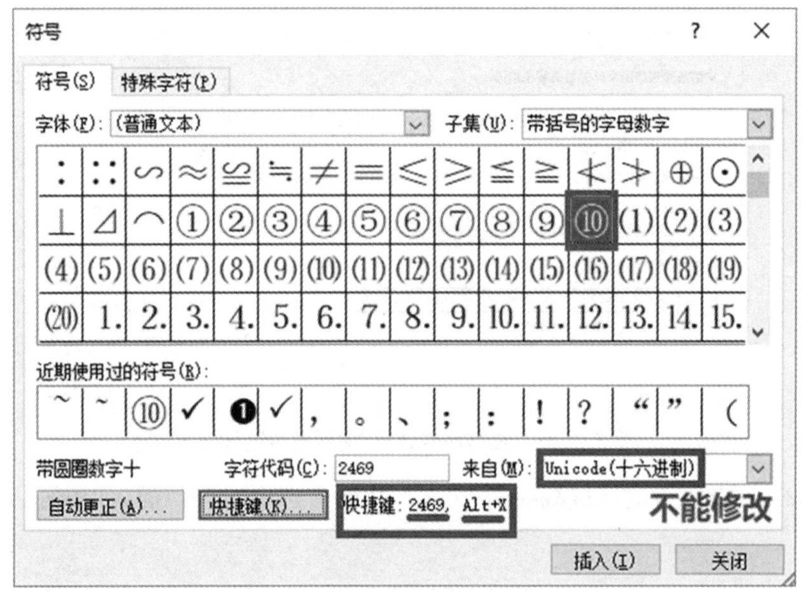

图 5.4.37　输入带圈数字 10 的 Unicode 代码

(5) Excel 2019 编辑栏和标题不见了

故障描述：打开 Excel 2019 后发现原来的编辑栏和标题都没有了，操作很不方便，如图 5.4.38 所示。

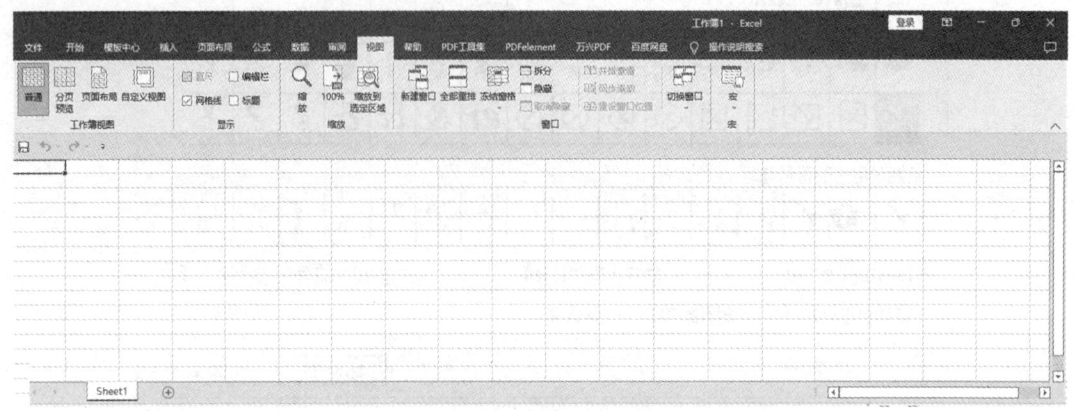

图 5.4.38　没有了编辑栏和标题的 Excel 2019

解决办法如下：

点击“工具栏”中的“视图”选项，在出现的界面中找到并点击勾选编辑栏、标题，这样编辑栏和标题便恢复了。

一、填空题

1. ______是一款由奇虎推出的功能强、效果好、受用户欢迎的网络安全管理软件。
2. 本项目中介绍的______软件可以对整机性能进行测试。
3. 用______对显卡性能进行测试，其测试过程可分为四大步。
4. 在“运行”对话框中输入______命令可以打开 Windows 注册表编辑器。
5. 在“运行”对话框中输入______命令可以设置 Windows 系统启动项。
6. 本项目中介绍的 Windows 系统优化软件有______、______等。
7. 本项目中介绍的______软件可以对 Windows 系统进行备份和还原。
8. 本项目中介绍的______是一款不错的数据恢复软件。
9. 当前微机用户存储数据的常用途径有______、______、______、______。
10. 目前 U 盘的几种启动模式中最常用的模式是______。
11. 当前 U 盘制作工具可分为基于 DOS 启动和基于______启动两种类型。

二、选择题

1. 下列属于国内杀毒软件品牌的是（　　）。

A. 迈克菲　　B. 诺顿　　C. 瑞星　　D. 小红帽

2. 专业防火墙一般指的是（　　）。

A. 由软件构筑的计算机保护屏障

B. 由软件和硬件设备组合而成的，作为内网计算机与公网之间的一道安全屏障

C. 由硬件构筑的计算机保护屏障

D. 以上都不对

3. 下面几款软件中，能测试计算机整机性能的是（　　）。

A. 3DMark　　B. AIDA64　　C. Ghost　　D. EasyRecovery

4. 以下软件不具有优化系统功能的是（　　）。

A. Ghost　　B. 超级兔子

C. Windows 系统优化大师　　D. 360 安全卫士

5. 执行 Ghost 软件后，依次选择“Local(本地)”→“Partition(分区)”，选择（　　）是进行系统备份。

A. Frompartition　　B. From Image　　C. To Image　　D. 以上都不对

6. 系统丢失一些文件无法启动时，下列正确做法是（　　）。

A. 利用 EasyRecovery 恢复软件恢复丢失文件

B. 拷贝其他机器上的所有文件覆盖本机

C. 利用 Windows 系统安装版光盘引导，选择修复系统

D. 以上都不对

7. 打开 Windows 注册表的方法有（　　）。

A. 点击“开始”→“运行”→“regedit”

B. 按下微软键 + R→输入“regeidit”

C. 新建一个批处理文件，在文件里面写入“regedit”，然后双击运行该文件

D. 以上说法都正确

8. 下列计算机保养常识中合理的是(　　)。

A. 保持机箱的平稳　　B. 使用电源要稳定

C. 不能在电脑前吃零食　　D. 以上措施都正确

9. 软件故障的排除方法有很多，如软件最小系统法和逐步添加/去除软件法等。下列不属于软件故障的排除方法是(　　)。

A. 安全模式法　　B. 交换法

C. 程序诊断法　　D. 软件环境参数重置法

10. IE 浏览器的窗口在打开时不能自动最大化，每次把窗口最大化后关闭，下次打开时又恢复到原来的窗口大小。遇到这种现象时，可以通过在“开始”菜单的“运行”对话框中输入(　　)来打开注册表编辑器，展开相应分支，删除相关键值并重启系统修复。

A. regedit　　B. msconfig　　C. ping　　D. net

11. 下列属于光盘刻录软件的是(　　)。

A. Word　　B. Nero　　C. Flash　　D. CPU-Z

12. 下列属于 U 盘启动制作软件是(　　)。

A. Nero　　B. Flash　　C. Word　　D. 大白菜

13. 基于 Windows PE 的 U 盘启动盘的制作工具有很多，下列不是这类软件的是(　　)。

A. 电脑店　　B. U 盘之家　　C. 大白菜　　D. Ghost

14. 有关 U 盘启动后能安装的操作系统版本，下列说法正确的是(　　)。

A. 只能安装 Windows XP　　B. 只能安装 Windows 7

C. 只能安装 Windows 10　　D. 以上操作系统都可以安装

三、简答题

1. 引起软件故障的原因主要有哪些?

2. 排除软件故障有哪些常用方法?

项目6　计算机硬件系统维护

知识目标：熟悉计算机硬件系统的日常保养方法和注意事项；了解排除计算机硬件故障的一般原则与几种常用方法。

能力目标：能够在日常使用过程中正确保养计算机硬件系统；能够在实际情景中正确判别、排除常见硬件故障。

素质目标：分析计算机硬件维护相关工作岗位的社会价值，引导学生敬业爱岗，培养学生心细手巧、踏实刻苦、精益求精的良好职业素质。

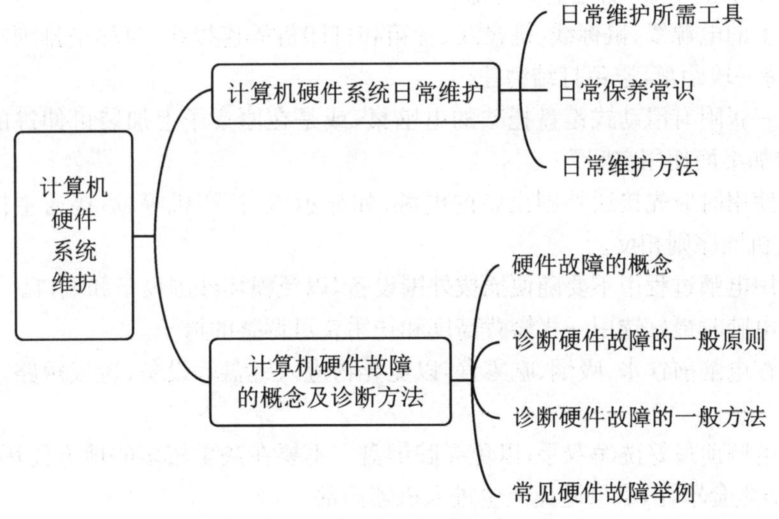

任务6.1 计算机硬件系统日常维护

6.1.1 日常维护所需工具

计算机硬件维护所需工具有:十字螺丝刀、平口螺丝刀、毛刷。如要清洗光驱内部,还要准备镜头拭纸、电吹风机、无水乙醇、脱脂棉球、镊子、吹气球、回形针、钟表油、黄油等工具及材料。

6.1.2 日常保养常识

① 应把电脑主机与显示器放置在不易晃动、表面平稳的地方;摆放在地板上时,要在机箱底部垫上一块平整的板子。

② 若连接电脑的电源不稳或时常断电,最好加一个有接地功能的稳压装置或 UPS 电源。

③ 保持电脑设备散热孔的清洁,勿把纸张或是其他杂物放在电脑上,否则易造成空气流通不畅,电脑散热困难,缩短电脑寿命。

④ 电脑上的电源线、鼠标线、键盘线、音箱和打印机等连接线,应尽量排列在电脑后方,并与墙壁保持一段距离,避免打结缠住。

⑤ 购买一张附有滑动式键盘托架的电脑桌,或是在原桌子上加装可伸进的键盘架,以保护键盘,增加桌面使用空间。

⑥ 电脑使用时应先接通外围设备的电源,如显示器、打印机等,后接通主机电源;不使用电脑时,关机顺序则相反。

⑦ 在使用电脑过程中不要随便插拔外围设备,以免损坏外围设备和端口。

⑧ 使用电脑时最好选用一张椅背高度和扶手皆可调整的椅子。

⑨ 不要在电脑前饮水、吸烟、吃零食,以免异物进入键盘等设备,造成短路,带来不必要的损失。

⑩ 操作电脑前最好洗净双手,以免弄脏键盘。不要在灰尘较多的地方使用电脑。用完电脑后要用防尘套罩住,尽量避免灰尘进入机器内部。

⑪ 尽量使显示器屏幕与窗户保持垂直,以避开可能反射的刺眼光线。勿使电脑处在阳光直射的地方。

⑫ 键盘要定期清理,可用酒精棉花球来擦洗干净;鼠标器底部也要经常用酒精清洗。

⑬ 使用鼠标时应避免在不平滑、不干净的桌面上使用,最好为其加个干净的鼠标垫。

⑭ 定期执行磁盘碎片整理命令"cleanmgr",以提高机器性能。

⑮ 应经常保持光盘等储存媒体的清洁,要将备份有重要资料的储存媒体与电脑分别放置,以免发生意外同时损毁。

⑯ 应尽量使用正版软件,少执行不明来历的可执行文件,勿使用非绝对安全的外来盘,

以免病毒侵入。安装查杀病毒软件和防火墙软件,定期升级,防止病毒侵入。

⑰ 最好给电脑及一些重要软件、文件加上口令或采取其他一些保密措施,以防他人破坏、偷看、盗用;在外人使用电脑时,最好亲自在旁看着,以免其误操作或其他一些原因造成损失。

6.1.3 日常维护方法

1. 整机的维护

电脑应放置于整洁、通风好的房间,避免灰尘和高温对电脑配件造成不良影响。电脑长期不用时应切断电源,但切记要定期开机运行一下,以防潮气造成各种部件损坏。

2. 电源的维护

① 购买品质优良的电源并定期清洁电源盒。

② 电脑电源应使用单独的插座。

3. 显示器的维护

显示器如不是触摸屏,就不要用手去摸屏幕。用手触摸显示屏会发生剧烈的静电放电现象,而静电放电会损害显示器。

4. 主板的维护

不打开机箱,我们一般接触不到它,平时碰到最多的是随意热插拔部件,这会造成接口损坏,严重时会导致相关芯片或电路板烧毁。一般不要轻易触碰主板,如主板灰尘过多,建议用冷风枪吹吹。

5. CPU 的维护

① 不要超频。现在主流 CPU 运行频率已经够快了,没必要超频。

② CPU 一般在 75 ℃以下都可以正常工作。

③ CPU 风扇是 CPU 的保护神,要定期清除风扇叶片上的灰尘并给风扇轴承加润滑油。

6. 内存的维护

① 安装一根内存时,应首选与 CPU 插座接近的内存插座。

② 升级内存时,最好选择与原有内存相同的频率,否则易造成很多不兼容问题;安装内存条时动作要规范。

③ 内存金手指与显卡的一样,氧化会导致黑屏,可以定期用橡皮、酒精棉等清洗。

7. 硬盘的维护

硬盘非常脆弱,使用不当很容易出问题。其中震动对机械硬盘的损害是致命的,所以计算机运行时切忌搬动。

任务 6.2 计算机硬件故障及诊断方法

6.2.1 硬件故障的概念

在日常使用计算机时,常常会遇到各种各样的问题,造成无法正常使用计算机,这就是计算机故障。

计算机故障从性质上分为硬件系统故障(硬件故障)和软件系统故障(软件故障)。计算机硬件系统故障又包括器件接触不良及器件损坏两种情况。

由于硬件故障维修的技术要求很高,维修成本很高,维修一块板卡的费用经常比买一块新板卡的费用还高。因此,目前硬件故障的维修主要是找到有故障的板卡,更换一块好的板卡。在这种情况下,硬件故障的维修重点就转移到故障的定位了,只要发现故障点,更换成好的部件,就可以排除硬件故障,使系统恢复正常。

6.2.2 诊断硬件故障的一般原则

1. 环境观察

维护计算机的第一步往往不是直接打开机箱,而是先观察周围环境。主要包括:

① 计算机周围的环境情况,如计算机位置、电源、连接线、温度与湿度等。

② 计算机表现的故障现象、显示器显示的内容与正常情况下的异同。

③ 计算机内外的物理情况,如灰尘、线路板和元器件、部件的形状、指示灯显示状态等。

④ 计算机软硬件配置,如安装了哪些硬件、软件,系统资源的使用情况,使用的是哪种操作系统,硬件的驱动程序版本等。

2. 故障判断

根据观察的现象,判断故障产生的原因,判断内容包括以下几个方面:

① 是什么故障?为什么会产生故障?应如何处理?

② 如果不熟悉所观察到的现象,要尽可能地先查阅类似故障处理方案。

③ 在分析故障时,尽量根据自身已有的知识、经验来进行判断,对于自己不懂的,向有经验的人寻求帮助。

3. 先想后做

① 先想好怎样做,从何处入手,再实际操作,也可以说是先分析判断,再进行维修。

② 对于所观察到的现象,尽可能地先查阅相关的资料,看有无相应的技术要求、使用特点等,然后根据查阅到的资料着手维修。

③ 在分析判断的过程中,要根据自身已有的知识、经验来进行判断。

4. 先软后硬

先检查软件,判断是否为软件故障,当软件环境正常后,再着手检查硬件方面。

① 先外设后主机。外设上的故障较容易发现和排除,我们应先根据系统报错信息检查鼠标、键盘、显示器等外部设备的工作情况。如果没问题,我们再检查主机部分。

② 先电源后部件。电源容易引起故障,如电源功率不足、输出电流不正常等都会导致故障,在检查主板、内存、显卡和硬盘等部件前,先检查电源有没有问题。

③ 先简单后复杂。电脑发生故障时,先从最简单的原因开始检查,如数据线有没有松动,插卡有没有接触不良等,如果还有问题,再考虑硬件设备。

5. 先主后次

一台机器存在多个故障的现象时,应该先判断、维修主要的故障,再维修次要故障。

6.2.3　诊断硬件故障的一般方法

1. 清洁法

对于使用环境较差，或使用时间较长的计算机，应首先进行清洁，可用毛刷轻轻刷去主板灰尘。

外设上的灰尘如果灰尘已清扫掉，或无灰尘，就进行下一步的检查。板卡上一些插卡或芯片采用插脚形式连接，由于震动、灰尘等原因，常会造成引脚氧化、接触不良。可用橡皮擦去表面氧化层，再重新插接好。

2. 直接观察法

直接观察法是利用人的感觉器官来检查的方法。

“看”即观察系统板卡的插头、插座是否歪斜；电阻、电容引脚是否相碰，表面是否烧焦；芯片表面是否开裂；主板上的铜箔是否烧断；是否有异物掉进主板的元器件之间（会造成短路）。

“听”即监听电源风扇、磁盘电机或寻道机构、显示器变压器等设备的工作声音是否正常。另外，系统发生短路故障时常常伴随有异常声响。监听可以及时发现一些事故隐患。

“闻”即闻主机、板卡中是否有烧焦的气味，便于发现故障和确定短路所在。

“摸”即用手按压板卡的活动芯片，看芯片是否松动或接触不良；在系统运行时用手触摸或靠近 CPU、显示器、硬盘等设备的外壳，根据其温度判断设备运行是否正常；用手触摸一些芯片的表面，判断是否有不正常的发热。

3. 插拔法

计算机系统产生故障的原因很多，主板自身故障、I/O 总线故障、各种插卡故障均可导致系统运行不正常。插拔法是确定故障发生在主板还是 I/O 设备的简捷方法。关机将板卡逐块拔出，每拔出一块板卡后就开机观察机器运行状态，一旦系统运行正常，那么就是该板卡故障或相应 I/O 总线插槽及负载电路故障。若拔出所有板卡后系统仍不正常，则故障很可能在主板上。

插拔法的另一意义：如一些芯片、板卡与插槽接触不良，将这些芯片、板卡拔出后再重新正确插入就可以解决因接触不良而引起的故障。

4. 比较法

运行两台或多台相同或类似的计算机，根据执行相同操作时的不同表现，初步判断故障的部位。

5. 震动敲击法

用手指轻轻敲击机箱外部，有可能解决接触不良或虚焊造成的故障，然后可进一步检查故障点的位置并排除。

6. 交叉替代法

找到完好的同型号板卡或同型号芯片相互替代，根据故障现象的变化情况，判断故障所在。此法多用于易插拔的部件，使用交叉替代法可以快速判定某个部件是否有问题。

7. 最小硬件系统法

所谓最小硬件系统法是指保留使系统能运行的最小配置，把其他的设备从系统扩展槽或接口中临时取下来，再通电观察，看最小硬件系统能否运行。

8．系统配置减小法

这种方法和最小硬件系统法正好相反，用于开机后系统没有反应时的故障处理。当系统没有任何反应时，检查各连接线及电源连接处正常后，关掉电源，打开主机箱，逐个从系统板扩展槽中取下接口电路板或控制板。当取出某块电路板通电后，系统有反应则说明刚刚取下的电路板有问题。

9．软件测试法

仅靠硬件维修手段往往很难找出故障所在，而通过随机诊断程序、专用维修诊断卡及各种技术参数（如接口地址）、自编专用诊断程序来辅助硬件维修则可达到事半功倍的效果。

6.2.4 常见硬件故障举例

1．主板、CPU和内存故障举例

（1）无法保存BIOS设置

故障现象：电脑每次开机都要按F1键继续，按F2键进入BIOS设置界面。

解决方法：一般此故障是主板电池没电造成的，更换一块新电池即可。

（2）主板电容损坏导致电脑无法启动

故障现象：电脑开机后，显示器指示灯一直亮着，但没有任何信号输出，也没有自检声，键盘指示灯也只是在通电时亮一下便不再亮了，硬盘更是无法正常运行。

解决方法：首先检查内存、CPU、电源等部件，若没有发现任何问题，然后检查主板上CPU插槽旁的一个电解电容的外皮是否变形，两只引脚上有无白色的漏液痕迹，若存在问题，用尖嘴烙铁加热后取下损坏的电容，换上一个同型号的好电容，通电检测，电脑能够正常运行，故障排除。

（3）主板温控失常，引发主板“假死”

故障现象：主板发热烫手，计算机无法启动。

解决方法：由于现在CPU发热量非常大，所以许多主板都有温控装置。一般当CPU温度过高或主板上的温度监控系统出现故障时，主板就会自动进入保护状态，拒绝启动或报警提示。所以当你的主板无法正常启动或报警时，先检查下主板的温度监控装置是否正常。

（4）主板不启动，开机无显示，有内存报警声

故障现象：主板无法启动，开机后显示器无显示，发出有内存报警声。

解决方法：内存报警的故障较为常见，主要是内存接触不良引起的。打开机箱，把内存条取下来，用橡皮仔细地把内存条的金手指擦干净再重新插上，故障便可解决。

（5）引导时无显示

故障现象：计算机在启动时无显示。

解决方法：通常在主板的锂电池附近，其默认位置通常为1、2短路，只需将其更改为2、3短路，几秒钟即可解决问题，如果找不到主板上的跳线，只需取出电池，然后再安上去即可达到清除BIOS的目的。

（6）电脑蓝屏

故障现象：电脑开机时屏幕蓝屏显示“MACHINE-CHECK-EXCEPTION”错误代码，重启电脑仍会出现相同问题。

解决方法：此类情况与CPU超频有关，启动自动修复程序，修复系统错误后，将CPU降

回出厂频率，不要超频运行。

(7) CPU 温度过高

故障现象：电脑正常运行一段时间后就会慢下来，而且经常出现无故死机或者重启现象。

解决方法：在排除病毒和使用不当的情况下，首先检查一下 CPU 和内存，CPU 是引起死机的常见原因，如果 CPU 的温度过高，就会导致重启或者死机现象的发生，这时可以考虑更换一个好的 CPU 风扇来解决温度过高的问题。

(8) 计算机频繁死机

故障现象：计算机频繁死机，在进行 CMOS 设置时也会出现死机现象。

解决方法：该问题一般是由散热不良或者主板 Cache 有问题引起的。可以在死机后触摸 CPU 周围主板元件，如果感觉烫手，则判断为主板散热不够好而导致该故障，在更换大功率风扇之后，死机故障即可解决。

如果是 Cache 有问题造成的，可以进入 CMOS 设置，将 Cache 禁止即可。不过，禁止 Cache 对计算机运行速度有影响。如果按上法仍不能解决故障，那就是主板或 CPU 有问题，只有更换主板或 CPU 了。

(9) 硅胶造成 CPU 温度升高

故障现象：在芯片表面和散热片之间涂硅胶，应能使 CPU 更好地散热，可是 CPU 温度没有降低，反而升高了。

解决方法：如果硅胶涂抹得过多，则不利于热量传导，而且硅胶很容易吸附灰尘，硅胶和灰尘的混合物会严重影响散热效果。正确的方法是在 CPU 芯片表面涂上薄薄的一层，基本能覆盖芯片即可。

(10) 操作系统经常蓝屏

故障现象：操作系统为 Windows 7、Windows10、Windows11，经常出现蓝屏、死机现象，使用杀毒软件扫描系统后没有发现病毒，格式化硬盘、重新安装系统后故障依旧。

解决方法：首先看一下蓝屏的错误代码，找到对应的硬件问题。在“设备管理器”中没有发现硬件冲突现象，更新各设备驱动程序也没有效果。使用替换法检测硬件系统，确定是内存质量问题，更换内存后故障消失。

(11) 开机提示注册表损坏

故障现象：Windows 注册表会经常无缘无故地损坏，提示让用户恢复。

解决方法：这种故障与内存条的质量差有一定关系，一般的方法难以修复，只能更换内存条。

(12) 电脑系统随机性死机

故障现象：计算机工作一段时间后就会无故死机、重启，或者提示内存资源不足。

解决方法：该故障是内存造成的，如果是单根内存，建议更换一根内存即可；如果是多根内存，大多因为芯片内存条的不同，速度有所差别，可以尝试在 CMOS 设置里降低内存速度解决，或者直接更换同型号、同规格的内存。

2. 硬盘与移动存储设备故障举例

(1) 硬盘无法读写或不能辨认

故障现象：电脑无法开机，提示“No System disk or disk error”信息

解决方法：造成此类故障的主要原因是硬盘设置参数丢失或硬盘类型设置错误。进入

CMOS 参数设置，若发现硬盘设置参数丢失或者硬盘类型设置错误，只需将硬盘参数设置正确即可。

(2) 硬盘发出摩擦的声音

故障现象：电脑开机后硬盘发出很大的摩擦声音，进入系统后打开某一个文件夹或者文件时经常出现卡顿，反应很慢。

解决方法：借助 Windows 自带的硬盘扫描工具修复逻辑坏道，在资源管理器中找到工具选项并扫描硬盘，如逻辑坏道存在于系统分区内，则系统无法正常启动，可以在 DOS 命令下输入：Scandisk 盘符，按回车，选择你要修复的坏道即可。若是物理坏道，则建议找专业维修工程师维修。

(3) USB 端口上的电涌

故障现象：移动存储设备插入电脑 USB 接口上时，经常出现 USB 上的电涌，所需电量超出该端口所能提供的电量。

解决方法：少插几个 USB 设备，尤其是 USB 硬盘盒和 USB 音箱；重装 USB 驱动；把主机电源盒换成功率大点的。

3. 电源和机箱故障举例

(1) 计算机系统启动后自动关机

故障现象：计算机系统反复重启或启动后自动关机。

解决方法：此故障可能是电源故障或机箱电源开关与主板的连接线有问题所致。采用替代法进行尝试，排除故障后，通过短接主板跳线的方法启动计算机。

(2) 有电源输出，开机无显示

故障现象：电脑主板正常通电，但是开机无任何显示。

解决方法：出现此故障的可能原因是 POWERGOOD 输入的 RESET 信号延迟时间不够，或 POWERGOOD 无输出。开机后，用电压表测量 POWERGOOD 的输出端，如果无 +5V 输出，再检查延时元器件，若有 +5V 输出则更换延时电路的延时电容即可。

(3) 电源负载多导致死机

故障现象：计算机升级后，仍使用原来的机箱电源，但常出现死机。

解决方法：计算机升级后，硬件的负载加大，因而电源的负载加重，原电源的功率不足以负载如此多的硬件，须更换电源才行。

(4) 主机噪声很大

故障现象：开机后，主机噪声很大。

解决方法：噪声很大的原因可能是机箱电源的散热风扇上有灰尘，风扇运转不良。卸下电源，仔细清理灰尘，故障即可解决。

4. 显卡与显示器故障举例

(1) 计算机启动时无任何显示

故障现象：启动计算机时，显示器出现黑屏，而且机箱喇叭发出一长两短的报警声。

解决方法：此类故障一般是因为显卡与主板接触不良或主板插槽有问题。对于一些集成显卡的主板，如果显存共用主内存，则需注意内存条的位置，一般第一个内存条插槽上应插有内存条。显卡原因造成的开机无显示故障，开机后一般会发出一长两短的蜂鸣声。

(2) 容易死机

故障现象：计算机很容易死机。

解决方法：该故障可能是主板与显卡不兼容或显卡与主板接触不良造成的。如果主板与显卡接触不良，则重新安装显卡；如果主板与显卡的不兼容，则更换相应型号的显卡即可。

(3) 显卡驱动程序丢失

故障现象：计算机很容易死机、花屏、文字图像显示不完全。

解决方法：显卡驱动程序故障通常会造成系统不稳定、死机、花屏、文字图像显示不完全等现象。显卡驱动程序故障主要包括显卡驱动程序丢失、显卡驱动程序与系统不兼容、显卡驱动程序损坏、无法安装显卡驱动程序等。进入"设备管理器"查看是否有显卡驱动程序，如果没有，重新安装即可；如果有，但显卡驱动程序上有"！"，说明显卡驱动程序没有安装好或驱动程序版本不对或驱动程序与系统不兼容等，一般删除显卡驱动程序重新安装即可；如果安装后还有"！"，可以下载新版的驱动程序再重新安装；如果无法安装显卡驱动程序，一般是驱动程序有问题或注册表有问题。

(4) 开机后，画面出现抖动

故障现象：计算机进行启动后，画面不停地抖动。

解决方法：该故障可能是因为设置的屏幕刷新频率不高，调整屏幕的刷新频率即可。右键单击桌面选择"属性"，在"显示属性"对话框中，切换到"设置"选项卡，单击"高级"按钮，弹出"即插即用"对话柜，切换到"监视器"选项卡，选择适当的刷新频率。

(5) 显示器黑屏

故障现象：显示器无法正常显示，开机出现黑屏，要等上几十分钟之后才会出现正常画面。

解决方法：这种情况是显像管座漏电所致，必须更换管座，拆开显示器后盖，可以看到显像管尾的一块小电路板，管座就焊在电路板上，小心拔下它，重新买一个同样的管座，将其焊到电路板上，将显像管尾后凸出的管脚用砂纸打磨干净，否则很容易"旧病复发"。

(6) 显示器屏幕上有干扰杂波或线条

故障现象：显示器屏幕上总会出现错综复杂的干扰杂波或线条。

解决方法：这种现象多半是电源的抗干扰性差所致，可以考虑更换一个电源。

(7) 显示器发出"嗞嗞"声响

故障现象：启动计算机，听到显示器发出"嗞嗞"声响。

解决方法：该故障可能是显示器灰尘堆积、受潮等原因使得内部高压部分放电造成的，这种现象一般不能自行处理，应送到专业的维修点或售后服务站维修。

5．声卡和音箱故障举例

(1) 声卡有杂音、爆音

故障现象：声卡在使用时经常有杂音，有时还有爆音。

解决方法：重新安装声卡；检查有源音箱输入是否接在声卡的 Speaker 输出端，若未接，则重新接好；检查驱动程序是否正确，若有问题，则重装。

(2) 声卡不发声

故障现象：声卡安装后却发不出声音。

解决方法：单击屏幕右下角的声音小图标(小喇叭)，出现音量调节滑块，下方有"静音"选项，单击前边的复选框，清除框内的对号。如果故障依然存在，那可能是硬件有问题，再检查声卡本身，若确有问题，需更换。

(3) 音箱发生啸叫

故障现象:当启动计算机时,音箱发生啸叫。

解决方法:把声卡和音箱的连接线缩短,将声卡安置在远离显示卡的插槽中,若故障仍然排除不掉,就更换电源。

(4) 开机时音箱有噪声

故障现象:刚装好的计算机在使用一段时间后,主机每次开机时,音箱均有噪声。

解决方法:有可能是音箱有问题或 SRS 噪声未消除。更换音箱,如故障依旧,说明故障不在音箱本身,更换 SRS 后,故障解决。

6. 鼠标和键盘故障举例

(1) 鼠标指针移动速度太快

故障现象:只要稍微动一下鼠标,指针就移动很长的距离,不好定位。

解决方法:进入"控制面板",双击"鼠标"图标,进入"鼠标属性"对话框,选择"指针选项卡"上的"移动"栏速度设置选项,降低速度即可。

(2) 鼠标双击无效

故障现象:计算机工作正常,但是双击鼠标时,系统的反应和单击一样。

解决方法:进入"控制面板",双击"鼠标"图标,打开"鼠标属性"的对话框,在"鼠标键"选项卡中,调整双击的速度即可。

(3) 光电鼠标指针无故移动

故障现象:使用的光电鼠标,总是无故移动。

解决方法:故障的产生可能与环境有关,如强光等。若光电鼠标的外壳过于透明,当强光直射到鼠标上时,会导致鼠标内部产生错误信号。鼠标避开强光使用,故障即可排除。

(4) 键盘输入与屏幕显示的不一致

故障现象:使用键盘输入时,输入内容和显示的内容不一样。

解决方法:这种故障是由电路板上短路造成的,其表现是按某一键时显示的却是同一列的其他字符,此时可用万用表进行测量,确定故障点后进行修复,或直接更换键盘。

一、填空题

1. 由于技术及成本上的原因,目前计算机系统硬件故障的维修,主要局限于______级的维修。

2. 通常情况下,计算机系统硬件故障的维修重点在______,只要发现故障点,更换成好的部件,就可以排除故障,使系统恢复正常。

3. 硬件故障诊断的一般原则是:观察、先想后做、______、先抓主要故障等。

4. 所谓最小系统法是指保留系统能运行的______,把其他的适配器和输入、输出设备从系统扩展槽中临时取下来,再加电观察,看最小系统能否运行。

二、选择题

1. 硬件故障诊断的方法有很多,下列(　　)不是硬件故障诊断方法。

A. 清洁法　　B. 插拔法　　C. 交换法　　D. 安全模式法

2. 下列对主板 CMOS 设置的结果不能保存的原因叙述不正确的是(　　)。

A. 主板上 CMOS 电池电量不足　　B. CMOS 跳线设置不当

C. 主存储器容量不够用　　D. 主板电路有问题

3. 开机时自检硬盘失败的原因,不可能是(　　)。

A. 硬盘容量太小　　B. BIOS 硬盘参数设置不当

C. 主板及硬盘接口电路故障　　D. 硬盘物理故障

三、简答题

1. 硬件故障诊断的一般原则是什么?

2. 硬件故障诊断的常用方法有哪些?

项目 7　计算机上网环境设置与故障排除

知识目标:了解计算机上网环境的设置方式和常见的上网接入方式,掌握常见网络故障的检查与排除方法。

能力目标:能够根据实际需要,完成在不同网络环境下的设置;能够分析常见的网络故障,找出故障原因并排除。

素质目标:学习网络法规,强化网络安全理念,安全健康上网,努力提高自身职业技能。

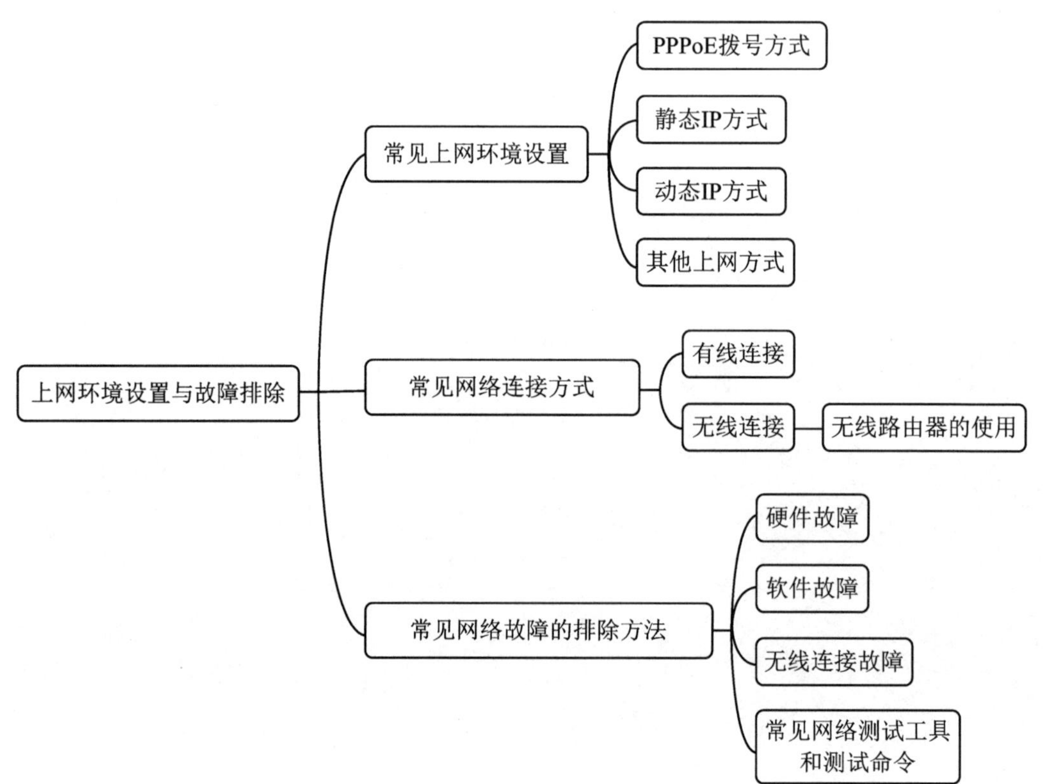

任务 7.1　常见上网环境设置

常见上网方式主要有 PPPoE 拨号方式、静态 IP 方式、动态 IP 方式等。不同的上网方式的设置方法和使用环境各有不同。

7.1.1　PPPoE 拨号方式

PPPoE 拨号方式是当前最广泛的宽带接入方式。如果宽带与电脑直接连接，则需要在电脑上进行宽带 PPPoE 拨号。

PPPoE 上网的宽带账号由运营商分配。使用路由器之前，建议将电脑单独连接宽带后使用该账号拨号上网，以确保账号、密码正确。常见的 PPPoE 拨号类型宽带有 ADSL、小区宽带、光纤宽带等。

简而言之，PPPoE 拨号是使用宽带账号、密码进行拨号的上网方式，也是目前家庭网络接入常见的方式。

PPPoE 拨号的设置方法：

① 以 Windows 10 系统为例，右键点击系统桌面右下角的“开始”菜单，在弹出的菜单中选择“网络连接”。

② 在“网络连接”窗口左侧区域选择“拨号”选项，在右侧区域选择“设置新连接”。

③ 在设置“连接或网络”窗口选择“连接到 Internet”。

④ 在“连接到 Internet”窗口选择设置新连接。

⑤ 选择使用宽带(PPPoE)连接方式连接到 Internet，如图 7.1.1 所示。

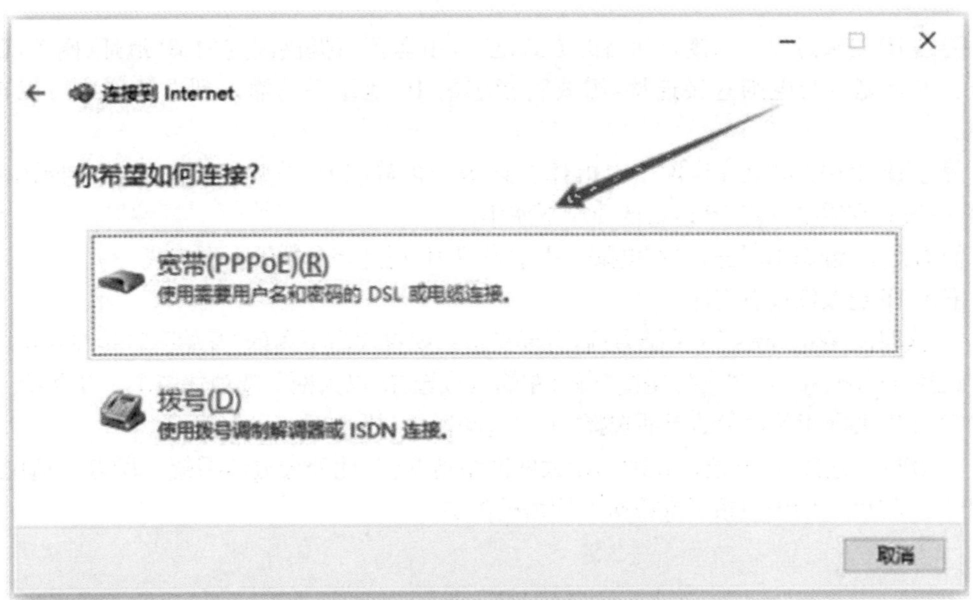

图 7.1.1　选择宽带(PPPoE)连接方式

⑥ 在输入信息界面输入运营商提供的账号和密码，并可以设定此连接的名称。如图 7.1.2 所示，输入成功后完成网络接入。

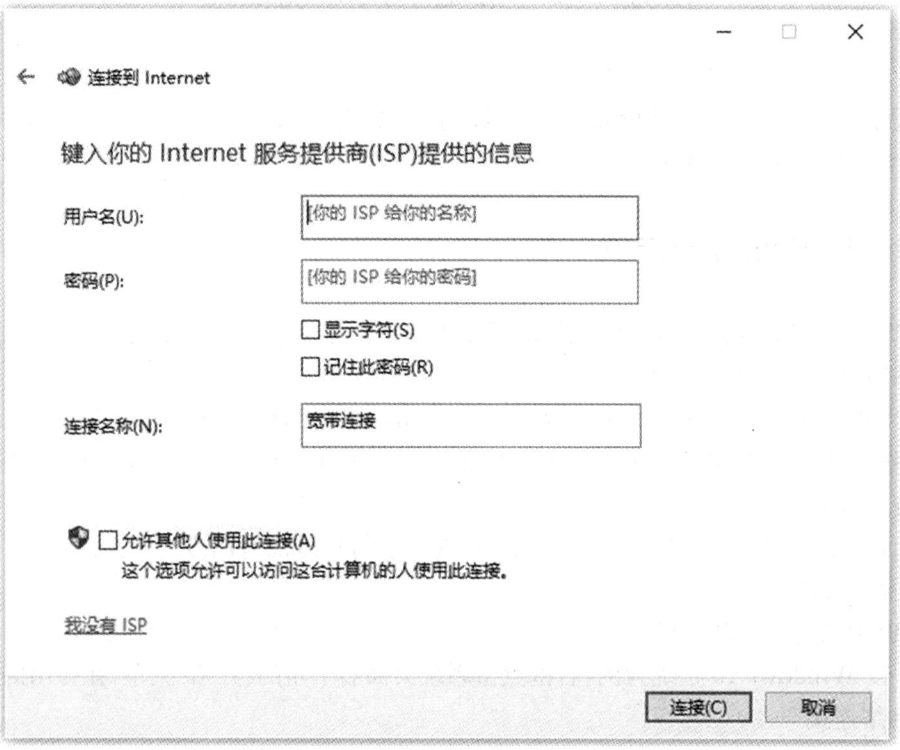

图 7.1.2 输入账号和密码

7.1.2 静态 IP 方式

静态 IP 是通过以太网接入网络的方式之一，由运营商提供固定的 IP 地址、网关、DNS 地址。如果宽带与电脑直接连接，需要将指定的 IP 地址手动输入到电脑上才可以正常上网。

静态 IP 上网方式在家庭网络中相对较少，常见的静态 IP 类型宽带有企业、校园内部网络等，一般只在需要固定 IP 地址的环境下使用。

简而言之，静态 IP 是需要在电脑上手动设置 IP 地址等参数的上网方式。

静态 IP 连接的设置方法：

① 依旧以 Windows 10 系统为例，右键点击系统桌面右下角的“开始”菜单，在弹出的菜单中选择“网络连接”，在“网络连接”窗口左侧区域选择“以太网”，选项如图 7.1.3 所示。

② 在以太网相关设置的界面选择“更改适配器选项”，如图 7.1.4 所示。

③ 在网络连接界面，选择正确的以太网网络适配器，此处会显示系统上所有的适配器，如图 7.1.5 所示，图中包括了虚拟机的网络适配器。

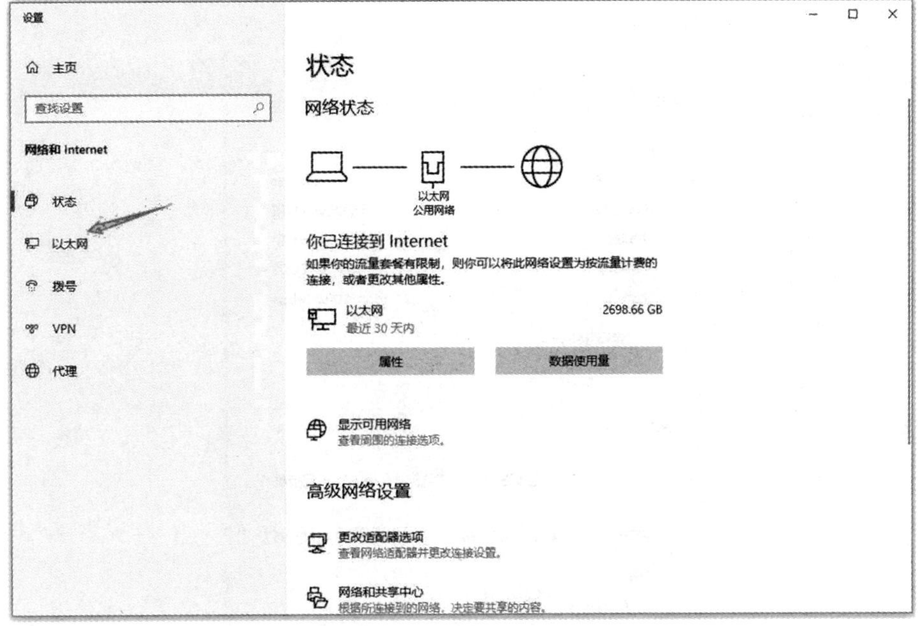

图 7.1.3　进入“以太网”设置

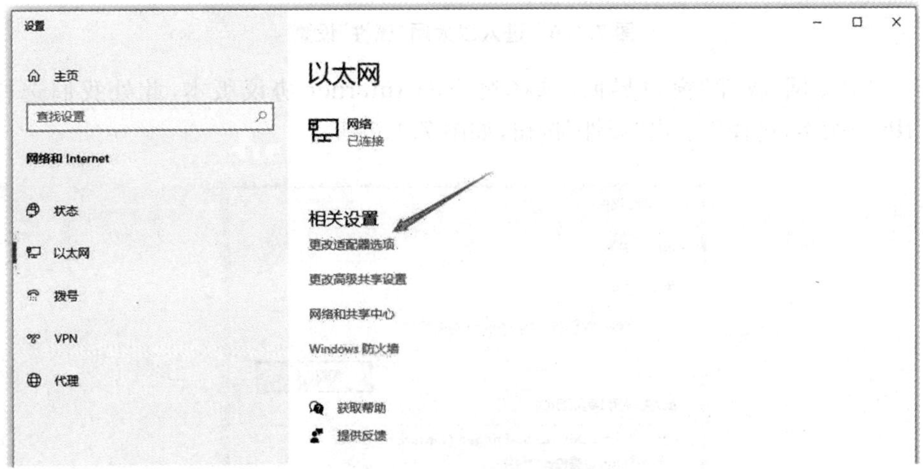

图 7.1.4　进入更“改适配器选项”

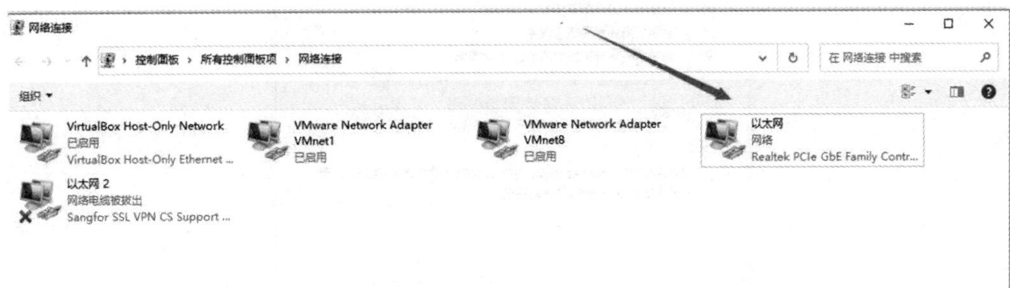

图 7.1.5　以太网适配器选择

④ 在“以太网 状态”窗口界面，选择“属性”，如图 7.1.6 所示。

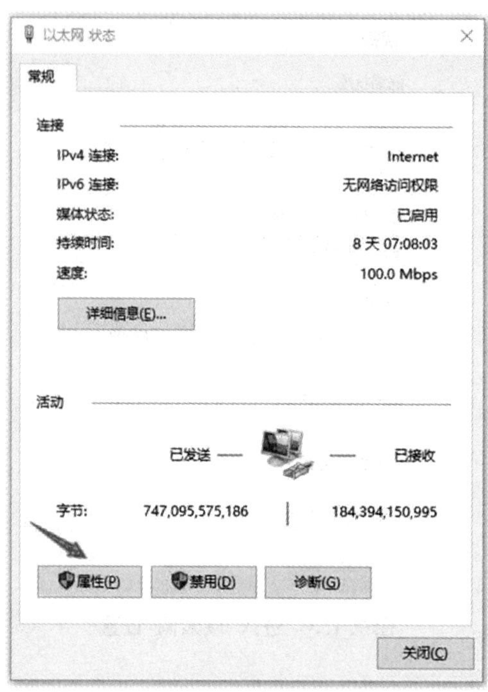

图 7.1.6 进入以太网“属性”设置

⑤ 在“以太网 属性”窗口界面，选择对应的 Internet 协议版本，此处我们选择的是(TCP/IPv4)版本，选择后点击“属性”按钮，如图 7.1.7 所示。

图 7.1.7 选择对应的 Internet 协议版本

⑥ 在 Internet 协议(TCP/IPv4)版本界面，输入正确的 IP 地址、子网掩码、默认网关以及 DNS 服务器地址后点击“确定”按钮，如图 7.1.8 所示。至此静态地址方式的接入设置就完成了。

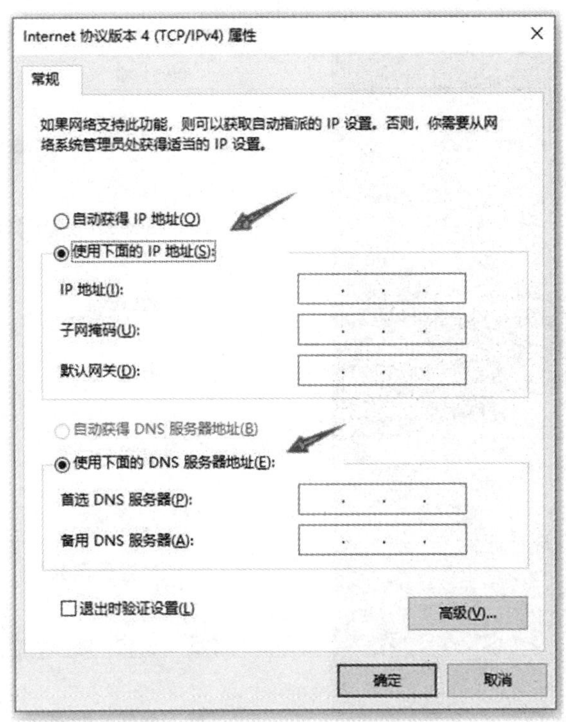

图 7.1.8　输入 IP 地址和其他参数

7.1.3　动态 IP 方式

动态 IP 也是通过以太网接入网络的方式之一，电脑通过上层设备自动获取 IP 地址、子网掩码、网关以及 DNS 地址，无需使用者设置，只需要将电脑设置为自动获取(DHCP)即可。动态 IP 可以有效地避免地址冲突。

动态 IP 上网方式无需任何参数或者账号密码，仅需将电脑设置为自动获取 IP 地址和 DNS 服务器地址即可。常见的动态 IP 类型接入环境有校园、酒店以及企业内网等。

简而言之，动态 IP 是无需任何设置，连接线路后就可以上网的上网方式。

动态 IP 接入方式设置：该设置方式的步骤和静态地址的基本相同，只是在出现图 7.1.8 所示窗口时，选择“自动获得 IP 地址”和“自动获得 DNS 服务器地址”选项，然后点击“确定”按钮即可。

7.1.4　其他上网方式

1. 通过手机上网

(1) 通过手机数据线连接手机上网(有线方式)

① 手机打开类似“移动数据”网络服务功能(或者已经连接上 Wi-Fi 网络)，通过数据线

缆将手机和电脑连接起来，如图 7.1.9 所示，在“USB 的用途”项选择“仅充电”（如果选择其他选项，电脑将没法通过手机数据线联网）。

② 在手机桌面上找到并打开“设置”图标，如图 7.1.10 所示，进入系统设置，点击“连接与共享”。

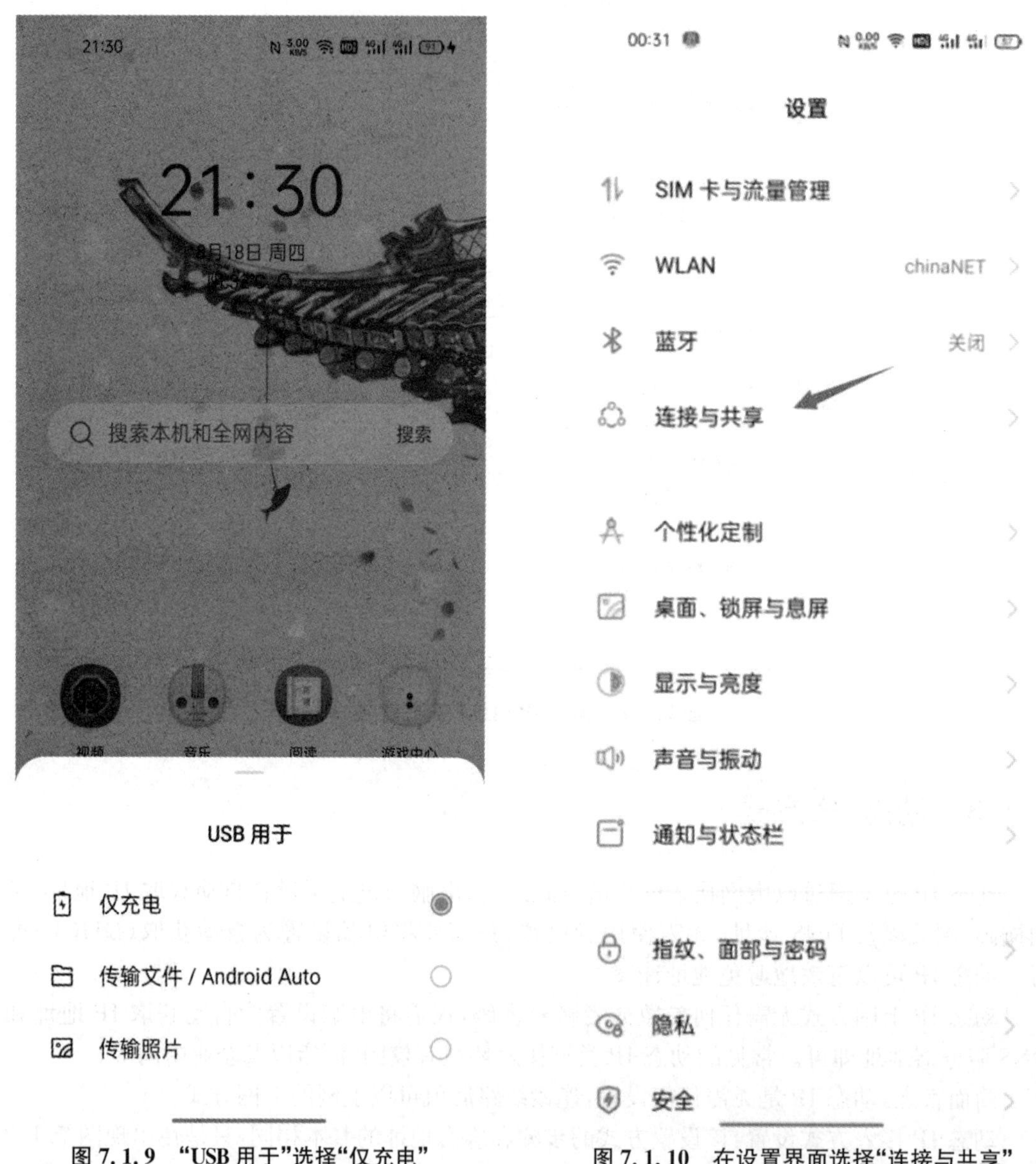

图 7.1.9　“USB 用于”选择“仅充电”　　图 7.1.10　在设置界面选择“连接与共享”

③ 把“USB 网络共享”功能设为开启（开关按钮颜色由灰色变成蓝色），如图 7.1.11 所示。

④ 在电脑端右键点击系统桌面右下角的“开始”菜单，在弹出的菜单中选择“网络连接”，如图 7.1.12 所示。

⑤ 如图 7.1.13 所示，选择“以太网”“更改适配器选项”。

图 7.1.11　开启“USB 网络共享”功能

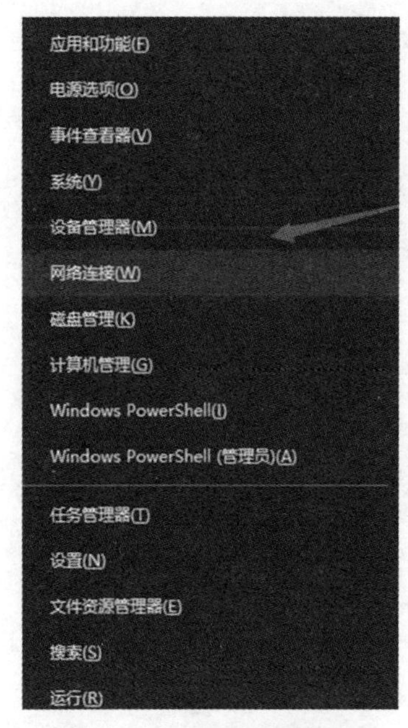

图 7.1.12　选择网络连接

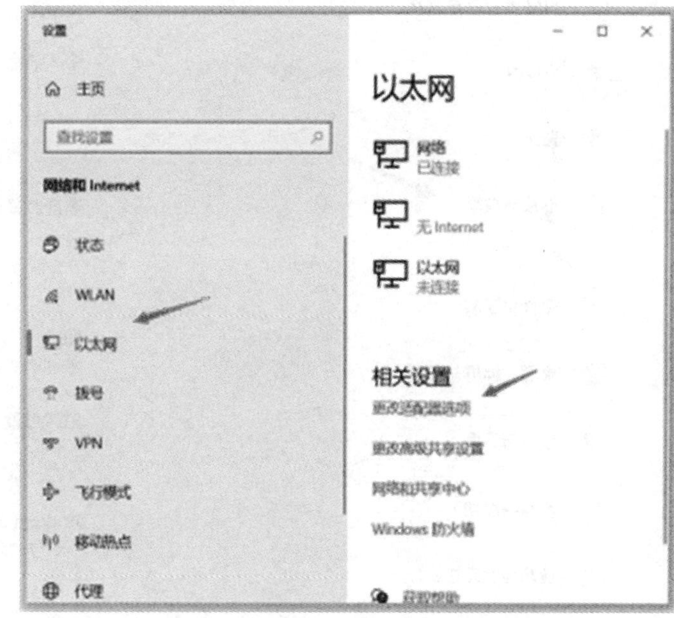

图 7.1.13　选择“以太网”“更改适配器选项”

⑥ 在“网络连接”界面可以看到新添加的网络适配器，如图 7.1.14 所示。

⑦ 在不用的网络连接上单击右键，选择“禁用”(主要是避免网络连接优先级的干扰，影响网络连接)。

⑧ 设置完成之后，此时电脑已经可以通过手机的网络进行联网。

图 7.1.14　新的网络适配器添加成功

(2) 通过手机提供的热点连接上网(无线方式)

这种连接方式要求设备自带无线网卡。进入手机“设置”界面,点击连接与共享按钮,如图 7.1.15 所示,在“连接与共享”界面选择“个人热点”,如图 7.1.16 所示(不同厂家、不同型号的手机设置方式可能不完全一样),将个人热点功能设为启用状态,在这个界面可以做一些个人热点的功能设置,如图 7.1.17 所示。笔记本等设备的无线网卡就可以检测到手机的热点信号并进行连接,访问网络,如图 7.1.18 所示。

图 7.1.15　在设置界面选择“连接与共享”

图 7.1.16　选择“个人热点”

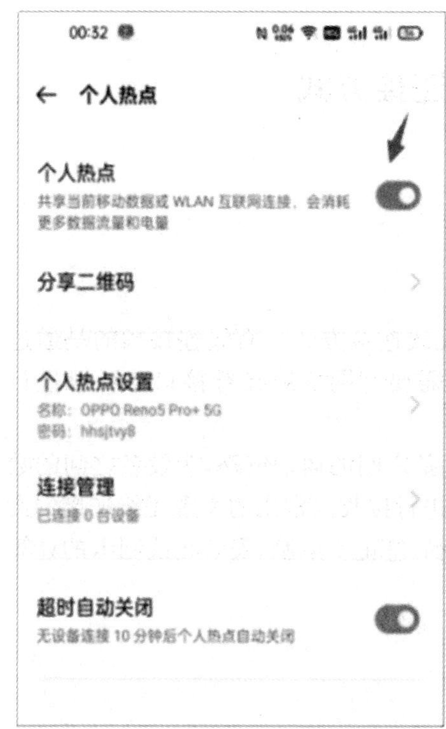

图 7.1.17 开启"个人热点"并设置

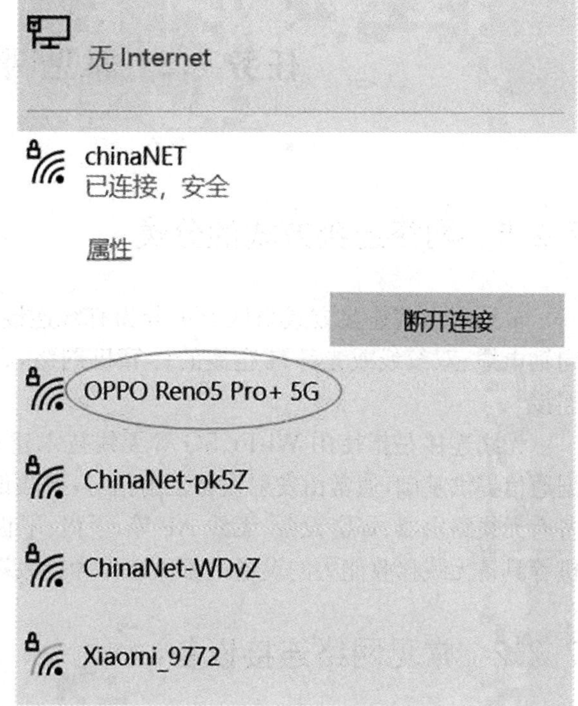

图 7.1.18 个人热点已连接

2. 通过电信运营商的无线上网卡上网

跟手机卡一样，上网卡通过基站信号上网，GPRS 或 CDMA 无线上网卡就是上网使用的调制解调器。常见的有 PCMCIA 和 USB 两种接口的 GPRS 或 CDMA 无线上网卡。这种方式本质上与通过手机上网是一样的。

课程思政案例：网络安全为人民，网络安全靠人民

材料 1

小李在一家公司当销售，需要经常出差。由于刚毕业不久，囊中羞涩，每次出差，一到目的地，小李第一件事就是为自己的笔记本电脑搜寻免费可用的 Wi-Fi，以方便工作及娱乐。

小赵是一公司的财务人员，她手机套餐中流量较充足，每次遇到单位网络不稳定或拥堵时，她都把手机作为热点，将电脑连接手机，利用手机流量上网处理事务。

材料 2

2019 年央视 3·15 晚会报道一些违法人员在超市等大型公共场所放一个类似路由器的小盒子，周围用户收到该设备发出的信号后，电脑或手机上将显示该 Wi-Fi 无密码，如果用户连接，则会瞬间暴露个人信息，甚至电脑里的重要资料也会被窃取。

2022 年央视 3·15 晚会点名"Wi-Fi 破解精灵""雷达 Wi-Fi""越豹 Wi-Fi 助手"——破解是假，窃取是真，最终免费 Wi-Fi 连不上，还致隐私大曝光。

（根据网络报道组编。）

问题讨论

1. 谈谈小李和小赵的上网行为对他们自身及其单位会产生哪些安全隐患？
2. 为将"网络安全为人民，网络安全靠人民"落到实处，结合实际，谈谈你能做些什么？

任务 7.2 常见网络连接方式

7.2.1 网络连接方式的分类

常见网络从连接方式来区分可分为有线连接和无线连接方式。有线连接指的是通过同轴电缆、双绞线或光纤来连接的计算机网络,设备需要有网线或光纤接口才可以进行连接。

无线连接是指使用 Wi-Fi、5G 等无线技术建立设备之间的通信链路,为设备之间的数据通信提供基础,通常由发射设备发射信号,接收设备进行接收。常用的实现无线连接的设备有无线路由器、蜂窝设备、无线 AP 等,手机、平板电脑、笔记本电脑、安装无线网卡的计算机等具备无线接收能力的设备的都可以作为接收端。

7.2.2 常见网络连接设备

目前最常见的连接方式即使用光猫和无线路由器,光猫设备一般由运营商工程师配置,所以用户接触最多的设备就是无线路由器。无线路由器用于用户上网、带有无线覆盖功能。无线路由器可以看作是一个转发器,它将接入的宽带网络信号通过天线转发给附近的无线网络设备(笔记本电脑、手机等带有 Wi-Fi 功能的设备),是目前家庭、办公场所、公共区域使用最多的网络设备。

7.2.3 无线路由器的设置方法

① 接入无线路由器,第一次登录可以设置管理员密码,如图 7.2.1 所示,完成后点击确定。

② 密码设置完成后进入上网设置界面,按照实际环境选择,此处的三种方式我们在前面的课程中已经了解过,选择后点击“下一步”,如图 7.2.2 所示。

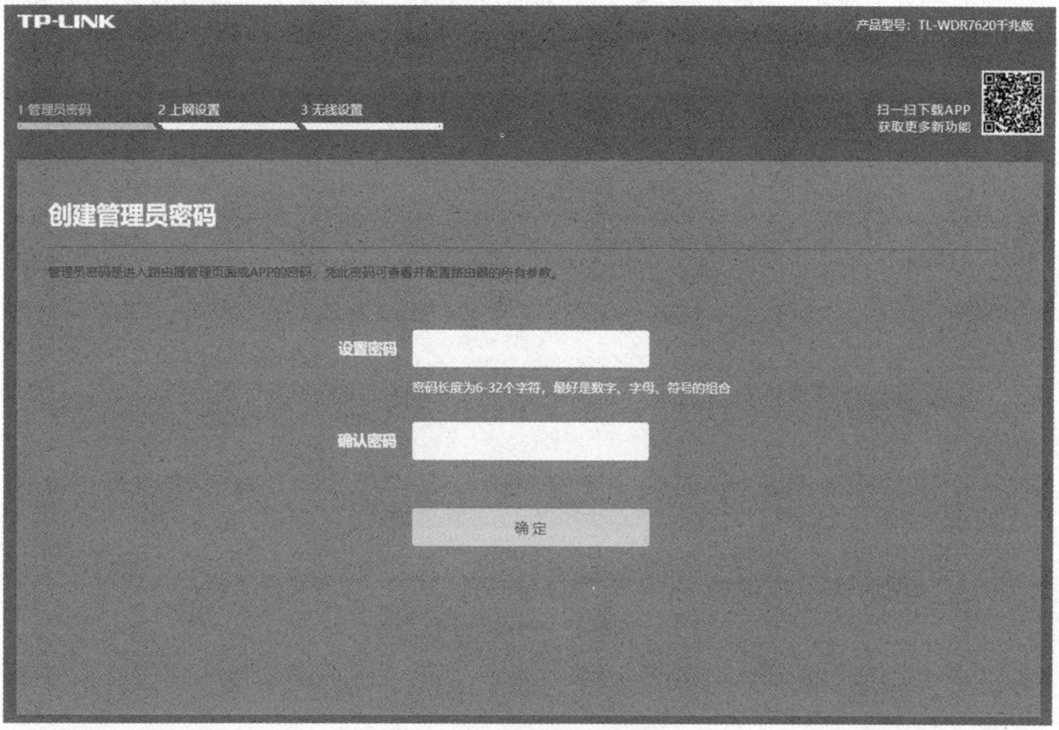

图 7.2.1　设置管理员密码

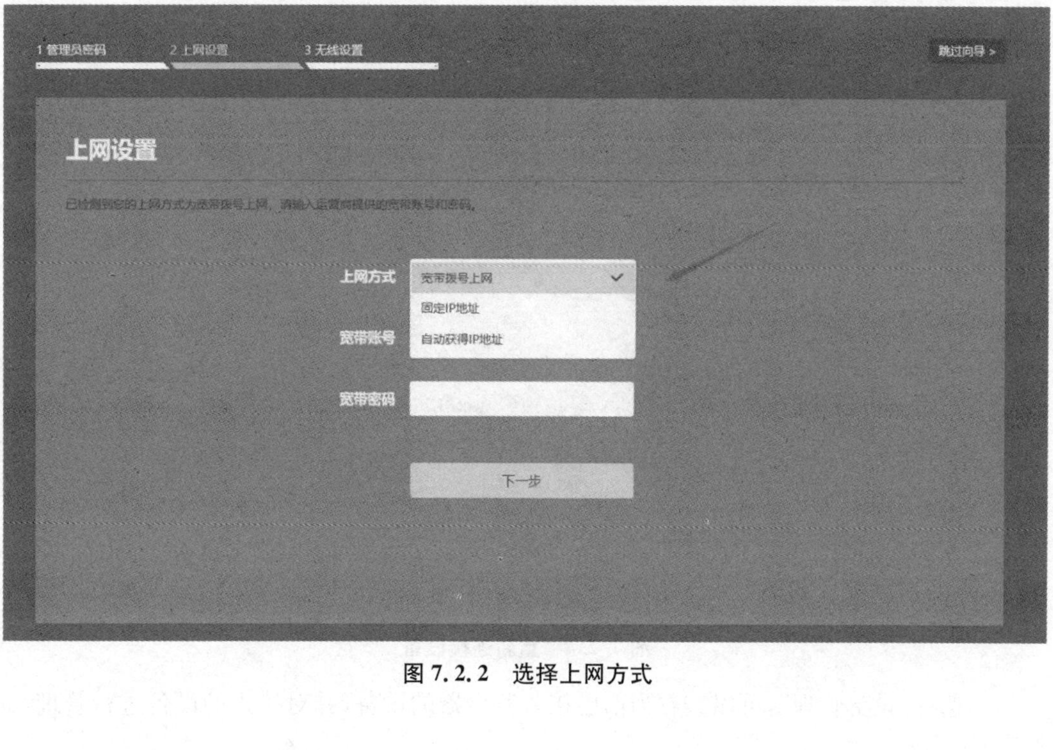

图 7.2.2　选择上网方式

③ 选择完上网方式后进入“无线设置”界面，在此界面可设置无线设备的名称(连接时的名称)和连接密码，如图 7.2.3 所示。

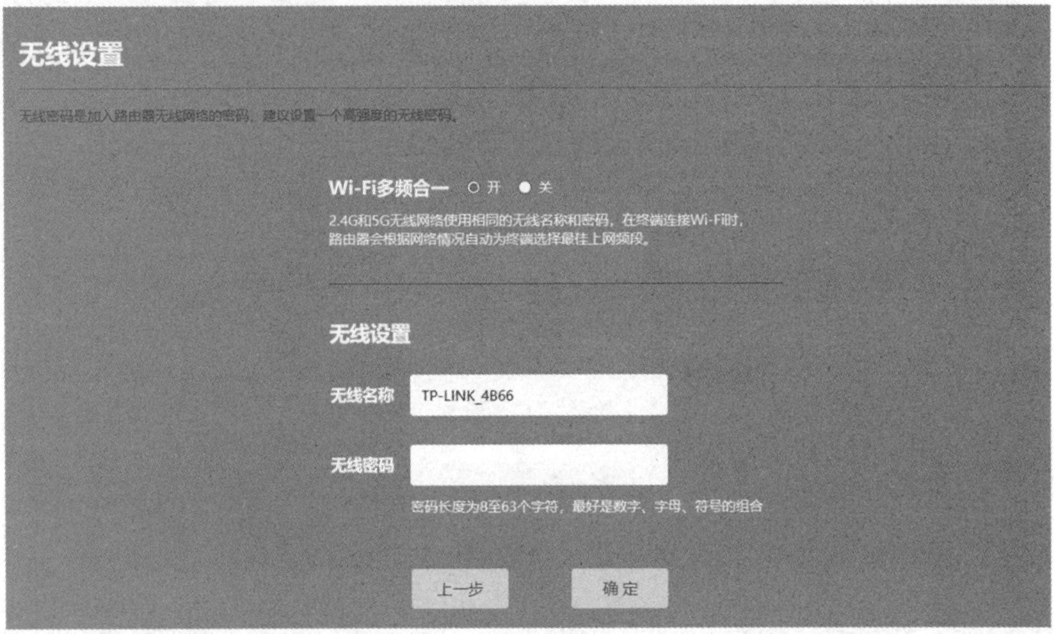

图 7.2.3 无线设置

④ 无线参数生效后，需要重新连接设备，此时需要输入上一步设定的密码，如图 7.2.4 所示，进入后显示路由器的网络状态，如图 7.2.5 所示。

图 7.2.4 重新连接设备

⑤ 选择“设备管理”，可以查看当前已接入路由器的设备，并对接入的设备进行管理，如图 7.2.6 所示。

⑥ 点击选中设备的“管理”按键，可以对该设备进行限速、限定时间、限定访问网站等操作，如图 7.2.7 所示。

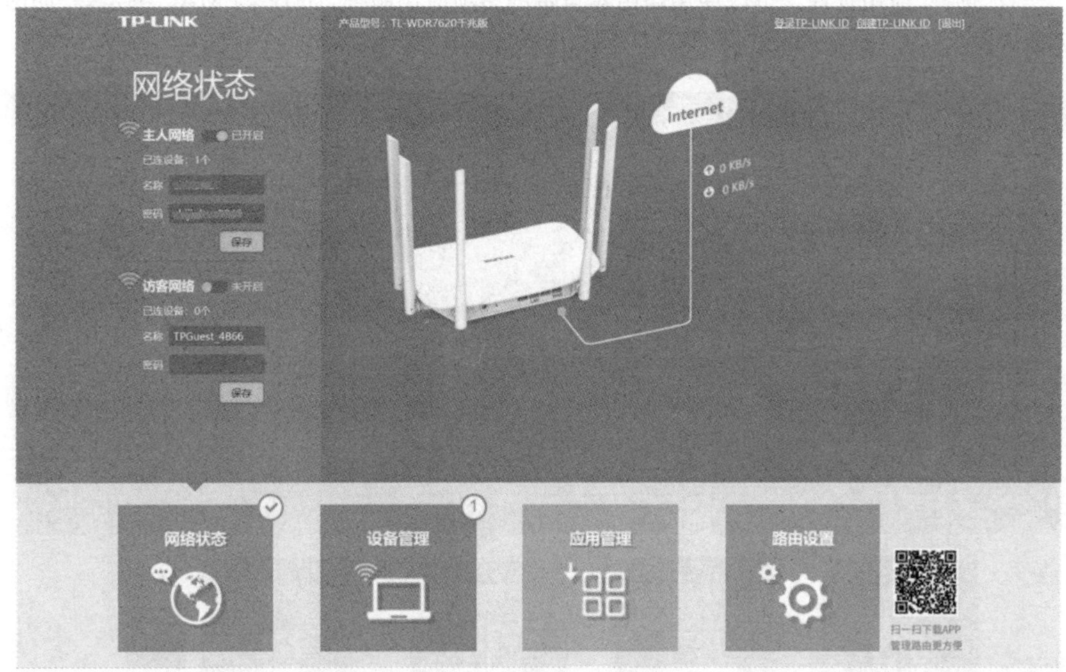

图7.2.5　显示网络状态

图7.2.6　显示当前接入设备

图7.2.7　管理当前接入设备

⑦ 选择“应用管理”,可以使用路由器自带的多项应用服务,如 IP 与 MAC 绑定等,如图 7.2.8 所示。

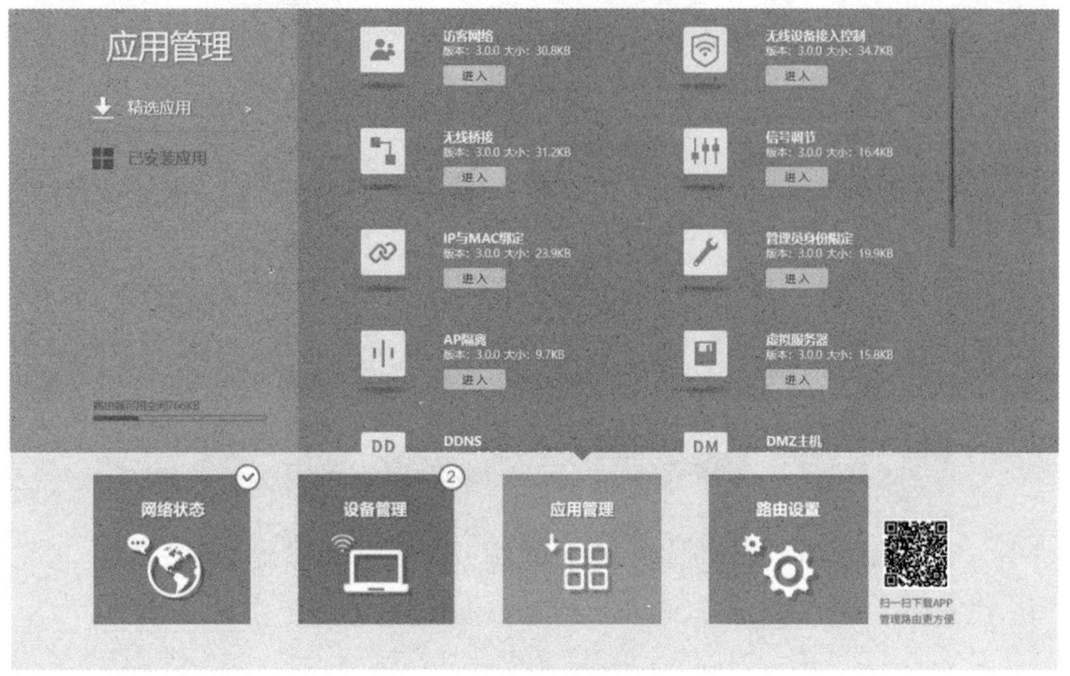

图 7.2.8 管理路由器应用

⑧ 选择“路由设置”,可以进行上网设置、无线设置、软件升级、DHCP 服务器设置等,如图 7.2.9 所示。

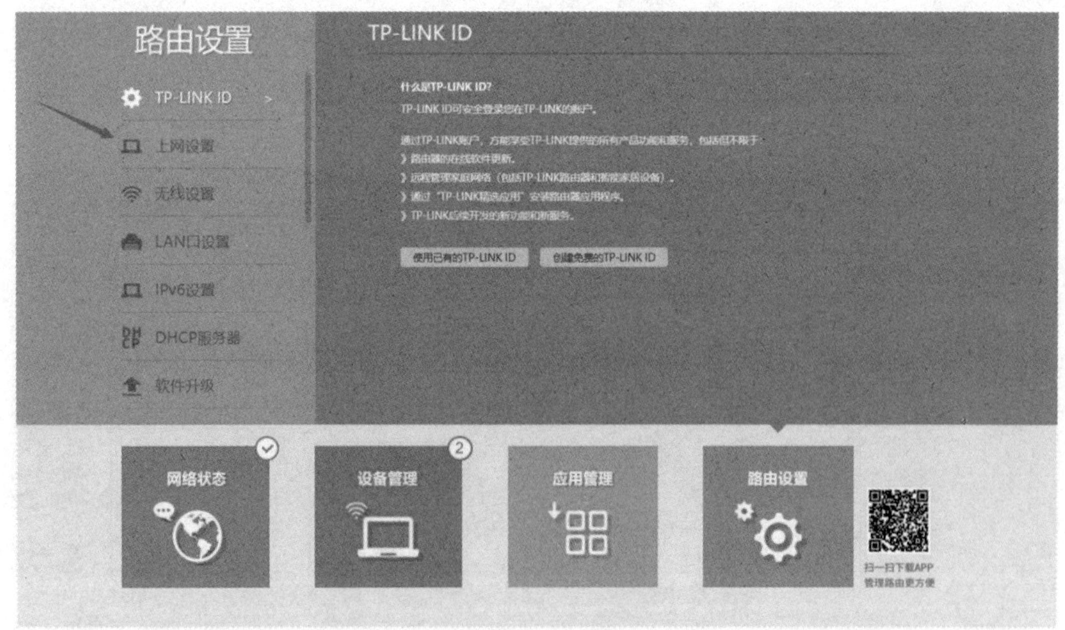

图 7.2.9 路由设置

⑨ DHCP 服务器是路由器的重要功能之一,在这里我们可以设置 DHCP 服务器的各项

参数，如图 7.2.10 所示。

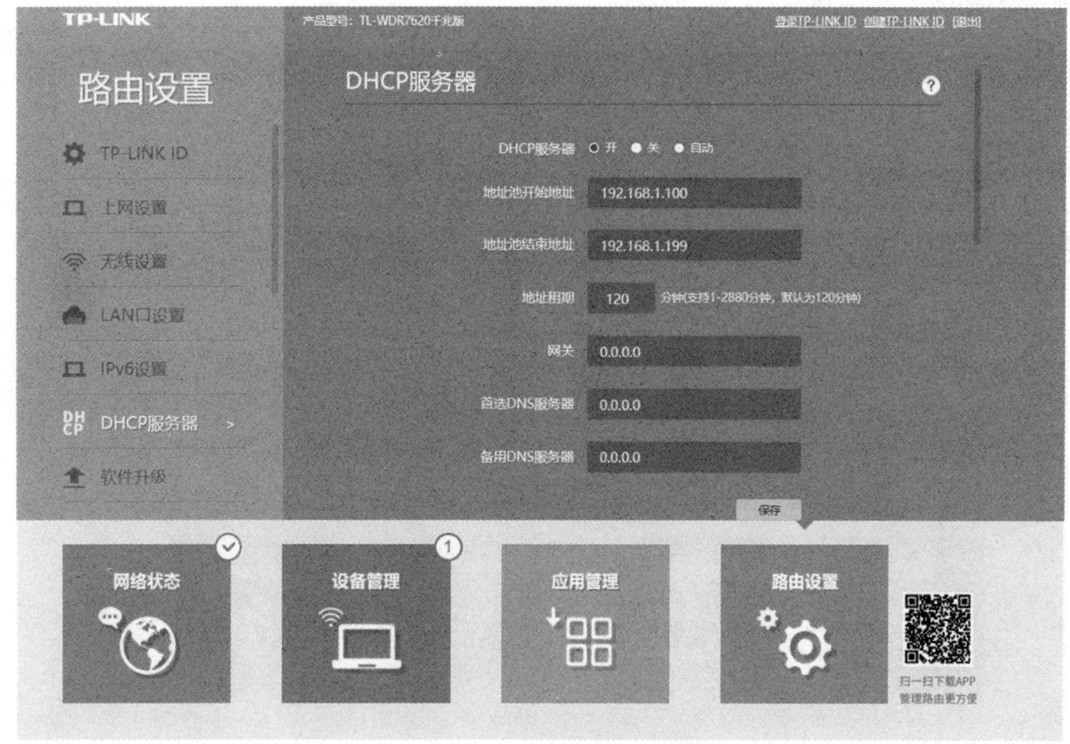

图 7.2.10　DHCP 服务器设置

⑩ 备份和载入配置功能可以帮助我们导出路由器当前的设置参数，并在需要时载入配置文件，如图 7.2.11 所示。

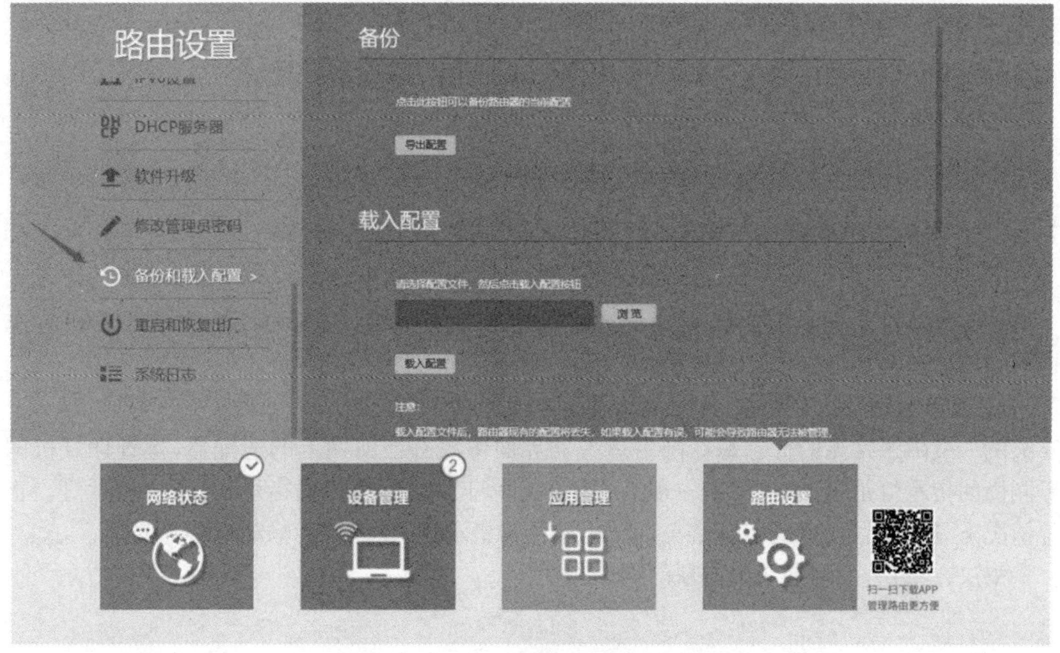

图 7.2.11　路由器参数备份和载入

⑪ 重启和恢复出厂设置，可以将路由器恢复到最初的设置，做此操作时应注意保存当前参数，如图 7.2.12 所示。

图 7.2.12 路由器重启和恢复出厂设置

不同品牌、不同型号的路由器配置界面虽各有不同，但主要配置方式和核心功能基本是相同的，大家只要了解了核心功能即可完成配置。

任务 7.3 常见网络故障的排除方法

7.3.1 硬件故障

硬件故障主要有网卡故障、路由器或交换机故障、线路故障等。物理故障最明显的标志是网络连接处会显示红色叉符号，如图 7.3.1 所示。

1. 网卡故障

网卡故障最常见的标志是在网络适配器界面中没有当前网卡的适配器，检查计算机网卡侧面的指示灯是否正常，网卡一般有“连接指示灯”和“信号传输指示灯”两个指示灯。正常情况下“连接指示灯”应一直常亮，而“信号传输指示灯”在信号传输时应不停闪烁。

解决方案：替换网卡或添加新的网卡。

图 7.3.1　硬件故障

2. 线路故障

(1) 网线接头的问题

RJ45 接头容易出故障，例如，双绞线没顶到 RJ45 接头顶端、绞线未按照标准脚位压入接头、接头规格不符或者是内部的绞线断裂，网线故障可以使用测线仪进行测试。

解决方案：尝试反复插拔接头，可能会重新接入网络，但不能保证一直稳定，建议重新制作线路两端的 RJ45 接头。

(2) 线缆问题

如果线缆被外力切断割裂或发生破损会导致网络连接断开。

解决方案：使用测试工具寻找线缆断点或破损处，进行续接修复。难以修复的则更换线缆。

3. 路由器或交换机故障

(1) 路由器或交换机参数设置问题

路由器或交换机参数设置不正确或接入方式选择错误都会导致无法接入网络。

解决方案：可以先尝试重启路由器或交换机，重启后如还未恢复网络则进入管理界面进行正确的配置。

(2) 路由器或交换机超负荷运转或过热

路由器或交换机在连接用户过多或数据传输异常时会使设备进入异常或“假死”状态，温度过高或散热环境差也会引起故障。

解决方案：检查进入超负荷运行的原因，找出异常数据源或设置用户上限；改善设备的散热环境。

(3) 路由器或交换机端口故障

路由器或交换机部分端口损坏会导致网络异常或断开。

解决方案：更换使用的端口并进行网络测试，如无空闲端口可考虑增加或替换设备。

(4) 路由器或交换机整机损坏

路由器或交换机整机损坏,无法正常运行。

解决方案:如确定路由器或交换机是整机损坏,则替换或请专业人士维修。

7.3.2 软件故障

软件故障主要有驱动故障、地址设置故障、系统故障等。

1. 网卡驱动故障

不同品牌网卡使用的驱动程序不尽相同,假如安装错了或使用了不同系统的版本,就有可能发生不兼容的现象。

解决方案:检查网卡驱动程序是否正常安装,如不正常,安装正确的驱动程序。

2. 地址设置故障

(1) IP 地址或网关设置不正确

在静态地址的接入环境下,IP 地址或网关设置不正确则无法接入网络。

解决方案:向管理员获取正确的 IP 地址和网关设置。

(2) DNS 服务器设置不正确

在静态地址的接入环境下,如果 DNS 服务器地址设置不正确或 DNS 服务器异常,则无法使用域名方式访问网页。

解决方案:向管理员获取正确的 DNS 服务器地址或使用备用的 DNS 服务器地址。

(3) 地址冲突

在静态地址的接入环境下,发生 IP 地址冲突(如图 7.3.2 所示)的原因主要有:用户对 TCP/IP 不了解,不知道"IP 地址""子网掩码""默认网关"等参数如何设置,或者是用户无意修改了这些信息;用户设置上述参数时,参数输错;维修人员使用临时 IP 地址;IP 地址被窃用等。IP 地址冲突会造成两台或更多地址相同的计算机无法接入网络。

解决方案:通过接入设备的管理界面或网络管理工具查找重复地址,重新设置;进行安全扫描,排除攻击行为。

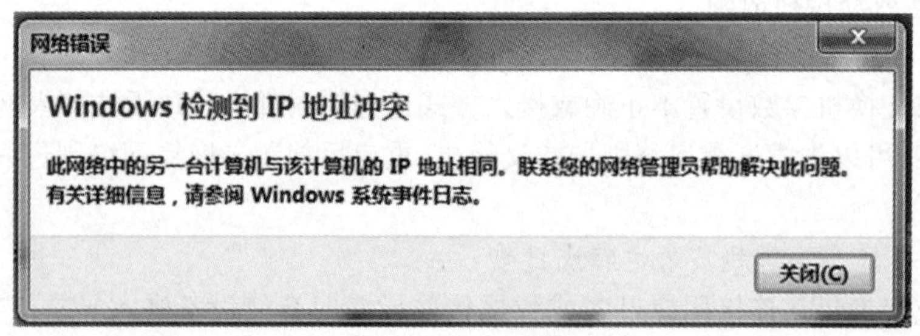

图 7.3.2 地址冲突

(4) 动态方式无法获取 IP 地址

动态方式无法获取 IP 地址主要原因有:用户误将接入方式设置为静态地址方式;上联设备未开启 DHCP 服务或服务异常;客户端连接了错误的上联设备等。

解决方案:设置为动态 IP 自动获取方式;检查或通知管理员查看上联设备 DHCP 服务是否正常;确认连接了正确的上联设备;禁用当前网络适配器,再重新启用。

3．系统故障

(1) 网络协议故障

操作系统文件丢失、用户误操作或病毒入侵会导致网络协议发生异常，无法完成正确的网络接入。

解决方案：打开"控制面板－网络－配置"选项，查看已安装的网络协议，确保各项协议都存在，重点检查TCP/IP协议是否正确安装，如有异常则重新安装对应协议。

(2) 软件兼容性故障

部分安全软件或专业软件可能会引起网络异常。

解决方案：排查发生网络异常之前的软件安装情况，卸载或重新安装软件。

7.3.3　无线连接故障

1．无线信号不足

信号较弱或不稳定，很有可能是由于Wi-Fi网络本身的辐射覆盖不全。

解决方案：尽量减少影响连接的金属障碍物，或者缩短与信号源的距离；考虑安装天线或扩展设备，以获得更好的无线传输效果。

2．无线干扰

无线信号来源较多，比如蓝牙耳机、无线鼠标等，都极有可能干扰到Wi-Fi无线信号。

解决方案：远离或者移开这些设备，假如无线信号重新恢复或者变强，则说明找到了问题的根源所在。

3．路由器(接入点)负荷过重

路由器或者接入点的负荷过重会影响无线上网的速度和质量。造成路由器负荷过重的原因主要有：在线游戏、在线视频、大量下载数据或者连接设备的终端数量过多等。

解决办法：设置连接设备上限或对终端进行限速。

7.3.4　常用测试工具和测试命令

1．网络测试工具

常用的网络测试工具有网线测线仪、寻线仪、网线钳、剥线刀、光纤测试仪、打光笔等，如图7.3.3所示。

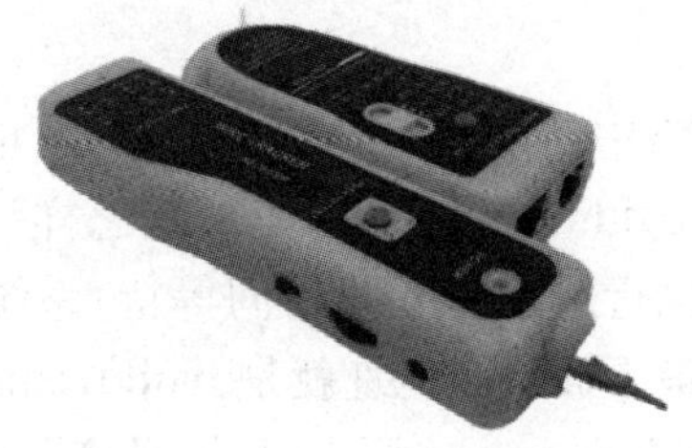

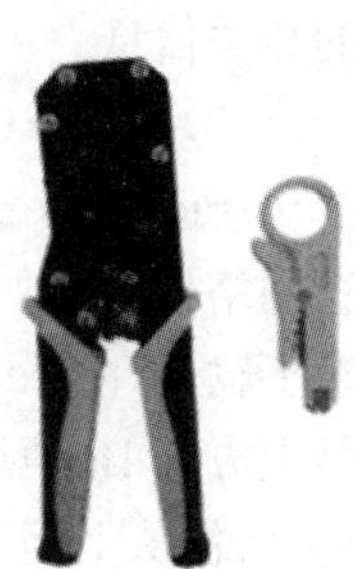

图7.3.3　常用的网络测试工具

2. 常用网络测试命令

在网络故障排除中可以使用系统自带的一些网络测试命令来帮助我们找到问题，下面介绍几个常用的网络测试命令。

(1) ping 命令

ping 命令用于确定本地主机是否能与另一台主机成功交换数据包。根据返回的信息，可以推断 TCP/IP 参数(因为现在网络一般都是通过 TCP/IP 协议来传送数据的)设置是否正确、运行是否正常、网络是否通畅等。但 ping 成功并不代表 TCP/IP 配置一定正确，能够与远程主机进行大量的数据包交换，才能确定 TCP/IP 配置无误。

ping 命令可以在 MS-DOS 窗口下运行，常用执行格式如下：

① ping 127.0.0.1

127.0.0.1 是本地循环地址，如果该地址无法 ping 通，则表明本机 TCP/IP 协议不能正常工作；如果 ping 通了该地址，证明 TCP/IP 协议正常，则进入下一个步骤继续诊断。

② ping 本机的 IP 地址

使用 ipconfig 命令可以查看本机的 IP 地址，ping 该 IP 地址，如果 ping 通，表明网络适配器(网卡或者 Modem)工作正常，则需要进入下一个步骤继续检查；反之则是网络适配器出现故障。

③ ping 本地网关

本地网关的 IP 地址是已知的 IP 地址，ping 不通则表明网络线路出现故障。如果网络中还包含有路由器，还可以 ping 路由器在本网段端口的 IP 地址，不通则表明此段线路有问题，通则再 ping 路由器在目标计算机所在同段的端口 IP 地址，不通则是路由出现故障，如果通再 ping 目的机的 IP 地址。

④ ping 具体的网址

如果要检测的是一个带 DNS 服务的网络(比如 Internet)，ping 通了目标计算机的 IP 地址后，仍然无法连接到该机，则可以 ping 该机的网络名，比如：ping www.baidu.com，正常情况下会出现该网址所指向的 IP 地址，这表明本机的 DNS 设置正确而且 DNS 服务器工作正常，反之就可能是其中之一出现了故障。

(2) ipconfig 命令

ipconfig 这个命令，通常被用户用来查询本地的 IP 地址、子网掩码、默认网关等信息。ipconfig 是我们在诊断网络故障或查询网络数据时常用的命令，使用也很简单，即使你不知道它们的应用格式，也可以通过“ipconfig/?”这种标准的 DOS 命令帮助方式来获取该命令的相关信息。

(3) tracert 命令

tracert 命令能够追踪你访问网络中某个节点时所走的路径，也可以用来分析网络和排查网络故障。如果想知道自己访问 baidu.com.cn 时走的是怎样一条路线，可以在 DOS 状态下输入“tracert baidu.com.cn”，执行后经过一段时间等待，系统会反馈出很多 IP 地址。最上方的 IP 地址是本地的网关，而最下面一个地址就是 baidu.com.cn 网站的 IP 地址。换句话说，从上至下，便是我们访问 baidu.com.cn 所走过的“足迹”。

(4) netstat 命令

netstat 命令是一个监控 TCP/IP 网络的实用的工具，它可以显示实际的网络连接以及每一个网络接口设备的状态信息。netstat 命令的参数不是很多，我们常用 netstat-r 来监视网络的连接状态，非常管用。

在网络出现故障时，我们可以交替和结合使用上面的四个命令，来查找故障。

知识巩固

一、填空题

1. 如果用户家中网络出现故障，但又急于使用网络，可以用手机流量临时上网，主要有两种方式：______方式和______方式。

2. 网卡一般都有两个指示灯，分别是______和______。

3. 设置静态 IP 方式需要输入的项目分别有 IP 地址、______和______。

4. 网络从连接方式来区分可分为______和______。

5. 有线连接指的是通过采用同轴电缆、______和______来连接。

二、单选题

1. 计算机通过数据线连接手机上网的方式中，手机端需要打开(　　)功能。

A. 蓝牙网络共享　　B. NFC　　C. USB 网络共享　　D. VPN

2. 我们可以使用(　　)命令，来测试本机网络是否联通。

A. Wi-Fi　　B. ping　　C. com　　D. ipconfig

3. 现在手机提供的 5G 上网属于(　　)方式。

A. 专线上网　　B. 无线上网　　C. 拨号上网　　D. 有线上网

4. 在某一局域网中，如果两台计算机 IP 地址相同，会出现地址冲突的提示，此时两台计算机(　　)。

A. 都不能正常使用网络　　B. 均能正常使用网络

C. 上网速度都将减慢一半　　D. 都无法正常开机使用

5. 因特网上的每一台主机都有唯一的地址标识，它是(　　)。

A. IP 地址　　B. 统一资源定位器　　C. 计算机名　　D. 用户名

三、多选题

1. 常见的网络测试工具有(　　)。

A. 测线仪　　B. 交换机　　C. 寻线仪　　D. 路由器

2. 常用的网络测试命令有(　　)。

A. ping　　B. cmd　　C. ipconfig　　D. dir

3. 路由器(接入点)负荷过重的解决方案有(　　)。

A. 设置连接设备上限　　B. 关闭路由器

C. 重启路由器　　D. 对终端进行限速管理

四、判断题

1. 如果网卡连接显示红色叉号，说明计算机 IP 地址设置得不正确。(　　)

2. 无线路由器设置或改变接入密码后，用户无需重新接入设备即可继续使用。(　　)

3. 无线网络信号不稳定可能是其他的无线设备造成的信号干扰。(　　)

4. 目前主流的家庭网络接入方式是 ADSL 方式。(　　)

5. IP 地址冲突并不影响用户使用网络。(　　)

项目 8　虚拟技术简介

知识目标：了解虚拟硬盘、虚拟光驱、虚拟计算机的概念与特点，熟悉常见虚拟技术软件工具的各项功能。

能力目标：能够完成虚拟硬盘、虚拟光驱的设置使用；能够使用相关软件完成虚拟计算机的创建和参数设置。

素质目标：结合最新虚拟计算机技术的发展，培养学生爱国主义精神、家国情怀，树立技术强国意识，增强忧患意识，具备强国有我的决心，自觉将个人品格、道德情操与创新实践有机结合，潜心致力于挖掘有益于社会的创新成果。

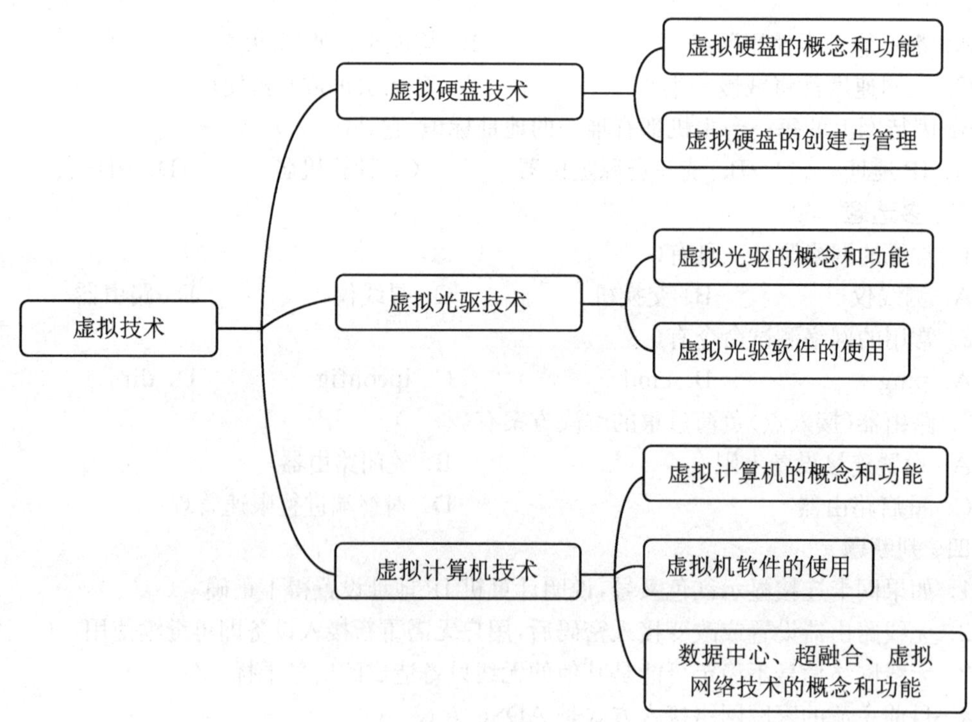

任务 8.1　虚拟硬盘技术简介

8.1.1　虚拟硬盘技术的概念及功能

1. 虚拟硬盘的概念

虚拟硬盘是指将计算机部分主内存虚拟为一个或者多个磁盘的技术。由于内存的存取速度比硬盘快得多，利用这一技术，在内存中虚拟出一个或多个硬盘就可以加快磁盘的数据交换速度，从而提高计算机的运行速度。目前随着计算机内存不断提高，更多的用户开始使用这项技术。

我们知道，在传统方式下，用户在操作电脑时会产生大量的临时文件，包括系统运行时生成的、浏览器生成的、下载各类资源生成的等。这些临时文件的共同特点是容量小、数量多，会导致硬盘磁头做大量无规律移动，效率低且加速了磁头的磨损和老化，大大缩短了硬盘的使用寿命。

2. 虚拟硬盘的功能

虚拟硬盘可以用于存储包括文档、图片、视频等各种类型的文件，亦可用于存储启动文件或者用于安装操作系统。

采用将部分主内存虚拟为硬盘的技术可有效解决很多问题。我们可以通过更改设置把系统临时文件夹目录和 IE 的缓存目录指定到虚拟的硬盘上，同时也可以把经常使用的文件资源放到虚拟硬盘上，这样可以大大提高读写的效率并有效延长硬盘的使用寿命。

U 盘启动盘和光盘启动盘在启动系统时，都会在内存中虚拟一个或几个硬盘分区。在虚拟硬盘分区中存放必备的工具软件，可以大大提高系统装机和维护的效率。

8.1.2　利用 Windows 系统自带功能创建管理虚拟硬盘

以 Windows 10 环境为例，虚拟硬盘文件是一个以“. vhdx”或“. vhd”为扩展名的文件，其功能类似于物理硬盘。下面介绍虚拟硬盘的创建、设置、附加或分离的操作过程。

1. 创建虚拟硬盘

将鼠标箭头置于系统桌面右下角的“开始”按钮上，单击鼠标右键，在弹出的菜单中选择并单击“磁盘管理”，在打开的“磁盘管理”窗口菜单栏中依次点击“操作”“创建 VHD”，如图 8.1.1 所示。

如图 8.1.2 所示，在打开的“创建和附加虚拟硬盘”窗口中，点击“位置”设置项中右边的“浏览…”按钮。

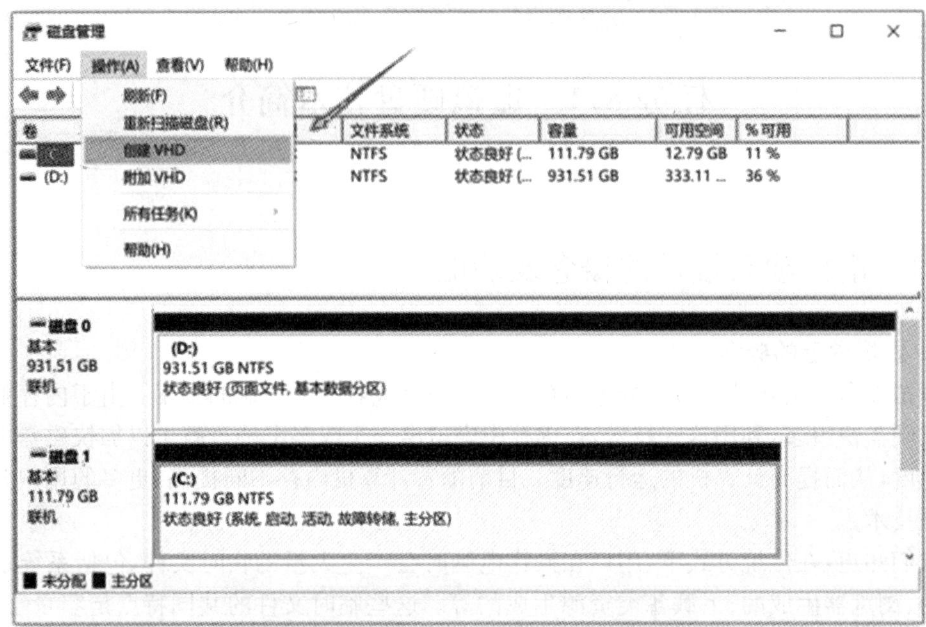

图 8.1.1 在“磁盘管理”界面点击:操作一创建 VHD

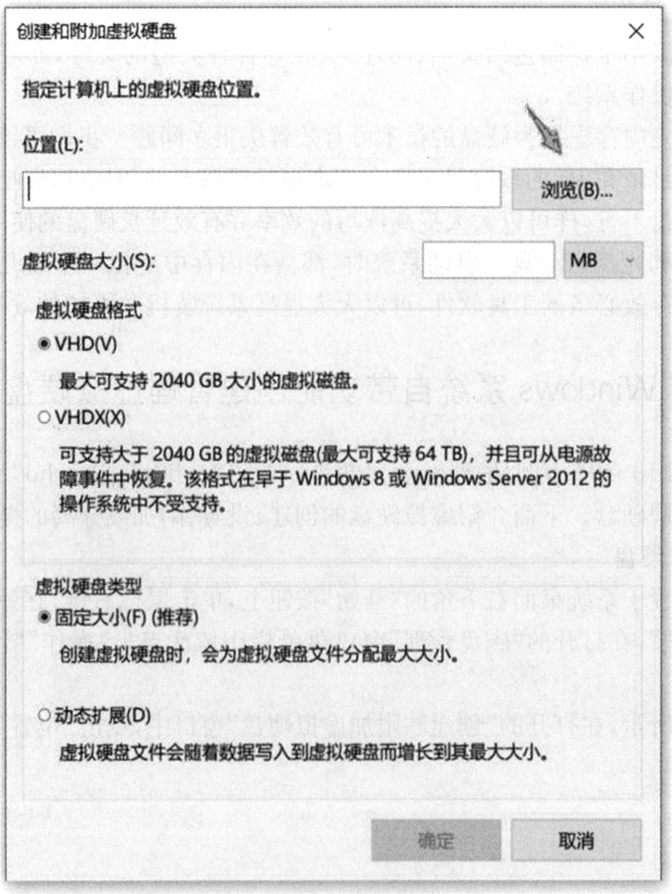

创建和附加虚拟硬盘

指定计算机上的虚拟硬盘位置。

位置(L):

浏览(B)...

虚拟硬盘大小(S): MB

虚拟硬盘格式

◉ VHD(V)

最大可支持 2040 GB 大小的虚拟磁盘。

○ VHDX(X)

可支持大于 2040 GB 的虚拟磁盘(最大可支持 64 TB)，并且可从电源故障事件中恢复。该格式在早于 Windows 8 或 Windows Server 2012 的操作系统中不受支持。

虚拟硬盘类型

◉ 固定大小(F) (推荐)

创建虚拟硬盘时，会为虚拟硬盘文件分配最大大小。

○ 动态扩展(D)

虚拟硬盘文件会随着数据写入到虚拟硬盘而增长到其最大大小。

确定 取消

图 8.1.2 “创建和附加虚拟硬盘”窗口

在“浏览虚拟磁盘文件”界面的上方导航至目标位置后，在下方“文件名”输入虚拟硬盘的文件名，在“保存类型”选择虚拟硬盘文件的格式。设置好文件名和保存类型后，点击“保存”按钮，如图 8.1.3 所示。

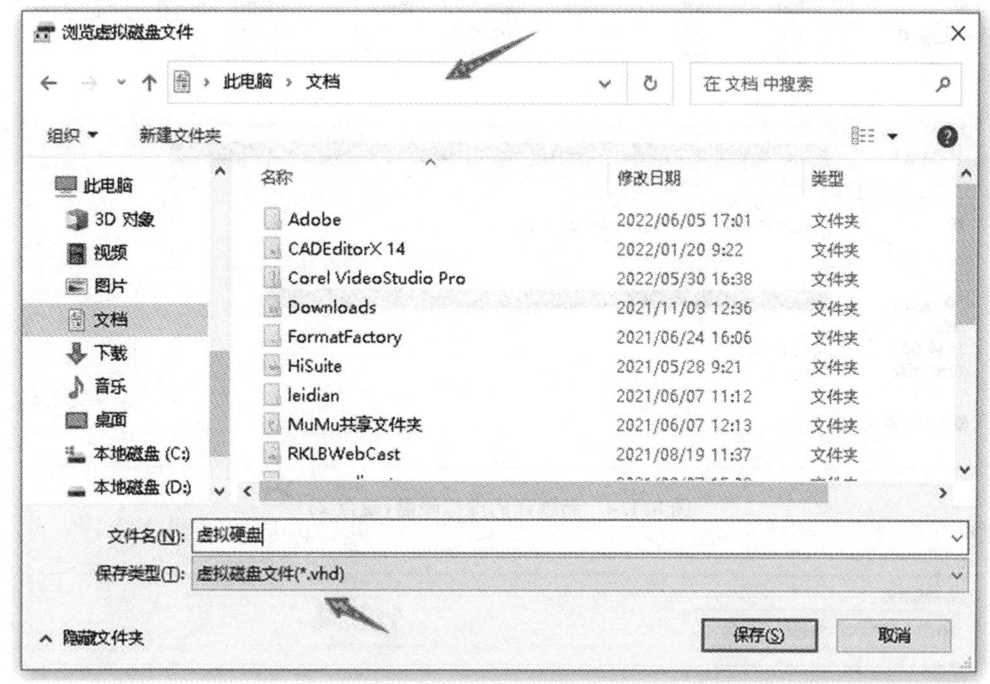

图 8.1.3　设置虚拟硬盘文件的文件名和保存类型

返回到图 8.1.2 所示的界面，进行如下操作：

① 在“虚拟硬盘大小”设置项中填写虚拟硬盘的目标大小并选择目标单位。

② 在“虚拟硬盘格式”设置项中选择虚拟硬盘的目标格式（“VHD”格式的虚拟硬盘对 Windows 版本的兼容性更好，“VHDX”格式的虚拟硬盘的容量上限更高，具有电源故障弹性，且性能更好）。

③ 在“虚拟硬盘类型”设置项中，如果新建的虚拟硬盘是“VHD”格式的，建议选择“固定大小”选项；如果是“VHDX”格式的，建议选择“动态扩展”选项。

④ 所有的选项设置完成后，点击窗口底部的“确定”按钮完成虚拟硬盘的创建。经过一段时间后，新创建的虚拟硬盘就可以在“磁盘管理”的磁盘列表里看到了，如图 8.1.4 所示。

2. 设置虚拟硬盘

虽然虚拟硬盘已创建完成，但还不能使用，接下来我们来设置刚创建的虚拟硬盘。

将鼠标光标置于新建的虚拟硬盘的名称之上，单击鼠标右键，在上下文菜单中选择并点击“初始化磁盘”，如图 8.1.5 所示。

如图 8.1.6 所示，在打开的“初始化磁盘”窗口中，选中你要操作的目标磁盘左边的复选框；在“为所选磁盘使用以下磁盘分区形式：”项下选择“MBR（主启动记录）”，完成设置后，单击窗口下方的“确定”按钮对虚拟硬盘进行初始化操作。

虚拟硬盘初始化完成后，磁盘的状态将由“没有初始化”变为“联机”，如图 8.1.7 所示。

将鼠标光标置于刚刚完成初始化的虚拟硬盘的分区图表之上（如图 8.1.7 所示，其上的

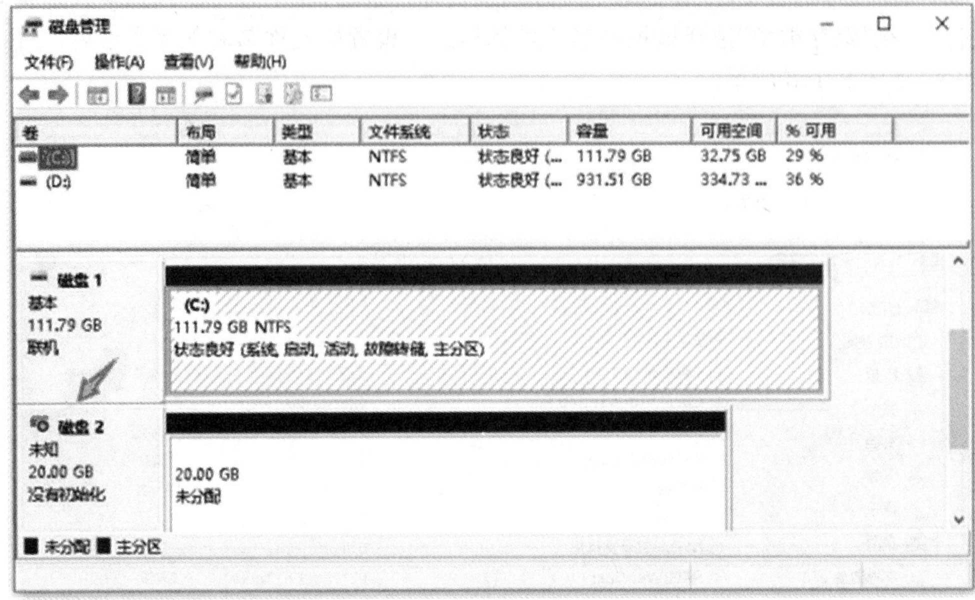

图 8.1.4　新创建的虚拟硬盘(磁盘 2)

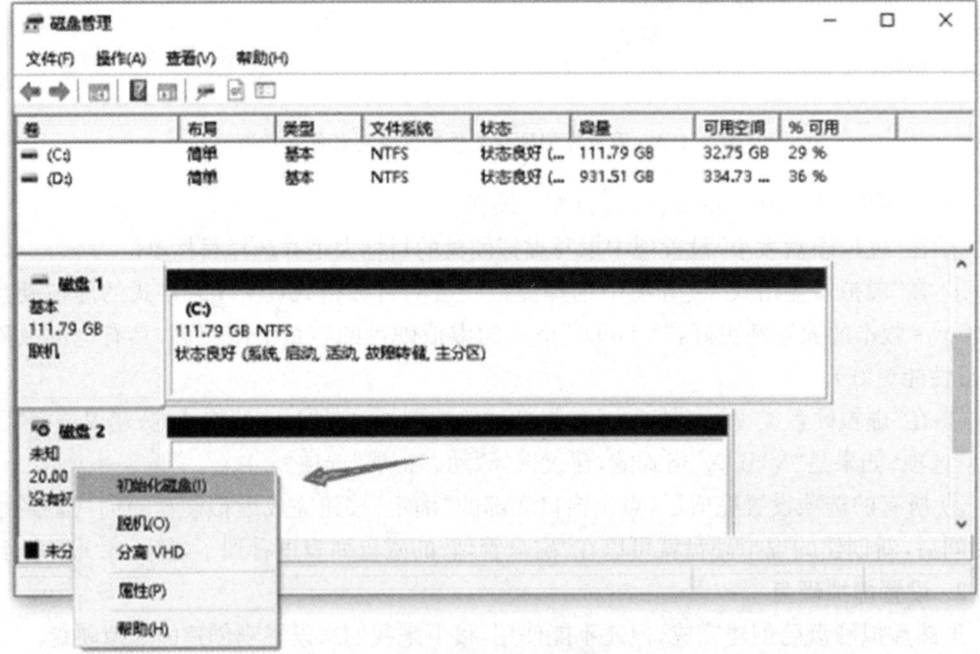

图 8.1.5　选择初始化虚拟硬盘菜单项

字样为类似“20.00GB”和“未分配”)，单击鼠标右键，在弹出的上下文菜单中选择并点击“新建简单卷”，如图 8.1.8 所示。

进入到“新建简单卷向导”，如图 8.1.9 所示，单击“下一步”按钮。

为新建简单卷指定大小，点击窗口底部的“下一步”按钮，如图 8.1.10 所示。

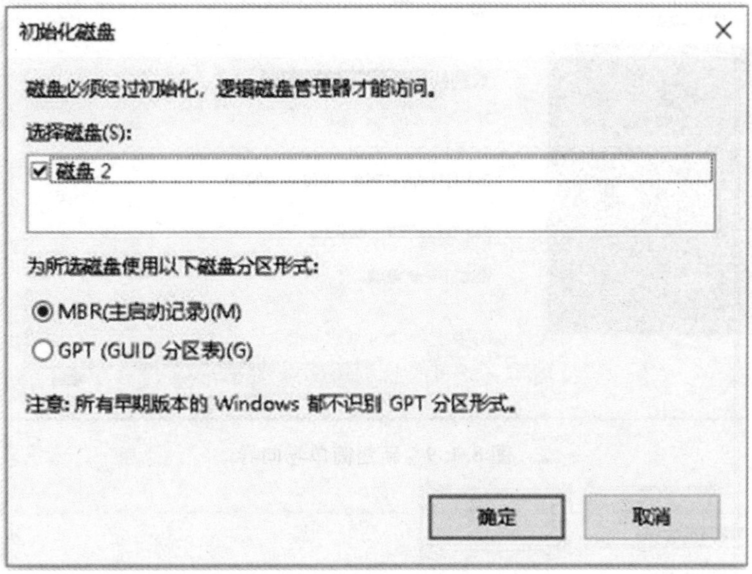

初始化磁盘

磁盘必须经过初始化，逻辑磁盘管理器才能访问。

选择磁盘(S):

☑ 磁盘 2

为所选磁盘使用以下磁盘分区形式:

◉ MBR(主启动记录)(M)

○ GPT (GUID 分区表)(G)

注意: 所有早期版本的 Windows 都不识别 GPT 分区形式。

确定　取消

图 8.1.6　对虚拟硬盘进行初始化

图 8.1.7　磁盘状态已变为“联机”

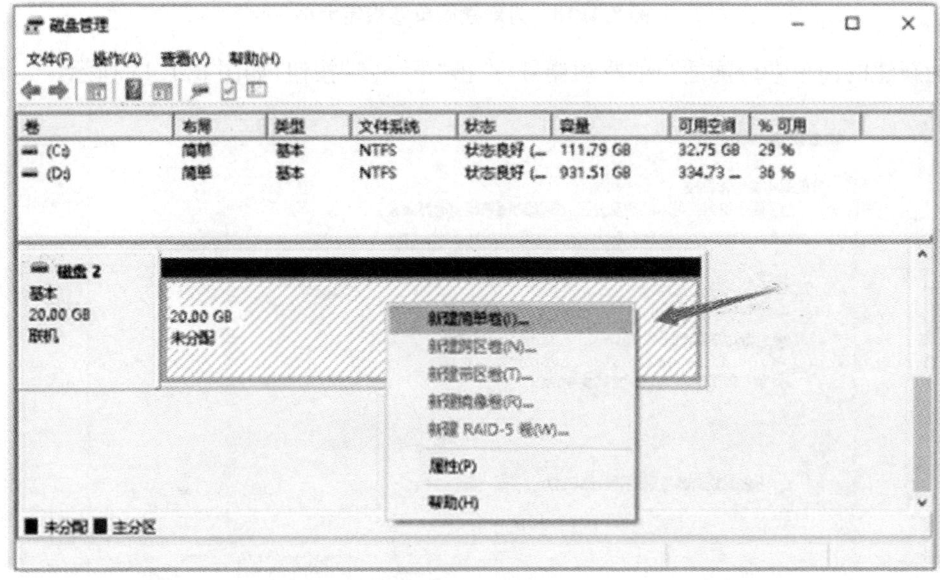

图 8.1.8　新建简单卷

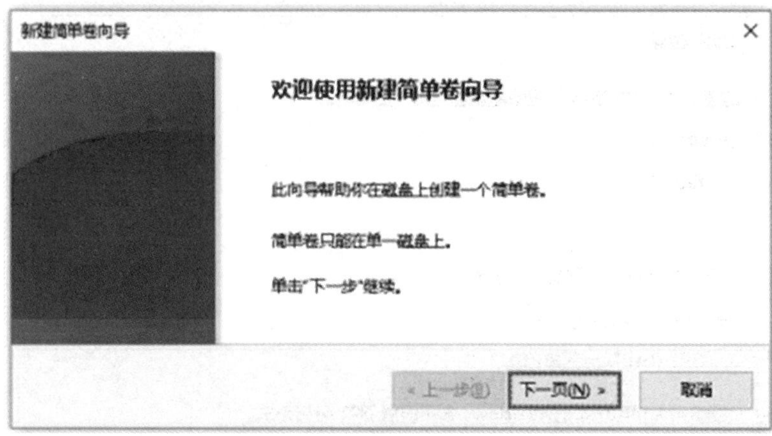

图 8.1.9　新建简单卷向导

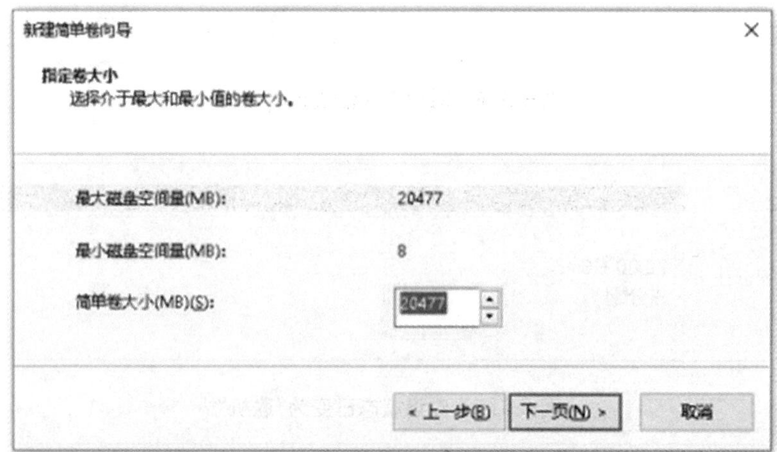

图 8.1.10　为新建简单卷指定大小

为新建的简单卷分配适当的驱动器号,点击"下一步"按钮,如图 8.1.11 所示。

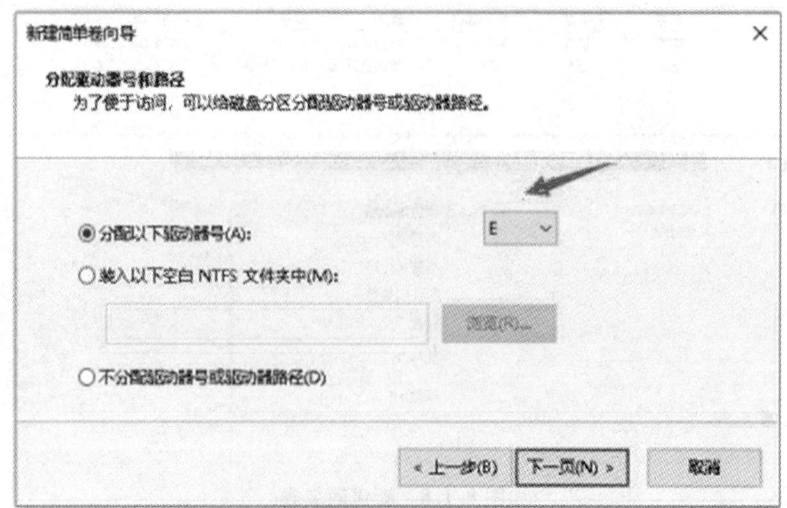

图 8.1.11　为新建的简单卷分配驱动器号

在“格式化分区”的步骤中，选择“按下列设置格式化这个卷”，并将“文件系统”设为“NTFS”(推荐)，“分配单元大小”设为“默认值”，“卷标”设为对该分区的命名(任意填写)，勾选“执行快速格式化”前的复选框，然后点击窗口底部的“下一步”按钮，如图 8.1.12 所示。

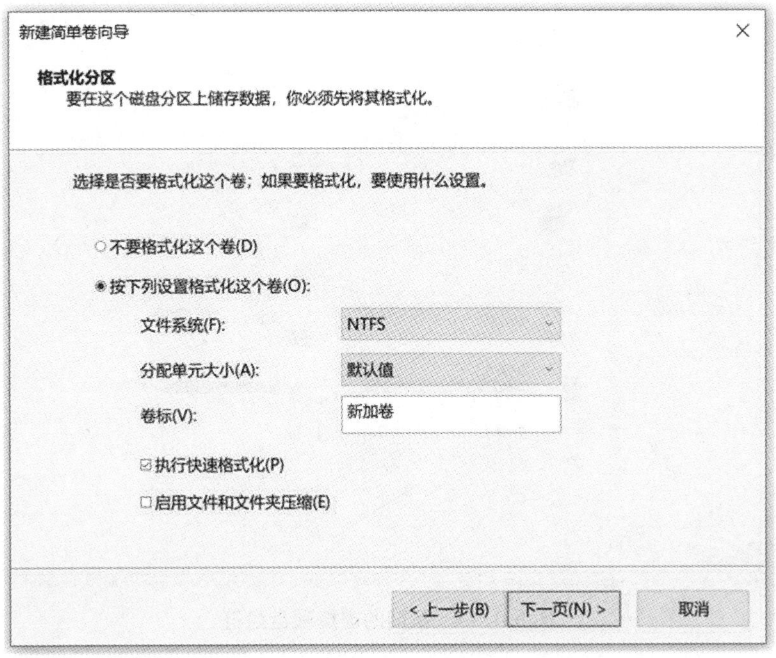

新建简单卷向导

格式化分区

要在这个磁盘分区上储存数据，你必须先将其格式化。

选择是否要格式化这个卷；如果要格式化，要使用什么设置。

○不要格式化这个卷(D)

◉按下列设置格式化这个卷(O):

文件系统(F):　NTFS

分配单元大小(A):　默认值

卷标(V):　新加卷

☑执行快速格式化(P)

☐启用文件和文件夹压缩(E)

< 上一步(B)　下一页(N) >　取消

图 8.1.12　格式化分区

如图 8.1.13 所示，“新建简单卷向导”设置完成，点击窗口底部的“完成”按钮。这时，虚拟磁盘下的新建卷将开始格式化。

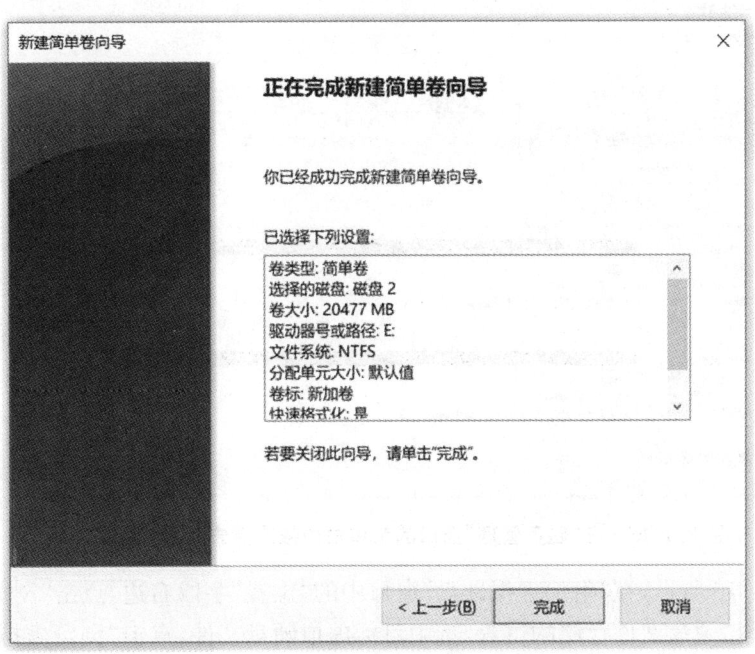

图 8.1.13　“新建简单卷向导”设置完成

格式化完成之后，在计算机的文件资源管理器中可以看到出现了一个新的盘符，如图 8.1.14 所示。

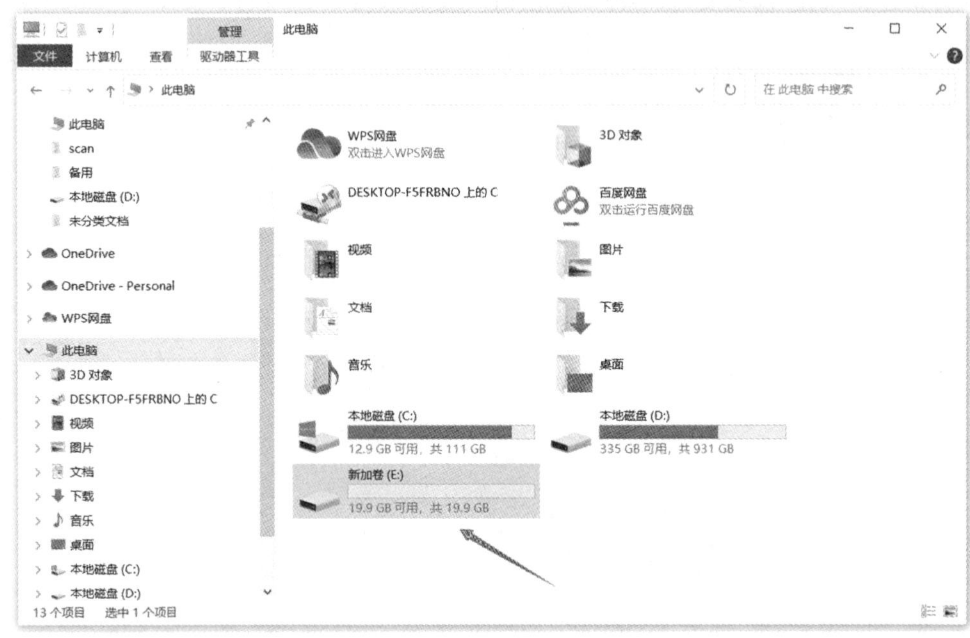

图 8.1.14　新增的虚拟硬盘盘符

至此，一个新的虚拟硬盘即创建完毕并可使用。

3. 在 Windows 10 系统中附加或分离虚拟硬盘

进入“磁盘管理”界面，在菜单栏中依次点击“操作”“附加 VHD”，如图 8.1.15 所示。

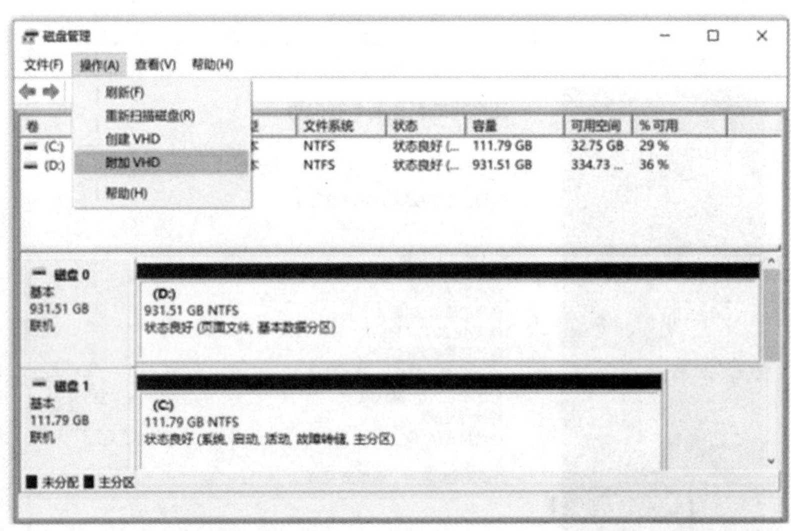

图 8.1.15　在“磁盘管理”窗口的菜单栏中依次点击“操作”“附加 VH”

如图 8.1.16 所示，在“附加虚拟硬盘”窗口中的“位置”字段右边，点击“浏览…”按钮。

导航到虚拟硬盘文件存储的位置，选中目标虚拟硬盘文件，点击“浏览虚拟磁盘文件”窗口下方的“打开”按钮，如图 8.1.17 所示。

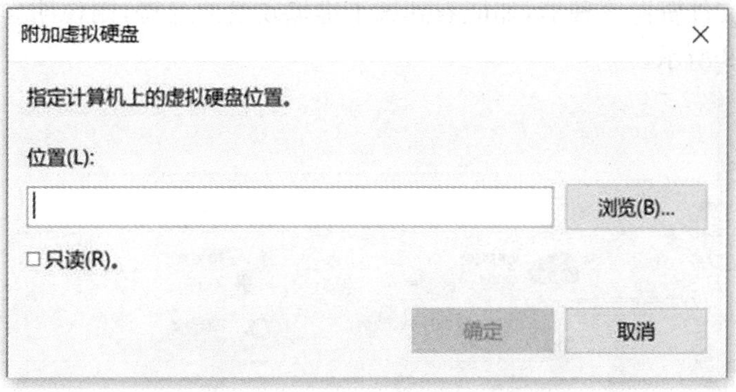

附加虚拟硬盘

指定计算机上的虚拟硬盘位置。

位置(L):

浏览(B)...

□只读(R)。

确定　取消

图 8.1.16　打开“附加虚拟硬盘”位置窗口

图 8.1.17　在“浏览虚拟磁盘文件”窗口下打开虚拟硬盘文件

选中目标虚拟硬盘文件后，在返回的“附加虚拟硬盘”窗口下方点击“确定”按钮，如图 8.1.18 所示。

附加虚拟硬盘

指定计算机上的虚拟硬盘位置。

位置(L):

C:\Users\Administrator\Documents\虚拟硬盘.vhd　浏览(B)...

□只读(R)。

确定　取消

图 8.1.18　确认附加虚拟硬盘

打开计算机文件资源管理器，如能看到属于虚拟硬盘的盘符，则说明虚拟硬盘已经成功附加，如图 8.1.19 所示。

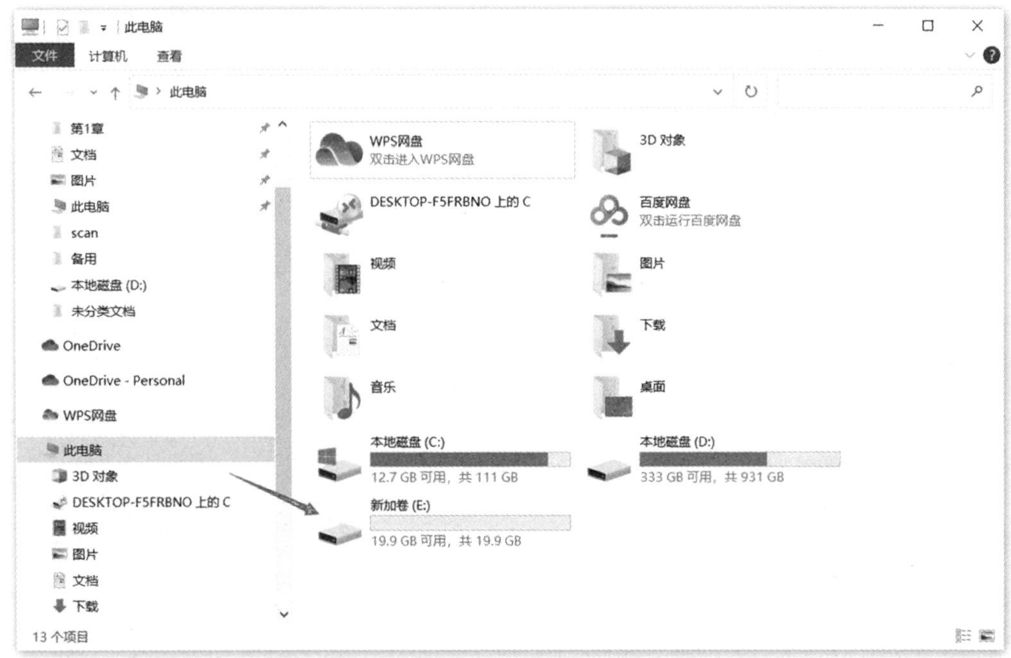

图 8.1.19　文件资源管理器中显示的虚拟硬盘盘符

分离已经附加的虚拟磁盘的方法是打开“磁盘管理”，在磁盘列表中找到需要分离的目标磁盘，将鼠标光标置于虚拟磁盘的名称之上，如图 8.1.20 所示。

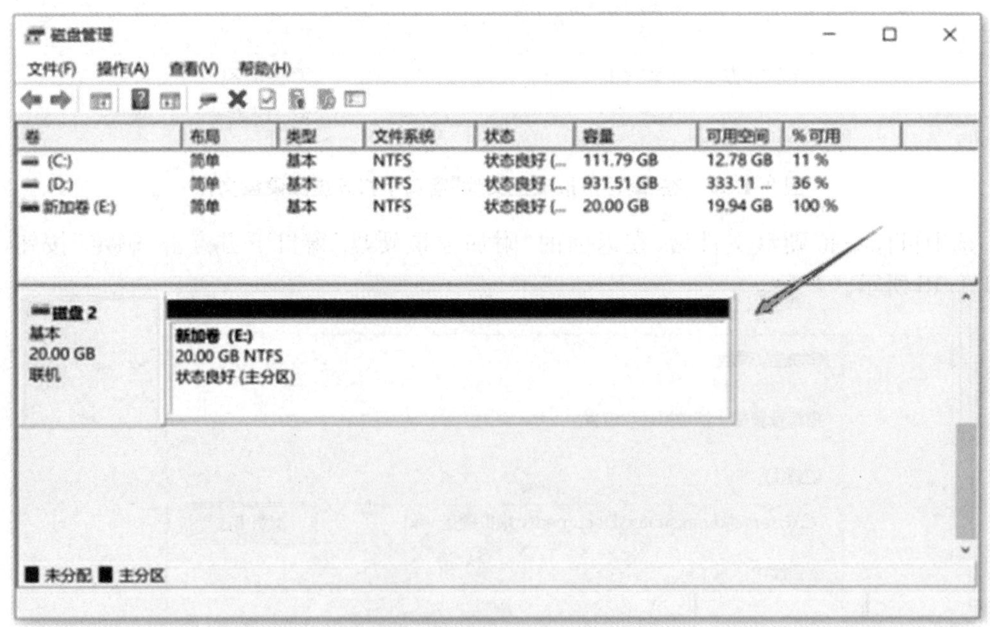

图 8.1.20　将鼠标光标置于目标虚拟磁盘的名称之上

单击鼠标右键，在弹出的菜单中选择并点击“分离 VHD”，如图 8.1.21 所示。

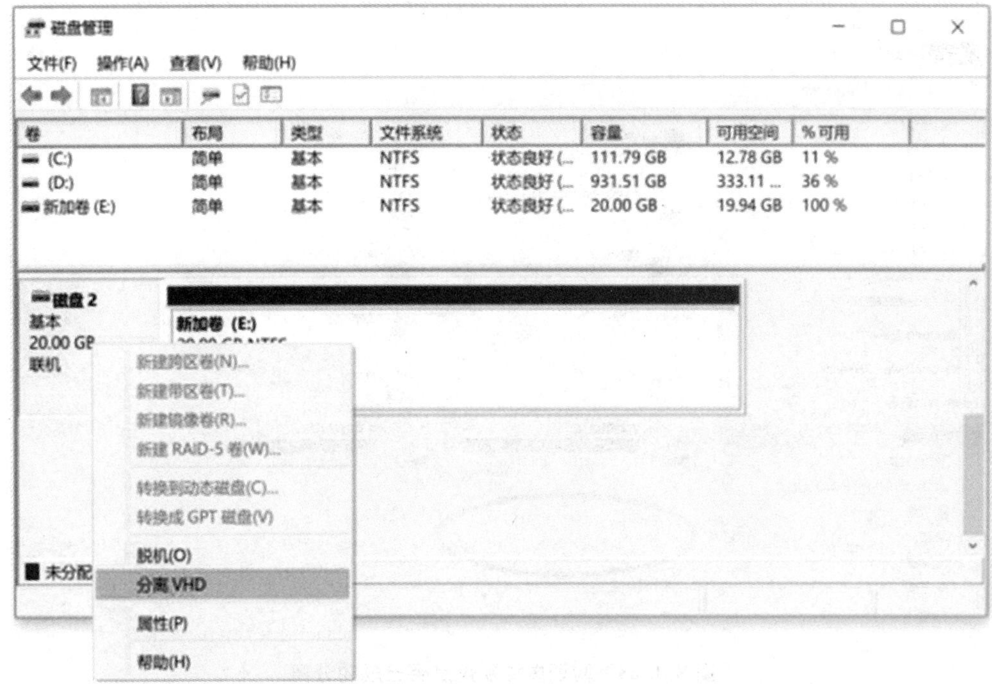

图 8.1.21　单击“分离 VHD”

如图 8.1.22 所示，不需要改变“分离虚拟硬盘”窗口中的虚拟硬盘文件路径，点击该窗口下方的“确定”按钮。

图 8.1.22　确认分离指定路径下的虚拟硬盘

打开文件资源管理器，观察属于目标虚拟硬盘的盘符是否已经消失，如已消失，则说明虚拟硬盘已经成功分离，如图 8.1.23 所示。

图 8.1.23　验证虚拟硬盘是否已成功分离

任务 8.2　虚拟光驱简介

8.2.1　虚拟光驱概念及功能

1. 虚拟光驱的概念

虚拟光驱是指用专门软件将硬盘的部分空闲区域虚拟成和物理光驱功能一样的光驱盘符，其能够载入映像文件，生成相应的光盘内容，使用起来和真实的光盘没有区别。

2. 虚拟光驱的功能

在日常生活中，很多用户喜欢在网上下载各类资料和软件，而其中很多都是光盘映像文件格式，一般情况下，这些映像文件要用光盘刻录软件刻录到光盘中才能解压、安装和使用。光盘必须放在光驱中，这样长时间的读光盘会对光驱和光盘寿命产生影响，同时读光盘速度慢和产生的噪音也会降低学习、娱乐的兴致，而且很多计算机都取消了光驱的配置，而使用虚拟光驱能完成对映像文件的使用。

虚拟光驱中的映像文件是存放在硬盘上的，读取时速度快，且有效地避免了光驱读盘带来的各种不足，虚拟光驱也可用于操作系统的安装和 PE 系统的制作。

8.2.2　虚拟光驱软件

1. Daemon tools Lite 简介

虚拟光驱的创建是由专门的虚拟光驱软件来完成的。这类软件种类较多，下面我们介绍简单易懂、使用广泛的虚拟光驱软件 Daemon tools Lite。

Daemon tools Lite 是一款先进的模拟备份并能合并保护盘的软件，可以备份 SafeDisc 保护的软件，可以打开 CUE，ISO、CCD、img 等虚拟光驱的映像文件。

2. Daemon tools Lite 软件使用图解

打开 Daemon tools Lite 软件，可以看到该软件的运行主界面非常简洁，如图 8.2.1 所示。

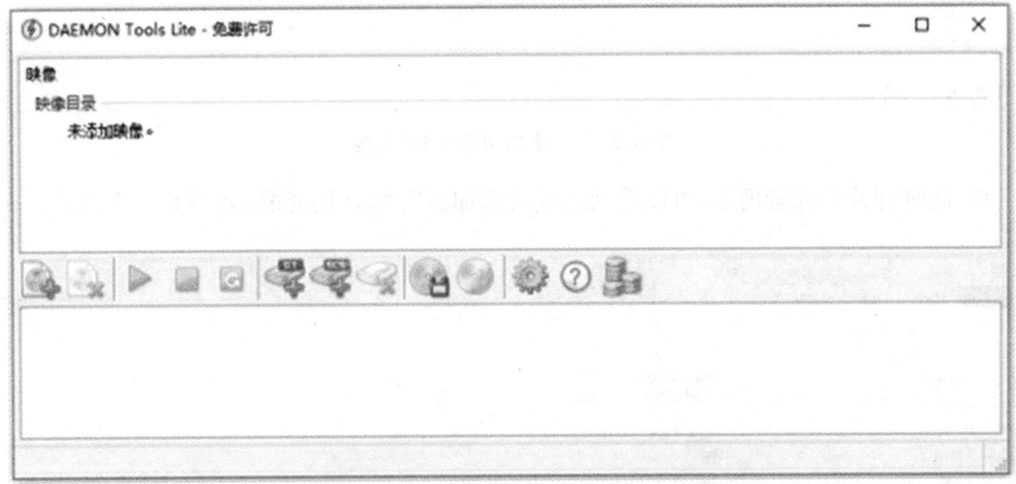

图 8.2.1　Daemon tools Lite 软件主界面

① 首先点击“添加 DT 虚拟光驱”按钮来创建一个虚拟光驱，如图 8.2.2 所示。

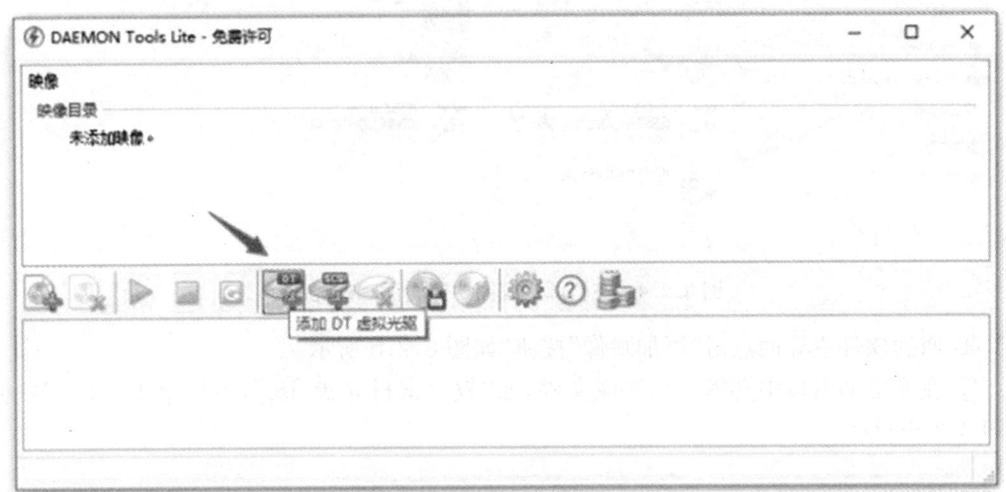

图 8.2.2　“添加虚拟光驱”操作

② “添加 DT 虚拟光驱”成功后，左下角可以看到新添加的虚拟光驱[DT-1]无媒体，如图 8.2.3 所示。

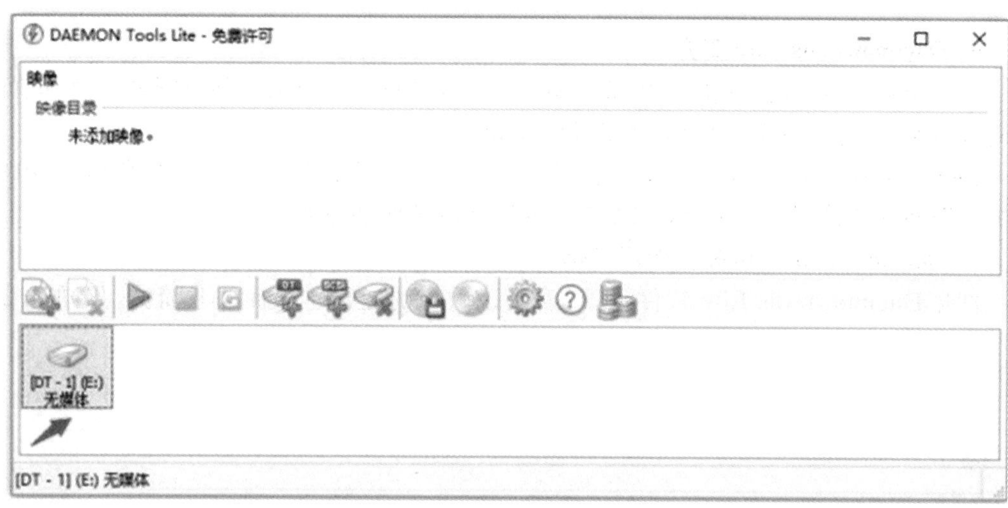

图 8.2.3 “添加虚拟光驱”完成

③ 此时打开资源管理器，可以看到已成功添加盘符为 E 的光驱，如图 8.2.4 所示。

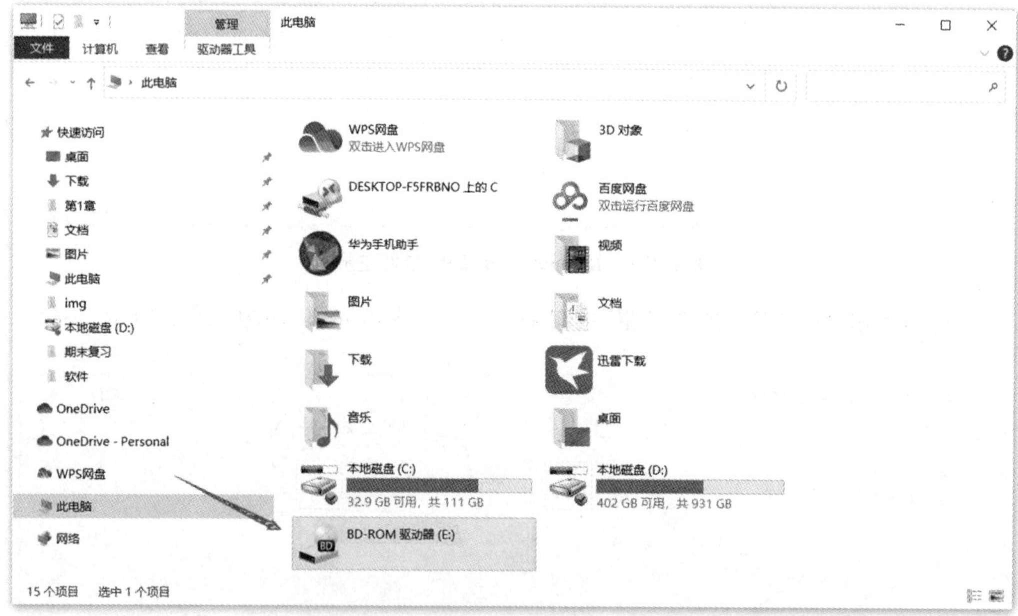

图 8.2.4 在资源管理器中查看添加的光驱

④ 回到软件主界面点击“添加映像”按钮，如图 8.2.5 所示。

⑤ 在弹出的窗口中选择一个映像文件，如“教材素材光盘.iso”，然后单击“打开”按钮，如图 8.2.6 所示。

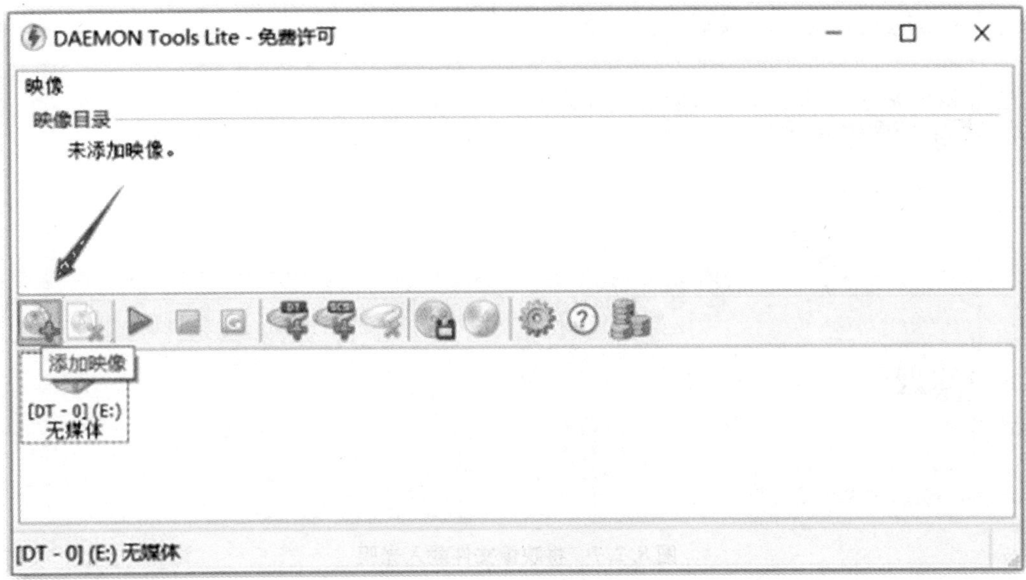

图 8.2.5　添加映像文件

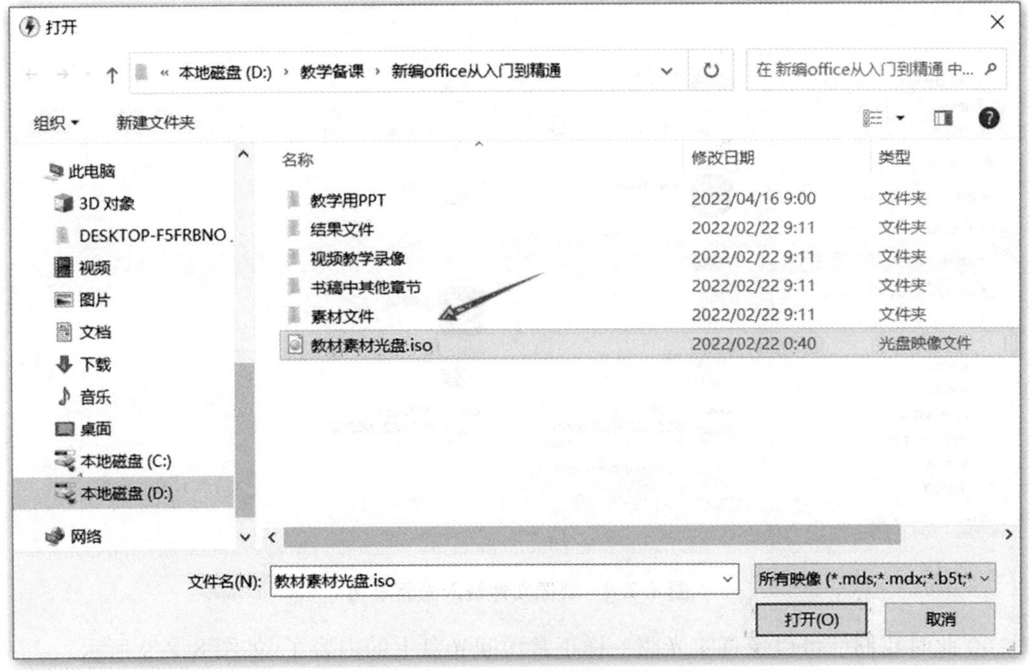

图 8.2.6　选择一个映像文件

⑥ 接下来，回到软件主界面。可以看到“映像目录”栏里已出现了我们刚刚选择的映像文件，点击“载入”按钮，将映像文件载入虚拟光驱，如图 8.2.7 所示。

⑦ 此时再回到资源管理器，可以看到光驱已载入教材素材光盘，如图 8.2.8 所示。

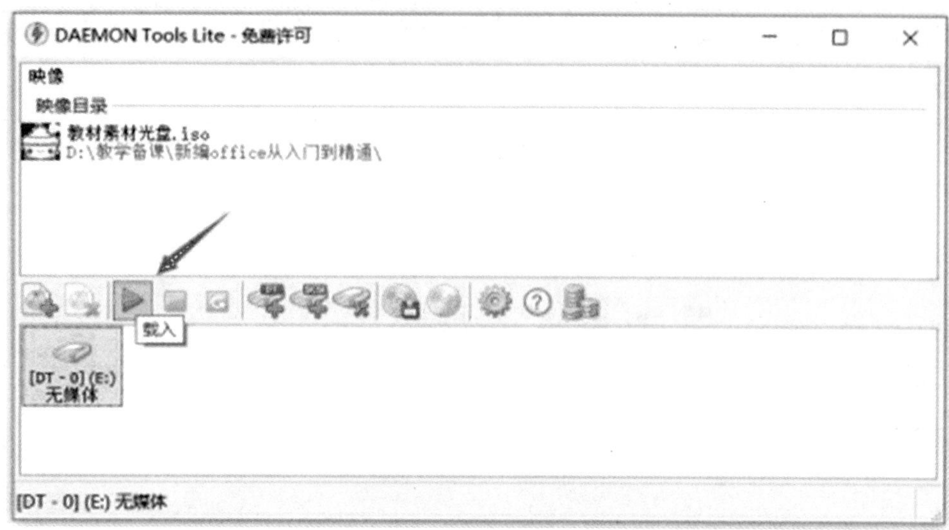

图 8.2.7 将映像文件载入光驱

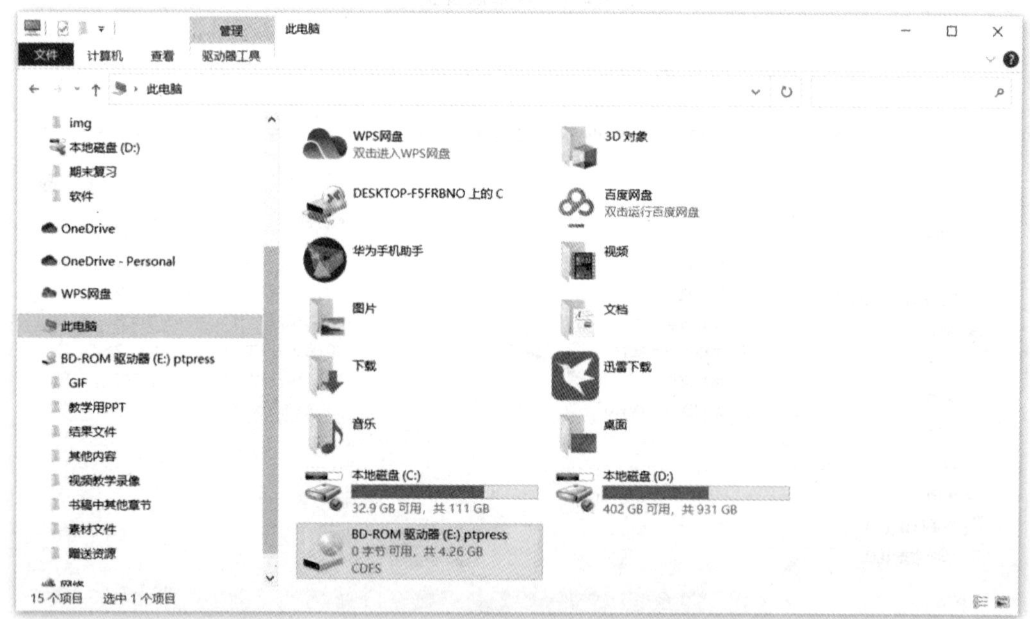

图 8.2.8 映像文件载入光驱成功

⑧ 此时我们已可以像真实光驱一样正常访问光盘上的内容了，如图 8.2.9 所示。

⑨ 多个虚拟光驱的创建。Daemon tools Lite 支持虚拟多个光驱盘符和装载多个映像文件。重复上面的操作过程，会得到如图 8.2.10 所示界面。

图 8.2.9　访问光盘内容

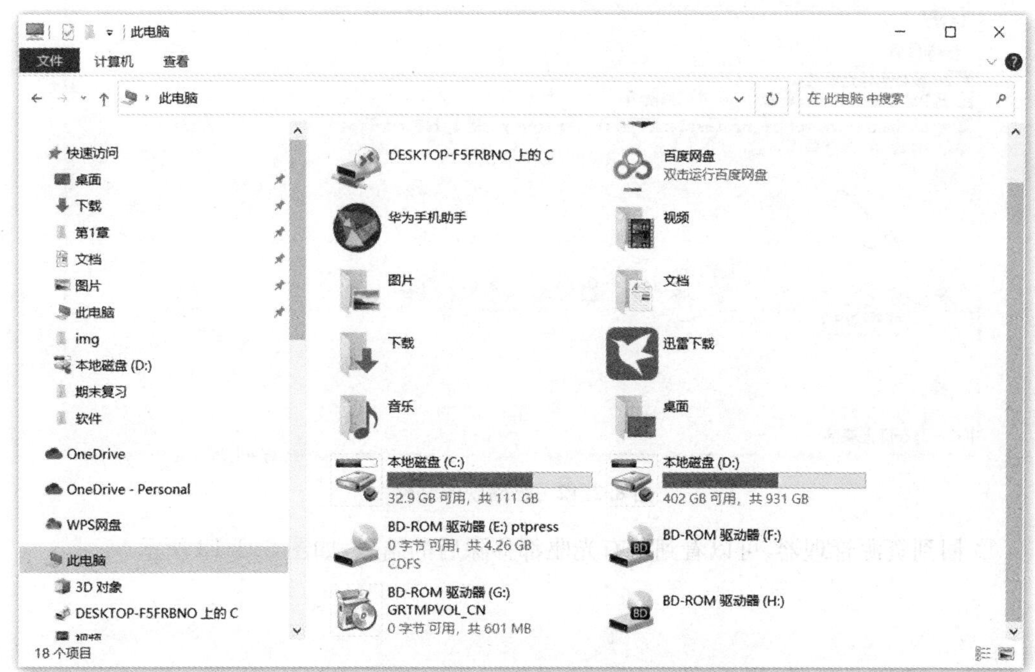

图 8.2.10　虚拟多个光驱盘符和装载多个镜像文件

⑩ 虚拟光驱的卸载。选中需要卸载的光驱盘符，然后点击“移除虚拟光驱”按钮，如图 8.2.11 所示。

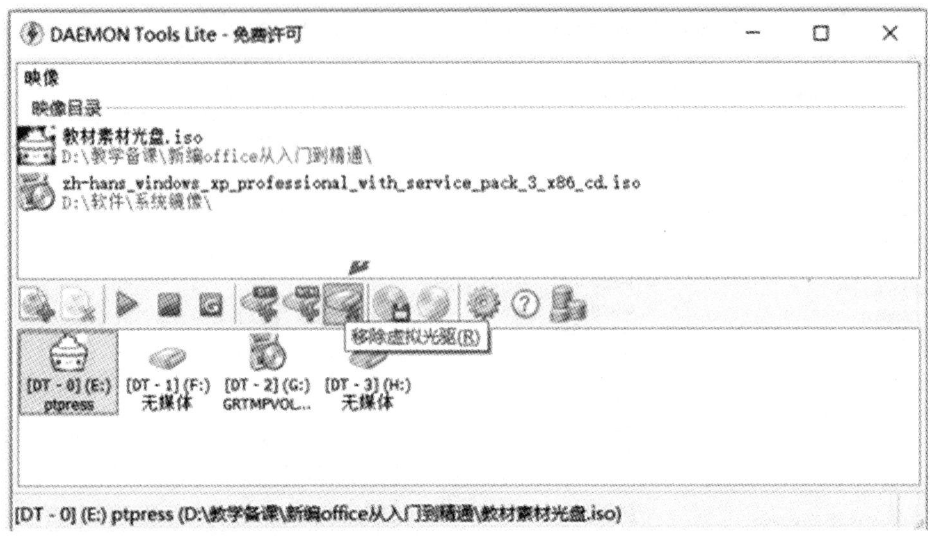

图 8.2.11 移除虚拟光驱

⑪ 回到软件主界面,可以看到光驱已被移除,再选中映像目录中的映像文件,点击“移除项目”按钮,将映像文件也移除,如图 8.2.12 所示。

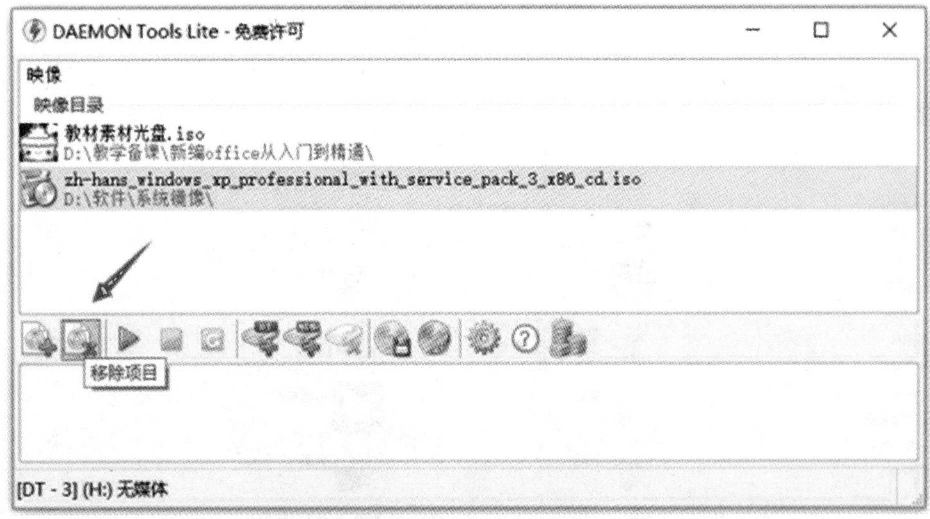

图 8.2.12 移除映像文件

⑫ 回到资源管理器,可以看到所有光驱都移除后的结果,如图 8.2.13 所示。

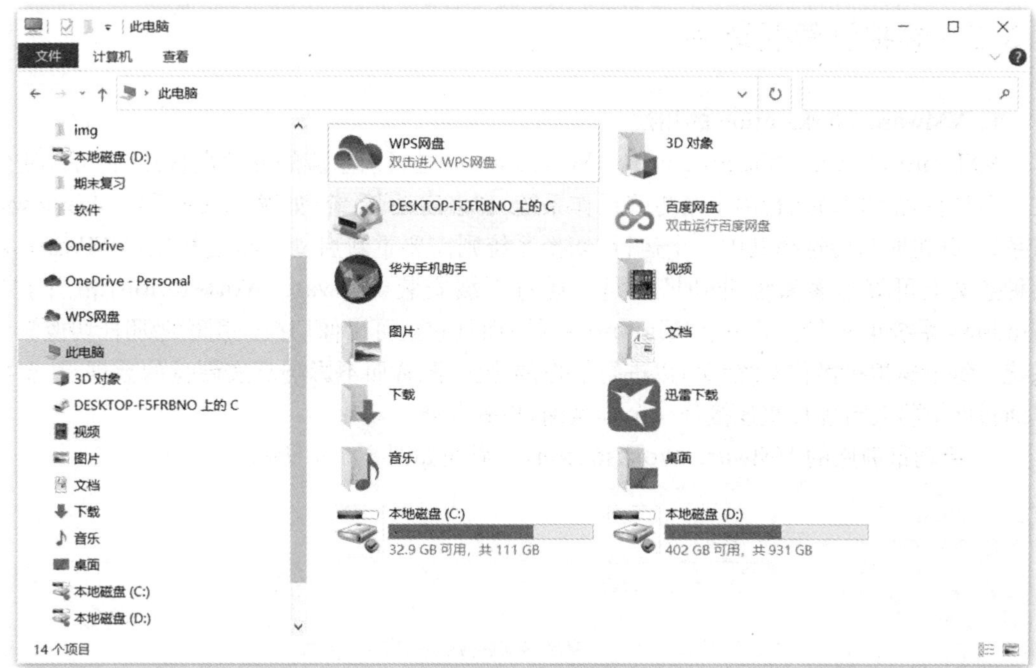

图 8.2.13　移除完成

任务 8.3　虚拟计算机技术简介

8.3.1　虚拟计算机技术的概念

虚拟计算机技术是指通过虚拟计算机软件真实地模拟计算机硬件环境，使得用户分辨不出操作系统是运行在真实的计算机环境中还是在虚拟的计算机环境中。虚拟计算机软件能模拟所有常见的硬件设备，如 CPU、芯片组、BIOS、内存、显卡、硬盘、光驱、鼠标、键盘、网卡等，而且能在一台主机上同时运行两个或多个操作系统，在每个操作系统上还能运行各自的应用程序。

在需要多操作系统的运行环境时，虚拟计算机技术是个高效率、高性价比的解决方案。虚拟计算机还能对应用软件进行模拟实际环境测试，这也给我们运行旧版本的软件和制作各类启动盘带来很大方便。

此外虚拟计算机在备份、还原、转移、批量复制、扩充磁盘硬件等方面都具备真实计算机不具备的快捷简便。

8.3.2 虚拟计算机软件

1. VMware Workstation 的用法

VMware (Virtual Machine ware) Workstation 是目前主流的虚拟机软件,它可以使你在一台计算机上同时运行两个或更多操作系统。"多启动"系统(如 Windows10 + Windows7 双系统)开机时只能选择其中一个运行,切换系统则需要重新启动。与之相比,VMWare 在某种意义上可算是多系统"同时"运行。通过下载安装 VMware Workstation,相当于在 Windows 系统里又安装了一个 Windows 系统,而且它还可以像切换应用程序那样切换操作系统。每个虚拟机操作系统都可以进行虚拟的分区、配置而不影响真实硬盘的数据,甚至可以通过网卡将几台虚拟机连接为一个局域网,极其方便。

① 启动最新版的 VMware Workstation,主界面如图 8.3.1 所示。

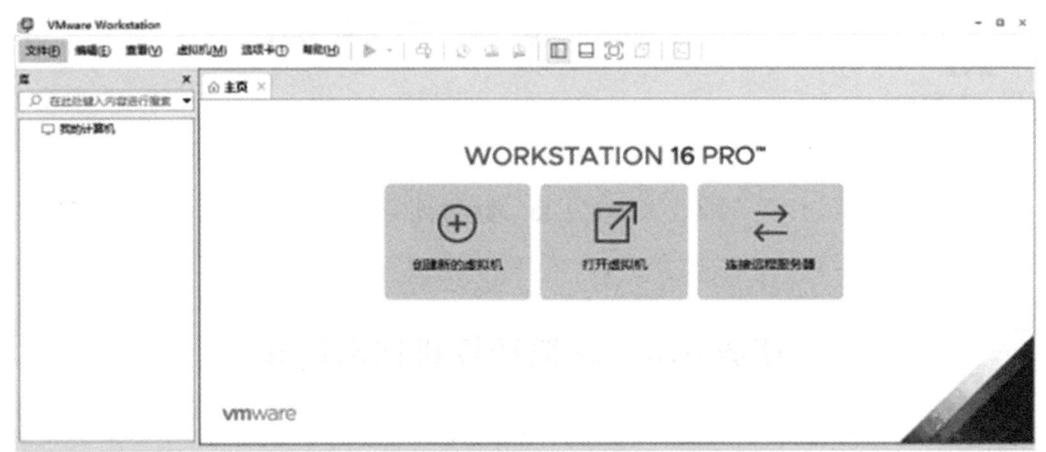

图 8.3.1 VMWare Workstation 主界面

② 启动新建虚拟机向导,选择类型配置。点击"创建新的虚拟机"按键或使用快捷键 CTRL + N 打开"新建虚拟机向导"窗口,在出现的"新建虚拟机向导"窗口中,选择"标准"和"自定义"两种类型配置选项之一,如图 8.3.2 所示。我们选择"自定义",在该设置中可以自由设置处理器、虚拟磁盘、网络等,然后点击"下一步"按钮。

③ 设置"选择虚拟机硬件兼容性"。如图 8.3.3 所示,保持默认选择不变,点击"下一步"按钮。

④ 选择"安装客户机操作系统"方式。如图 8.3.4 所示,可以选择从光驱安装(要求有安装盘),也可以从镜像文件安装(要事先准备好.iso 文件)。这里,我们选择"稍后安装操作系统"选项,然后单击"下一步"按钮继续。

⑤ 选择一个客户机操作系统。在图 8.3.5 中依次选择 Microsoft Windows 中的 Windows10 版本。

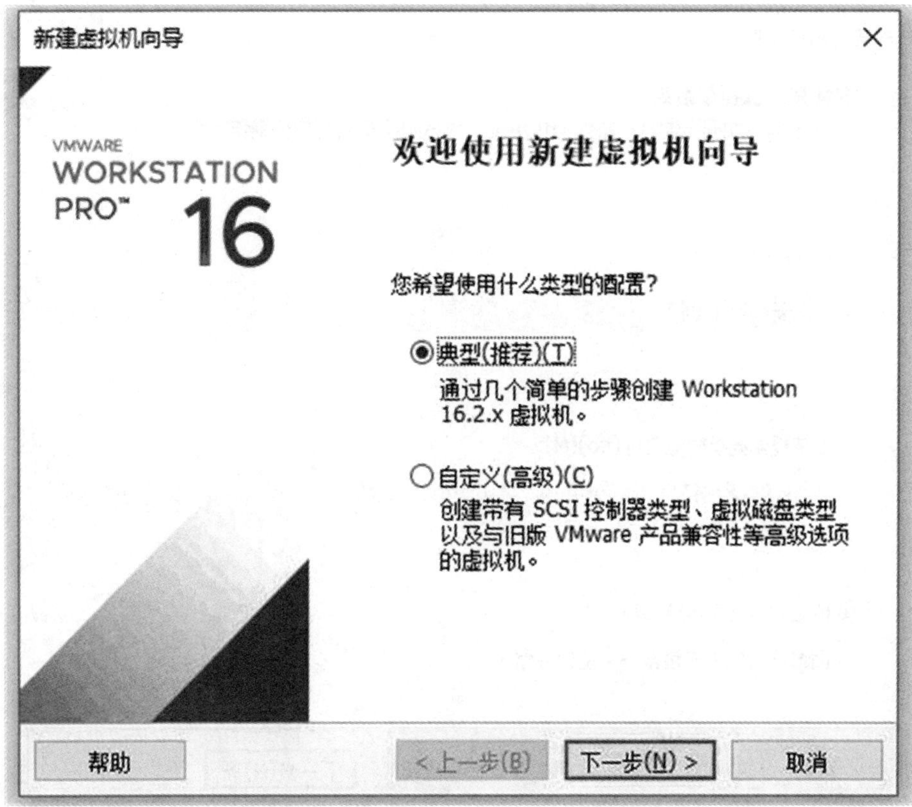

图 8.3.2　选择“自定义”类型配置选项

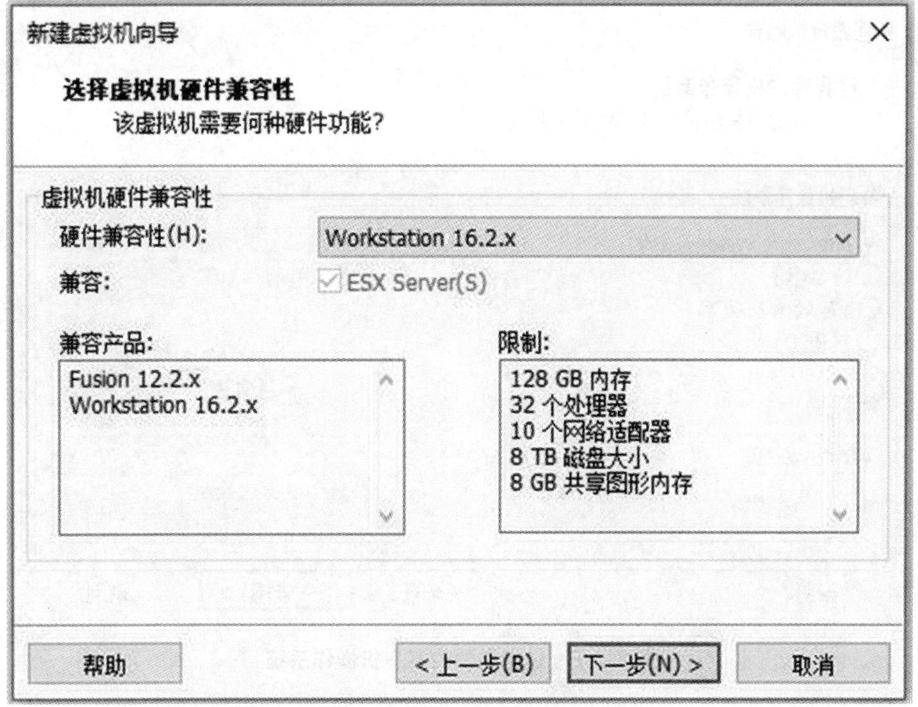

图 8.3.3　选择虚拟机硬件兼容性

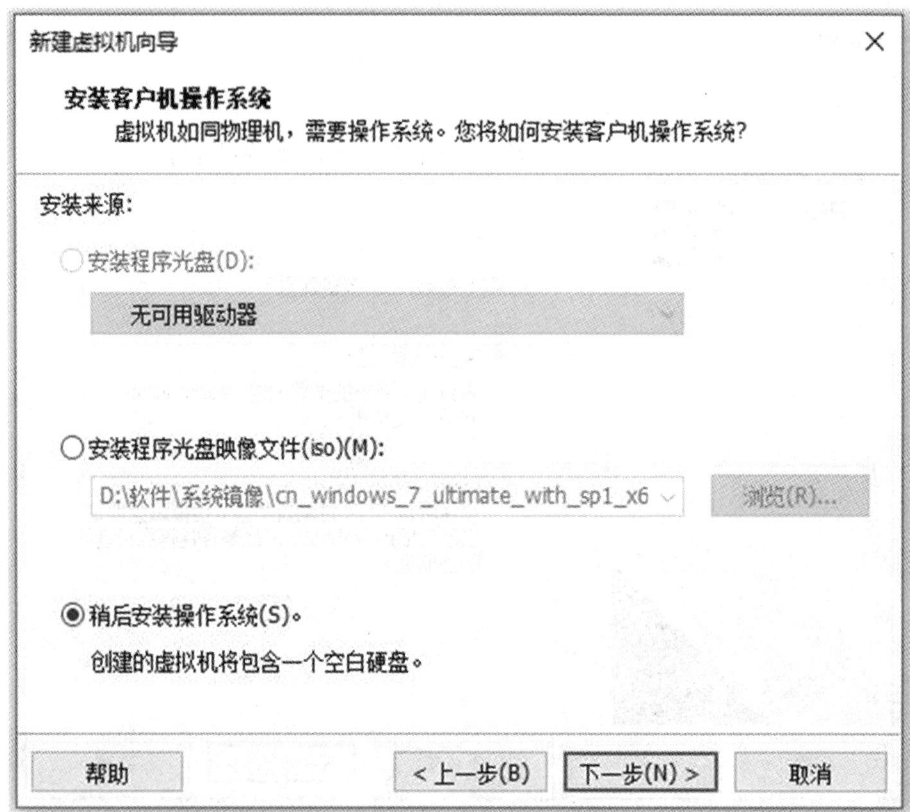

图 8.3.4　选择安装客户机操作系统

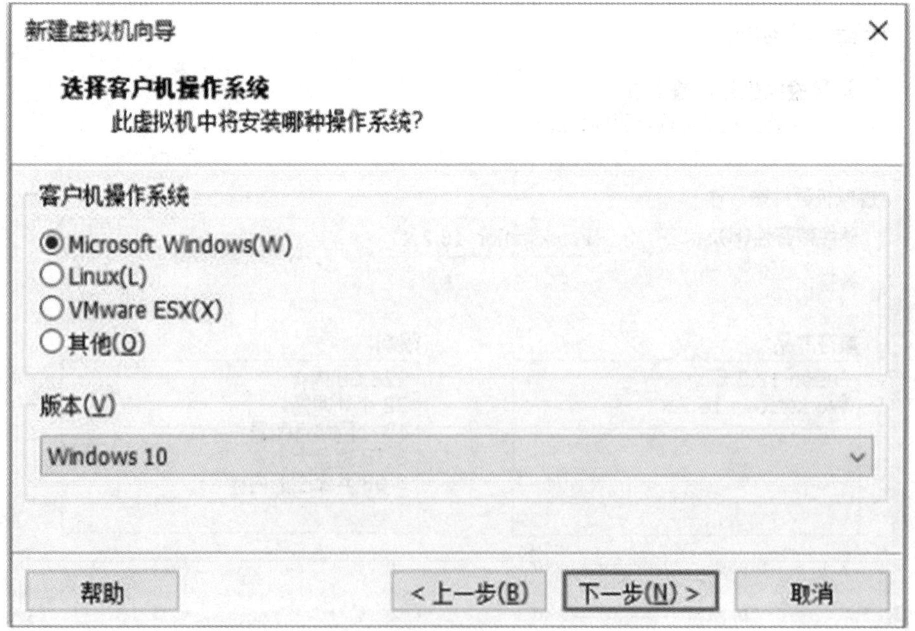

图 8.3.5　选择需要的客户机操作系统

⑥ 命名虚拟机。修改虚拟机名称和虚拟机文件存放位置,如图 8.3.6 所示,点击浏览可以选择虚拟机文件存放的位置,修改完后单击“下一步”按钮继续。

新建虚拟机向导
命名虚拟机
您希望该虚拟机使用什么名称?
虚拟机名称(V):
Windows 10
位置(L):
D:\虚拟机
浏览(R)...
在"编辑">"首选项"中可更改默认位置。
< 上一步(B)
下一步(N) >
取消

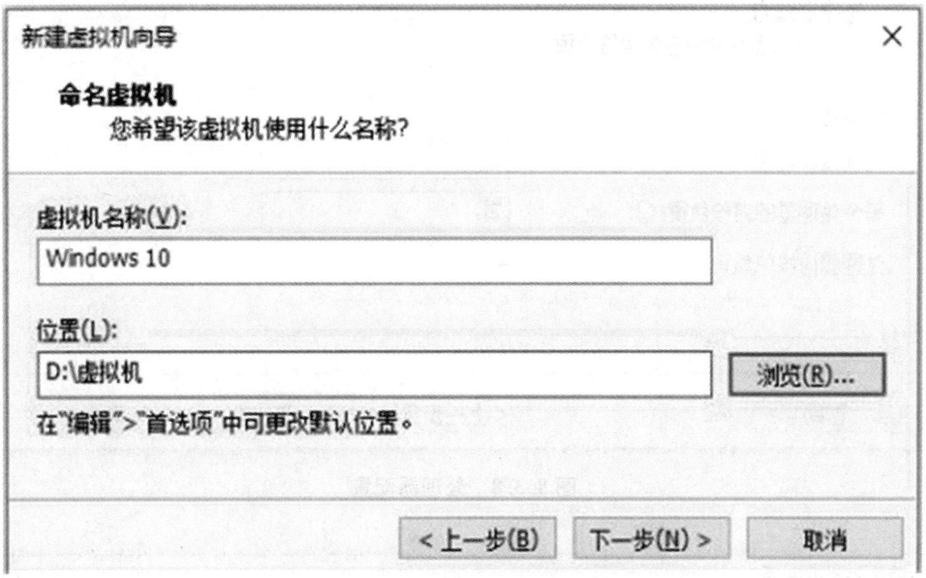

图 8.3.6　修改虚拟机名称和存放的位置

⑦ 固件类型配置。选择引导设备的类型,然后单击“下一步”按钮继续,如图 8.3.7 所示。

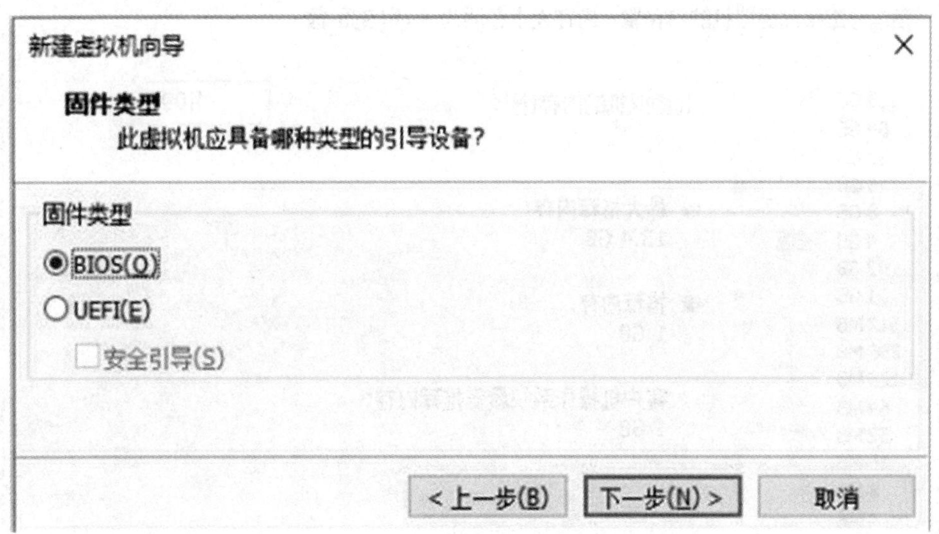

图 8.3.7　选择固件类型

⑧ 处理器配置。处理器关系到虚拟机的性能,可根据具体需求情况选择,需要考虑物理机的处理器性能,如图 8.3.8 所示。

⑨ 内存配置。虚拟机的内存配置不要超过自己计算机物理内存的大小,本例中选择推荐的 4GB,如图 8.3.9 所示,然后点击“下一步”按钮继续。

新建虚拟机向导

处理器配置

为此虚拟机指定处理器数量。

处理器

处理器数量(P): 2

每个处理器的内核数量(C): 2

处理器内核总数: 4

帮助 < 上一步(B) 下一步(N) > 取消

图 8.3.8 处理器配置

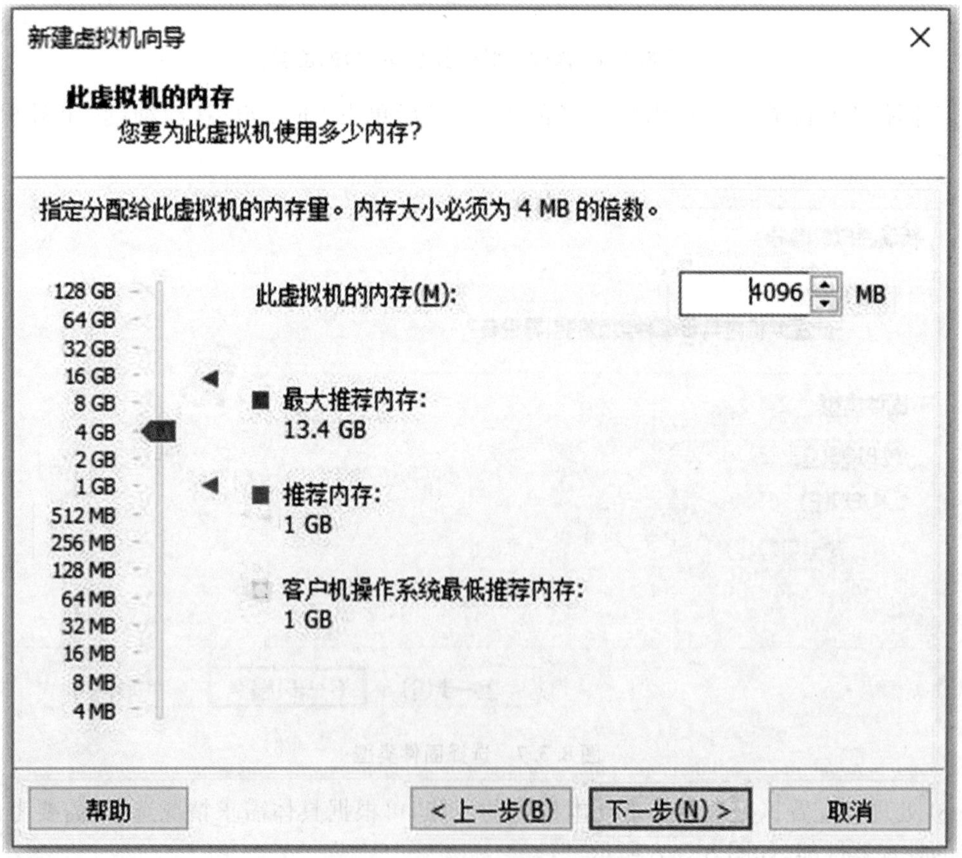

新建虚拟机向导

此虚拟机的内存

您要为此虚拟机使用多少内存?

指定分配给此虚拟机的内存量。内存大小必须为 4 MB 的倍数。

128 GB
64 GB
32 GB
16 GB
8 GB
4 GB
2 GB
1 GB
512 MB
256 MB
128 MB
64 MB
32 MB
16 MB
8 MB
4 MB

此虚拟机的内存(M): 4096 MB

最大推荐内存:
13.4 GB

推荐内存:
1 GB

客户机操作系统最低推荐内存:
1 GB

帮助 < 上一步(B) 下一步(N) > 取消

图 8.3.9 虚拟机内存配置

⑩ 选择网络类型。根据自身实际情况选择一项即可，如图 8.3.10 所示。

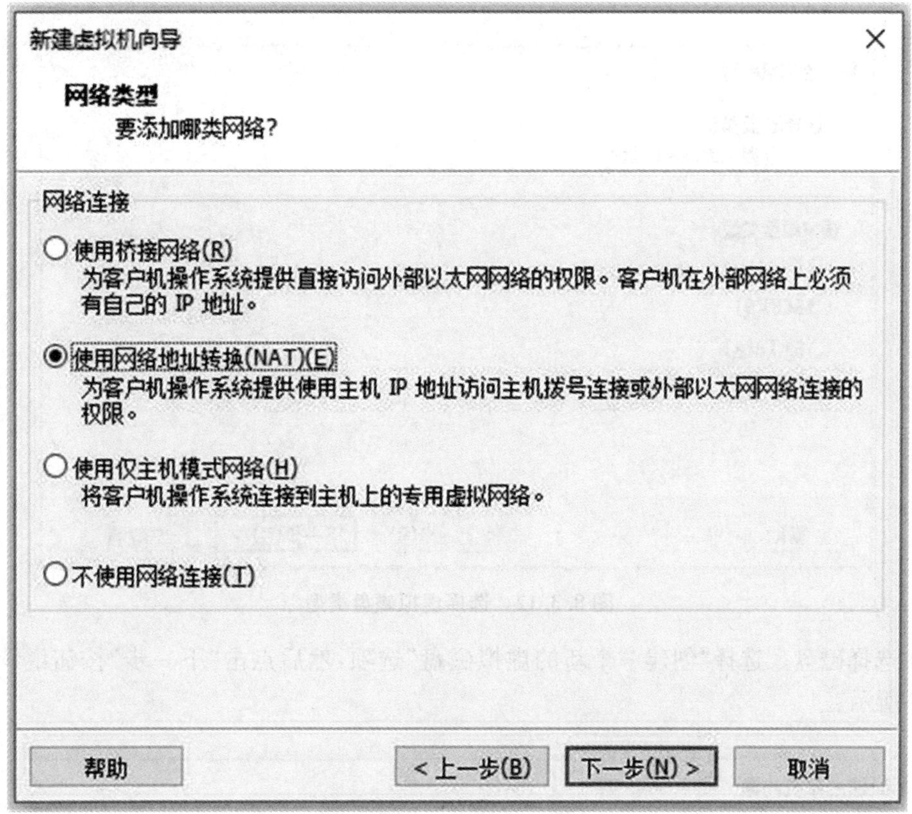

图 8.3.10　选择网络类型

⑪ 选择 I/O 控制器类型。选择推荐的“LSI Logic SAS(S)”，然后点击“下一步”按钮继续，如图 8.3.11 所示。

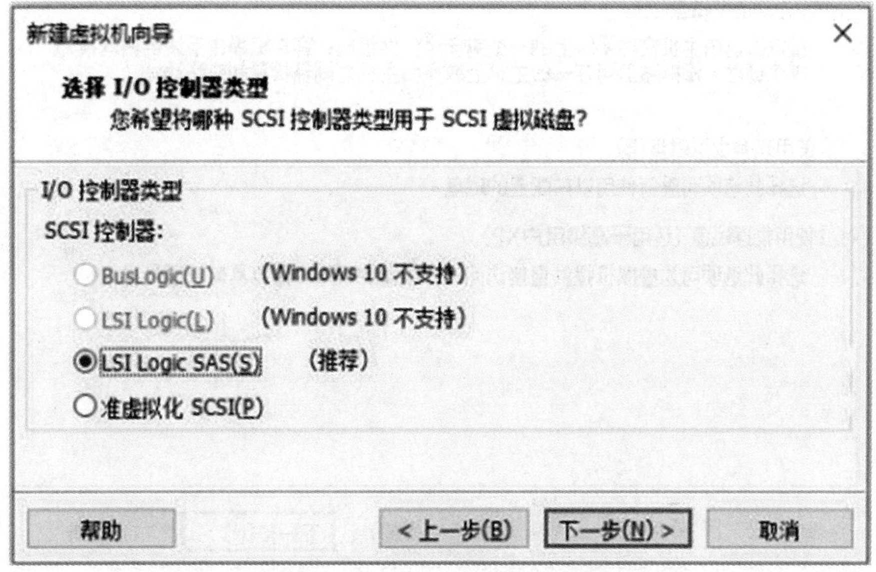

图 8.3.11　选择 I/O 控制器类型

⑫ 选择磁盘类型。选择推荐的“NVMe(V)”类型，然后点击“下一步”按钮继续，如图8.3.12所示。

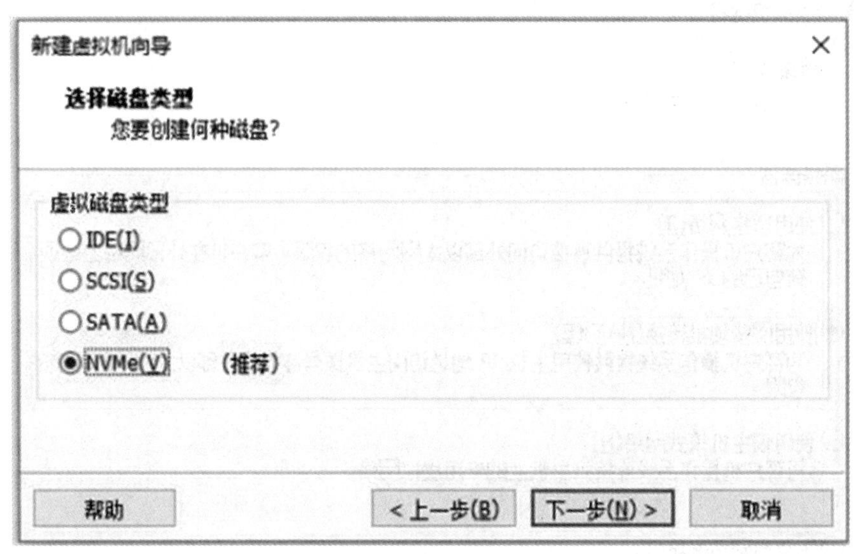

图 8.3.12　选择虚拟磁盘类型

⑬ 选择磁盘。选择“创建一个新的虚拟磁盘”选项，然后点击“下一步”按钮继续，如图8.3.13所示。

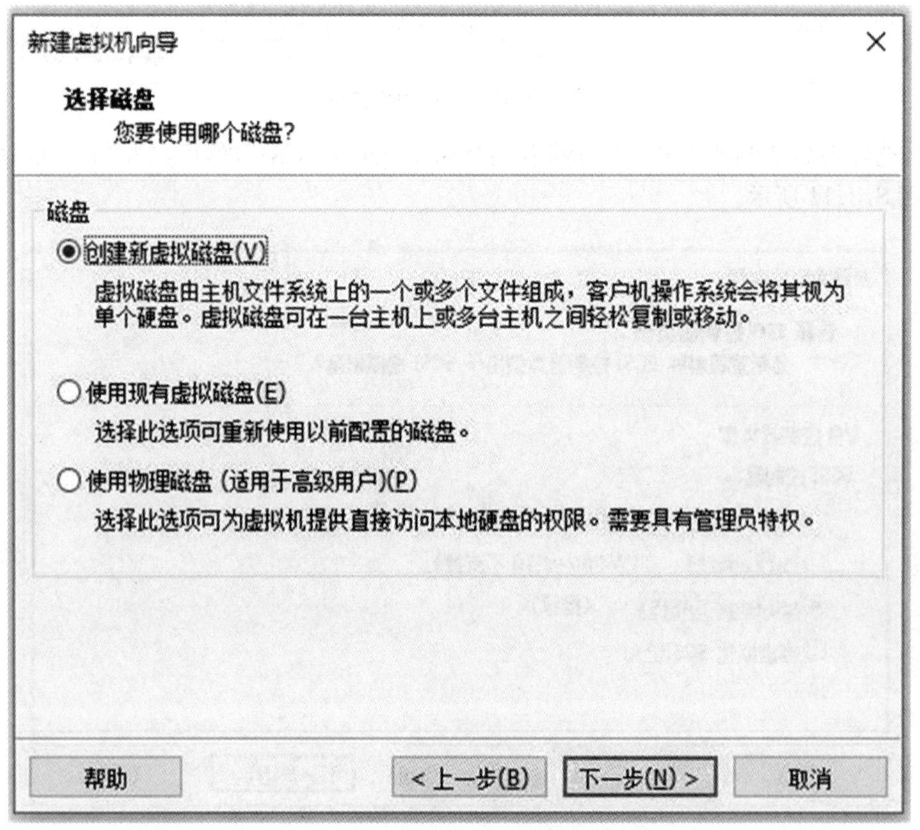

图 8.3.13　选择磁盘

⑭ 设置最大磁盘空间。“最大磁盘大小”可根据情况选择，比如 Windows 10 系统推荐的 60GB，其余的选默认值，如图 8.3.14 所示。

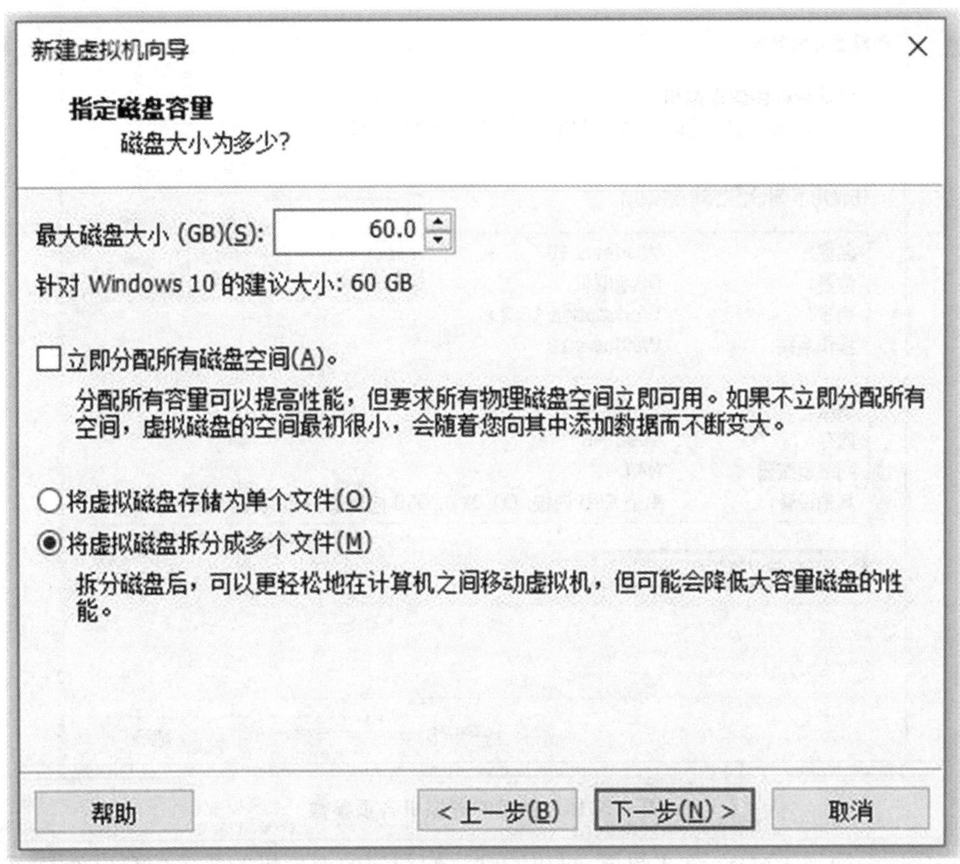

图 8.3.14　设置磁盘容量

⑮ 指定磁盘文件名和路径。可以自由更改，也可以使用默认值，如图 8.3.15 所示。

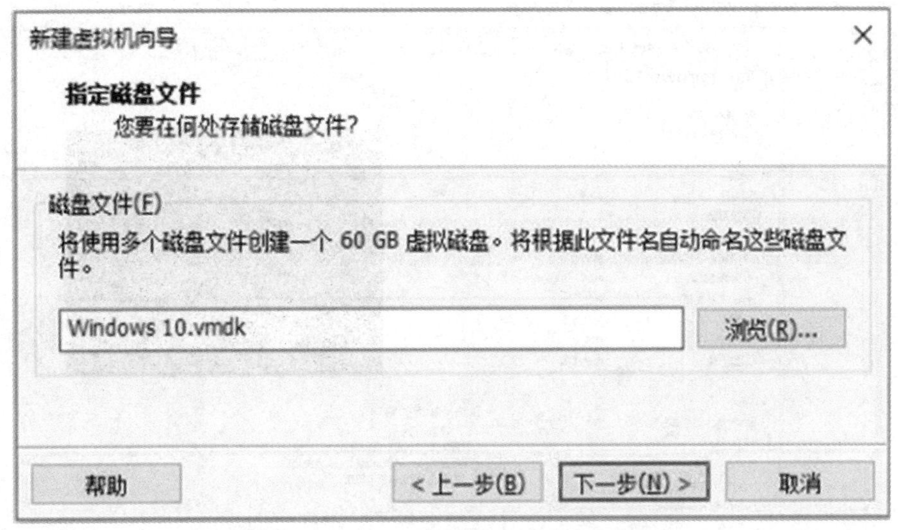

图 8.3.15　指定磁盘文件名和存放路径

经过以上一系列的设置，完成了虚拟机的创建，图 8.3.16 显示了被创建的虚拟机的各项参数，可以通过“自定义硬件”按钮进行修改，确认无误后点击“完成”按钮即可。

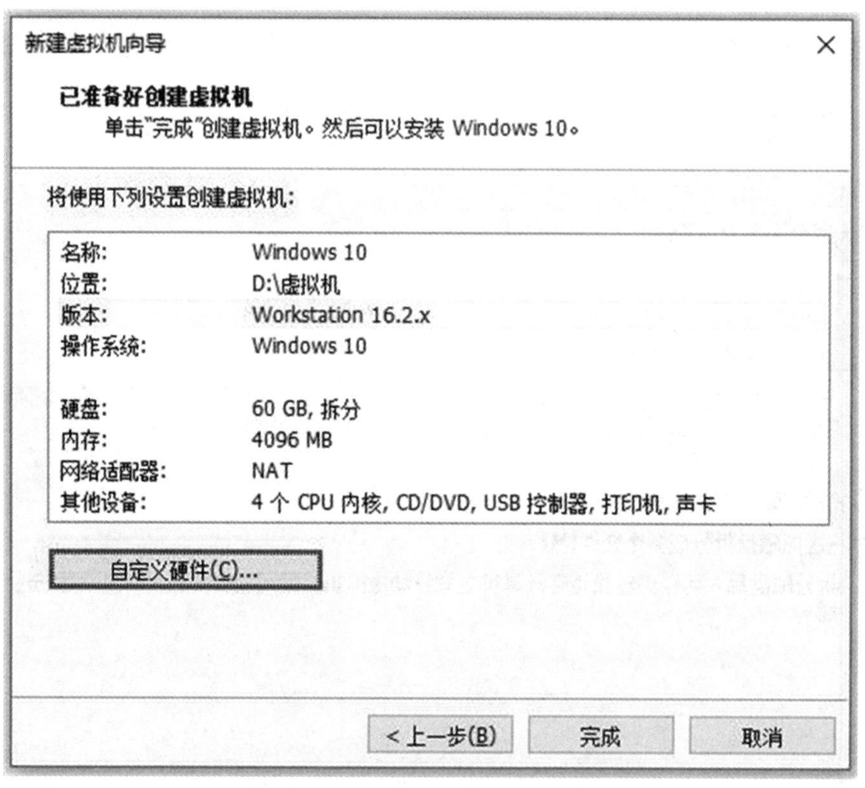

图 8.3.16 创建的虚拟机各项参数

完成后会回到 VMWare 主界面，可以看到我们创建的虚拟机的相关信息已经显示在右侧区域里，如图 8.3.17 所示。

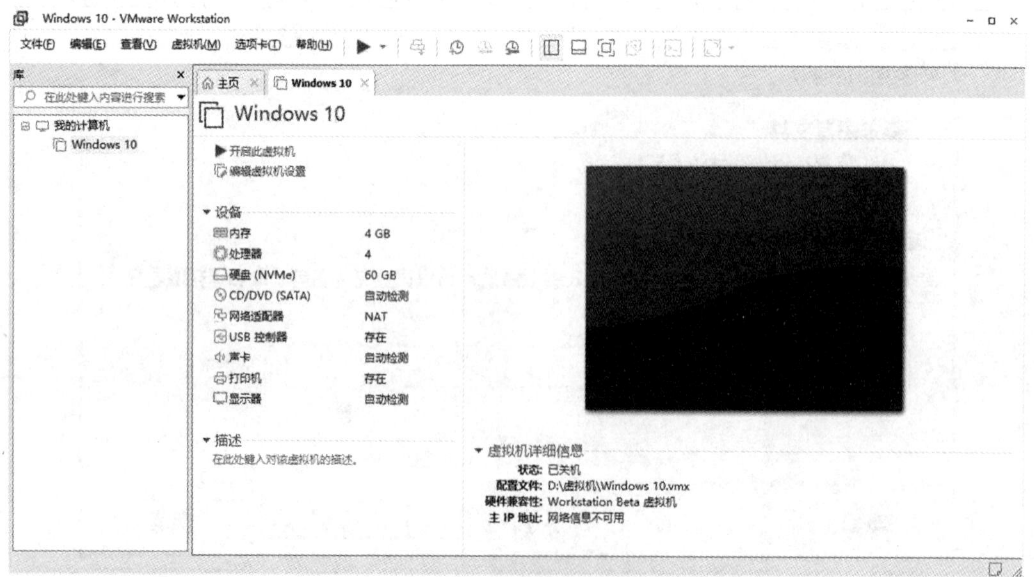

图 8.3.17 创建完成的虚拟机相关信息

虚拟机部署完毕，接下来，我们来进行操作系统的安装。先在当前主界面上双击右侧区域中设备列表里的“CD/DVD(SATA)”选项，如图 8.3.18 所示。

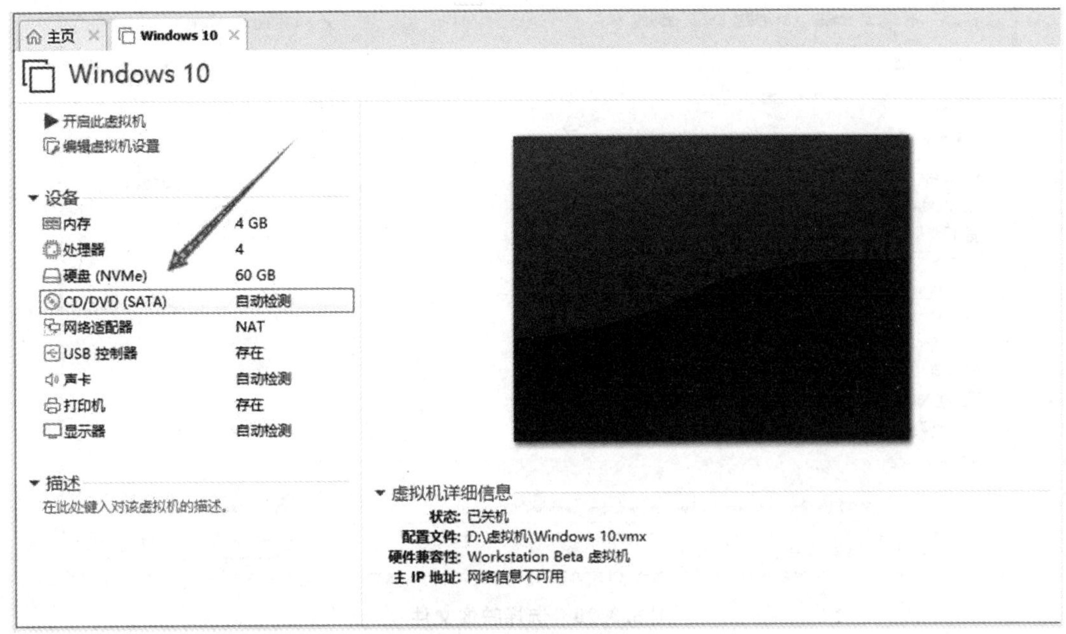

图 8.3.18　主界面的设备列表中选择“CD/DVD(SATA)”选项

在出现的虚拟机设置窗口中，选择“使用 ISO 映像文件”选项，并点击“浏览”按钮，如图 8.3.19 所示。

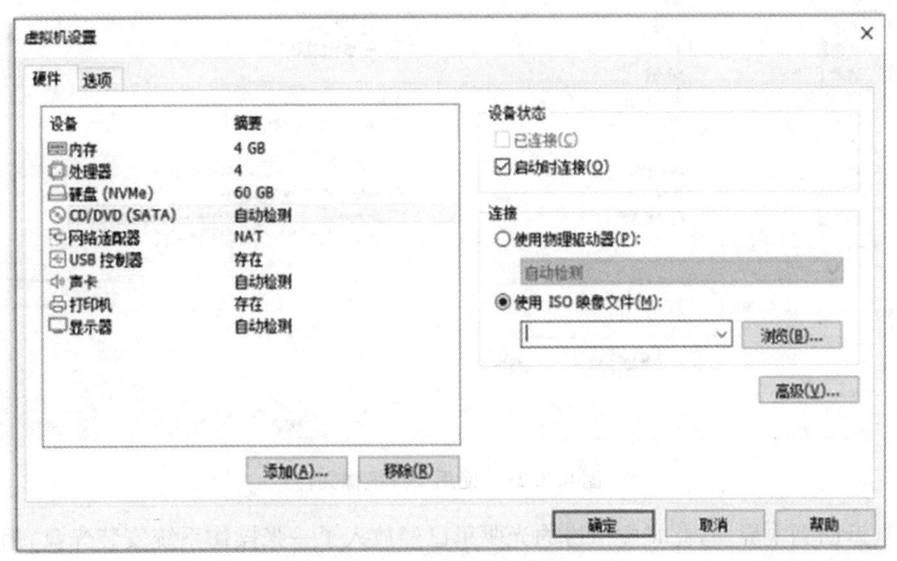

图 8.3.19　虚拟机光驱设置

在弹出的窗口中选择准备好的操作系统的 ISO 文件，然后点击“打开”按钮，如图 8.3.20 所示。

这时，可以看到刚刚选择的文件已经出现在了“使用 ISO 映像文件”栏里，如图 8.3.21

所示，点击“确定”按钮继续。

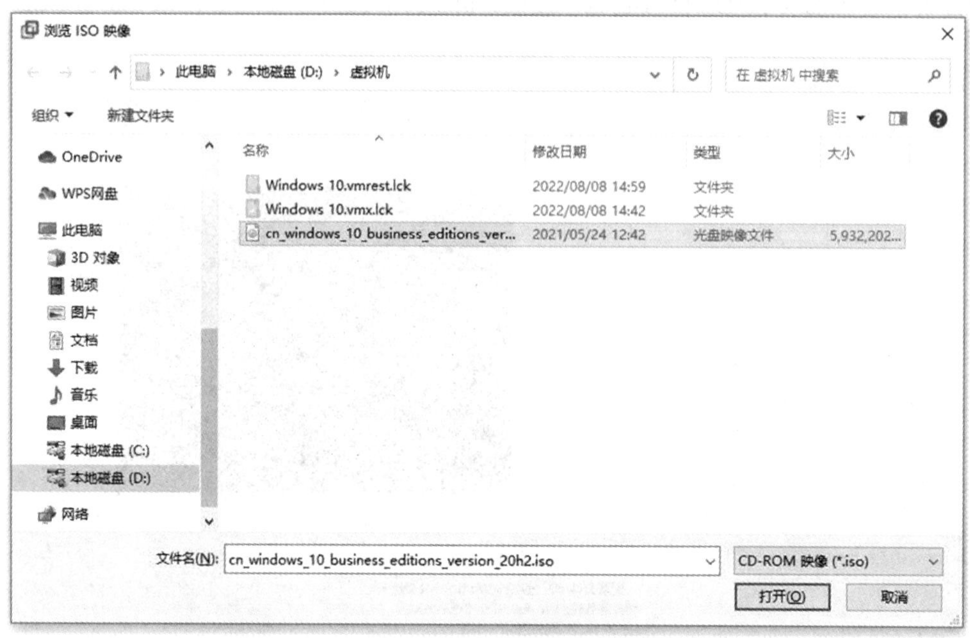

图 8.3.20　选择映像文件

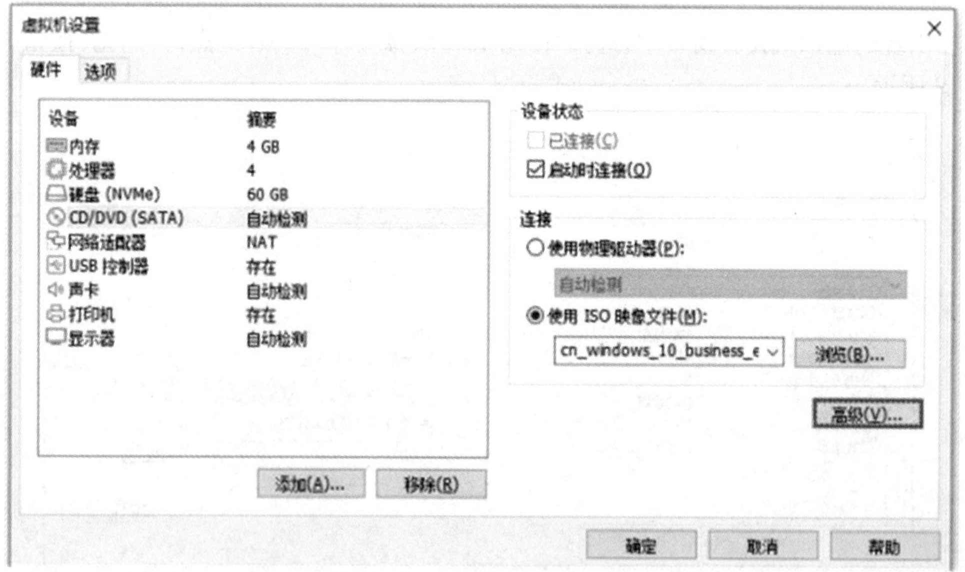

图 8.3.21　使用 ISO 镜像文件

再次返回到主界面，此时虚拟机的光驱里已经放入了一张操作系统安装光盘，但还没接通电源工作。点击“开启此虚拟机”按钮，相当于按下真实电脑的电源按钮，如图 8.3.22 所示。

虚拟机接通电源后，开始工作，这就相当于真实计算机通电后开始工作一样。几秒钟后，可以看到 VMware 主界面里出现了操作系统的安装界面，并可以用鼠标或键盘进行操作，接下来就和物理机安装操作系统的过程完全一样了，如图 8.3.23 所示。

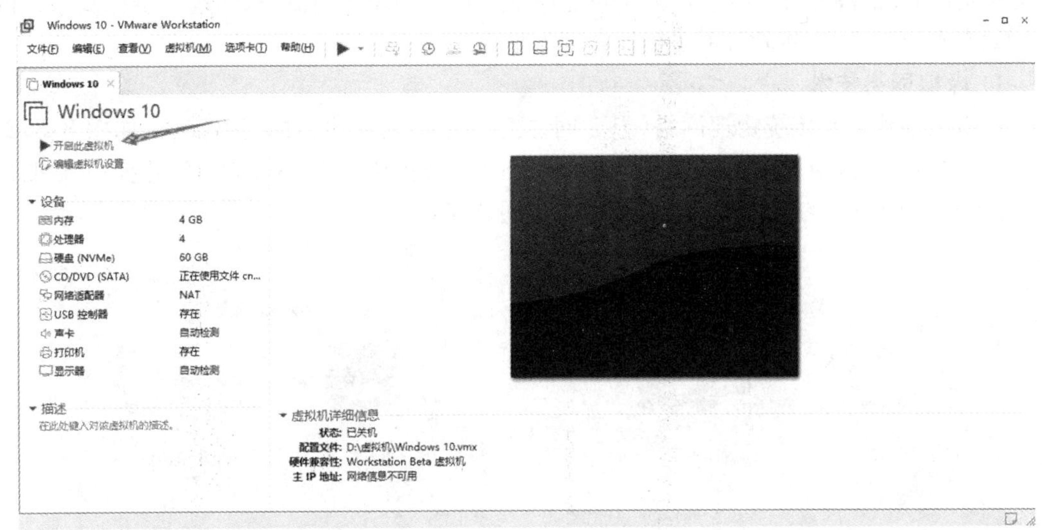

图 8.3.22　开启虚拟机

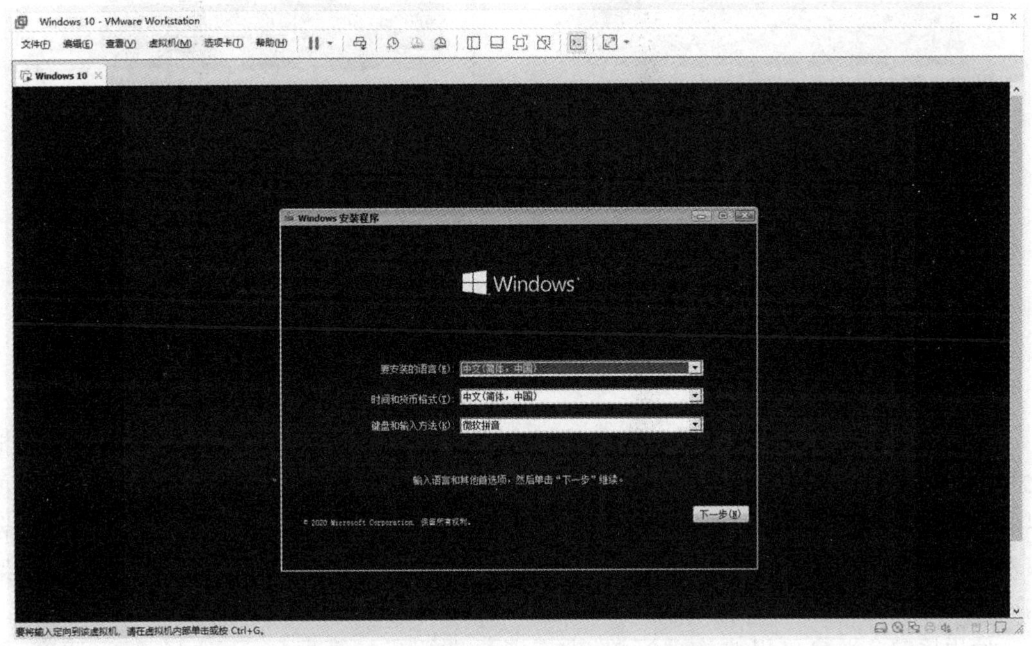

图 8.3.23　虚拟机进入操作系统安装界面

操作系统安装完成后就可以同正常物理机一样使用了，VMware 软件的功能非常强大，感兴趣的学习者可以进一步深入学习。

8.3.3　数据中心、超融合、虚拟网络技术的结合使用

随着虚拟计算机技术的高速发展，结合先进的数据中心以及超融合技术、云计算，我们可以将虚拟机、物理机和其他虚拟设备使用虚拟网络技术进行连接，进行统一管理，合理调

用分配资源，使故障排除、系统迁移、备份还原等工作更加简单便捷，从而进一步提高系统的使用效率和灵活性、应用软件的可用性和可测量性。

1．虚拟网络技术

虚拟网络建立在传统物理网络（以太网）之上，包含大量的虚拟网络设备，如图 8.3.24 所示。虚拟网络利用 VXLAN 或 NVGRE 等协议来提供 3 层网络隧道，并允许虚拟机（VM）在数据中心内的网络间或在数据中心之间迁移。

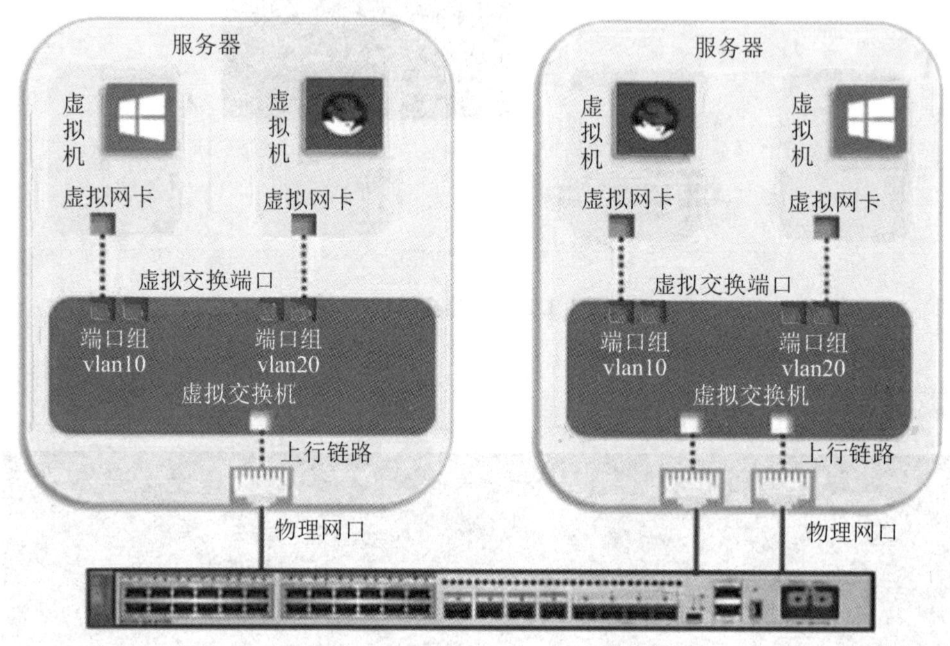

图 8.3.24　虚拟网络技术

2．超融合技术

超融合技术是指在同一套单元设备（x86 服务器）不仅仅具备计算、存储和服务器虚拟化等，而且还包括缓存加速、重复数据删除、在线数据压缩、备份软件、快照技术等，多节点可以通过网络聚合起来，实现模块化的无缝横向扩展（scale-out），形成统一的资源池。超融合技术主要有三大组成部分：计算虚拟化、存储虚拟化、网络虚拟化。图 8.3.25 展示了传统架构向超融合架构的转变。

使用超融合平台可以对物理资源、虚拟资源进行统一管理、统一分配、统一调度，如图 8.3.26、图 8.3.27 所示。

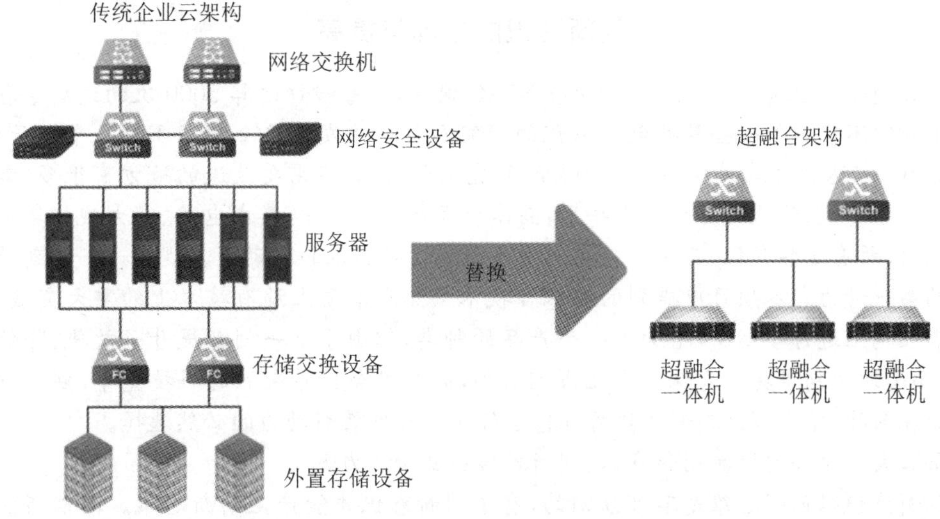

图 8.3.25　传统架构向超融合架构的转变

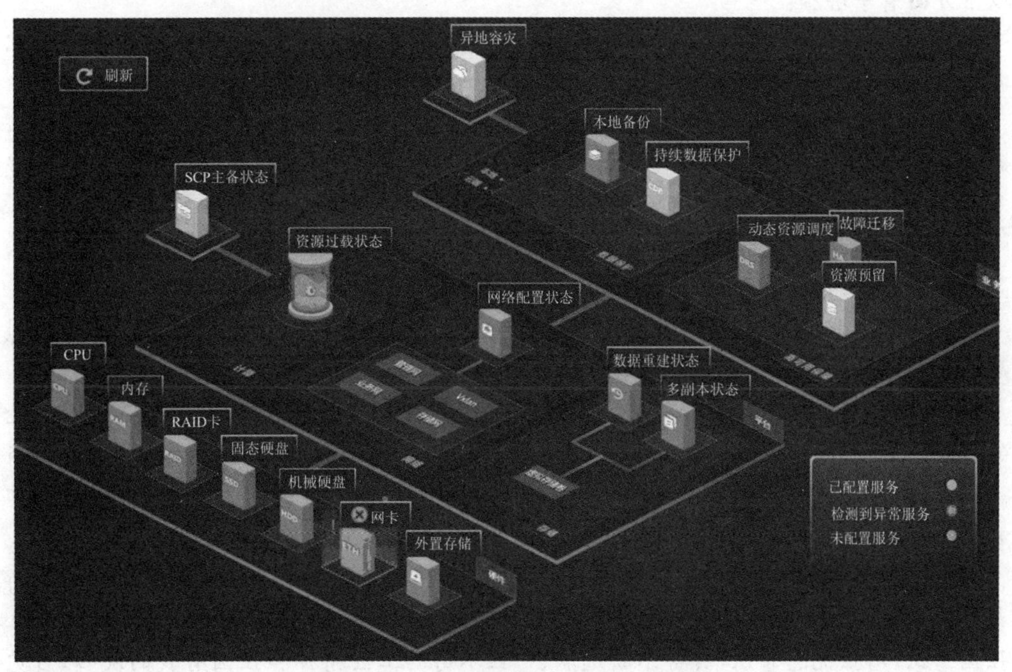

图 8.3.26　使用超融合平台统一管理

图 8.3.27　智能管理资源

创新意识的培养与提高

1946年世界上第一台电子计算机ENIAC诞生,其每秒钟运算5000次的速度令各国科学家们赞叹不已。但一些具备创新意识的研究人员很快发现这个用了18000个电子管、占地170 m^2、重达30 t、耗电功率约150 kW的庞然大物,其实需要改进的地方有很多,需要不断创新。于是,在此后的短短几十年里,晶体管代替了电子管,集成电路、超大规模集成电路广泛应用,所有这些变化,其实都是在创新意识和创新思维的驱动下实现的——创新是引领发展的第一动力。本项目中提到的超融合技术虽然在本质上没有技术上的重大突破,只是在部署架构上进行了创新,增加了一个产品的种类,但由于这一创新提升了效率、降低了成本,因而迅速受到市场的青睐。由此我们看到,面对当今世界激烈的科技竞争,创新意识的培养迫在眉睫,推进万众创新是培育和催生经济社会发展新动力的必然选择。

那么大学生如何培养创新意识、创新思维和创新能力呢?

创新意识跟创新思维是不可分割的,有了创新意识才能产生创新思维。而创新能力的培养需要在具备一定的创新意识和创新思维的基础上不断进行实践操作。具体地说,可以从以下方面着手培养:

第一,积极参加各类创新活动。不管是社团、学生会组织的创新活动,还是学校组织的创新比赛,大学生都要踊跃报名、积极参加,从参加活动的过程中提高自己的创新意识。

第二,从多个方面思考问题。大学生在遇到问题之后,要勤于观察、分析,善于思考,把问题看全面,考虑周全。创新往往来自发现事物的缺陷并加以解决,这样创新意识也就慢慢培养出来了。如果只是从一个角度看问题,思维很容易受到限制。

第三,打开禁锢的思维。很多学生的思维受到思维定式的影响,无法突破现有思维,这样是很难创新的,培养创新思维的前提就是要打开禁锢的思维。

第四,激发"创新"的兴趣跟欲望。动机是大学生学习的动力,学生对"创新"有了强烈的兴趣和欲望,就会主动地去创新实践。

第五,创新思维的养成需要理论与技术的支撑。创新思维跟逻辑思维一样,没有理论知识的积累,创新思维很难培养出来。大学生要好好学习知识,提高知识储备量,培养创新思维。同时,创新思维往往体现在操作过程中,大学生想要创造出新的有价值的东西,就需要经常动手实操,反复试验,精益求精,提高操作能力。

还有一点非常重要,那就是要有良好的品德、正确的价值观为基础,否则再好的创新能力都是行不远甚至有害的。所以大学生从一开始就要培养爱国主义精神、家国情怀,树立技术强国意识,增强忧患意识,具备不断进取、一丝不苟的工匠精神和强国有我的决心,自觉将个人品格、道德情操与创新能力有机结合,只有这样才能潜心挖掘出有益于社会的创新成果。

(根据网络报道组编。)

问题讨论

结合自身情况,谈谈如何培养创新意识、创新思维和创新能力。

一、填空题

1. 虚拟机的上网模式有______方式、______方式和______方式。

2. 创建虚拟硬盘过程中在“格式化分区”的步骤中，一般将“文件系统”设为______。

3. 虚拟光驱软件 Daemon tools Lite 可以打开 CUE、______、______、______等映像文件。

4. VMWare Workstation 创建的虚拟机可选固件类型有______和______。

5. 超融合技术主要有三大组成部分：计算虚拟化、______和______。

二、单选题

1. 分离已经附加的虚拟磁盘的方法是打开“磁盘管理”，单击鼠标右键，在弹出的菜单中选择并点击(　　)。

A. 联机　　B. 属性　　C. 脱机　　D. 分离 VHD

2. 虚拟机创建完成后，安装操作系统所使用的映像文件格式为(　　)。

A. GHO　　B. ISO　　C. EXE　　D. IMG

3. 创建虚拟机过程中选择磁盘类型推荐的是(　　)方式。

A. IDE　　B. SCSI　　C. SATA　　D. NVMe

4. 创建虚拟机中选择客户机操作系统时，如需安装 Ubuntu 系统，应当选择(　　)。

A. Microsoft Windows　　B. Linux

C. VMware ESX　　D. 其他

5. 虚拟机部署完成后，需要使用映像文件时应当选择虚拟机设备列表中的(　　)。

A. 处理器　　B. USB 控制器　　C. 硬盘　　D. CD/DVD

三、多选题

1. 常见的虚拟机软件有(　　)。

A. VMware　　B. Virtuai Box　　C. Linux　　D. Windows

2. 虚拟机的优势主要有(　　)。

A. 节省资源　　B. 服务高可用　　C. 环境隔离　　D. 快速配置

3. 虚拟化常见的类型主要有(　　)。

A. 服务器虚拟化　　B. 网络虚拟化　　C. 桌面虚拟化　　D. 存储虚拟化

四、判断题

1. 虚拟机的内存可以大于物理机的内存。(　　)

2. 虚拟光驱软件只能模拟一台虚拟光驱。(　　)

3. 虚拟机的操作系统可以在虚拟机创建完成后再安装。(　　)

4. 一台物理计算机上只能安装一台虚拟机。(　　)

5. 虚拟机创建完成后无法再添加硬盘。(　　)

参考文献

[1] 宋清龙,王保成,向炜.计算机组装与维护[M].北京:高等教育出版社,2003.

[2] 颜辉,桑磊.计算机组装与维护[M].北京:清华大学出版社,2009.

[3] 袁云华,郑平.计算机组装与维护 [M].北京:人民邮电出版社,2008.

[4] 谭宁.计算机组装与维护[M].北京:北京大学出版社,2009.

[5] 文东.计算机组装与维护基础与项目实训[M].北京:科学出版社,2010.

[6] 肖玉朝.计算机组装与维护 [M].北京:北京大学出版社,2009.

[7] 曹建国,范一星,万芳.计算机选购·组装·维护与维修项目实训[M].合肥:安徽科学技术出版社,2011.

[8] 曹建国,程珊,赵永会.计算机组装与维护[M].北京:清华大学出版社,2012.

[9] 曲广平.计算机组装与维护项目教程[M].2版.北京:人民邮电出版社,2019.

[10] 张永健,周洁波.计算机组装与维护[M].4版.北京:人民邮电出版社,2020.

[11] 蔡飓,孙菲.计算机组装与维护:慕课版[M].北京:人民邮电出版社,2019.

[12] 沙旭,陈成.计算机组装与维护案例教程:微课版[M].北京:人民邮电出版社,2019.